U0347487

计算机系列教材

王春娴 主编
刘剑云 马春侠 刘洋 何澎 编著

大学计算机基础
（Windows XP+Office 2007）

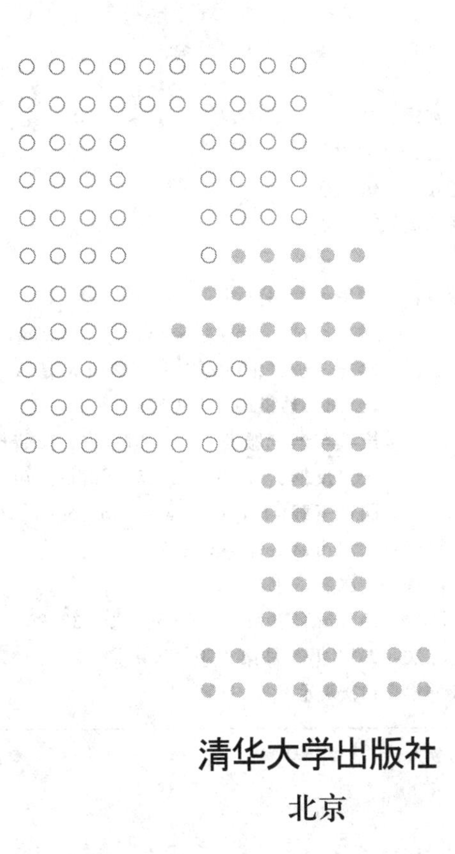

清华大学出版社
北京

内容简介

全书共分七章，详细介绍了计算机基础知识、微型计算机操作系统 Windows XP、文字处理软件 Word 2007、电子表格处理软件 Excel 2007、演示文稿制作软件 PowerPoint 2007、计算机网络应用基础和多媒体应用基础。

本书内容丰富、通俗易懂，不仅可以作为高等院校非计算机专业计算机基础课程的教材，也可以作为培训和自学教材使用。

图书在版编目(CIP)数据

大学计算机基础：Windows XP＋Office 2007/王春娴主编．—北京：清华大学出版社，2014(2018.7 重印)
(计算机系列教材)
ISBN 978-7-302-37325-4

Ⅰ．①大… Ⅱ．①王… Ⅲ．①Windows 操作系统－教材 ②办公自动化－应用软件－教材
Ⅳ．①TP316.7

中国版本图书馆 CIP 数据核字(2014)第 159516 号

责任编辑：刘向威
封面设计：常雪影
责任校对：焦丽丽
责任印制：李红英

出版发行：清华大学出版社
网　　址：http://www.tup.com.cn，http://www.wqbook.com
地　　址：北京清华大学学研大厦 A 座　　**邮　　编**：100084
社 总 机：010-62770175　　**邮　　购**：010-62786544
投稿与读者服务：010-62776969，c-service@tup.tsinghua.edu.cn
质量反馈：010-62772015，zhiliang@tup.tsinghua.edu.cn
课件下载：http://www.tup.com.cn,010-62795954
印 装 者：三河市铭诚印务有限公司
经　　销：全国新华书店
开　　本：185mm×260mm　　**印　　张**：22.25　　**字　　数**：540 千字
版　　次：2014 年 9 月第 1 版　　**印　　次**：2018 年 7 月第 5 次印刷
定　　价：44.50 元

产品编号：059177-01

前言

FOREWORD

本书依据教育部高等学校计算机基础教学指导委员会对大学生计算机基础通识课程的教学要求而编写。"大学计算机基础"课程是普通高等学校非计算机专业学生的必修课，通过对本课程的学习，学生可以了解计算机的基础知识和基本理论，掌握计算机的基本操作。

本书旨在加强对学生计算机基础应用技能的培养，作者对书中内容进行了严格筛选和精心组织，力求体现加强基础、注重实践、突出应用的原则。

全书共分为七章。第 1 章介绍计算机基础知识，重点包括数制、计算机中数据的表示、微型计算机系统组成等；第 2 章介绍 Windows XP 操作系统的使用；第 3～5 章分别介绍文字处理软件 Word 2007、电子表格处理软件 Excel 2007、演示文稿制作软件 PowerPoint 2007 的使用；第 6 章介绍计算机网络的基本知识和 Internet 应用基础；第 7 章介绍多媒体应用基础和二维动画制作软件 Flash 的使用。

全书内容图文并茂、逻辑性强、可读性好、深入浅出，可作为普通高校非计算机专业本专科学生的计算机基础课程教材和参考书，也可以作为计算机爱好者的自学入门教材。

本书由王春娴主编。第 1 章由何澎、王春娴编写；第 2 章由马春侠编写；第 3 章由刘洋编写；第 4 章由王春娴编写；第 5 章由刘剑云编写；第 6 章由马春侠、刘剑云编写；第 7 章由何澎编写。

由于作者水平有限，书中难免有错误和不妥之处，恳请读者批评指正。

编　者

2014 年 6 月

CONTENTS

第1章 计算机基础知识……………………………………………………………………… 1

1.1 计算机的产生与发展 …………………………………………………………………… 1
1.1.1 计算工具的发展历史…………………………………………………………… 1
1.1.2 电子计算机的产生与发展……………………………………………………… 2
1.1.3 电子计算机的分类……………………………………………………………… 4
1.1.4 电子计算机的特点……………………………………………………………… 6
1.1.5 未来计算机的探索……………………………………………………………… 6
1.2 计算机系统组成结构 …………………………………………………………………… 8
1.2.1 计算机体系结构………………………………………………………………… 8
1.2.2 计算机工作原理 ……………………………………………………………… 10
1.3 微型计算机系统……………………………………………………………………… 11
1.3.1 微型计算机的发展历史 ……………………………………………………… 11
1.3.2 微型计算机的硬件系统 ……………………………………………………… 12
1.3.3 微型计算机的软件系统 ……………………………………………………… 16
1.4 数据在计算机中的表示……………………………………………………………… 17
1.4.1 数制的概念 …………………………………………………………………… 18
1.4.2 不同进制数据间的转换 ……………………………………………………… 19
1.4.3 二进制数据的运算 …………………………………………………………… 21
1.4.4 数据单位 ……………………………………………………………………… 22
1.4.5 数据的编码 …………………………………………………………………… 22
1.5 计算机信息安全概述………………………………………………………………… 26
1.5.1 信息安全定义 ………………………………………………………………… 26
1.5.2 计算机病毒 …………………………………………………………………… 27
1.5.3 网络黑客攻击与预防 ………………………………………………………… 30
习题一 ……………………………………………………………………………………… 31

第2章 Windows XP 操作系统 …………………………………………………………… 34

2.1 Windows XP 的基本操作 …………………………………………………………… 34

2.1.1 Windows XP 的启动与退出 …… 34
2.1.2 Windows XP 的桌面 …… 36
2.1.3 Windows XP 的窗口 …… 41
2.1.4 Windows XP 的菜单 …… 44
2.1.5 Windows XP 的对话框 …… 45
2.1.6 鼠标操作 …… 47
2.2 Windows XP 的文件和文件夹管理 …… 48
2.2.1 文件和文件夹 …… 48
2.2.2 管理文件和文件夹的工具 …… 49
2.2.3 浏览文件和文件夹 …… 52
2.2.4 新建文件和文件夹 …… 53
2.2.5 文件和文件夹的选定 …… 54
2.2.6 文件和文件夹的重命名 …… 54
2.2.7 文件和文件夹的移动和复制 …… 55
2.2.8 文件和文件夹的删除 …… 56
2.2.9 文件和文件夹的属性设置 …… 58
2.2.10 文件和文件夹的查找 …… 59
2.2.11 文件和文件夹的快捷方式 …… 60
2.3 磁盘管理 …… 61
2.3.1 磁盘格式化 …… 61
2.3.2 磁盘清理 …… 62
2.3.3 磁盘碎片整理 …… 63
2.4 Windows XP 系统设置 …… 65
2.4.1 控制面板简介 …… 65
2.4.2 应用程序的安装与卸载 …… 66
2.4.3 显示属性设置 …… 67
2.4.4 日期、时间的调整 …… 70
2.4.5 输入法的设置 …… 71
2.4.6 打印机的设置 …… 73
2.4.7 用户账户管理 …… 74
2.5 Windows XP 附件程序的使用 …… 77
2.5.1 记事本 …… 77
2.5.2 写字板 …… 79
2.5.3 画图 …… 80
2.5.4 计算器 …… 84
习题二 …… 84

第 3 章 文稿编辑软件 Word 2007 …… 87

3.1 Word 2007 简介 …… 87

3.1.1 Word 2007 的界面组成 …… 87
3.1.2 Word 2007 的启动和退出 …… 92
3.1.3 文档的创建与保存 …… 92
3.1.4 使用视图 …… 94
3.2 文档的编辑 …… 96
3.2.1 文本输入 …… 96
3.2.2 文本选择 …… 99
3.2.3 常用的文本编辑操作 …… 99
3.3 文档的格式化 …… 103
3.3.1 字符格式设置 …… 103
3.3.2 段落格式设置 …… 106
3.3.3 格式刷和突出显示文本 …… 109
3.3.4 设置首字下沉 …… 110
3.3.5 项目符号和编号 …… 111
3.3.6 文字与段落的边框和底纹 …… 112
3.3.7 样式和模板 …… 114
3.4 表格 …… 116
3.4.1 表格的建立 …… 116
3.4.2 表格的编辑 …… 117
3.4.3 表格格式设置 …… 122
3.4.4 表格的其他操作 …… 126
3.5 在文档中插入元素 …… 130
3.5.1 创建文本框 …… 130
3.5.2 在文档中插入图片 …… 132
3.5.3 在文档中插入剪贴画 …… 136
3.5.4 在文档中绘制图形 …… 138
3.5.5 在文档中插入艺术字 …… 142
3.5.6 在文档中插入 SmartArt …… 144
3.5.7 在文档中插入数学公式 …… 146
3.6 文档的高级编辑 …… 149
3.6.1 批注与修订 …… 149
3.6.2 拼写和语法错误 …… 151
3.6.3 目录 …… 152
3.7 文档的页面设置与打印 …… 154
3.7.1 分隔符的设置 …… 154
3.7.2 创建页眉和页脚 …… 157
3.7.3 页面背景设置 …… 160
3.7.4 页面设置 …… 162
3.7.5 文档的打印 …… 166

习题三 …… 168

第 4 章　电子表格处理软件 Excel 2007 …… 171

4.1　Excel 2007 概述 …… 171
4.1.1　Excel 2007 的启动与退出 …… 171
4.1.2　Excel 2007 窗口的组成 …… 171
4.1.3　工作簿的创建、打开与保存 …… 173
4.2　工作表中数据的输入 …… 175
4.2.1　单元格或区域的选取 …… 175
4.2.2　数据的输入 …… 176
4.2.3　数据的自动填充 …… 179
4.3　工作表编辑与格式化 …… 181
4.3.1　单元格或区域的编辑 …… 181
4.3.2　单元格或区域的格式化 …… 184
4.3.3　设置与删除条件格式 …… 186
4.4　管理工作簿 …… 188
4.4.1　工作表的基本操作 …… 188
4.4.2　工作簿的基本操作 …… 189
4.5　工作表中的数据计算 …… 191
4.5.1　公式 …… 191
4.5.2　函数 …… 194
4.5.3　自动计算 …… 198
4.5.4　数据链接 …… 199
4.6　数据管理 …… 199
4.6.1　数据列表 …… 199
4.6.2　数据排序 …… 200
4.6.3　数据筛选 …… 201
4.6.4　数据的分类汇总 …… 204
4.6.5　数据透视表简介 …… 205
4.7　图表的应用 …… 208
4.7.1　图表的组成元素 …… 208
4.7.2　创建图表 …… 209
4.7.3　常用的图表编辑操作 …… 211
4.8　页面设置与打印 …… 213
4.8.1　打印区域和分页符的设置 …… 213
4.8.2　页面设置 …… 214
4.8.3　打印预览与打印工作表 …… 217
习题四 …… 218

第5章 演示文稿制作软件 PowerPoint 2007 …… 223

5.1 PowerPoint 2007 概述 …… 223
5.1.1 PowerPoint 2007 的启动 …… 223
5.1.2 PowerPoint 2007 的工作窗口和组成元素 …… 224
5.1.3 PowerPoint 2007 的视图方式 …… 225
5.2 演示文稿的建立与编辑 …… 227
5.2.1 新建演示文稿 …… 227
5.2.2 插入新幻灯片 …… 228
5.2.3 向幻灯片中插入媒体类对象 …… 229
5.2.4 演示文稿的保存与打开 …… 241
5.3 设置幻灯片的外观 …… 242
5.3.1 设置主题 …… 242
5.3.2 使用幻灯片母版 …… 246
5.4 动画效果的制作 …… 249
5.4.1 幻灯片切换效果 …… 249
5.4.2 自定义动画 …… 250
5.5 设置演示文稿的交互功能 …… 253
5.5.1 设置超级链接 …… 253
5.5.2 动作按钮 …… 255
5.6 演示文稿的放映 …… 256
5.6.1 放映演示文稿 …… 256
5.6.2 设置演示文稿的放映方式 …… 258
5.7 演示文稿的输出与发布 …… 260
5.7.1 打印输出演示文稿 …… 260
5.7.2 打包演示文稿 …… 262
习题五 …… 264

第6章 计算机网络应用 …… 267

6.1 计算机网络概述 …… 267
6.1.1 计算机网络的形成与发展 …… 267
6.1.2 计算机网络的基本构成 …… 269
6.1.3 计算机网络的通信协议 …… 270
6.1.4 计算机网络的分类 …… 272
6.2 Internet 应用基础 …… 275
6.2.1 Internet 概述 …… 275
6.2.2 用户接入方式 …… 279
6.2.3 Internet 的基本应用 …… 280
习题六 …… 300

第 7 章 多媒体技术 …… 302
7.1 多媒体技术概述 …… 302
7.1.1 多媒体的基本概念 …… 302
7.1.2 多媒体技术的特征 …… 302
7.1.3 多媒体信息处理的关键技术 …… 303
7.2 多媒体计算机系统 …… 305
7.2.1 多媒体计算机的发展历史 …… 305
7.2.2 多媒体个人计算机的硬件系统 …… 305
7.2.3 多媒体个人计算机软件系统 …… 307
7.2.4 多媒体制作常用软件 …… 307
7.3 多媒体信息的数字化 …… 309
7.3.1 数字化音频 …… 309
7.3.2 数字化图像 …… 310
7.3.3 数字化视频 …… 312
7.3.4 数据压缩技术 …… 313
7.4 Flash 动画制作基础 …… 314
7.4.1 初识 Flash …… 315
7.4.2 矢量图绘制基础 …… 316
7.4.3 工具箱简介 …… 317
7.4.4 元件、实例和库 …… 324
7.4.5 时间轴动画技术 …… 328
习题七 …… 339
参考答案 …… 341
参考文献 …… 344

第1章 计算机基础知识

计算机是一种能够快速、高效地完成数据处理(数值计算、逻辑判断、数据传输、数据存储等)的数字化电子设备。世界上第一台电子计算机诞生至今已有近70年的历史,起初它只是被用来完成复杂、烦琐的科学计算,以替代人工计算。现在,计算机及其应用已经渗透到人类社会的各个领域,成为生活中不可缺少的现代化工具。计算机彻底地改变了现代人的生活方式,有力地推动了整个社会的发展。

1.1 计算机的产生与发展

在人类社会漫长的发展过程中,伴随着人们对于自然的探索和认知,各种各样的工具被发明出来以提高生产、生活的效率。从某种程度上说,人类社会的发展史就是工具的进化史。与此同时,为了提高计算效率和统计能力,人类对于计算工具的创造、计算方法的研究始终没有停止过脚步。

1.1.1 计算工具的发展历史

远古时代,人们用结绳、刻痕、垒石的方法进行统计与计算;春秋战国时期出现了筹算法(使用竹筹、木筹等);唐末时期诞生了人类最早的计算工具——算盘,如图1-1所示。

图1-1 最早的计算工具——算盘

随着社会生产力的进步与几次科学技术革命的进程,计算工具获得了持续的发展。1622年,英国数学家奥特瑞德(William Oughtred)根据对数表设计了计算尺;1642年,法国数学家、物理学家帕斯卡(Blaise Pascal)发明了采用齿轮旋转进位方式的加法器;1673年,德国数学家莱布尼茨(Gottfried Leibniz)在帕斯卡的基础上设计制造了能进行加、减、乘、除和开方运算的计算器,这些成果为机械式计算机的出现奠定了基础。

近代计算机发展历程中,起到奠基作用的是19世纪的英国数学家巴贝奇(Charles Babbage,如图1-2所示)。他于1822年设计了差分机,如图1-3所示。差分机是最早采用寄存装置存储数据的计算工具，这也孕育了早期“程序设计”思想的萌芽。1834 年，巴贝奇又继续提出了分析机的设计理念，明确了齿轮式寄存器的存取工作原理，这奠定了现代电子计算机的理论基础。

图1-2　英国数学家查尔斯·巴贝奇

图 1-3　巴贝奇差分机

现代电子计算机发展历程中，有两位杰出的代表人物：一位是现代计算机科学奠基人，英国科学家图灵（Alan Mathison Turing，如图 1-4 所示）。他创建了图灵机（Turing Machine，TM 机）的理论模型，对计算机的一般结构、可实现性和局限性做出了阐述，奠定了计算理论和人工智能理论的基石。另一位代表人物是美籍匈牙利数学家冯·诺依曼（John von Neumann，如图 1-5 所示），被誉为“电子计算机之父”。他提出了以“存储程序”为核心的“冯·诺依曼体系结构”，确立了电子计算机的硬件系统结构与工作原理，此理论一直沿用至今。

图 1-4　英国科学家艾伦·图灵

图 1-5　美籍匈牙利数学家冯·诺依曼

1.1.2　电子计算机的产生与发展

世界上第一台电子计算机 ENIAC（Electronic Numerical Integrator And Calculator，电子数字积分计算机）于 1946 年 2 月在美国宾夕法尼亚大学诞生。它由 18 000 多个电子管、

1500多个继电器及其他电气元件组成，重达30吨，占地170平方米，计算速度为每秒5000次加运算，如图1-6所示。

图1-6 第一台电子计算机ENIAC

尽管ENIAC有许多明显的不足，它的功能也远不及当前的一台普通微型计算机，但是它采用的电子管和电子线路，大大提高了运算的速度，比当时最快的机电式计算机快了1000多倍，是手工计算速度的20万倍。ENIAC的诞生标志着人类电子计算机时代的到来，具有划时代的意义。

自第一台电子计算机问世至今，计算机的体积不断变小、但性能和速度却在不断提高。根据计算机所采用的电子元器件与组织规模，一般将电子计算机的发展分为四个阶段。

1. 第一代计算机(1946—1958年)

第一代计算机是电子管计算机。其基本特征是采用电子管作为计算机的逻辑元件；数据表示主要是定点数；用机器语言或汇编语言编写程序。由于当时电子技术的限制，每秒运算速度仅为几千次，内存容量仅为几千字节。因此，第一代计算机的体积庞大，造价很高，仅限于军事和科学研究工作。其代表机型有IBM 650(小型机)、IBM 709(大型机)。

2. 第二代计算机(1958—1964年)

第二代计算机是晶体管计算机。其基本特征是核心元件逐步由电子管改为晶体管，内存大都使用磁芯存储器。外存储器有了磁盘、磁带，外设种类也有所增加。运算速度达每秒几十万次，内存容量扩大到几十万字节。与此同时，计算机软件也有了较大发展，出现了FORTRAN、COBOL、ALGOL等高级语言。与第一代计算机相比，晶体管计算机体积小、成本低、功能强、可靠性大大提高。除了科学计算外，还用于数据处理和事务处理。其代表机型有IBM 7094、CDC 7600。

3. 第三代计算机(1965—1971年)

第三代计算机是集成电路计算机。随着固体物理技术的发展，集成电路工艺可以在几平方毫米的单晶硅片上集成由十几个甚至上百个电子元件组成的逻辑电路。其基本特征是逻辑元件采用小规模集成电路SSI(Small Scale Integration)和中规模集成电路MSI

(Middle Scale Integration)。第三代计算机的运算速度，每秒可达几十万次到几百万次。存储器进一步发展，体积更小，价格更低，软件逐渐完善。这一时期，计算机同时向标准化、多样化、通用化、机种系列化发展。高级程序设计语言在这个时期有了很大发展，并出现了操作系统和会话式语言，计算机开始广泛应用在各个领域。其代表机型有 IBM 360。

4. 第四代计算机(1972 年至今)

第四代计算机称为大规模集成电路计算机。进入 20 世纪 70 年代以来，计算机逻辑器件采用大规模集成电路 LSI(Large Scale Integration)和超大规模集成电路 VLSI(Very Large Scale Integration)技术，在硅半导体上集成了 1000～100 000 个以上电子元器件。集成度很高的半导体存储器代替了服役达 20 年之久的磁芯存储器。计算机的速度可以达到上千万次到千万亿次。操作系统不断完善，应用软件已成为现代工业的一部分。计算机的发展进入了计算机网络为特征的时代。

目前，以超大规模集成电路为基础，未来的计算机正在朝着巨型化、微型化、网络化和智能化等方向不断发展。

1.1.3 电子计算机的分类

随着计算机技术的发展，电子计算机(以下简称计算机)的类型越来越多样化。根据用途及其使用的范围分类，计算机可以分为通用机和专用机。通用机的特点是通用性强，具有很强的综合处理能力，能够解决各种类型的问题。专用机则功能单一，配有解决特定问题的软件和硬件，能够高速、可靠地解决特定的问题。按照 1989 年 IEEE 国际科学委员会标准，根据计算机的性能分类，计算机可以分为巨型机、大型机、小型机、服务器、微型机和工作站。

1. 巨型机

巨型机也称为超级计算机或高性能计算机。巨型机具有很强的计算和处理数据的能力，主要特点表现为高速度和大容量，配有多种内外部设备及丰富的、高功能的软件系统。巨型机主要用来承担重大的科学研究、国防尖端技术和国民经济领域的大型计算课题及数据处理任务。

2013 年 11 月，国际 TOP500 组织在网站上公布了最新全球超级计算机前 500 强排行榜，由中国国防科学技术大学研制的“天河二号”超级计算机蝉联第一，以每秒 3386 万亿次浮点运算速度成为全球最快的计算机，比位居第二位的美国“泰坦”巨型计算机速度快了近一倍，如图 1-7 所示。

2. 大型机

大型机是最高端的商用计算机。大型机使用专用的处理器指令集、操作系统和应用软件，具有高度的安全性和可靠性，以及对海量商业信息的处理能力。目前大型机的主要生产厂商为 IBM 公司。

图 1-7　中国“天河二号”超级计算机

3. 小型机

小型机的性能和价格介于PC服务器和大型主机之间，是一种高性能计算机。一般而言，小型机具有高运算处理能力、高可靠性、高服务性、高可用性等四大特点。通常它能满足部门性的要求，为中小企事业单位所采用。目前小型机的主要生产厂商为联想、DELL和HP等。

4. 服务器

服务器是计算机网络中负责控制网络通信、存储网络资源、提供网站服务的计算机。与微型计算机相比，服务器在稳定性、安全性、性能等方面都要求更高。

服务器用于存放各类资源并为网络用户提供不同的资源共享服务。根据提供的服务，服务器可以分为Web服务器、FTP服务器、邮件服务器、数据库服务器等。

5. 微型计算机

微型计算机也称为个人计算机，简称PC(Personal Computer)。微型计算机的最大特点就是体积小、价格便宜、灵活性好。目前，微型计算机已遍及社会的各个领域，从工厂的生产控制到政府的办公自动化，从企事业单位的数据处理到家庭的信息管理，几乎无所不在。在我国高等学校以及中小学配置的计算机主要是微型计算机。

近几年来伴随着手机的广泛应用与通信技术的发展，智能型手机与移动便携设备成为了微型计算机新的发展方向。拥有友好的交互界面、独立的操作系统、丰富的软件应用和多种网络通信方式的智能移动设备必将成为未来微型计算机市场的主流产品。

6. 工作站

工作站是一种高档的微型计算机，通常配有高分辨率的大屏幕显示器及容量很大的内存储器和外部存储器，并且具有较强的信息处理功能和高性能的图形、图像处理功能以及联网功能。它主要用于特殊的专业领域，例如图像处理、计算机辅助设计等方面。

1.1.4 电子计算机的特点

电子计算机(以下简称计算机)作为当前通用的信息处理工具,其主要特点是运算速度快、计算精度高、存储量大、具有逻辑判断能力且通用性强。

1. 运算速度快

计算机的运算速度是衡量计算机性能的一项重要指标,一般用每秒钟能够执行的运算次数来衡量计算机的运算速度。当今计算机的运算速度已达到每秒几千万亿次,微机也可达到每秒亿次以上的运算速度。

2. 计算精度高

计算机具有很高的计算精度,一般计算机可以达到十几位甚至几十位(二进制)的有效数字,计算精度可由千分之几到百万分之几,这是任何其他计算工具所不能达到的。

3. 存储量大

计算机存储信息的能力是计算机的主要特点之一。目前计算机不仅提供了大容量的主存储器,来存储计算机工作时的大量信息,同时还提供了各种外部存储器长久保存信息,例如硬盘、光盘、USB存储器(U盘)等。

4. 具有逻辑判断能力

计算机不仅可以进行算术运算,还可以进行逻辑运算。正因为计算机具有这种逻辑判断能力,使得计算机在自动控制、人工智能、专家系统和决策支持等领域发挥着越来越重要的作用。

5. 运行过程自动化

计算机是完全按照预先编制的程序指令运行的,不同的程序指令序列有不同的处理结果,运行的过程可以实现完全的自动化。例如,将计算机与工业生产相结合,形成的流水线控制系统,实时监控系统等。

6. 可靠性高,通用性强

计算机采用了大规模和超大规模集成电路,具有非常高的可靠性。目前,计算机已经不仅仅是用于数据计算,其应用已广泛深入到科学研究、工农业生产、国防、航空航天、文化教育等各个领域。

1.1.5 未来计算机的探索

电子计算机在近20年中发展速度惊人,特别是微型计算机产品,平均每2～3个月就有新品推出,1～2年就更新换代。核心部件芯片每两年集成度就可提高一倍,价格降低一半。

但是,依赖于半导体芯片集成度和组织规模来提升计算机整体性能的发展道路已经越走越窄,继续大幅拓展性能十分困难。面对此种困境,各国科学家正在积极着手研发面向未来的新型计算机,研究包括新型材料、新型逻辑部件以及从基本原理方面寻求颠覆性突破。从目前的研究情况来看,未来计算机可能在以下几个方面取得突破。

1. 光子计算机

光子计算机(Photon Computer)是一种由光信号进行数字运算、逻辑操作、信息存储和处理的新型计算机。它由激光器、光学反射镜、透镜、滤波器等光学元件和设备构成,靠激光束进入反射镜和透镜组成的阵列进行信息处理,以光子代替电子,光运算代替电运算。光的并行、高速,天然地决定了光子计算机的并行处理能力很强,具有超高运算速度。光子计算机还具有与人脑相似的容错性,系统中某一元件损坏或出错时,并不影响最终的计算结果。光子在光介质中传输所造成的信息畸变和失真极小,光传输、转换时能量消耗和散发热量极低,对环境条件的要求比电子计算机低得多。

2. 量子计算机

量子计算机(Quantum Computer)是一类遵循量子力学规律进行高速数学和逻辑运算、存储及处理量子信息的物理装置。它利用原子的多能态特性表示不同的数据,量子并行计算速度理论上可以达到每秒一万亿次,用量子位存储数据容量巨大。此外,基于可逆计算原理的量子计算机具有与人类大脑相似的容错性,当系统发生故障时,原始数据会自动绕过损坏部分,继续进行计算。量子计算机不但速度快,存储量大,而且功耗极低,并能够高度微型化、集成化,如图 1-8 所示。

图 1-8 量子计算机实验模型

3. 生物计算机

生物计算机即脱氧核糖核酸(DNA)分子计算机,主要由生物工程技术产生的蛋白质分子组成的生物芯片构成,通过控制 DNA 分子间的生化反应来完成运算。蛋白质分子比电子元件小很多,可以小到几十亿分之一米,而且生物芯片本身具有天然的立体化结构,其密度要比平面型的硅集成电路高五个数量级。生物计算机的并行处理能力要比当今最快的计算机还要快上 10 万倍,而能耗仅为十亿分之一。更为惊人的是,生物计算机具有生物活性,具备一定的自我修复和生长能力。虽然生物计算机的研发还处于理论摸索阶段，但是专家们普遍认为，DNA 分子计算机是未来计算机科学的发展方向，也是高级人工智能研究的重要基础，如图 1-9 所示。

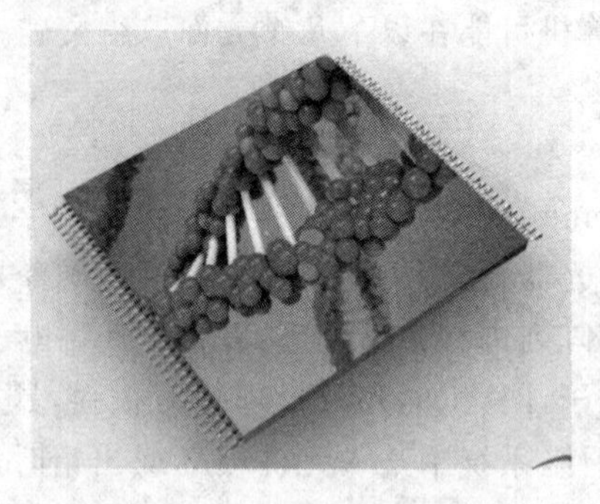

图 1-9　生物计算机概念芯片

1.2　计算机系统组成结构

完整的计算机系统由硬件系统和软件系统两大部分组成，如图 1-10 所示。

硬件系统是指用电子器件和机电装置组成的计算机实体，是组成计算机系统的各种物理设备的总称。依据功能和工作特点，可将硬件系统分为主机、外部存储器和输入输出设备几大部分。

软件系统是指运行在硬件上的程序、运行程序所需的数据和相关文档的总称，包括实现算法的程序、数据及其文档。软件系统一般分为系统软件和应用软件两大类。

硬件系统为软件系统提供了运行平台，软件系统使硬件系统的功能得以充分发挥。硬件系统是基础，仅有硬件没有软件，通常被称为“裸机”。硬件与软件系统的关系就像是血管与血液的关系。

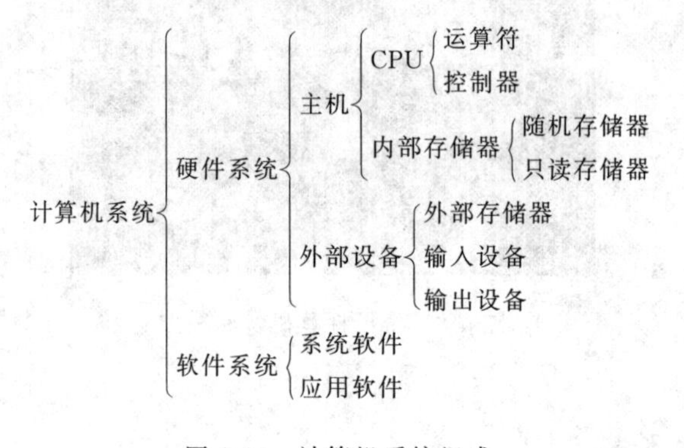

图 1-10　计算机系统组成

1.2.1　计算机体系结构

自 1946 年 ENIAC 问世至今，尽管计算机的制造技术发生了极大的变化，但就其体系结构而言，一直沿袭着科学家冯·诺依曼于1946年提出的计算机组成和工作方式的思想，这样的结构又被称为“冯·诺依曼体系结构”。其基本特点如下。

① 计算机由运算器、控制器、存储器、输入设备和输出设备五大基本部件组成。

② 程序和数据均存放在存储器中，当程序要运行时，从存储器中按地址取出执行。

③ 在计算机内部程序和数据以二进制表示。

冯·诺依曼体系结构结构如图1-11所示。

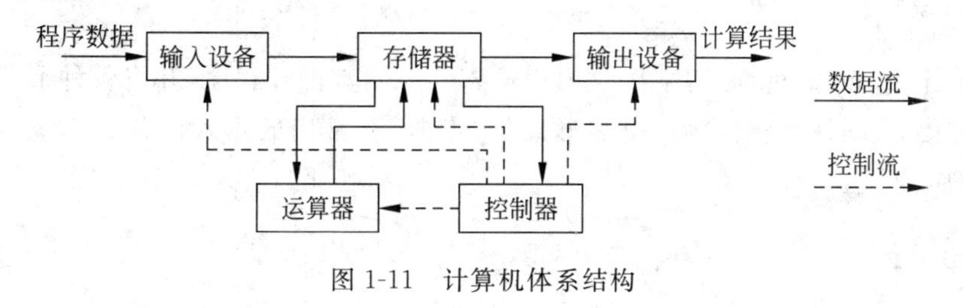

图1-11 计算机体系结构

1. 运算器

运算器也称为算术逻辑单元(Arithmetic and Logic Unit,ALU)。它的主要功能是进行算术运算和逻辑运算。算术运算是指加、减、乘、除运算；逻辑运算是指逻辑与、逻辑或、逻辑非、异或、移位、比较等运算。

2. 控制器

控制器是整个计算机系统的控制中心，它指挥计算机各部分协调地工作，保证计算机按照预先规定的目标和步骤有条不紊地进行操作及处理。

控制器从存储器中逐条取出指令，分析每条指令规定的是什么操作以及所需数据的存放位置等，然后根据分析的结果向计算机其他部分发出控制信号，统一指挥整个计算机完成指令所规定的操作。因此，计算机自动工作的过程，就是自动执行程序的过程，而程序中的每条指令都是由控制器来分析执行的，它是计算机实现“程序控制”的主要部件。

通常把控制器与运算器合称为中央处理器(Central Processing Unit,CPU)。工业生产中总是采用最先进的超大规模集成电路技术来制造中央处理器，即CPU芯片。它是计算机的核心部件。它的性能主要是工作速度和计算精度，对机器的整体性能有全面的影响。

3. 存储器

存储器(Memory)的主要功能是存储程序和各种数据信息。它由能表示二进制数0和1的物理器件组成，这种器件被称为记忆单元或存储介质。存储器的性能参数通常有三种：存取时间、存储周期和数据传输率。根据用途和性能存储器又分为内部存储器和外部存储器。

(1) 内部存储器，又称主存储器(Main Memory)，简称内存或主存。它是计算机信息交换的中心，它和计算机其他所有部件打交道，所有正在处理过程中的程序与数据都要通过存储器的媒介进行数据交换。内存的存取速度直接影响计算机的运算速度，内存储器的特点是工作速度快、容量小、价格高。

(2) 外部存储器，又称辅助存储器(Auxiliary Memory)，简称外存，用于存放暂时不使用的海量数据。外存储器的数据一般不与其他部件直接通信，而是当程序数据被调用时首先发送到内存储器上，然后再由内存储器传递到其他部件执行。外存储器的容量大、价格低，但速度比内存储器要慢。

4. 输入设备

输入设备(Input Device)用来接收用户输入的原始数据和程序，并将各种形式的输入信息，如数字、文字、图像等转换为二进制形式的“编码”。常用的输入设备有键盘、鼠标器、扫描仪、光笔等。

5. 输出设备

输出设备(Output Device)用于将存放在内存中的数据转变为人或其他外部设备所能接收和识别的信息，形式如文字、数字、图形、声音、数字信号等。常用的输出设备有显示器、打印机、绘图仪等。

1.2.2 计算机工作原理

按照冯·诺依曼计算机“存储程序”的理论，计算机的工作过程就是按照既定顺序执行存储器中的一系列指令的过程。人们按照某种逻辑，预先设计好的一连串指令序列就称作程序。一个指令规定了计算机要执行的一个基本操作；一个程序则规定了计算机要完成的一个完整任务。计算机所能识别的全部指令集合，称为该计算机的指令集或指令系统。

1. 指令和指令系统

指令是能够被计算机识别并执行的二进制代码，它规定了计算机能够完成的某种操作。一条指令通常由两部分组成即操作码和操作数。操作码指明计算机应执行什么性质的操作；操作数指出参与操作的数存放在存储器中的地址，因此也称为地址码。指令的一般格式为：

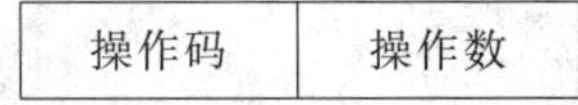

每一种计算机都规定了一定数量的基本指令，这些机器指令的总和称为计算机的指令系统。不同机器的指令系统所具有的指令种类和数目不同。

2. 计算机执行指令的基本过程

计算机的工作过程实际上就是执行程序的过程。程序是为解决某一特定问题而设计的一系列指令的集合。程序按顺序存放在存储器中，当计算机开始工作后自动按照程序规定的顺序取出要执行的指令，然后分析指令并执行指令规定的操作。

计算机执行一条指令分三个步骤，即取指令、分析指令、执行指令，如图 1-12 所示。

(1) 取指令。对将要执行的指令从内存中取出送到CPU的指令寄存器中。

(2) 分析指令。对指令寄存器中存放的指令进行分析,由指令译码器进行译码,将指令的操作码转换成相应的控制电位信号,由操作数确定操作数地址。

(3) 执行指令。根据指令译码结果判断该指令要完成的操作,然后向各个部件发出完成该操作的控制信号,完成该指令的执行。

一条指令完成后,程序计数器加1,或将转移地址码送入程序计数器,重复执行下一条指令。如此循环下去,直到发现程序结束指令时才停止执行工作,最终将程序执行结果发送到程序指定的存储器空间上去。

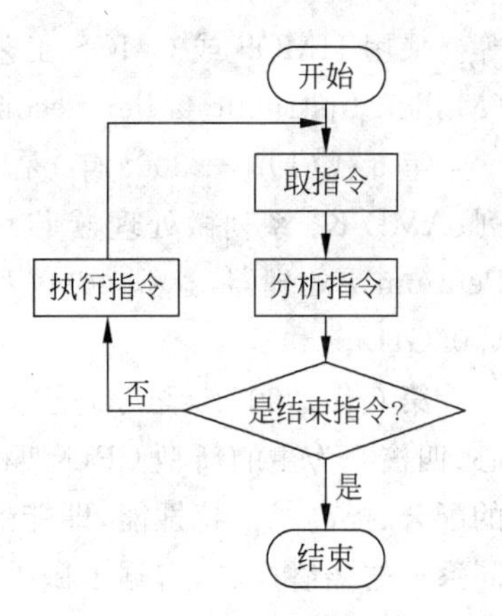

图1-12 程序的执行过程

1.3 微型计算机系统

自1981年美国IBM公司推出第一代微型计算机IBM-PC/XT以来,微型计算机以其性价比高、轻便小巧、操作简便、速度快捷等特点迅速进入社会各个领域,成为人们生活必不可少的工具。随着计算机技术的不断发展,微型计算机已经从单纯的计算工具演变成为处理程序、数字、文字、图形、影音以及互联网通信的综合型工具。如今,以智能手机、移动便携电子产品为代表的新型计算机越来越受到大众的喜爱,成为微型计算机市场的主流产品。

微型计算机尽管在规模、性能及应用等方面与巨型机、大型机、小型机等存在着很大差别,但是它们的基本结构是相似的。

1.3.1 微型计算机的发展历史

20世纪70年代,受到军事工业、电子技术、工业自动化技术的迅猛发展的影响,人们对体积小、可靠性高、低功耗的计算机需求日益迫切。1971年微处理器和微型计算机问世,标志着微型计算机时代的到来,而微型计算机随后表现出了惊人的发展速度,大约每2～4年就要更新换代,微型计算机的性能标准与年代划分主要是以微处理器(CPU)的性能来界定的。

第1代(1971—1973年)是4位和8位处理器时代,标志产品是Intel 4004和Intel 8008,它们构成了最早的微型计算机MCS-4和MCS-8。采用PMOS工艺,集成度达到4000个晶体管/片,指令较少。

第2代(1974—1977年)是8位微处理器时代,典型产品是Intel 8080和Z 80等。采用NMOS工艺,集成度较上一代提高4倍左右。

第3代(1978—1984年)是16位微处理器时代,典型产品是Intel 8086和Z 8000等。集成度达到20 000～70 000晶体管/片,运算速度大幅提升。与此同时,IBM推出基于Intel 80286处理器架构的个人电脑IBM PC/AT,使得个人电脑开始进入到人们的生活。

第4代(1985—1992年)是32位微处理器时代,标志产品是Intel 80386、Intel 80486

等。采用HMOS或CMOS工艺，集成度达到100万晶体管/片，每秒可完成600万条指令(Million Instructions Per Second，MIPS)。

第5代(1993—2005年)是奔腾(Pentium)系列微处理器时代，标志产品是Intel奔腾系列、AMD K6系列微处理器芯片等。采用超标量指令流水线结构，集成度大大飞跃，例如Pentium 4处理器，达到4200万晶体管/片。2002年11月的Pentium 4产品，主频已达到3.06GHz。

第6代(2005年至今)是酷睿(Core)系列微处理器时代，Intel酷睿系列以64位、双核心、四核心为主的新型CPU架构，设计理念由早期单纯的速度提升转变为重视性能和能耗的配合，提高每瓦特性能，即能效比。Intel公司面向服务器、PC电脑、移动设备端开发了不同系列的酷睿产品，占据了微处理器70%以上的市场。

1.3.2 微型计算机的硬件系统

1. 主板

主板(Mainboard)是微型计算机内最大的一块集成电路板，如图1-13所示，是微机的核心部件。通过主板可以将其他所有的硬件设备连接到一起，从而形成计算机硬件系统。主板上的主要部件有BIOS芯片、南北桥芯片、CPU接口、内存接口、显卡接口、其他扩展接口插槽，如图所示。主板的优劣直接影响计算机的整体性能以及其他核心部件的协同工作效率。

2. 中央处理器

CPU(Central Processing Unit)是微型计算机硬件系统的重要模块，是计算机的运算和控制核心部件，负责完成计算机的程序执行和数据处理的主要工作。CPU主要包括运算器和控制器两个部件。

CPU的主要性能指标是字长和主频。CPU的字长表示了一次读取数据的宽度(例如，32位、64位CPU)，主频决定了处理数据的速度(例如Pentium 4主频2.8GHz CPU)。目前，CPU的主要生产厂商有Intel公司和AMD公司等，图1-14是Intel公司生产的酷睿i5系列的CPU。

影响CPU性能的指标还包括：外频、倍频、总线频率、缓存、指令集和工作电压等。

图1-13 主板

图1-14 CPU

3. 内存储器

内存储器是CPU可以直接访问的存储器。内存储器依据性能和特点分为只读存储器(ROM)和随机存储器(RAM)两类。

(1) 只读存储器(Read Only Memory,ROM)

ROM中存储的信息只能读出而不能写入。它以非破坏性读出方式工作,信息一旦写入后就固定下来,即使切断电源,信息也不会丢失。ROM一般用于存放固定不变的、控制计算机系统的监控程序和专用程序。

(2) 随机存储器(Random Access Memory,RAM)

RAM中存储的信息既可以读出,也可以改写,但断电时信息丢失。RAM用于存放支持系统运行的系统程序及用户应用程序和数据。平时所说的微型计算机内存容量大小一般是指RAM的容量大小。微型计算机上RAM的容量随微机档次的提高在不断增加。目前微型计算机的内存容量都在2GB以上。

由于单片的内存芯片达不到系统所要求的内存容量,所以通常将多片内存芯片集成到一条形电路板上,俗称内存条,如图1-15所示。

图1-15 内存条

4. 外部存储器

计算机系统的内存容量是非常有限的,远远不能满足存放数据的需要,而且内存不能长期保存信息,一关电源信息就会全部丢失。因此,微型计算机系统都配备更大容量且能长期保存数据的存储器,这就是外存储器。目前,微型计算机上常用的外存储器主要有硬盘存储器、光盘存储器和U盘等。

(1) 硬磁盘存储器

硬磁盘存储器,又称机械硬盘,简称硬盘(Hard Disk Drive,HDD)。硬盘由磁盘组、读/写磁头、定位机构和传动系统等部分组成,被固定在密封的盒内,如图1-16所示。个人电脑通常所使用的硬盘主要有两种型号:一种是用于台式机的3.5英寸硬盘,另一种是用于便携笔记本电脑的2.5英寸硬盘。

硬盘的主要技术指标是存储容量和转速等。现在硬盘常见的存储容量有500GB、1TB和2TB等;主流3.5英寸硬盘的转速大多为7200rpm(转/分钟),2.5英寸硬盘转速为5400rpm。目前,市场主流硬盘接口多采用SATAⅡ/Ⅲ标准。

(2) 固态硬盘

固态硬盘(Solid State Disk,SSD)用固态电子存储芯片阵列而制成的硬盘,由控制单元和存储单元(FLASH芯片、DRAM芯片)组成。固态硬盘在接口的规范和定义、功能及使用方法上与普通硬盘的完全相同,在产品外形和尺寸上也完全与普通硬盘一致。

图 1-16 3.5英寸硬盘

图 1-17 光盘驱动器

固态硬盘的工作温度范围很宽,商规产品达到 0～70℃、工规产品达到-40～85℃。由于采用芯片进行数据存储,防振且发热量很低,相比机械硬盘具有更高的可靠性。固态硬盘被广泛应用于军事、车载、工控、视频监控、电力、医疗、航空、导航设备等领域,近几年被市场广泛认可,大有逐渐取代机械硬盘的趋势。

(3) 光盘存储器

光盘存储器是一种利用激光技术存储信息的装置。光盘存储器由光盘片(简称光盘)和光盘驱动器(简称光驱)构成,如图 1-17 所示。

光盘的主要指标是存储容量,目前常见的 CD 光盘存储容量约为 650～700MB,DVD 光盘的存储容量约为 4.7GB,蓝光光碟(Blu-ray Disc)25～50GB。

光驱的主要技术指标是传输速度,单位为倍速。目前微型计算机上使用的光驱主要有 CD-ROM(只读型)驱动器、CD-R(一次性写入型)驱动器、CD-RW(可擦写型)驱动器、DVD-ROM 驱动器和 DVD-R 驱动器等。

(4) U 盘

U 盘也称为闪存盘(Flash Memory),是一种便携式存储器,它不需要专门的驱动器,而是采用 USB 接口与主机传输数据。U 盘具有存储容量大、不易损坏、传输速度快、小巧容易随身携带等特点。目前市场上的 U 盘多采用 USB 2.0 或 USB 3.0 接口。

(5) 移动硬盘

移动硬盘(Mobile Hard Disk)顾名思义是以硬盘为存储介质,方便计算机之间交换大容量数据,强调便携性的存储产品。为达到最佳性价比,目前市场上移动硬盘产品多使用 2.5 英寸笔记本机械硬盘为核心,加以接口电路和包装盒,并采用 USB 2.0/3.0 或 IEEE 1394 接口与计算机进行数据传输。

5. 输入设备

输入设备是人与微型计算机之间进行对话的重要工具。文字、图形、声音、图像等所表达的信息(程序和数据)都要通过输入设备才能被计算机接收。微型计算机上最常用的输入设备是键盘和鼠标器,此外图形扫描仪、话筒、条形码读入器、光笔、触摸屏及数码相机等也是较常见的输入设备。

(1) 键盘

键盘是最常用也是最主要的输入设备,目前市场主流产品多采用 101/104 按键布局,如图 1-18 所示。通过键盘可以输入英文字母、数字、汉字、各种符号等。

(2) 鼠标

随着 Windows 操作系统的流行，鼠标成为了图形用户界面操作系统中不可缺少的输入设备，如图 1-19 所示。鼠标按其工作原理主要分为机械式和光电式两种，按其连接方式多分为有线鼠标和无线鼠标。目前市场主流产品多为无线光电式鼠标。

图 1-18 键盘

图 1-19 鼠标

6. 输出设备

输出设备是将计算机中的二进制信息变换为用户所需要的并能识别的信息形式的设备，如输出文字、数值、图形或图像、声音等。微型计算机中最常用的输出设备是显示器和打印机。

(1) 显示系统

显示系统(Display System)的作用是把计算机处理信息的结果转换为字符、图形或图像等信息显示给用户，是微型计算机必不可少的输出设备。显示系统由显示器和显示控制适配器组成，如图 1-20 和图 1-21 所示。显示器就是通常所说的计算机屏幕，是人机交互的重要途径。目前，微型计算机中普遍使用的是 LCD(Liquid Crystal Display)液晶显示器和 LED(Light Emitting Diode)显示器。

显示控制适配器，简称显卡(Video Adapter)。显卡的作用主要是负责图形处理计算、协助 CPU 将计算机的图形图像数据转化为显示器接收的信号源，并控制显示器的最终显示方式。根据计算机的用途不同(办公、娱乐等)，显卡的性能也不尽相同，市场价格几百～几千元不等。

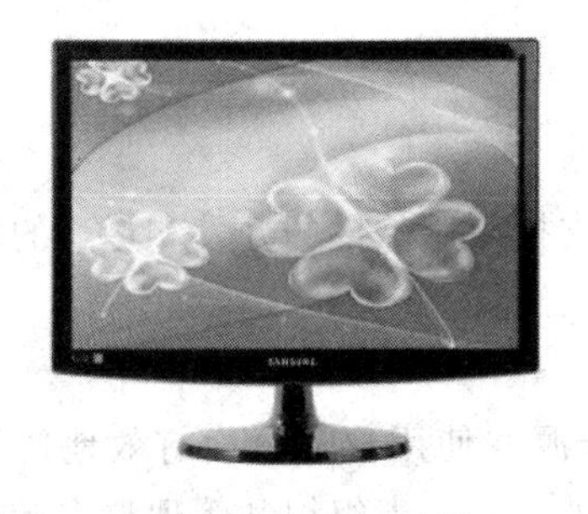

图 1-20 液晶显示器

图 1-21 显卡

(2) 打印机

打印机是微型计算机重要的输出设备之一。打印机的作用是将计算机中的文字、图像信息印刷到纸张上。打印机的种类很多，常见的有激光打印机、喷墨打印机和针式打印机等。

7. 总线

微型计算机中的各个部件，包括CPU、内存储器、外存储器和输入输出设备的接口之间是通过一条公共信息通路连接起来的，这条信息通路称为总线（Bus）。总线一般集成在主板之上，主要由主板南北桥芯片进行管理控制。

根据总线传送信息的类别，可以把总线分为数据总线（DB）、地址总线（AB）和控制总线（CB）。数据总线用于传送数据和程序；地址总线用于传送存储单元或者输入输出接口的地址信息；控制总线用于传送控制器的各种控制信号。

8. I/O接口

连接到主板上的CPU和外部存储器以及输入输出设备之间不能直接交换数据，必须通过称之为“设备接口”的器件来转接。CPU同其他外设的工作方式、工作速度、信号类型都不相同，需要通过接口电路的变换作用，把二者匹配起来。

主板接口电路中包括一些专用芯片、辅助芯片以及各种外设适配器和通信接口电路等。不同的外设通过不同的适配器连到主机。例如，键盘/鼠标常用的串行接口、5.1音频接口、网线接口、PCI接口、IEEE1394接口、USB接口等。

目前微型计算机的大部分外部设备都通过USB接口与主机相连接。USB（Universal Serial Bus）称为通用串行总线，是一种连接外部设备的机外总线，USB提供了用于外部设备连接的即插即用插座，而且支持热插拔（计算机通电工作状态下的连接与断开）。USB接口除了可以连接键盘、鼠标器、打印机、Modem等常见外部设备外，还可以连接移动存储器（如移动硬盘）、扫描仪、打印机、数码产品、外置光驱等。

1.3.3 微型计算机的软件系统

软件系统是计算机系统必不可少的组成部分，软件在计算机与用户之间架起了桥梁。计算机软件系统内容丰富，种类很多。通常，软件系统分为系统软件和应用软件两大类，每一类又可分为若干种类型。

1. 系统软件

系统软件是控制、管理和协调微机及其外部设备，支持应用软件的开发和运行的软件的总称。系统软件包括操作系统、语言处理程序、数据库系统等。

（1）操作系统

操作系统是直接控制和管理计算机系统软、硬件资源并使用户充分而有效地使用计算机资源的程序集合。操作系统是系统软件的核心和基础。它负责组织和管理整个计算机系统的软、硬件资源，协调系统各部分之间、系统与用户之间、用户与用户之间的关系，使整个计算机系统高效地运转，并为系统用户提供一个开发和运行软件的良好而方便的环境。

DOS、Windows 95、Windows XP、Windows 7、Windows 8、Linux、Android（安卓系统）、

MacOS(苹果系统)等都是微型计算机或移动电子设备上曾经流行或正在流行的操作系统。

(2) 语言处理程序

计算机语言又称为程序设计语言,是人与计算机之间交流时使用的工具。语言处理程序是用来对各种程序设计语言源程序进行翻译和产生计算机可直接执行的目标程序(用二进制代码表示的程序)的各种程序的集合。

按照发展过程,程序设计语言可以分为机器语言、汇编语言和高级语言。

① 机器语言

机器语言由机器指令组成,是计算机硬件系统唯一能够识别的、可直接执行的语言。由于机器语言编写的程序硬件系统可以直接执行,所以机器语言的执行速度最快。但是,对于不同的计算机硬件系统,一般具有不同的机器语言,并且机器语言编制程序既麻烦又容易出错,调试和修改十分不便。

② 汇编语言

为了克服机器语言程序编写和上机调试的困难,出现了汇编语言。汇编语言将二进制的指令操作码和操作数改写为助记符的形式,例如使用 ADD 表示加法运算。

与机器语言相比较,汇编语言更容易记忆。但是,使用汇编语言编写的源程序计算机不能直接执行,必须利用一个称为"汇编程序"的语言处理程序将其翻译成与之等价的机器语言程序,然后才能被计算机执行。

尽管汇编语言比机器语言使用起来方便了一些,但汇编语言的通用性仍然很差。

③ 高级语言

为了克服汇编语言通用性差的问题,出现了高级语言。高级语言是一种独立于机器、更接近人类的自然语言和数学公式的程序设计语言。例如,Basic 语言、C 语言、Java 等。

用高级语言编写的源程序必须经过"编译程序"或"解释程序"的"翻译",产生机器语言的目标程序后,才能被计算机执行。"编译程序"和"解释程序"均为语言处理程序。

编译程序,是将源程序的所有语句编译为目标代码,作为目标程序保存起来,不存在执行的过程;解释程序,是在程序的执行过程中,每解释一条源程序语句,就执行一条,并得到执行结果,是一个边解释边执行的过程。

2. 应用软件

为解决特定领域问题而开发的软件,称为应用软件。应用软件一般分为两大类:一类是为特定用户开发的面向于解决实际问题的各种应用程序,例如企业管理系统、财务软件系统、订票系统、电话查询系统等等;另一类是为方便普通用户使用而开发的各种工具、娱乐软件,例如字处理系统、图形处理系统、媒体播放器、电脑游戏等。

1.4 数据在计算机中的表示

计算机最基本的功能是对数据进行计算和处理,这些数据包括数值、字符、图形、图像、声音等。根据冯·诺依曼体系结构思想,计算机对数据进行存储、交换、计算和处理时都要以二进制形式表示。

1.4.1 数制的概念

“数制”又称“记数制”，是指用一组固定的数码和一套统一的规则表示数值的方法。数制的表示主要包括三个基本要素：数位、基数和位权。

数位是指数码在一个数中所处的位置。例如，十进制的个位、十位、百位等。

基数是指某种数制所使用的数码的总数。例如，十进制使用0～9的十个数码，其进制基数为10。

位权是以基数为底的幂，数码所在的位置越高对应的位权也越大。例如，十进制数中，小数点左边第1位即个位的位权是10^0、左边第2位即十位的位权是10^1……小数点右边第1位的位权为10^{-1}，右边第2位的位权是10^{-2}，以此类推。

1. 十进制

基数：10。

数码：0、1、2、3、4、5、6、7、8、9。

位权：设n为整数位的个数，m为小数位的个数，则从左到右各位的位权分别是10^{n-1}、10^{n-2}、…、10^1、10^0、10^{-1}、10^{-2}、…、10^{-m}。

表示方法：使用10或D作为下标，例如$(294.56)_{10}$或$(294.56)_D$。

2. 二进制

基数：2。

数码：0、1。

位权：设n为整数位的个数，m为小数位的个数，则从左到右各位的位权分别是2^{n-1}、2^{n-2}、…、2^1、2^0、2^{-1}、2^{-2}、…、2^{-m}。

表示方法：使用2或B作为下标，例如$(110.11)_2$或$(110.11)_B$。

3. 八进制

基数：8。

数码：0、1、2、3、4、5、6、7。

位权：设n为整数位的个数，m为小数位的个数，则从左到右各位的位权分别是8^{n-1}、8^{n-2}、…、8^1、8^0、8^{-1}、8^{-2}、…、8^{-m}。

表示方法：使用8或O作为下标，例如$(74.56)_8$或$(74.56)_O$。

4. 十六进制

基数：16。

数码：0、1、2、3、4、5、6、7、8、9、A、B、C、D、E、F。

位权：设n为整数位的个数，m为小数位的个数，则从左到右各位的位权分别是16^{n-1}、16^{n-2}、…、16^1、16^0、16^{-1}、16^{-2}、…、16^{-m}。

表示方法：使用16或H作为下标，例如$(29E.C)_{16}$或$(29E.C)_H$。

1.4.2 不同进制数据间的转换

在计算机内部，无论是指令还是数据，其存储、运算、处理和传输采用的都是二进制，这是因为二进制数只有0和1两个数字，在电子元器件中很容易被实现。

但有时为了书写和记忆方便，也采用十进制、八进制和十六进制。因此，必然会遇到各种进制数之间的相互转换问题。

1. 任意进制数换成十进制数

把任意进制数转换成十进制数，通常采用按权展开相加的方法。假设用 r 表示进制，首先将 r 进制数按照位权写成 r 的各次幂之和的形式，然后按十进制计算结果，则为转换后的十进制数。

【例】 将下列各数转换成十进制数：①$(1011.101)_2$ ②$(123.45)_8$ ③$(3AF.4C)_{16}$

【解】

① $(1011.101)_2 = 1\times2^3+0\times2^2+1\times2^1+1\times2^0+1\times2^{-1}+0\times2^{-2}+1\times2^{-3}$
$= (11.625)_{10}$

② $(123.45)_8 = 1\times8^2+2\times8^1+3\times8^0+4\times8^{-1}+5\times8^{-2}$
$= (83.578125)_{10}$

③ $(3AF.4C)_{16} = 3\times16^2+10\times16^1+15\times16^0+4\times16^{-1}+12\times16^{-2}$
$= (943.296875)_{10}$

2. 十进制数转换成任意进制数

假设用 r 表示进制，把十进制数转换成 r 进制数需要分为两部分进行。

(1) 整数部分

整数部分采用除以 r 取余数的方法。“除 r 取余法”的转换规则是：用十进制数的整数部分整除 r，得到一个商数和一个余数；再将商数继续整除 r，又得到一个商数和一个余数。继续这个过程，直到商为0时停止。将第1次得到的余数作为最低位，最后一次得到的余数作为最高位，依次排列就是 r 进制数的整数部分。

(2) 小数部分

小数部分采用乘以 r 取整数的方法。“乘 r 取整法”的转换规则是：用 r 乘以十进制数的小数部分，得到一个整数和一个小数；再用 r 乘以小数部分，又得到一个整数和一个小数。继续这个过程，直到小数部分为0或满足精度要求为止，将第1次得到的整数部分作为最高位，最后一次得到的整数部分作为最低位，依次排列就是 r 进制数的小数部分。

【例】 将十进制数$(123.8125)_{10}$转换为二进制数。

【解】

(1) 整数部分：除以2取余数部分。

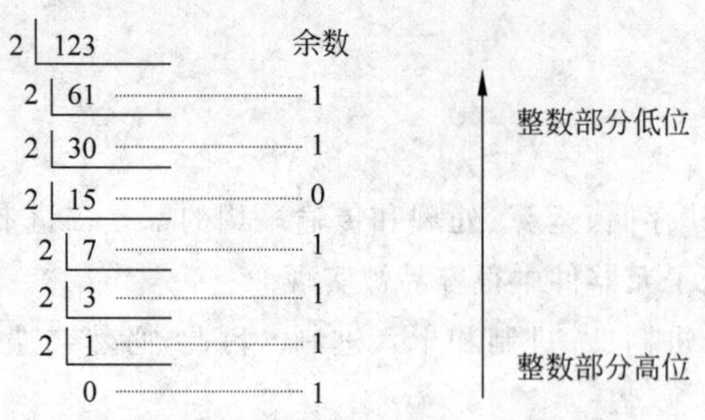

（2）小数部分：乘以 2 取整数部分。

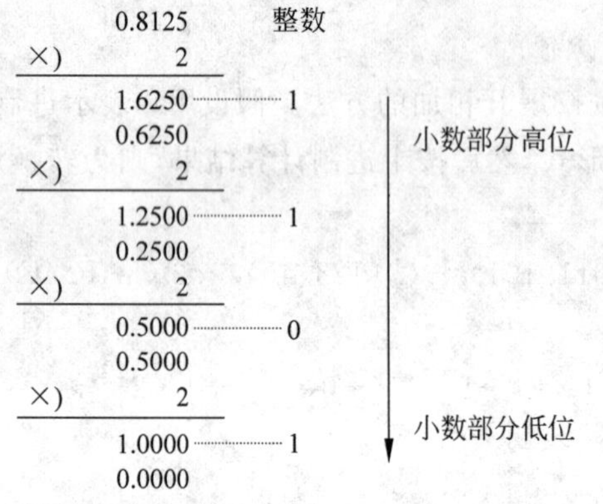

所以，$(123.8125)_{10}=(1111011.1101)_2$。

仿照上例的转换过程，将十进制数$(123.8125)_{10}$分别转换为八进制数和十六进制数。转换结果如下：

$(123.8125)_{10}=(173.64)_8$　$(123.8125)_{10}=(7B.D)_{16}$。

3. 二进制数转换成八进制数或十六进制数

将二进制数转换成八进制数或十六进制数，可以借助于十进制数进行，但通常采用如下方法直接将二进制数转换成八进制数或十六进制数。

（1）二进制数转换成八进制数的方法

以小数点为界，将二进制数的整数部分从右到左每 3 位一分隔，最后一组不足 3 位时在最高位之前补 0；小数部分从左到右每 3 位一分隔，最后一组不足 3 位时，在最低位之后补 0。然后参照表 1-1 将二进制数的每个分组直接转换为八进制数。

表 1-1　二进制与八进制对照表

二进制	000	001	010	011	100	101	110	111
八进制	0	1	2	3	4	5	6	7

【例】 将二进制数$(1111011.1101)_2$转换成八进制数。

【解】

$(1111011.1101)_2 \longrightarrow (\underline{001}\ \ \underline{111}\ \ \underline{011}\ .\ \underline{110}\ \ \underline{100})_2 \longrightarrow (173.64)_8$

所以，$(1111011.1101)_2=(173.64)_8$

（2）二进制数转换成十六进制数的方法

以小数点为界，将二进制数的整数部分从右到左每 4 位一分隔，最后一组不足 4 位时在最高位之前补0;小数部分从左到右每4位一分隔,最后一组不足4位时,在最低位之后补0。然后参照表1-2将二进制数的每个分组直接转换为十六进制数。

表1-2 二进制与十六进制对照表

二进制	0000	0001	0010	0011	0100	0101	0110	0111
十六进制	0	1	2	3	4	5	6	7
二进制	1000	1001	1010	1011	1100	1101	1110	1111
十六进制	8	9	A	B	C	D	E	F

【例】 将二进制数$(1111011.1101)_2$转换成十六进制数。

【解】

$(1111011.1101)_2 \longrightarrow (\underline{0111}\ \underline{1011}\ .\ \underline{1101})_2$

$\longrightarrow (\ 7\quad B\ .\ D)_{16}$

所以,$(1111011.1101)_2 = (7B.D)_{16}$

4. 八进制数或十六进制数转换成二进制数

将八进制数或十六进制数转换成二进制数,可以借助于十进制数进行。但通常采用如下方法直接将八进制数或十六进制数转换成二进制数。

(1) 八进制数转换成二进制数的方法

参照表1-1的对应关系,将八进制数的每一个数据位直接转换为3位二进制数。

(2) 十六进制数转换成二进制数的方法

参照表1-2的对应关系,将十六进制数的每一个数据位直接转换为4位二进制数。

【例】 将八进制数$(173.64)_8$转换成二进制数。

【解】

$(1\quad 7\quad 3\quad .\quad 6\quad 4)_8$

↓ ↓ ↓ ↓ ↓

$(001\ 111\ 011\ .\ 110\ 100)_2$

所以,$(173.64)_8 = (1111011.1101)_2$。

【例】 将十六进制数$(7B.D)_{16}$转换成二进制数。

【解】

$(\ 7\quad B\quad .\quad D\ )_{16}$

↓ ↓ ↓

$(\ 0111\ 1011\ .\ 1101)_2$

所以,$(7B.D)_{16} = (1111011.1101)_2$。

1.4.3 二进制数据的运算

二进制数据的运算有算术运算和逻辑运算两种。

1. 二进制的算术运算

二进制的算术运算与十进制数的算术运算十分相似,也包括加法、减法、乘法和除法四种运算。不同之处在于二进制数做加法运算时是逢二进一，做减法运算时是借一来二。运算规则如下：

加法运算规则：0+0=0　0+1=1　1+0=1　1+1=0（高位进1）

减法运算规则：0−0=0　0−1=1（高位借1）　1−0=1　1−1=0

乘法运算规则：0×0=0　0×1=0　1×0=0　1×1=1

除法运算规则：0÷0（无意义）　0÷1=0　1÷0（无意义）　1÷1=1

2. 二进制的逻辑运算

对二进制数的1和0赋予逻辑含义，可以表示“是”与“否”、“真”与“假”等逻辑量。这种具有逻辑属性的变量称为逻辑变量。逻辑变量之间的运算称为逻辑运算。

基础逻辑运算规则包括逻辑“或”、逻辑“与”和逻辑“非”三种基本运算，运算规则如下。

“或”运算规则：$0\vee 0=0$　$0\vee 1=1$　$1\vee 0=1$　$1\vee 1=1$

“与”运算规则：$0\wedge 0=0$　$0\wedge 1=0$　$1\wedge 0=0$　$1\wedge 1=1$

“非”运算规则：$\bar{1}=0$　$\bar{0}=1$

1.4.4 数据单位

计算机中表示、存储、传输数据时常用的单位有位、字节和字。

1. 位

位(bit)是指一个二进制位，也称为比特，通常用小写字母b表示。它是数据的最小单位。1位可以表示0或1两种状态。

2. 字节

8个二进制位为1字节(Byte)，即1Byte = 8bits，通常用大写字母B表示。字节是数据存储的基本单位。

计算机内存和磁盘的存储容量通常用KB、MB、GB和TB表示。它们之间的换算关系如下：

$1KB=2^{10}B=1024B$　$1MB=2^{10}KB=2^{20}B$

$1GB=2^{10}MB=2^{20}KB=2^{30}B$　$1TB=2^{10}GB=2^{20}MB=2^{30}KB=2^{40}B$

3. 字

字(Word)（字长），由若干个字节组成，一般为字节的整数倍，即1Word=nB（n为正整数）。字是计算机进行数据处理和运算的单位，其包含的二进制位数称为字长，例如32位字长、64位字长等。字长是评价计算机性能的一个重要指标，字长较长的计算机在相同时间内能传送更多的信息，从而处理速度更快。

1.4.5 数据的编码

由于计算机能识别和处理的只能是二进制数据，所以使用计算机处理数值、文字、图形、图像或声音等信息时，首先要将各类信息转换成计算机能够识别的二进制数据，这些二进制数据就是编码。

1. 字符编码

字符编码是用二进制编码表示字母、数字及计算机能识别的其他专用符号。在微型计算机系统中，使用最广泛的字符编码是美国国家标准信息交换码(American Standard Code for Information Interchange，ASCII)。

ASCII码用8位二进制数(即1个字节)表示一个西文字符，有7位版本和8位版本两种，国际上通用的是7位版本。

7位版本的ASCII码是用一个字节中的低7位表示一个字符，最高位恒为0，最多可以表示128种不同的字符，其中包括：数字0～9、大小写英文字母52个、各种标点符号和运算符号等，另外33个字符是通用控制符，控制着计算机某些外围设备的工作特性和软件运行情况。具体编码表如表1-3所示。

表1-3 ASCII码字符编码表

十六进制高位 / 十六进制低位	0	1	2	3	4	5	6	7
0	NUL	DLE	SP	0	@	P	`	p
1	SOH	DC1	!	1	A	Q	a	q
2	STX	DC2	"	2	B	R	b	r
3	ETX	DC3	#	3	C	S	c	s
4	EOT	DC4	$	4	D	T	d	t
5	ENQ	NAK	%	5	E	U	e	u
6	ACK	SYN	&	6	F	V	f	v
7	BEL	ETB	'	7	G	W	g	w
8	BS	CAN	(	8	H	X	h	x
9	HT	EM	)	9	I	Y	i	y
A	LF	SUB	*	:	J	Z	j	z
B	VT	ESC	+	;	K	[	k	{
C	FF	FS	,	<	L	\	l	|
D	CR	GS	-	=	M	]	m	}
E	SO	RS	.	>	N	^	n	~
F	SI	US	/	?	O	_	o	DEL

2. 汉字编码

汉字编码主要用于解决汉字的输入、处理和输出问题。在使用计算机处理汉字信息的过程中，每个环节上都需要不同的汉字编码，如图1-22所示。

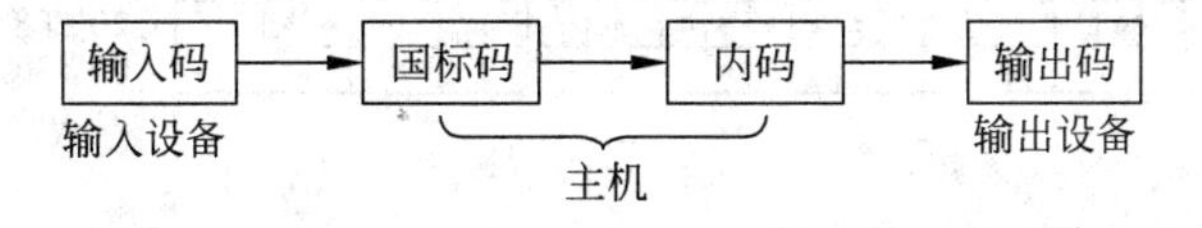

图1-22 汉字信息处理过程

(1) 汉字输入码

汉字输入码是为方便人们通过键盘输入汉字而设计的编码，又称汉字外码。汉字输入码的编码方案很多，目前国内广泛使用的主要有拼音类输入法(如智能 ABC、微软拼音)、拼形类输入法(如五笔字型输入法)等。

(2) 汉字内码

汉字内码是供计算机系统内部进行存储、处理和传输汉字信息时使用的编码，简称机内码或汉字内码。一个汉字的机内码一般用两个字节表示。目前，汉字的机内码尚未标准化，不同的计算机系统使用的汉字内码可能不同。

(3) 国标码

由于在各计算机系统中所使用的汉字机内码尚未形成统一的标准，为避免汉字信息交换时造成混乱，我国于 1981 年颁布了《信息交换用汉字编码字符集——基本集》，即国家标准 GB2312-80，这种编码称为国标码。国标码中共收集汉字 6763 个，分为两级。第一级汉字共 3755 个，属常用汉字，按汉字拼音字母顺序排列；第二级汉字共 3008 个，属于次常用汉字，按部首排列。此外，表中还收录了 682 个常用的非汉字图形字符。

GB2312-80 国标码中将所有字符按规则排成 94 行、94 列，其行号称为区号，列号称为位号，这样每个汉字对应唯一的区号和位号，这就是汉字的区位码。

(4) 汉字输出码

汉字输出码也称为汉字字形码或字模，就是以数字代码描述字的形状，在输出的时候，由计算机将代码还原，恢复字原来的形状，在输出设备上输出。

随着汉字信息处理技术的发展，字形码经历了点阵字形、轮廓矢量字形、曲线轮廓字形、TrueType 字形等几个发展阶段。图 1-23 所示为 24×24 点阵的汉字字形输出码。

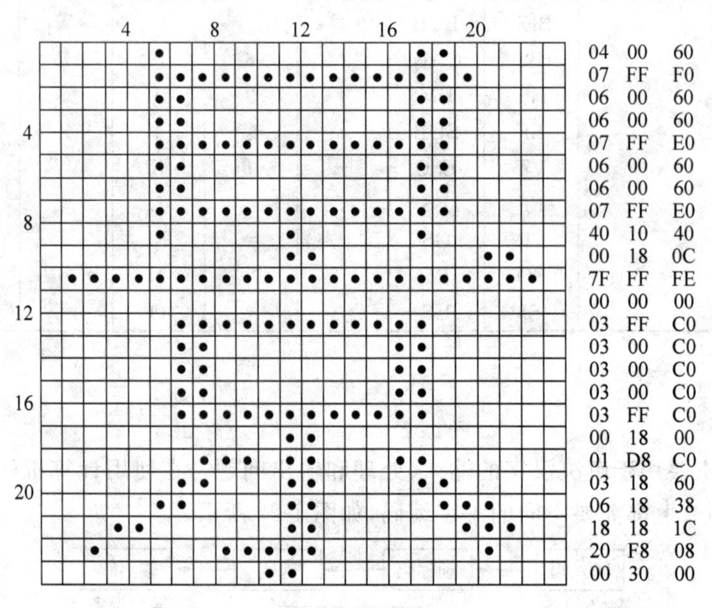

图 1-23　24×24 点阵汉字字形码示例

3. 数值编码

计算机中的数值数据是指日常生活中所说的数或数据，分正数和负数、整数和实数。

在计算机中如何表示数值呢？以十进制数－57.375为例说明。首先，将十进制数－57.375转化为二进制数－111001.011，以这种形式表示的二进制数称为真值数。在计算机中，任何信息都只能用“0”和“1”表示，所以上述真值数不能直接存放在计算机内，需要再经过规范化，经过规范化后能够直接存放在计算机内的数据称为机器数。

(1) 机器数的特点

① 机器数表示的数值范围受计算机字长的限制。

② 机器数的符号位被数值化。一般约定机器数的最高位为符号位，规则如下：

0 表示正号

1 表示负号

③ 机器数的小数点位置预先约定。主要有两种方式。

定点数：是预先在存储空间上约定好小数点的位置，然后将数值对应存放的方法。同样字长情况下，定点数方式表示的数值精度较高，但数值大小范围有限。

浮点数：是不约定小数点的位置，但需要预先将一个二进制数转换成a×2的n次幂(科学计数法)的形式后，再按照固定格式存放至存储空间的方法。同样字长情况下，浮点数可以表示的数值范围较大，但数值精度有限。

(2) 机器数表示方法

在计算机内部，数值型数据不论正负或者是否有小数位，都要经过一系列格式转换，形成二进制“补码”形式，然后再保存到存储空间上去。在转换过程中，派生出三种码制分别是：原码、反码和补码。以8位存储空间、二进制整数(＋10010)和(－10010)为例，三种码制的转换规则如下：

① 原码。最高位(左起第1位)表示数值的符号位，其余各位表示数值的绝对值大小，右对齐书写，空余位置补0。

真值	二进制(＋10010)								二进制(－10010)							
原码	0	0	0	1	0	0	1	0	1	0	0	1	0	0	1	0

② 反码。正数的反码与原码相同；负数的反码是符号位不变，其余各位在其原码基础上取反。

真值	二进制(＋10010)								二进制(－10010)							
反码	0	0	0	1	0	0	1	0	1	1	1	0	1	1	0	1

③ 补码。正数的补码与原码相同，负数的补码是其反码基础上加1(符号位参与运算)。

真值	二进制(＋10010)								二进制(－10010)							
补码	0	0	0	1	0	0	1	0	1	1	1	0	1	1	1	0

注意：+0 和−0 的补码都是 00000000，−0 的补码在转换中产生的最高位的进位忽略不计。

（3）补码的应用

计算机使用补码形式来表示数值，其意义在于可以简化四则运算规则，将数值的加减乘除运算统一为补码的加法运算。例如，算式 64−32=32 在计算机处理过程中实际形式为：(64)补码+(−32)补码=(32)补码。具体计算过程如下：

```
    (64)    补码：     01000000
    (−32)   补码：     11100000
相加----------------------------------------
                      100100000  （最高位的进位1 被忽略）
    (32)    补码：     00100000
```

1.5 计算机信息安全概述

随着计算机技术、网络技术、数据库技术的高速发展，社会生活的各个方面与计算机高度融合在一起。人们在工作、学习、生活中的各种信息已经趋于数字化、网络化，并且在国际互联网的背景下形成了全球信息共享的格局。与此同时，人们对于计算机与计算机网络的安全问题越发关注，个人隐私、知识产权甚至国家安全如何在信息化时代背景下得到有效的保护成为计算机业界的重要研究课题。

1.5.1 信息安全定义

国际标准化组织（ISO）对计算机安全（Computer Security）的定义是：为数据处理系统建立和采取的技术和管理的安全保护，保护计算机硬件、软件和数据不因偶然的或恶意的原因而遭到破坏、更改和泄露。

根据我国 1994 年颁布的《中华人民共和国计算机信息系统安全保护条例》中的定义：计算机信息系统的安全保护，应当保障计算机及其相关和配套的设备、设施（含网络）的安全，保障运行环境的安全，保障信息的安全，保障计算机功能的正常发挥，以维护计算机信息系统的安全运行。

1. 计算机信息安全的具体内容

（1）信息的安全

信息的安全主要包括用户口令、用户权限，数据库存取控制，安全审计，安全问题跟踪，计算机病毒防治等；保护数据的保密性、真实性和完整性，避免意外损坏或丢失，避免非法用户窃听、冒充、欺骗等行为；保证信息传播的安全，防止和控制非法、有害信息的传播，维护社会道德、法规和国家利益。

（2）信息系统的安全

信息系统安全是指保证信息处理和传输系统的安全，主要包括计算机机房的安全、硬件系统的可靠运行和安全、网络的安全、操作系统和应用软件安全、数据库系统安全等。它重在保证系统正常运行，避免因系统故障而对系统存储、处理和传输信息造成破坏和损失，避免信息泄露，避免信息干扰。

2. 信息安全风险分类

信息安全的主要风险包括非法授权访问、假冒合法用户身份窃取或破坏数据、释放病毒干扰系统正常运行、数据通信窃听、系统硬件故障、环境因素等。

(1) 信息系统自身缺陷

硬件系统设计缺陷导致的安全隐患。例如，硬盘故障、电源故障或主板芯片的故障、芯片生产商预留后门等。软件系统安全风险主要是来源于软件设计开发中形成的安全问题。例如，操作系统安全漏洞、应用软件设计缺陷、网络协议安全隐患等。

(2) 人为因素造成的信息安全风险

人为因素包括用户误操作导致数据损坏和丢失，集中密集网络访问导致的网络拥堵，用户口令保管使用不当造成密码泄露，黑客非法破解网站入口，监听用户操作信息，冒充合法用户身份窃取、破坏数据等。

(3) 计算机与相关设施环境风险

计算机设备环境问题也同样构成信息安全风险因素。例如，自然灾害、有害气体、静电等环境问题对计算机系统的损害，停电、电压突变对计算机系统运行的影响，偷盗、破坏造成的影响等。

3. 信息安全等级保护

信息安全等级保护是指对国家安全、法人和其他组织及公民的专有信息以及公开信息和存储、传输、处理这些信息的信息系统分等级实行安全保护，对信息系统中使用的信息安全产品实行按等级管理、分级响应和处置的一系列保护措施。1970年美国国防科学委员会提出了TCSEC标准，按信息的等级和相应措施，将计算机安全从低到高分为D、C、B、A四类，七个级别，共27条评估准则，如表1-4所示。

表 1-4　TCSEC 计算机信息安全标准

分类	特　征	等级	安全原则
D类	无保护级别	D1	最小保护级别
C类	自主保护级别	C1	自主安全保护级别
		C2	可控安全保护级别
B类	强制保护级别	B1	加标记的访问控制保护级别
		B2	结构化保护级别
		B3	安全域保护级别
A类	最高保护级别	A1	可验证设计保护级别

1.5.2 计算机病毒

计算机病毒(Computer Virus)是一种人为制造、能够自我复制并对计算机资源进行窃取或破坏的程序与指令的集合。它与生物概念上的病毒有相似之处，能够把自身附着在其他文件之上或是寄生在存储媒介之中，对计算机系统和网络进行各种攻击，同时具有独特的复制能力和传染性。

1986年巴基斯坦两兄弟为了追踪非法复制其软件的人制造了“巴基斯坦”病毒，这成为了世界公认的第一个传染PC电脑的计算机病毒。1999年，CIH病毒在全球范围内大规模爆发，造成近6000万台电脑瘫痪，这也成为有史以来影响范围最广、破坏性最大的病毒。

近年来，由于盗号、隐私信息贩售两大黑色产业链趋于规模化，计算机病毒主要以木马病毒为主，配合蠕虫、后门病毒等，黑客通过植入病毒窃取QQ账号、网游账号、个人隐私及企业机密，已达到牟取暴利的非法目的。图1-24所示为2013年病毒分类统计。

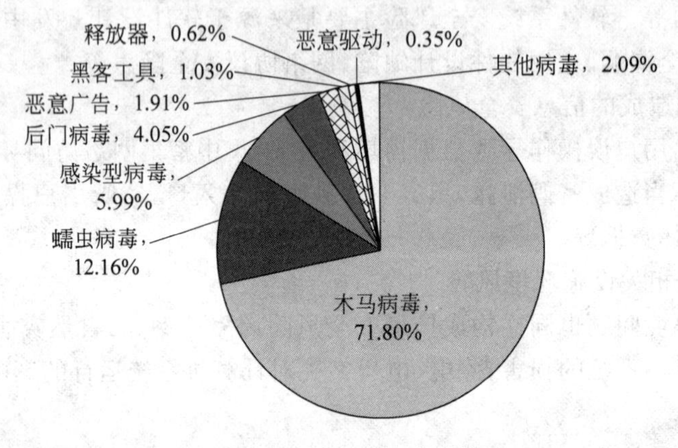

图1-24　2013年病毒分类统计

1. 计算机病毒的分类

计算机病毒类别多样，对其进行分类研究有利于更好的描述、分析和理解计算机病毒的特性与危害，有利于针对病毒原理研究防治技术。根据计算机病毒的不同属性通常有以下几种分类方法：

（1）根据病毒破坏能力分类

① 无危害型。只是占用磁盘可用空间，对系统没有其他影响。

② 无危险型。只是占用内存资源，显示病毒LOGO图像、声音等。

③ 危险型。中断、破坏操作系统执行进程。

④ 非常危险型。删除程序、破坏数据、清除操作系统文件内容等。

根据病毒破坏的性质，还可以分为良性病毒与恶性病毒两类。良性病毒不包含对计算机系统产生直接破坏作用的代码，只是不停地自我复制和传播，占用系统资源直至系统崩溃，像小球病毒就属于此类；恶性病毒的程序代码中包含了损害计算机系统的指令，在其发作过程中对目标计算机软件系统、数据信息甚至硬件设备进行直接的破坏，如米开朗基罗病毒、CIH病毒都属于此类。

（2）根据计算机病毒的指令结构与算法逻辑分类

① 伴随型病毒，并不改变计算机合法文件内容，根据算法产生EXE可执行文件的伴随体，当EXE文件被调用执行时，病毒文件同步工作，进行破坏。

② "蠕虫"病毒，依赖于网络进行传播，一般直接驻留在系统内存中，通过网络从一台机器传播到另一台，并针对系统漏洞进行破坏。

③ 寄生型病毒，嵌入计算机系统的引导扇区或文件中，伴随系统运行而工作。

④ 变形病毒，使用复杂算法进行自我复制传播，且每次复制都与母体的内容或长度不同，甚至病毒特征码在复制时也伴随改变，从而增加了杀毒软件的查杀难度。

⑤ 木马病毒，也可称其为间谍软件，与一般病毒不同，它并不直接破坏计算机软件系统，而是将自身伪装起来吸引用户下载执行，病毒启动后收集目标机器的登录账号、密码等核心信息再通过网络手段发送给病毒制造者，最终达到窃取信息的目的，为进一步的攻击做准备。

2. 计算机病毒的基本特征

(1) 破坏性

破坏性是计算机病毒的一个基本特征。计算机病毒程序被开发出来的目的就是破坏其他计算机，它可以破坏计算机的软件系统，使计算机无法正常工作，也可以修改或者删除存储在计算机中的数据，造成用户的巨大损失，甚至可以改写芯片数据内容，造成硬件的损坏。

(2) 隐蔽性

计算机病毒制造者为了保护病毒本身不被发现，通常将病毒代码与其他程序文件捆绑在一起，而不是单独出现，使用户不易察觉。病毒通常被编写为极为简短精练的程序代码，附着在计算机的正常程序或比较隐蔽的磁盘空间上，如果不掌握其特征代码很难将其与正常的程序文件区分开。

(3) 传染性

计算机病毒可以在程序、计算机和计算机网络之间进行传播，而被感染的计算机又成为新的传染源。病毒在计算机系统运行的过程中，借助内存、磁盘、移动存储设备、网络等媒介进行自我复制，在数据交换的过程中，完成从一台设备到另一台设备的传播。

(4) 潜伏性

计算机病毒为了掩盖其来源和传播途径，植入系统后常常不会立刻发作，而是要潜伏一段时间。有的病毒可以潜伏几个月甚至几年，它隐藏在合法文件之中，使得用户难以跟踪病毒的来源。如果不进行专门的扫描，潜伏性强的病毒很难被发现，此间不断传播和扩散，当触发条件成熟时突然出现造成严重的破坏效果。

(5) 可触发性

病毒的触发条件很多，有的以特定时间触发，有的以用户特定操作触发，有的以特定系统工作流程触发，使得病毒的发作更加突然，难以预防。

(6) 针对性

计算机病毒一般都是针对特定操作系统与应用软件编写的，如"巴基斯坦病毒"基于DOS，熊猫烧香病毒针对 Windows 系统，"Office 宏病毒"针对微软 Office 套装软件，"键盘记录器病毒"专门窃取用户键盘输入信息的病毒等。

3. 计算机病毒应对方法

(1) 计算机病毒的预防

从根本上说，计算机病毒应该以预防为主，切断病毒的传播途径可以有效地防止病毒入侵。计算机病毒主要通过移动存储设备和网络进行传播，可以从以下几个方面进行预防。

① 安装杀毒软件和防火墙软件，注意及时升级软件病毒特征库，并经常进行系统扫描。

② 慎重使用外来移动存储设备（U 盘、光盘、移动硬盘），在打开之前首先进行病毒扫描。

③ 慎重连接公共计算机设备，网吧、机房等公共计算机设备常常是病毒的重要传染源，使用移动存储设备连接此种计算机后要及时查杀病毒。

④ 不要随意下载来历不明的软件，提倡使用正版软件，不要随意打开陌生电子邮件的附件文件。

⑤ 公共计算机建议安装系统保护还原卡，每次重启电脑可以刷新操作系统分区数据内容。

⑥ 定期备份重要数据，创建操作系统分区镜像（例如使用 Ghost 工具在 DOS 模式下备份 Windows 所在 C 盘分区全部内容，即便操作系统数据损坏，也可以全盘还原）。

(2) 计算机病毒的检测与清除

由于计算机病毒具有一定潜伏性，即使设备感染病毒，在病毒没有发作之前及时检测与清除也能够很好地保护计算机系统，将安全风险降到最低。

① 注意察觉计算机异常现象，如频繁死机、速度变慢、软件无法正常工作等。

② 查看计算机内存进程内容，如发现不明程序占用较多 CPU 资源，很可能是病毒。

③ 安装杀毒软件与防火墙，经常进行查杀扫描。国内市场上主流杀毒软件与防火墙有：360 杀毒、瑞星杀毒、NOD 杀毒、诺顿、卡巴斯基等。

1.5.3 网络黑客攻击与预防

黑客（Hacker）一般是指计算机网络的非法入侵者。早期，黑客一词主要是指热衷于计算机技术水平高超的计算机专家，尤其是程序设计人员。但是现在黑客已经被用于泛指那些专门利用计算机系统漏洞，通过网络攻击技术，非法闯入他人计算机窃取、破坏数据的人。

黑客入侵计算机系统的目的千奇百怪，有的仅仅是为了满足自己的好奇心，有的则是炫耀自己的计算机技术水平，有的是为了验证自己的编程能力。但是，更多的黑客入侵系统，则是为了窃取情报、金钱，盗用系统资源，或是进行恶劣的报复行为。

1. 黑客常用攻击方式

一般黑客的攻击行为分为以下三步。

(1) 信息收集

信息收集是为了了解所要攻击目标的详细信息，黑客利用某些网络协议或程序端口收集相关数据。例如，利用 SNMP 协议查看路由器路由表，了解目标网络内部结构；利用 TraceRoute 程序获取目标主机的网络层次；利用 ping 程序检测主机位置等。

(2) 检测分析系统安全弱点

在执行了信息收集工作后，黑客根据反馈信息分析寻找目标系统的网络安全漏洞，利用 Telnet、FTP 等协议方式寻求突破目标系统的通路，获取非法访问权限。

(3) 实施攻击

黑客获得远程访问权限后开始实施各种攻击行为。

① 建立新的安全漏洞和后门，以方便随后的持续潜入行为。

② 植入探测软件(键盘记录、木马程序等)，收集账号、密码等目标系统核心信息。

③ 建立黑客独享的特许访问权限，全面控制目标主机，并以此展开更大范围的攻击。

④ 清除攻击痕迹，改写系统日志，毁掉入侵痕迹。

2. 黑客攻击的防范

黑客入侵计算机系统手法多样，但归根结底都是利用了系统的自身漏洞和系统管理员的工作疏忽，为防止黑客入侵，系统管理员和使用者应该具有较强的防范意识和专业措施，不给黑客以可乘之机。防范黑客攻击需要在以下几方面加强管理。

(1) 数据加密

数据加密是保护系统内部数据、文件、重要口令等内容的安全性的重要手段，对网络通信内容的加密，可以最大程度上防止黑客的监听，使得黑客短时间内难以破解原文内容。

(2) 身份认证

通过管理密码与账户权限，严格分配系统内合法用户必要的权限，慎重授权高级用户权限，对管理员权限账户要定期更换密钥，或配备更加安全的加密方式(如U盾、加密狗)，并对高级权限用户的访问情况进行监控。

(3) 完善访问控制策略

严格管理系统端口，设置文件系统访问权限和目录安全等级，安装高级网络防火墙软件，并保持版本最新。

(4) 日志记录

管理员需要实时记录系统主机有关访问事件，及时备份日志至安全设备中，记录网络用户的访问时间、操作内容、访问方式等内容。针对重要系统，应配有专人和专业设备，实时监控网络安全状态，一旦发现黑客攻击行为可以及时应对处理。

习题一

一、单项选择题

1. 将十进制数25.3125转换成十六进制数是(　　)。

A) 19.4　　B) 19.5　　C) 20.4　　D) 20.5

2. 通常人们所称的计算机系统是由(　　)组成的。

A) 硬件系统和软件系统　　B) 硬件系统和数据库系统

C) 系统软件和应用软件　　D) 运算器、控制器、存储器和外部设备

3. 运算器和控制器的总称是(　　)。

A) UPS　　B) CPU　　C) ALU　　D) RAM

4. 微型计算机中运算器的主要功能是进行(　　)。

A) 逻辑运算　　B) 算术运算

C）算术运算和逻辑运算　　D）关系运算

5. 断电会使存储数据丢失的存储器是（　　）。

A）RAM　　B）ROM　　C）CD-ROM　　D）硬盘

6. 在计算机内部是用（　　）存储、处理、传输数据的。

A）二进制　　B）八进制　　C）十进制　　D）十六进制

7. 在微型计算机中，应用最普遍的字符编码是（　　）。

A）汉字拼音　　B）补码　　C）BCD 码　　D）ASCII 码

8. 微型计算机的主机主要由（　　）组成。

A）CPU 和外设　　B）CPU 和内存储器

C）运算器、存储器和外设　　D）中央处理器和外存储器

9. 计算机能直接识别和执行的程序是（　　）。

A）高级语言源程序　　B）汇编语言源程序

C）机器语言程序　　D）面向对象的程序

10. 微型计算机中的内存储器是按（　　）进行编址的。

A）二进制　　B）字节　　C）字　　D）位

11. 目前，一张 DVD 光盘的存储容量为（　　）。

A）1.44MB　　B）650MB　　C）4.7GB　　D）20GB

12. 下列四个不同进制的数中，最小数是（　　）。

A）二进制数 110101　　B）八进制数 101

C）十进制数 55　　D）十六进制数 42

13. 微型计算机中，如果说计算机内存容量为 1GB，一般是指（　　）。

A）RAM 和 ROM 容量之和　　B）RAM 的容量

C）ROM 的容量　　D）RAM、ROM 和 Cache 容量之和

14. 下列设备中，属于输出设备的是（　　）。

A）键盘　　B）鼠标器　　C）扫描仪　　D）打印机

15. 一台微型计算机的字长为 4 个字节，它表示（　　）。

A）能处理的字符串最多为 4 个 ASCII 码字符

B）能处理的数值最大为 4 位十进制 9999

C）在 CPU 中运算的结果为 8 的 32 次方

D）在 CPU 中作为一个整体加以传送处理的二进制代码为 32 位

16. I/O 接口位于（　　）。

A）主机和 I/O 设备之间　　B）主机和总线之间

C）CPU 和主存之间　　D）总线和 I/O 设备之间

17. 下列（　　）中的软件均属于系统软件。

A）DOS 和 Word　　B）DOS 和 Windows

C）Windows 和 Excel　　D）Word 和 Excel

18. 补码 10110111 代表的十进制负数是（　　）。

A）67　　B）−53　　C）−73　　D）−47

19. 下列有关存储器读写速度排列正确的是（　　）。

A) RAM>Cache>硬盘　　B) RAM>硬盘>Cache
C) Cache>硬盘>RAM　　D) Cache>RAM>软盘

20. 二进制数据1010和1101，执行逻辑或表达式1010 ∨ 1101后，结果是(　　)。
A) 1010　　B) 1100　　C) 1011　　D) 1111

二、填空题

1. 世界上第一台电子计算机的英文名称为________。
2. 计算机指令通常由________和________两部分组成。
3. 计算机术语中，1 GB等于________MB。
4. 用高级语言编写的程序，应翻译成________程序后机器才能识别和执行。
5. 微型计算机系统中，根据总线上传送的信息不同，可以将总线分为________、________和________三类。
6. 第二代电子计算机中，使用的主要元器件为________。
7. 已知大写字母H的十进制ASCII值为72，则大写D的十进制ASCII值为________。
8. 计算机中汉字内码用________个字节表示。
9. 计算机运算速度的单位(MIPS)的中文意思是________。
10. 在计算机应用领域中，CAI的中文含义是________。

第2章　Windows XP 操作系统

Windows XP 是 Microsoft 公司于 2001 年推出的一款基于图形界面的多用户、多任务操作系统。它是微软第一个专门针对 Web 服务进行过优化的操作系统，并且加入了许多与互联网和多媒体相关的新技术，是实现 Microsoft. NET 构想的重要步骤。Windows XP 是一种基于 NT 技术的纯 32 位操作系统，是 Windows 2000 的升级产品。Windows XP 的诞生，标志着 Windows NT 核心技术已经开始普及。

Windows XP 针对不同用户提供了不同的版本。

① Windows XP Professional：专业版，是为企业用户设计的，提供了高级别的扩展性和可靠性；

② Windows XP Home Edition：家庭版，拥有针对数字媒体的最佳平台，适宜于家庭用户和游戏玩家；

③ Windows XP 64-Bit Edition：64 位版，迎合了特殊专业工作站用户的需求。

专业版和家庭版是完整的 32 位操作系统，本书以专业版为主介绍它的操作和使用。

2.1　Windows XP 的基本操作

2.1.1　Windows XP 的启动与退出

1. Windows XP 的启动

接通电源，打开显示器电源开关，再开启主机电源。计算机进行系统硬件自检，然后自动启动计算机系统。

计算机进入 Windows XP 系统后，会看到一个全新的界面，上面只有一个回收站图标，如图 2-1 所示，我们把它称为桌面。

如果 Windows XP 系统只有一个账户，并且没有设置密码，系统就将跳过登录界面，直接进入到桌面，如图 2-1 所示。否则系统启动时将要求用户选择用户账号，若该账号设置了密码，系统将提示用户输入密码，密码输入无误之后方可进入 Windows XP 的操作界面。

2. Windows XP 的注销

Windows XP 是一个支持多用户的操作系统。当需要更改账号访问系统时，可以注销 Windows XP 返回登录界面，切换用户。注销当前用户账号的操作步骤如下。

(1) 单击“开始”按钮，打开“开始”菜单。

(2) 选择“注销”命令，打开“注销 Windows”对话框，如图 2-2 所示。

图 2-1 Windows XP 的桌面

(3) 单击“注销”按钮,注销当前正在使用的用户,但不会删除此用户的文件;单击“切换用户”按钮,保持当前用户已打开的应用程序,直接切换到其他用户。

3. Windows XP 的退出

计算机使用完毕时可以退出 Windows XP。在退出 Windows XP 前,用户应将所有正在运行的应用程序保存并退出,以免丢失数据。退出 Windows XP 的操作步骤如下。

(1) 单击“开始”按钮,打开“开始”菜单。

(2) 选择“关闭计算机”命令,打开“关闭计算机”对话框,如图 2-3 所示。

图 2-2 “注销 Windows”对话框

图 2-3 “关闭计算机”对话框

(3) 选择“待机”命令,可以使计算机处于低功耗状态,但仍能保持立即使用(在待机状态时,内存中的信息未存入硬盘中,若此时电源中断,内存中的信息将会丢失);选择“关闭”命令,则先退出 Windows 系统,然后自动关闭计算机;选择“重新启动”命令,则先退出 Windows 系统,然后重新启动计算机,可以再次选择进入 Windows XP 系统。

2.1.2 Windows XP 的桌面

启动 Windows XP 后,显示在屏幕上的整个画面称之为桌面。Windows XP 系统中大部分的操作都是通过桌面完成的。桌面由桌面背景、图标和任务栏三个部分构成,如图 2-1 所示。

1. 桌面背景

桌面背景又称“墙纸”,就是用户进入到 Windows XP 操作系统后,在桌面上显示的图片或图像。用户可以选择一幅自己喜欢的图片作为桌面背景。具体的操作步骤如下。

(1) 在桌面空白处右击,在弹出的快捷菜单中选择“属性”命令,打开“显示属性”对话框。也可以在控制面板中,双击“显示”图标打开“显示属性”对话框,如图 2-4 所示。

图 2-4 “显示属性”对话框

(2) 在“显示属性”对话框中,选择“桌面”选项卡,如图 2-4 所示,从“背景”列表中选择背景图片。也可通过单击“浏览”按钮来选择其他的图片。

(3) 在“位置”下拉列表中,可以选择图片的摆放方式,包括“居中”、“平铺”和“拉伸”三种方式。

① “平铺”。表示以选择的图片为单元,一张一张拼接起来平铺在桌面上。

② “拉伸”。表示在桌面上只显示一幅图片,将它拉伸成与桌面尺寸一样的大小。

③ “居中”。表示在桌面上只显示一幅图片并以原始尺寸显示在桌面正中间。

(4) 在“颜色”下拉列表中,可选择桌面背景的颜色。背景颜色效果只有在选择的图片尺寸比桌面的尺寸小,且图片的位置为“居中”时,才会在屏幕四周体现出来。

2. 桌面图标

(1) 自定义桌面图标

在图 2-4 所示的“显示属性”对话框中，单击“自定义桌面”按钮，弹出如图 2-5 所示的“桌面项目”对话框，在其中可以设置桌面显示图标的种类，更改应用程序的图标。

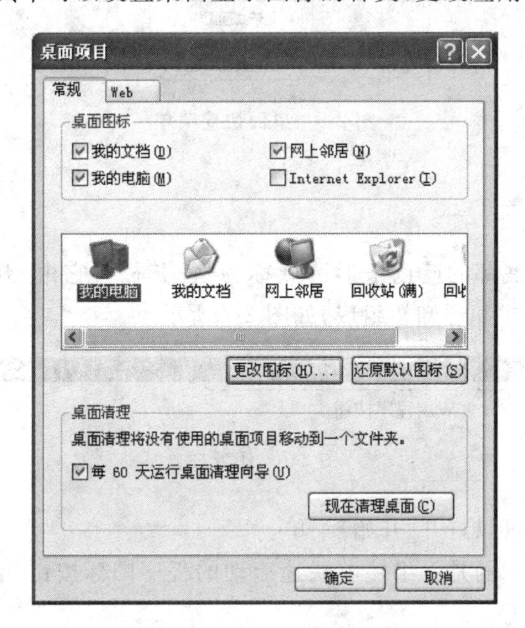

图 2-5 “桌面项目”对话框

① 桌面图标的显示与隐藏

安装 Windows XP 操作系统后，在默认情况下，桌面上只显示了“回收站”图标。用户还可以将“我的电脑”、“我的文档”、“网上邻居”及 Internet Explorer 图标添加到桌面上。添加桌面图标的方法是在图 2-5 所示对话框的“桌面图标”区域中，选中要显示在桌面上的应用程序名。取消选中则相应程序的图标自动从桌面上消失。

② 更改图标

如果用户想要更改桌面上某个应用程序的图标，可在图 2-5 所示对话框中单击要更改的应用程序图标，如“我的电脑”，然后单击“更改图标”按钮，打开“更改图标”对话框。在列出的各种可选图标中选择所需的图标。最后单击“确定”按钮，即可完成图标的更改。

如果用户想将某个应用程序的图标还原为原始图标的话，只需在“桌面项目”对话框中选中该项目图标，然后单击“还原默认图标”按钮即可。

(2) 排列桌面图标

桌面上的图标有多种排列方式，排列图标通常可以采用两种方法。

① 用鼠标右键单击桌面空白处，弹出快捷菜单如图 2-6 所示，选择“排列图标”命令，然后在级联菜单中可以选择按文件“名称”的顺序、按文件“大小”的顺序、按文件“类型”的顺序或者按文件“修改时间”的顺序排列图标。

② 用鼠标左键拖动桌面图标手工排列。需要说明的是，如果图 2-6 所示的菜单中选中了“自动排列”命令，则该方法不再适用。

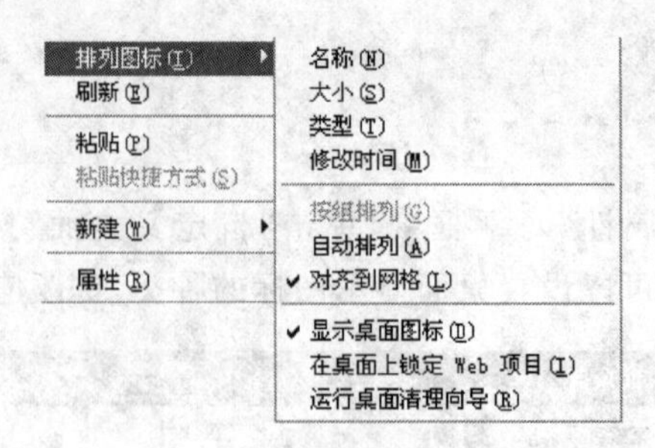

图 2-6　桌面快捷菜单

3. 任务栏

Windows XP 桌面底部的蓝色条形区域称为“任务栏”，它由“开始”按钮、快速启动按钮、应用程序按钮、语言栏和通知栏组成，如图 2-7 所示

图 2-7　任务栏

单击“开始”按钮：可以打开“开始”菜单。

快速启动按钮：显示的是一组能够快速启动的程序图标按钮。单击这些图标按钮，可以启动其对应的应用程序。

应用程序栏：显示的是已经启动的应用程序名称。

语言栏：显示当前使用的语言种类和输入法。单击语言栏的最左边的图标按钮，可以选择输入法。

通知栏：显示时钟等系统当前的状态。将鼠标指针移至最右边的时间显示区时，除了系统时间之外，还会显示系统日期。

(1)“开始”菜单的构成

利用 Windows XP 的“开始”菜单可以启动程序、打开文件、进行系统设置、获得帮助等。单击桌面左下角的“开始”按钮或按 Ctrl+Esc 快捷键，可以打开“开始”菜单，如图 2-8 所示。

用户账号名称：显示了当前登录计算机的用户名称及其图标。

固定程序列表：一般包括 Internet Explorer 和 Outlook Express 两个应用程序。Internet Explorer 用于浏览 Internet 信息，Outlook Express 用于收发电子邮件。除此之外，用户安装的应用程序有时也显示在这里。

常用程序列表：显示了最近一段时间用户经常使用的应用程序。

所有程序：显示当前系统中已安装的所有应用程序。

我的文档：用于保存 Windows 环境下所编辑的文件。这是保存文件时系统默认的文件夹。在保存文件时，也可以根据需要保存到用户指定的位置。

我最近的文档：为提高文档打开速度，Windows XP 将最近打开过的 15 个文档添加到该文件夹中。

图 2-8 “开始”菜单

My Pictures(图片收藏)和 My Music(我的音乐):可以对各种多媒体文件进行分类管理,并且不必启动任何应用程序就可直接浏览图片或播放音乐。

我的电脑:可以管理包括文档在内的计算机中的所有资源。

网上邻居:可以浏览网络上其他计算机中的共享资源,也可以进行有关网络的设置。

控制面板:控制面板集成了一组进行计算机环境设置的应用程序,可以执行多种关于计算机软件和硬件的管理任务。

搜索:使用该命令可以借助 Windows XP 的“搜索助理”进行快速查找文件、文件夹以及计算机或用户。

运行:使用该命令可以运行“开始”菜单中没有列出的应用程序、打开文件或文件夹以及使用 Internet 资源。

(2) 设置“开始”菜单

“开始”菜单可以更改为“经典开始菜单”样式,即 Windows 2000 及以前版本中“开始”菜单的外观,操作步骤如下。

① 右击“开始”按钮,然后选择“属性”命令,弹出“任务栏和「开始」菜单属性”对话框,如图 2-9 所示。

② 选择“「开始」菜单”选项卡,选中“经典「开始」菜单”。

③ 单击“确定”按钮。再次打开“开始”菜单时就会显示为所设置的外观。

如果要对“开始”菜单外观进行其他设置,可以在图 2-9 所示的对话框中单击“自定义”按钮,打开“自定义「开始」菜单”对话框进行设置。其中包括在“开始”菜单上显示的项目,清除最近使用的程序、文档和网站列表等选项。

（3）设置任务栏

任务栏可以移动、改变大小、隐藏，还可以显示或隐藏任务栏上的工具栏。

① 移动任务栏

默认情况下任务栏是锁定的，即不可以移动。如果要移动任务栏，可按如下步骤操作。

第一步：用鼠标右键单击任务栏空白处，在弹出的快捷菜单中取消对“锁定任务栏”的选择，即单击该项目去掉“锁定任务栏”项目左侧的对勾，如图 2-10 所示。

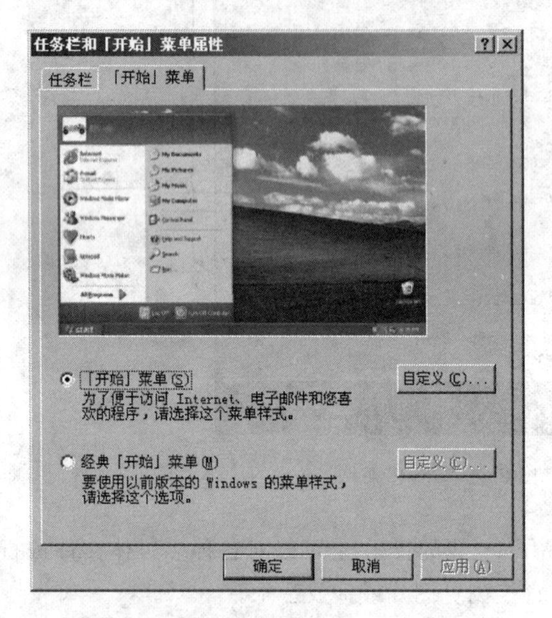

图 2-9 “任务栏和「开始」菜单属性”对话框

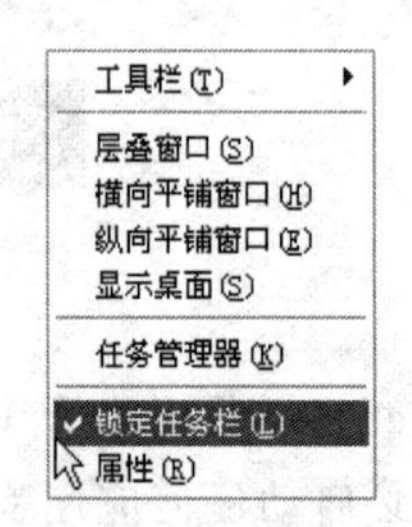

图 2-10 “任务栏”快捷菜单

第二步：单击任务栏的空白区，并按住鼠标左键不放。拖动鼠标到屏幕的右侧时，松开鼠标左键，这样就将任务栏移动到屏幕的右侧了。

用此方法还可以将任务栏拖动到屏幕的左侧或者上方。通常，用户习惯将任务栏放置在屏幕的底部。

② 改变任务栏的大小

在未锁定任务栏的情况下，可以改变任务栏的大小，操作步骤如下。

第一步：将鼠标移动到任务栏与桌面交界的上边缘处，此时鼠标指针的形状变成了一个垂直双向箭头。

第二步：按住鼠标左键，向桌面中心方向拖动鼠标。拖动到所需大小后，松开鼠标左键即可。

③ 隐藏任务栏

隐藏任务栏的操作步骤如下。

第一步：在任务栏的空白处右击，弹出快捷菜单。

第二步：选择快捷菜单中的“属性”命令，打开“任务栏和「开始」菜单属性”对话框，如图 2-11 所示。

第三步：切换到“任务栏”选项卡，选中“自动隐藏任务栏”复选框，单击“确定”按钮即可隐藏任务栏。

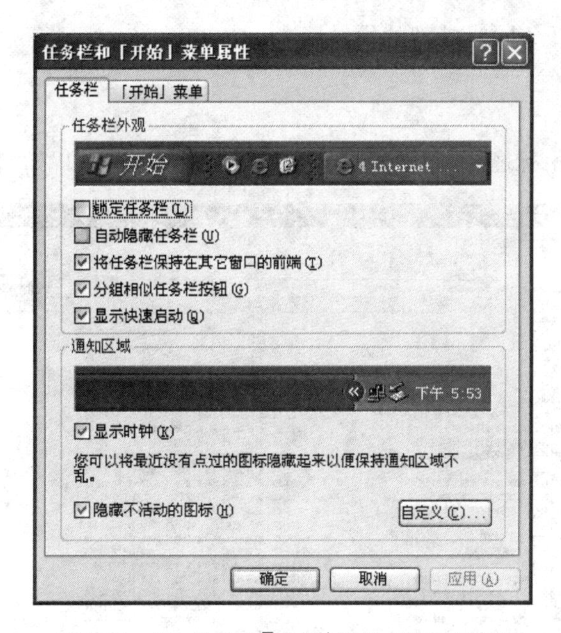

图 2-11 “任务栏和「开始」菜单属性”对话框

设置了任务栏的自动隐藏功能后，当打开其他窗口时，任务栏会自动隐藏。如果要显示，只需将鼠标移动到屏幕的底部停留一会儿，被隐藏的任务栏就会重新显示出来。

(4) 显示或隐藏工具栏

在任务栏中有许多工具栏，是为了提高使用效率而设置的，例如“快速启动”工具栏、语言栏等。要显示或隐藏这些工具栏，可按如下步骤操作。

① 在任务栏的空白处右击，打开快捷菜单，如图 2-12 所示。

② 将鼠标指针指向快捷菜单中的“工具栏”命令，显示下级菜单，如图 2-12 所示。

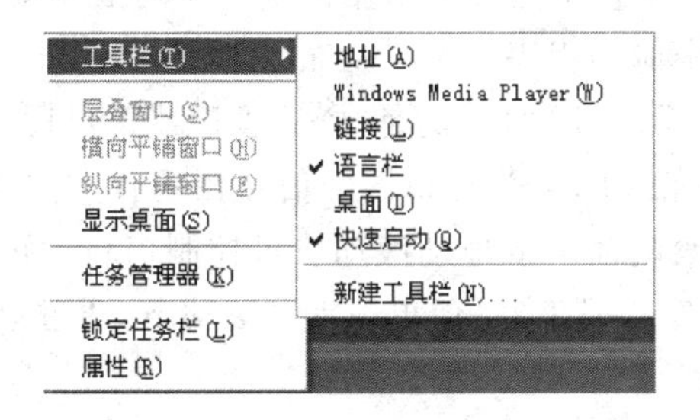

图 2-12 “工具栏”级联菜单

③ 根据需要选中或取消“地址”、“链接”、“语言栏”、“快速启动”、“桌面”等工具栏。

2.1.3 Windows XP 的窗口

窗口是 Windows XP 系统最重要的组成部分，在 Windows XP 中，打开一个文件夹或运行一个应用程序后屏幕上都会显示一个矩形区域，这个区域就是窗口。Windows XP 系统允许同时在屏幕上显示多个窗口，每个窗口属于特定的应用程序、文件夹或文档，体现了

Windows XP 系统多任务同步处理的优异性能。

1. 窗口的组成

一个标准的窗口由标题栏、菜单栏、工具栏等几部分组成，如图 2-13 所示。

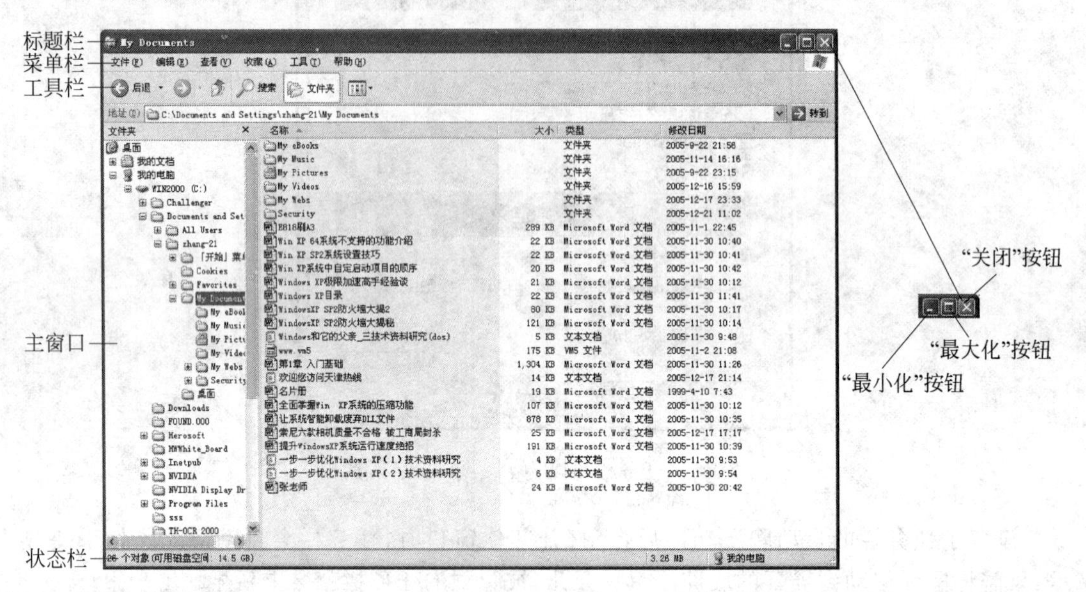

图 2-13　标准窗口

（1）标题栏：标题栏的左侧一般显示窗口的名称或正打开的磁盘或文件名称；标题栏的右侧有三个按钮，分别是"最小化"、"最大化"（或"向下还原"）和"关闭"按钮。

（2）菜单栏：菜单栏中显示各种菜单名称，单击菜单名可以打开对应的下拉菜单。

（3）工具栏：工具栏中显示的是各种常用命令对应的工具按钮。

（4）主窗口：显示这个应用程序或文件夹的主体内容，不同的应用程序或文件夹窗口中显示不同的内容。例如，图 2-13 打开的是"资源管理器"窗口。

（5）垂直滚动条/水平滚动条：当窗口内的信息在垂直方向长度超过窗口高度时，便出现垂直滚动条，通过单击滚动箭头或拖动滚动块可控制窗口中内容上下滚动；当窗口内的信息在水平方向宽度超过窗口宽度时，便出现水平滚动条，通过单击滚动箭头或拖动滚动块可控制窗口中内容左右滚动。

（6）状态栏：位于窗口最下方，显示当前窗口中的各种状态和提示。

2. 窗口的操作

窗口的操作主要包括移动窗口、改变窗口的尺寸和窗口的最大化、最小化、还原以及关闭等。

1）窗口的最大化、最小化、还原

在标题栏右侧有三个按钮，它们分别对应窗口的最小化、最大化以及关闭操作。当窗口处于最大化状态时，中间的"最大化"按钮变为"向下还原"按钮，用鼠标单击该按钮可以使窗口在最大化和还原状态之间切换。若当前窗口不是最大化状态，则双击标题栏的空白处也可以使窗口最大化，再次双击标题栏空白处可以使窗口的尺寸被还原。

2）关闭窗口

关闭窗口可采用以下四种方法中任意一种。

(1) 在需要关闭的窗口中执行“文件”→“关闭”或“文件”→“退出”命令。

(2) 按 Alt+F4 快捷键。

(3) 用鼠标右键单击任务栏中需关闭的窗口按钮，在弹出的快捷菜单中选择“关闭”命令。

(4) 单击标题栏最左侧的图标，弹出窗口的控制菜单，从中选择“关闭”命令，或直接双击该图标。

3）移动窗口

当窗口处于还原状态下，只需拖动窗口的标题栏就可以移动整个窗口。

4）改变窗口的尺寸

当窗口处于还原状态下，将鼠标指针移到窗口的边框处，鼠标指针变成了双箭头形状，此时拖动窗口边框就能够改变相应的尺寸。

如果鼠标指针位于窗口的左右边框，那么这个鼠标指针是一个水平的双箭头指针，这时改变的是窗口水平方向的尺寸；如果鼠标位于窗口的上下边框，那么鼠标指针是一个垂直的双箭头指针，这时改变的是窗口垂直方向的尺寸；如果鼠标位于窗口边框的四个角，那么鼠标指针是一个呈45°斜线的双箭头指针，这时可以同时改变窗口的水平方向和垂直方向的尺寸。

5）多窗口的操作

Windows XP 是一个支持多任务运行的操作系统。通常情况下，每个正在运行的应用程序都对应一个窗口，所以若同时运行多个应用程序，则在桌面上就会打开多个窗口。但是用户一次只能对一个窗口进行操作，该窗口称为当前窗口或前台任务窗口。当前窗口的标题栏是深蓝色的，位于其他窗口之上；其他窗口称为后台窗口，标题栏是浅蓝色的。

对多个窗口的操作主要包括窗口之间的切换、窗口的排列等。

(1) 切换当前窗口

切换当前窗口的方法主要有以下四种。

① 使用任务栏切换。在 Windows XP 中，打开的应用程序是以按钮的形式显示在任务栏中的。其中，前台任务窗口对应的按钮是深蓝色的，而处于后台工作方式的应用程序对应的按钮是浅蓝色的。单击按钮就能将对应的应用程序窗口切换为前台窗口。

② 单击窗口切换。如果要切换到前台的窗口未被其他窗口完全遮盖，则可以单击该窗口的任何可见部位，使窗口切换到前台。

③ 使用快捷键 Alt+Tab 切换。按下快捷键 Alt+Tab 后，弹出如图 2-14 所示的任务切换栏。

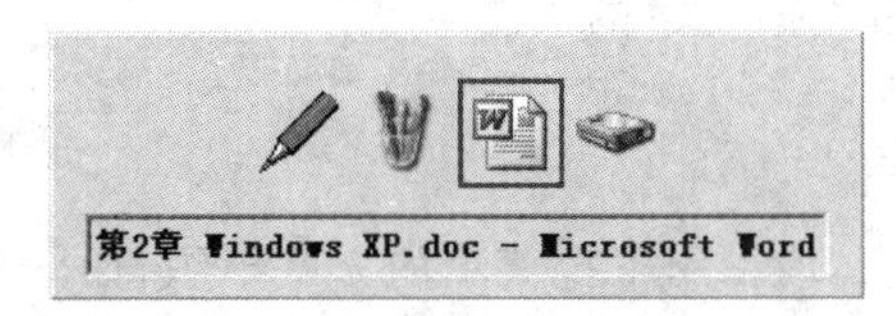

图 2-14 任务切换栏

在任务切换栏中打开的任务以图标的形式排列。此时按住 Alt 键不放，连续按 Tab 键，直到选中需要的窗口图标，松开按键即可将对应的窗口切换到前台。

④ 使用快捷键 Alt+Esc 切换。按住 Alt 键不放，连续按 Esc 键，则已打开的各应用程序窗口会逐个切换到前台，当所需的窗口出现在前台时，松开按键即可。

(2) 多窗口的排列

为了方便用户查看多个打开的窗口，Windows XP 提供了窗口的层叠、横向平铺和纵向平铺三种排列方式。层叠的排列方式就是把未处于最小化状态的窗口按先后顺序依次排列在桌面上，其中当前窗口是完全可见的。而平铺的排列方式是除了处于最小化状态的窗口外其余窗口均以相同的尺寸显示在桌面上。

排列窗口的具体操作方法是用鼠标右键单击任务栏的空白处，打开快捷菜单，如图 2-15 所示，然后在快捷菜单中选择所需的窗口排列方式。图 2-16 所示为窗口层叠排列后的效果。

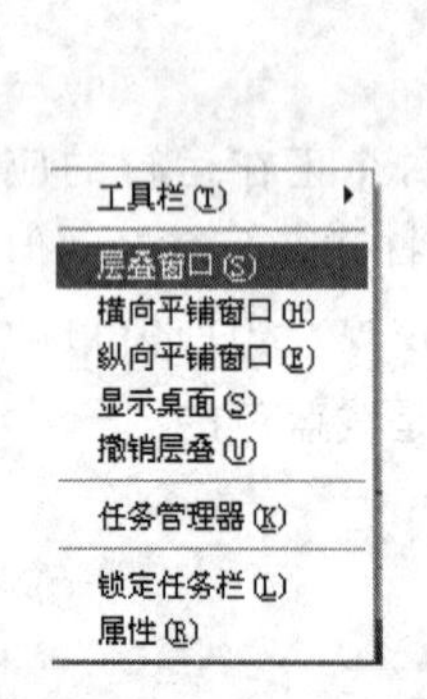

图 2-15 任务栏快捷菜单

图 2-16 “层叠窗口”效果示例

2.1.4 Windows XP 的菜单

菜单是一种形象化的称呼，是将命令分门别类地集合在一起，供用户选择，选定之后，系统会执行相应的命令，实现相关操作。Windows XP 中除了有前面介绍过的“开始”菜单外，还有“下拉式”的下拉菜单和“弹出式”的快捷菜单。

1. 下拉菜单

窗口菜单栏中的菜单项，均采用下拉菜单的方式组织，如图 2-17 所示。菜单中含有若干条命令，为了便于使用，命令按功能分组，分别放在不同的菜单项里。当前能够执行的有效菜单命令以深色显示,暂时不能使用的命令则呈浅灰色。

菜单上存在一些特殊符号,分别代表不同的含义。

① ▶表示此命令包含下级子菜单,也称为级联菜单。鼠标指针移动到带有▶符号的命令时,将打开相应的子菜单。

② √表示该命令项正在起作用,再次单击该命令项会取消√标记。

③ …表示选择该命令后,将弹出一个对话框,供用户做进一步的选择。

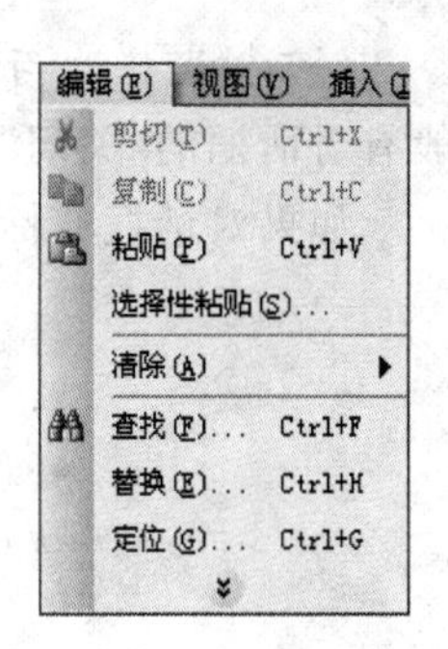

图 2-17 下拉式菜单

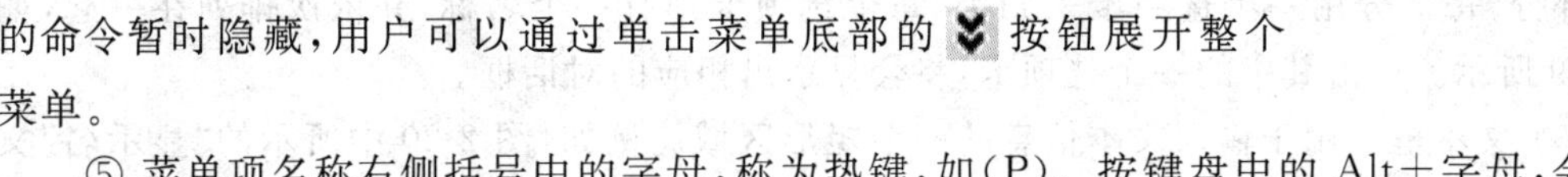

④ 折叠按钮。系统有时为了保持菜单的整洁性,会将未使用的命令暂时隐藏,用户可以通过单击菜单底部的按钮展开整个菜单。

⑤ 菜单项名称右侧括号中的字母,称为热键,如(P)。按键盘中的 Alt+字母,会打开对应的菜单。

⑥ 菜单命令项右侧的快捷键 Ctrl+字母。快捷键的作用是不论菜单项是否被打开,按下 Ctrl+字母,就可以快速执行相应的命令。

2. 弹出式快捷菜单

弹出式菜单是一种与上下文相关的菜单。将鼠标指针指向某个选中对象或屏幕的某个位置时,单击鼠标右键,即可打开一个弹出式菜单。该菜单列出了与用户正在执行的操作直接相关的命令。例如将鼠标指针指向一个文件夹窗口内部,右击空白处,将会弹出如图 2-18 所示的快捷菜单,从中可以看出,菜单中的内容都是与文件夹及其窗口相关的命令。

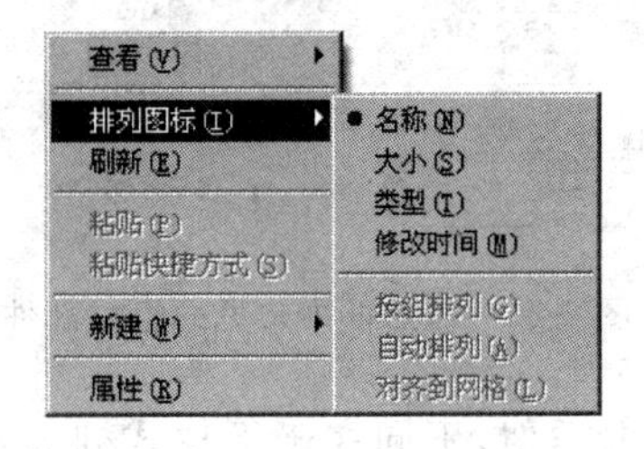

图 2-18 上下文相关的弹出式快捷菜单

2.1.5 Windows XP 的对话框

对话框是系统与用户对话、交互的场所,是窗口界面的重要组成部分。有些菜单命令后面带有省略号(…),表示执行该命令时,会弹出一个对话框。例如,在"我的电脑"窗口中选择"工具"→"文件夹选项…"命令时,将弹出"文件夹选项"对话框,在此对话框内,用户可以完成进一步的操作。

对话框的组成与窗口有相似之处,例如都有标题栏,但对话框要比窗口更简洁、更直观、更侧重与用户的交流,它一般包括标题栏、选项卡、文本框、列表框、单选按钮、复选框和命令按钮等。

(1) 标题栏。与窗口一样,标题栏位于对话框的顶部,其左端是对话框的名称,右端一般有对话框的“关闭”按钮和“帮助”按钮,如图 2-19 所示。

如果对话框有标题栏,可以像移动窗口那样移动对话框的位置。

图 2-19 对话框的标题栏与选项卡

(2) 选项卡。选项卡也称为标签。当对话框的内容很多时,Window XP 将其按类别分成几部分,每部分用一个选项卡来归类,每个选项卡都有一个名称,并依次排列在一起,如图 2-19 所示。单击其中的一个选项卡,将会显示出相应的对话框。

(3) 文本框。用于输入文本信息的一个矩形区域。例如,图 2-20 中所示的“显示名”文本框用于输入一个显示的文件名。

(4) 列表框。列表框是一个显示多个选项的小窗口,用户可以从中选择一项或几项,如果可供选择的项数超过了列表框的大小,列表框中会自动出现滚动条,如图 2-20 中所示的“背景”列表框。

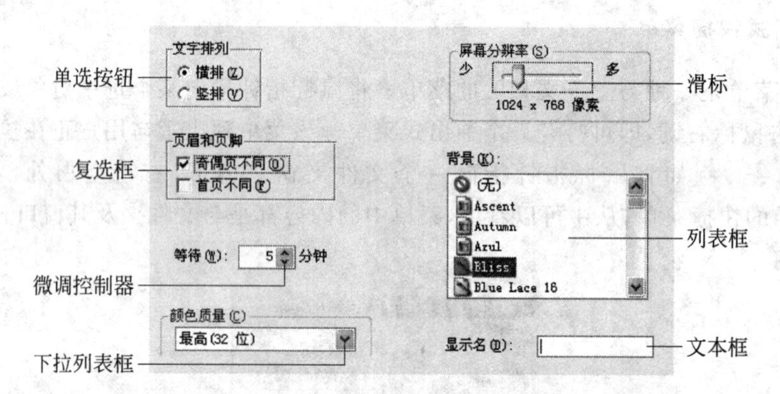

图 2-20 对话框中常见的组成部件

(5) 下拉列表框。与列表框类似,不同在于下拉式列表框的初始状态是一个只包含当前选项的小窗口。单击窗口右侧的下三角箭头按钮时,一个可供选择的列表窗口便会弹出。图 2-20 中所示的“颜色质量”下拉列表框,单击下拉箭头后,可供选择的各种颜色质量便会出现。

(6) 单选按钮。这是一组互相排斥的选项,任一时刻必须且只能从中选择一个。单选按钮表示为一个小圆圈,选中某选项时,该选项对应的小圆圈内将出现一个实心点;未被选中的选项,小圆圈为空。图 2-20 中“文字排列”单选按钮组中的“横排”按钮为选中状态。

(7) 复选框。复选框是一个可以“开”或“关”的任选项,用小方框 □ 表示。单击选项前面的 □ 状图标,图标变成 ☑ 状,表示选中此项,再单击一次,又返回到未选中状态,如图 2-20 中所示的“页眉和页脚”复选框。

(8) 微调控制器。微调按钮一般位于文本框右侧,是用于增减数值的一对箭头。如图 2-20 中所示的“等待”文本框,其右侧就配有微调控制器。单击向上箭头,文本框内数值增1；单击向下箭头，数值减1。

（9）滑标。滑标的工作方式很简单，向一个方向移动它，值将增加，向另一个方向移动它，值将减少。如图2-20中所示的“屏幕分辨率”设置就是一个滑标的例子。

（10）命令按钮。每个命令按钮上都有自己的“名字”，单击命令按钮便可以立即启动一个动作。例如“确定”、“取消”和“帮助”按钮是对话框中几乎都有的命令按钮。当单击“确定”命令按钮后，则执行对话框对应的命令，该对话框也同时被正常关闭。当已经打开一个对话框后又不想执行任何动作，可单击“取消”命令按钮。

2.1.6 鼠标操作

1. 鼠标操作

鼠标是Windows环境下最灵活的输入工具，鼠标具备快捷、准确、直观的屏幕定位和选择能力。在Windows XP系统中，鼠标指针在屏幕上一般是一个空心箭头，该指针箭头会随着鼠标在桌面上的移动而在屏幕上同步移动。鼠标指针的形状可以随着当前所指向的对象或者所要执行任务的变化而变化。鼠标的操作主要有以下四种。

（1）移动。是指在屏幕上通过移动鼠标指针指向选定对象的过程。移动时不按任何键，鼠标指针将随着鼠标的移动而移动，直到指向目标对象。若鼠标在某对象上停留片刻，有时会显示出对当前对象的解释信息。

（2）单击。是指将鼠标指针指向某一指定对象后，快速地按一下鼠标左键或右键。单击左键一般表示选中对象，单击右键一般会弹出当前对象的快捷菜单。

在未作特别声明的情况下，本书的单击均指单击鼠标左键，右击均指单击鼠标右键。

（3）双击。是指将鼠标指针指向某一指定对象后，快速连击两下鼠标左键。双击操作常用于打开窗口或执行命令。例如，双击桌面图标将打开其对应程序的窗口；双击窗口标题栏可使窗口在最大和还原间切换。

（4）拖动。是指将鼠标指针指向某一对象或某处，然后按住鼠标左键移动鼠标，到指定位置松开。例如，拖动窗口标题栏可以移动窗口，拖动窗口边界可以改变窗口大小等。

2. 鼠标指针的外观

Windows XP为鼠标形状设置了多种方案，用户可以通过控制面板设置或定义自己喜欢的鼠标图案方案。表2-1列出了默认方案中鼠标指针常见的外观及其功能。

表2-1　鼠标指针的外观及其功能

指针形状	功能说明	指针形状	功能说明	指针形状	功能说明
	正常选择	I	选定文本		沿对角线调整1
	帮助选择		手写		沿对角线调整2
	后台运行		不可用		移动
	忙	↕	垂直调整	↑	候选
+	精确定位	↔	水平调整		链接选择

2.2 Windows XP 的文件和文件夹管理

计算机中的各种数据是以文件的形式存储在磁盘上的，而文件存放在不同的文件夹中，用户对计算机的数据操作是通过对文件或文件夹的操作来实现的。

2.2.1 文件和文件夹

1. 文件

在 Windows XP 系统中，文件是指被赋予了名称并存储在磁盘等外部存储器上的信息的集合。这种信息可以是一个应用程序，也可以是一段文字，还可以是应用程序产生的临时文件等，它是操作系统用来存储和管理信息的基本单位。每个文件必须有一个唯一的标识，这个标识就是文件名。

文件名由主文件名和扩展名组成，文件的扩展名和主文件名之间用一个“.”字符隔开，其一般格式为：

＜主文件名＞[.＜扩展名＞]

Windows XP 支持长文件名，其长度（包括扩展名）可达 255 个字符。在文件名中可包含多个空格或小数点，文件名忽略首尾空格字符，最后一个小数点之后的字符被认为是文件的扩展名，文件扩展名通常由 1～4 个字符组成。文件名中可以使用除\、/、:、*、?、"、<、>、|九个字符以外的任意字符。

Windows XP 操作系统通过文件扩展名识别文件类型。通过文件扩展名建立文件与程序之间的关联关系，当用户双击某文件名试图打开该文件时，系统将识别该文件的扩展名，并根据此扩展名，自动打开支持其运行的应用程序。Windows XP 系统中常见的文件扩展名及其含义如表 2-2 所示。

表 2-2 常见的文件扩展名及其含义

扩展名	含　义	扩展名	含　义
.exe	可执行文件	.sys	系统文件
.doc	Word 文档	.ppt	演示文稿文件
.txt	文本文件	.bmp	位图文件
.html	网页文档	.swf	Flash 动画发布文件
.pdf	Adobe Acrobat 文档	.zip	压缩格式文档

2. 文件夹

“文件夹”是 Windows 管理和组织计算机上文件的基本手段。文件夹的命名规则与文件的命名规则一样，不同之处是文件夹一般都没有扩展名。文件夹既可以用来组织文件还可以用来组织其他子文件夹。

2.2.2 管理文件和文件夹的工具

在 Windows XP 中,可以通过“我的电脑”或“资源管理器”管理文件和文件夹。使用这两个管理工具可以浏览计算机中已有的文件和文件夹,创建新的文件夹,重命名、移动、复制和删除文件和文件夹。

1. 我的电脑

“我的电脑”是一个常用的资源管理应用程序,用户的程序、文档、数据文件等电脑资源都可以用它来进行管理。

双击桌面上“我的电脑”图标,或在“开始”菜单中选择“我的电脑”命令可以打开“我的电脑”窗口,如图 2-21 所示。

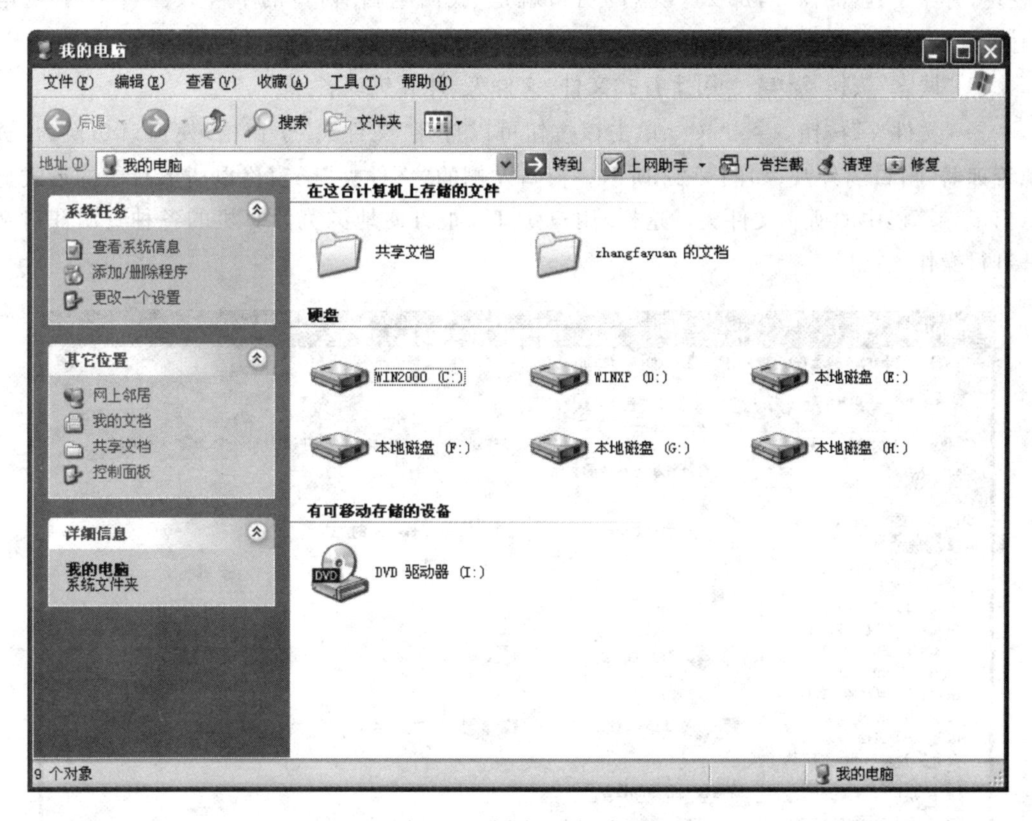

图 2-21 “我的电脑”窗口

(1) 标题栏。在“我的电脑”窗口中,标题栏中显示的是当前文件或文件夹的名称。

(2) 菜单栏。“我的电脑”窗口的菜单栏中包含“文件”、“编辑”、“查看”、“收藏”、“工具”和“帮助”六个菜单。通过对应的下拉菜单,可以完成对文件和文件夹的管理。

(3) 工具栏。工具栏位于菜单栏的下方,其中显示的是几个常用的菜单命令所对应的工具按钮,单击工具栏中的工具按钮可直接执行相关的命令。

① “后退”按钮 后退 单击该按钮可返回到当前窗口的前一窗口。另外,在按钮的

右侧有一个黑色的下三角按钮，单击此按钮，将列出在“我的电脑”窗口中浏览当前磁盘之前浏览过的磁盘，单击其中一个就可以直接切换到该磁盘的窗口。

② “前进”按钮 单击该按钮可进入到当前窗口的后一窗口。此按钮只有在使用过“后退”按钮之后才有效，否则前进按钮呈灰色，不能执行操作。该按钮右侧黑色的下三角按钮，其功能与“后退”按钮右侧的下三角按钮的功能相似，不同的是，其中列出的是当前磁盘之后浏览过的磁盘。

需要说明的是，“后退”按钮和“前进”按钮是根据访问的历史顺序来进行切换的，当用户进行了许多操作之后，很难分辨所要找的文件夹是当前文件夹的前面还是后面，此时用户可以单击这两个按钮右侧的下三角按钮，在列出的选项中选取所要操作的项目。

③ “向上”按钮 单击该按钮可返回当前文件夹的上一级文件夹窗口。第一级窗口就是打开“我的电脑”时的窗口，再从中打开的窗口就是它的下一级窗口。例如，双击C:盘盘符打开了C:盘的窗口，那么C:盘的窗口就是“我的电脑”窗口的下一级窗口。“我的电脑”的上一级窗口就是“桌面”。

④ “搜索”按钮 搜索 用于查找文件、文件夹、计算机或者用户。

⑤ “文件夹”按钮 文件夹 单击该按钮可以打开“文件夹”子窗格，使窗口切换为“资源管理器”窗口的外观，如图2-22所示。窗口左侧的“文件夹”子窗格以树形目录的形式显示出了计算机中的所有文件夹。这样，用户就可以很方便地浏览计算机的各种资源和对文件进行操作。

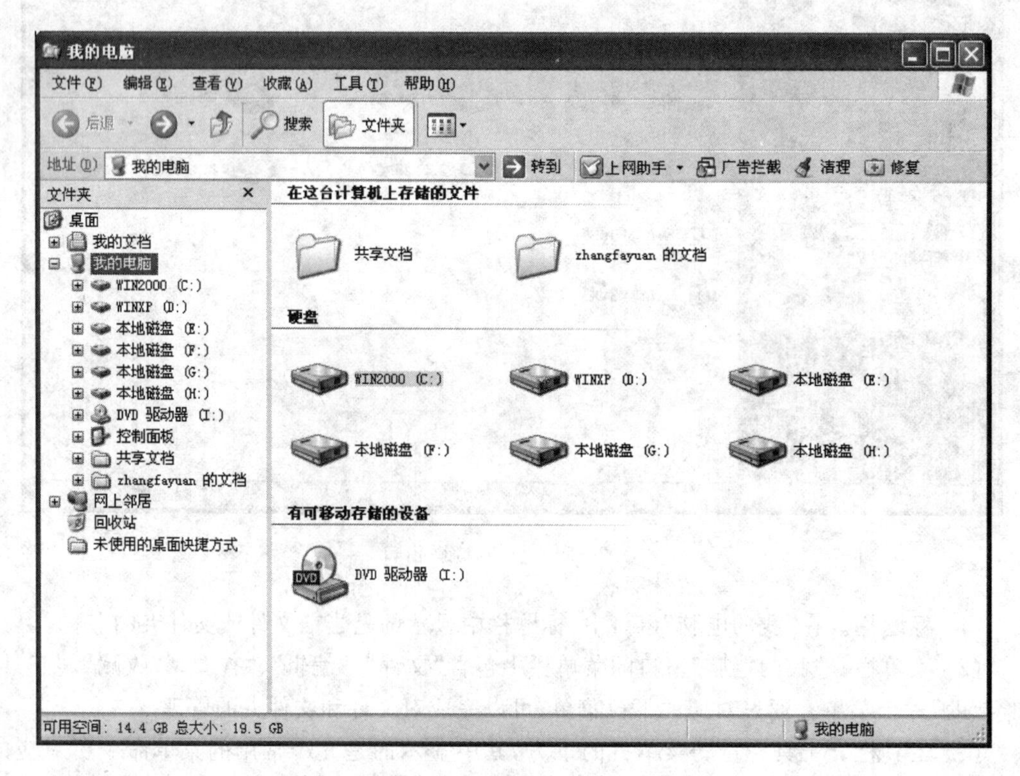

图2-22 “我的电脑”及其“文件夹”子窗格

⑥“查看”按钮 用于选择文件和文件夹在窗口中的显示方式。单击此按钮右侧的下三角按钮，打开一个下拉菜单(如图 2-23 所示)，其中列出了五种文件和文件夹的排列方法。

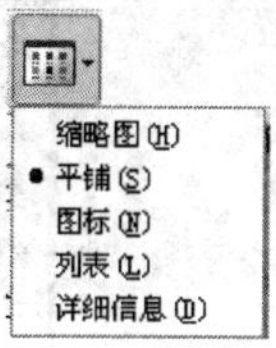

缩略图(H)
• 平铺(S)
图标(N)
列表(L)
详细信息(D)

图 2-23 “查看”菜单

(4) 地址栏。地址栏位于工具栏的下方，显示的是用户当前浏览的文件夹的路径。可以从下拉列表中选择地址，也可以在文本框中直接输入地址，如果计算机已接入 Internet，在文本框中输入网址，就可以直接浏览 Web 网页。地址栏提供了一种快速访问其他磁盘或文件夹的方式。值得注意的是，用户在输入文件夹路径的过程中，系统会自动根据用户输入的磁盘盘符和文字找出与用户输入的前几个文字最匹配的文件夹，供用户选择。

(5) 链接栏。链接栏位于地址栏的右侧，通过它可以随时快速地访问 Internet 资源。

(6)“系统任务”窗格。位于地址栏的左下方，该窗格为用户提供了所在位置可以执行的任务命令，不同的位置会有不同的任务命令显示，用户可以通过该窗格完成大多数的文件和文件夹管理任务。

(7)“其他位置”窗格。位于“系统任务”窗格的下方，该窗格为用户提供了从当前位置迅速切换到其他位置的链接命令，免去了频繁开关窗口的麻烦。

(8)“详细信息”窗格。位于“其他位置”窗格的下方，用户在右侧窗格中选中一个对象时，将在该窗格中显示一些相关信息。例如磁盘的空间和文件的最后修改时间等。对于.jpg 或.bmp 等格式的图形文件以及 Web 网页文件，选中这个文件时即可在该窗格中预览到该文件的内容。

(9) 右侧的窗格。在该窗格中显示当前文件夹下的磁盘、文件夹或者文件等内容。用户打开“我的电脑”窗口时，在该窗格中会显示“共享文档”、每个用户的个人文档以及所有的磁盘驱动器，用户可以通过双击图标来查看所需磁盘驱动器的内容。

(10) 状态栏。位于“我的电脑”窗口底部，用于显示当前地址中对象或选定对象的数目，或者显示选定文件的大小和创建日期等。

“我的电脑”窗口中上述项目的大部分都可以根据用户自己的需要显示或隐藏，例如在“查看”菜单中可以设置状态栏和各种工具栏的显示或隐藏。

2. 资源管理器

资源管理器是 Windows XP 的另一个重要的文件管理工具。打开资源管理器窗口常用的有三种方法。

(1) 单击“开始”→“所有程序”→“附件”→“Windows 资源管理器”命令。

(2) 在桌面上右击“我的电脑”等文件夹类的图标，从弹出的快捷菜单中选择“资源管理器”命令。

(3) 右击“开始”按钮，从弹出的快捷菜单中选择“资源管理器”命令。

资源管理器窗口与“我的电脑”的窗口基本相似，区别之处就在于刚刚打开窗口时，它的窗口左侧会自动显示“文件夹”窗格，在该窗格中以目录树的形式显示了计算机中的所有资源项目，并在右侧的窗格中显示所选项目的详细内容，如图 2-24 所示。

资源管理器窗口也包括标题栏、菜单栏、工具栏、地址栏、链接栏和状态栏，它们的功能与“我的电脑”中的完全相同。

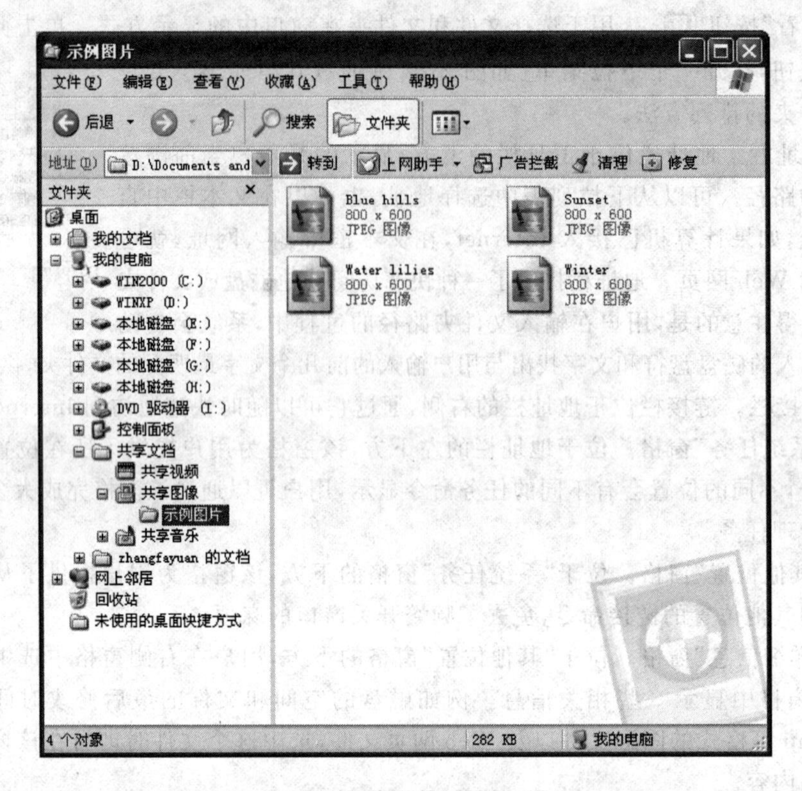

图 2-24 资源管理器窗口

在资源管理器左侧的“文件夹”窗格中，如果在驱动器或文件夹的左边有 ⊞ 按钮时，表示该磁盘或文件夹中包含下级文件夹，单击 ⊞ 按钮可以展开它所包含的下一级子文件夹。当驱动器或文件夹全部展开后，即文件夹已经展开至最底层，⊞ 按钮就会变成 ⊟ 按钮，此时单击 ⊟ 按钮可以将已经展开的文件夹折叠起来。

在资源管理器中，要查看一个文件夹或磁盘的内容，在左侧的“文件夹”窗格中单击该文件夹，即可在右侧的窗格中看到其中的具体内容。

在使用工具栏中的“后退”、“前进”和“向上”按钮时，操作结果只影响到右侧窗格中文件和文件夹的显示，左侧的窗格仍保持原有内容。

2.2.3 浏览文件和文件夹

在“我的电脑”或资源管理器窗口中可以浏览文件和文件夹，并且可以对文件和文件夹的查看方式和排列方式进行设置。

1. 选择查看方式

Windows XP 提供了六种文件和文件夹的查看方式，分别是幻灯片、缩略图、平铺、图标、列表和详细信息。

要选择不同的查看方式，可以在“我的电脑”或资源管理器窗口中执行“查看”菜单中第二组的相关命令，如图2-25所示。也可以单击工具栏上的“查看”按钮右侧的下三角箭头，打开如图2-23所示的查看菜单，从中选择所需的查看方式。

（1）幻灯片。只用于查看存储图像文件的文件夹。

（2）缩略图。以图片方式显示文件和文件夹，在文件夹图片上显示文件夹所包含的图像文件，因而可以快速识别该文件夹的内容，找到所需的图像。默认情况下，一个文件夹图片中显示四张图像，在文件夹图片上则可以直接预览到图像。

（3）平铺。以大图标方式显示文件和文件夹，并且将名称、文件类型和文件大小等信息显示在图标右侧。

（4）图标。以小图标方式显示文件和文件夹，只将名称显示在图标下面。

（5）列表。以名称列表的方式显示文件和文件夹，并在名称前面有一个小图标。当文件较多时，用列表查看方式可以快速找到所需要的文件名。

（6）详细信息。能够显示文件和文件夹的名称、大小、类型和修改日期等内容。对于磁盘驱动器则显示其类型、大小和可用空间。

需要说明的是，用户在使用时为便于查看，可以调节列的宽度，方法是把鼠标指向列标题的分界线上，此时鼠标指针变成双箭头，然后按住鼠标左键左右拖动即可调节列的宽度。

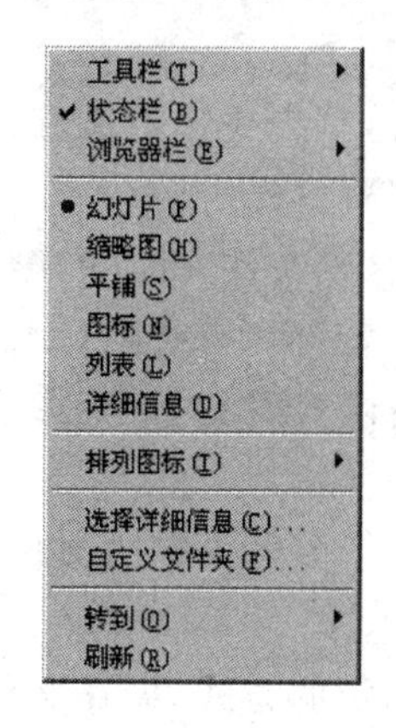

图2-25 “查看”菜单

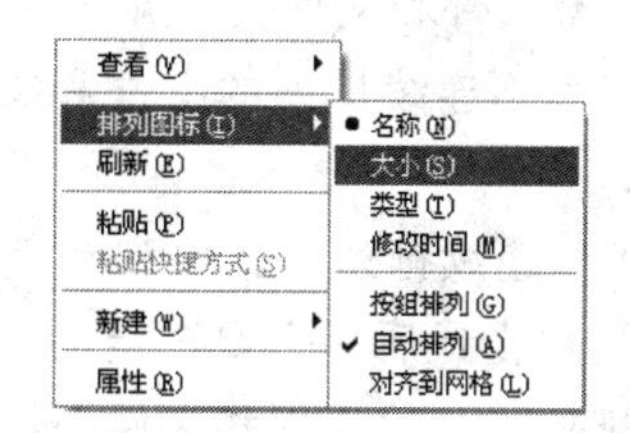

图2-26 “排列图标”子菜单

2. 选择排列方式

在“我的电脑”或资源管理器窗口中浏览文件和文件夹时，可以选择不同的排列方式，包括按名称、按大小、按类型、按修改时间等。另外还可以选择“按组排列”、“自动排列”和“对齐到网格”等组织方式。

要选择排列方式可以执行“查看”→“排列图标”命令，在级联菜单中选择所需的排列方式。也可以在“我的电脑”或资源管理器窗口右侧窗格的空白处单击鼠标右键，从弹出的快捷菜单中选择“排列图标”命令，打开它的级联菜单，如图2-26所示，从中选择所需的排列方式。

2.2.4 新建文件和文件夹

在Windows XP系统中，用户可以根据自己的需要新建文件和文件夹。

首先在“我的电脑”或资源管理器窗口中，打开要在其中创建新文件、文件夹的文件夹，然后依据自己的需要进行操作。

1. 新建文件

执行下列操作之一，可以创建新文件。

（1）执行“文件”→“新建”命令，然后从弹出的子菜单中选择要建立的文件类型。

（2）右击窗口的空白处，弹出快捷菜单，将鼠标移动到“新建”菜单项上，从弹出的子菜单中选择要创建的文件类型。

2. 新建文件夹

执行下列操作之一，可以创建新文件夹。

（1）执行“文件”→“新建”→“文件夹”命令。

（2）右击窗口的空白处，在弹出的快捷菜单中选择“新建”→“文件夹”命令。

2.2.5 文件和文件夹的选定

在对文件或者文件夹进行移动、复制、删除等操作时，首先要选定文件或者文件夹。选定文件或文件夹常用以下几种方法。

（1）选定一个文件和文件夹：直接单击要选定的文件或文件夹即可。

（2）选定所有文件和文件夹：执行“编辑”→“全部选定”命令，或按 Ctrl＋A 快捷键。

（3）选定多个不连续排列的文件和文件夹：可以按住 Ctrl 键，然后逐个单击要选定的文件或文件夹。

（4）选定多个连续排列的文件和文件夹：先单击第一个要选定的文件或文件夹，然后按住 Shift 键，再单击最后一个要选定的文件或文件夹。

选定多个排列连续的文件和文件夹还可以用鼠标圈定的方式，即在文件夹窗口中按住鼠标左键并拖动，就会形成一个矩形框，释放鼠标时，被这个框包围的文件和文件夹都会被选定。

要取消所有被选定的文件或文件夹，可以在窗口的空白处单击；如果在若干个被选定的文件或文件夹中，要取消某个项目的选择，可以按住 Ctrl 键，用鼠标单击欲取消选定的文件或文件夹即可。

2.2.6 文件和文件夹的重命名

在 Windows XP 中，用户随时可以更改文件和文件夹的名称，来满足管理的需要。通常，给文件和文件夹命名应遵循两个原则：一是名称不要过长，以便于记忆和显示；二是应做到见名知意。为文件或文件夹重命名的操作步骤如下。

（1）在“我的电脑”或“资源管理器”窗口中，选定需要重命名的文件或文件夹。

（2）执行下列操作之一，使文件或文件夹的名称处于编辑状态。

① 执行“文件”→“重命名”命令。

② 右击欲重命名的文件或文件夹，在弹出的快捷菜单中选择“重命名”命令。

③ 按 F2 功能键。

④ 在选定操作后，间隔一会儿，再单击一下名称，这时文件名会反白显示，表示可以编辑。

(3) 键入新的文件或文件夹名称，然后按 Enter 键或者单击窗口的空白处确认。

2.2.7 文件和文件夹的移动和复制

移动文件或文件夹与复制文件或文件夹的操作过程基本相同，但操作的结果完全不同。移动文件或文件夹是将当前位置的文件或文件夹移动到其他位置，而且在操作之后，原来位置上的文件或文件夹将被删除；复制文件或文件夹不但在新的位置生成原文件或文件夹的副本，而且在原来位置上仍然保留原有文件或文件夹。Windows XP 系统提供了多种移动或复制文件和文件夹的方法，常用的方法有以下几种。

1. 利用鼠标拖动的方法移动或复制文件和文件夹

(1) 分别打开需要移动(或复制)的文件和文件夹所在的源窗口和目标窗口，调整窗口的大小使两个窗口同时可见。

(2) 选中要移动(或复制)的文件和文件夹。

(3) 按住 Shift 键(或 Ctrl 键)的同时用鼠标左键将选中对象拖动到目标窗口中并释放鼠标。按住 Shift 键拖动实现的是移动操作，按住 Ctrl 键拖动实现的是复制操作。

需要说明的是，如果用鼠标直接拖动文件和文件夹，而不按 Shift 键或 Ctrl 键，那么将文件或文件夹拖动到同一个磁盘的不同文件夹时，实现的是移动操作；拖动到不同磁盘时，实现的是复制操作。

2. 利用剪贴板移动或复制文件和文件夹

剪贴板是 Windows 在内存中开辟的一个临时存储区，当应用程序之间需要传递数据时，可以执行“剪切”或“复制”命令将源数据移动或复制到剪贴板，然后再执行“粘贴”命令将数据复制到目的地。执行“剪切”命令后再“粘贴”时实现的是移动操作，执行“复制”命令再“粘贴”实现的是复制操作。

在实际应用中，用户可能需要将整个屏幕或当前活动窗口作为图片编辑到某个文档中，这时可以借助于剪贴板完成该操作。按下 PrintScreen 键，可以把整个屏幕作为图片存储到剪贴板；按下 Alt＋PrintScreen 快捷键，可以把当前活动窗口作为图片存储到剪贴板。

利用剪贴板实现移动或复制文件和文件夹可以按如下步骤进行。

(1) 打开需要移动或复制的文件和文件夹所在的源文件夹，并选中要移动或复制的文件和文件夹。

(2) 执行下列操作之一，将选中对象移动或复制到剪贴板。

① 执行“编辑”→“剪切”命令，将选中对象移动到剪贴板，或执行“编辑”→“复制”命令将选中对象复制到剪贴板。

② 按 Ctrl＋X 快捷键将选中对象移动到剪贴板，或按 Ctrl＋C 快捷键将选中对象复制

到剪贴板。

③ 单击鼠标右键弹出快捷菜单，执行快捷菜单中的“剪切”命令，将选中对象移动到剪贴板，或执行快捷菜单中的“复制”命令将选中对象复制到剪贴板。

(3) 打开目的文件夹，执行下列操作之一，将剪贴板中暂存的文件和文件夹复制到目的文件夹。

① 执行“编辑”→“粘贴”命令。

② 按 Ctrl+V 快捷键。

③ 右击弹出快捷菜单，执行快捷菜单中的“粘贴”命令。

2.2.8 文件和文件夹的删除

当不再需要某些文件或文件夹时，为了节省磁盘空间，需将这些文件或文件夹删除。但是应该注意，不要随意删除系统文件或其他重要的应用程序的主文件，因为一旦删除了这些文件，可能导致系统出现故障或应用程序无法运行。

1. 文件和文件夹的删除

(1) 在“我的电脑”或“资源管理器”窗口中，选定要删除的文件和文件夹。

(2) 执行下列操作之一，将完成删除任务。

① 按下 Delete 键。

② 执行“文件”→“删除”命令。

③ 右击要删除的文件和文件夹，在弹出的快捷菜单中选择“删除”命令。

(3) 如果被删除的是硬盘或移动硬盘上的文件和文件夹，将弹出如图 2-27(a)所示的“确认文件删除”对话框；如果被删除的是 U 盘上的文件和文件夹，将弹出如图 2-27(b)所示的“确认文件删除”对话框。

(4) 在对话框中选择“是”，文件和文件夹将被移动到回收站或直接删除，选择“否”则取消删除操作。

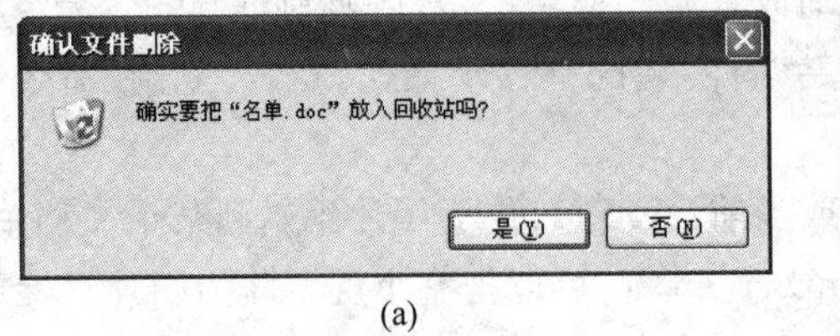

(a)

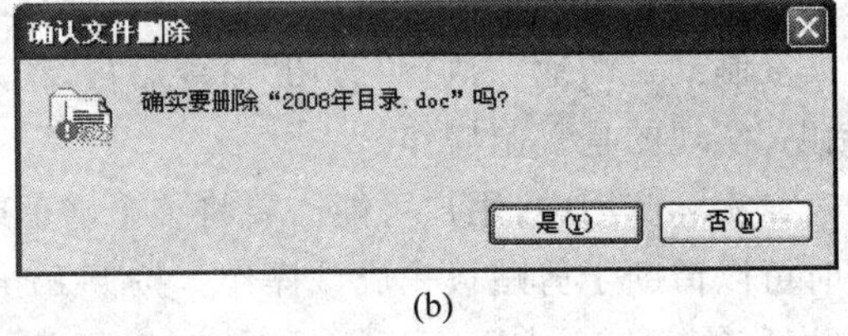

(b)

图 2-27 “确认文件删除”对话框

2. 回收站

回收站是 Windows 系统在硬盘上开辟的一个特殊的文件夹，当用户从硬盘上删除文件和文件夹时，系统会将被删除的文件和文件夹暂时保存到回收站中，而不是真正的删除。如果需要，用户可以从回收站中恢复被删除的文件和文件夹。

需要说明的是，以下几种情况下被删除的文件和文件夹是不进入回收站的，而是直接被彻底删除。

① 非本地硬盘中删除的文件或文件夹。

② 删除文件或文件夹的同时按下了 Shift 键。

③ 回收站的空间容量不足时。

④ 在"回收站属性"对话框中选中了"删除时不将文件移入回收站,而是彻底删除"选项,如图 2-28 所示。

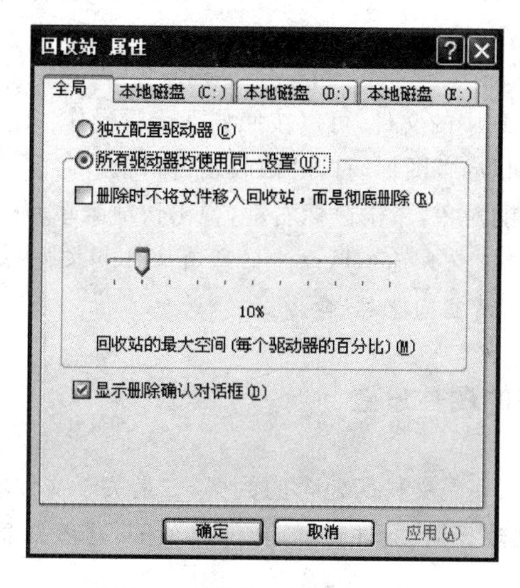

图 2-28 "回收站属性"对话框

3. 恢复被删除的文件和文件夹

从回收站中恢复被删除的文件和文件夹,可以按如下步骤操作。

(1) 在桌面上双击"回收站"图标,打开"回收站"窗口,如图 2-29 所示。

(2) 选择要还原的一个或多个文件或文件夹,执行下列操作之一:

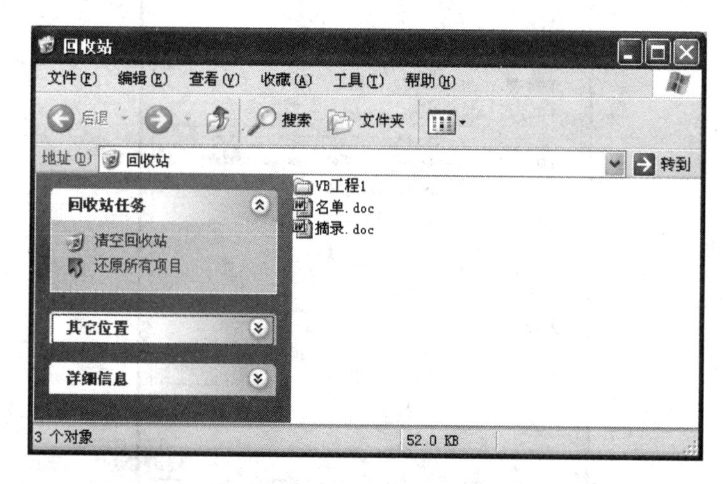

图 2-29 "回收站"窗口

① 在“回收站任务”窗格中，单击“还原此项目”。

② 执行“文件”→“还原”命令。

③ 右键单击要恢复的对象，在弹出的快捷菜单中选择“还原”命令。

④ 用鼠标把对象拖动到原始文件夹或其他文件夹中。

如果要恢复回收站中所有的文件或文件夹，可以在“回收站”窗口的“回收站任务”窗格中单击“还原所有项目”。

4. 删除回收站中的文件和文件夹

如果要永久删除回收站中的文件，可以按照如下步骤操作。

(1) 在桌面上双击“回收站”图标，打开“回收站”窗口。

(2) 选中要永久删除的对象，单击鼠标右键，弹出快捷菜单，从中选择“删除”命令。

需要说明的是，如果要永久删除回收站中的所有文件和文件夹，可以在“回收站”窗口的“回收站任务”窗格中单击“清空回收站”命令。

2.2.9 文件和文件夹的属性设置

文件包括两部分内容，一是文件所包含的数据，二是关于文件本身的说明信息即文件属性。文件属性主要包括创建日期、文件长度、文件类型等，这些信息主要被文件系统用来管理文件。

要设置文件和文件夹的属性可以按照如下步骤操作。

(1) 在“我的电脑”或“资源管理器”窗口中，选中要设置属性的文件或文件夹，执行“文件”→“属性”命令。或右击文件或文件夹，从弹出的快捷菜单中选择“属性”命令，打开“属性”对话框，如图2-30所示。

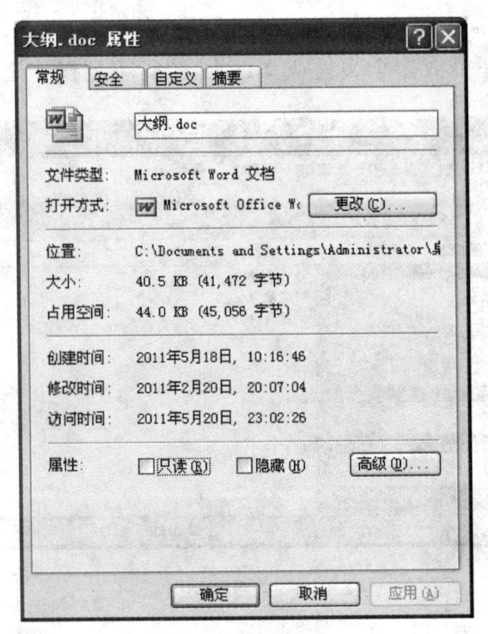

图2-30 文件的“属性”对话框

（2）选择“常规”选项卡，可查看文件或文件夹的类型、位置、大小、创建时间和访问时间等。根据需要选中“只读”或“隐藏”选项，可设置文档的只读属性和隐藏属性。

① 只读属性：如果文件具有只读属性，表示文件不能被修改和删除。

② 隐藏属性：如果文件具有隐藏属性，并且已经在“文件夹选项”对话框中选中了“不显示隐藏的文件和文件夹”选项，则该文件被隐藏。

2.2.10 文件和文件夹的查找

用户在使用 Windows XP 的过程中，有时需要知道某个文件或文件夹所在的位置，或需要确定机器上是否存在某种类型的文件时，可以利用 Windows XP 的“搜索助理”来完成这个任务。通过“搜索助理”不仅可以搜索本地机上的文件和文件夹，还可以搜索网络中的计算机和用户。这里以搜索文件“修改论文”为例，介绍如何使用“搜索助理”。操作步骤如下。

（1）执行“开始”→“搜索”命令，打开“搜索结果”窗口，如图 2-31 所示。

（2）在窗口左侧的“搜索助理”窗格中单击“所有文件和文件夹”，系统列出多个搜索条件文本框，如图 2-32 所示。

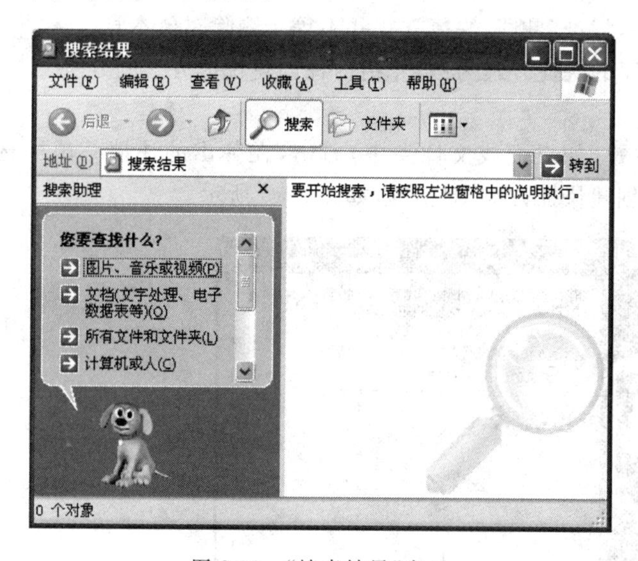

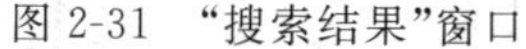
图 2-31 “搜索结果”窗口

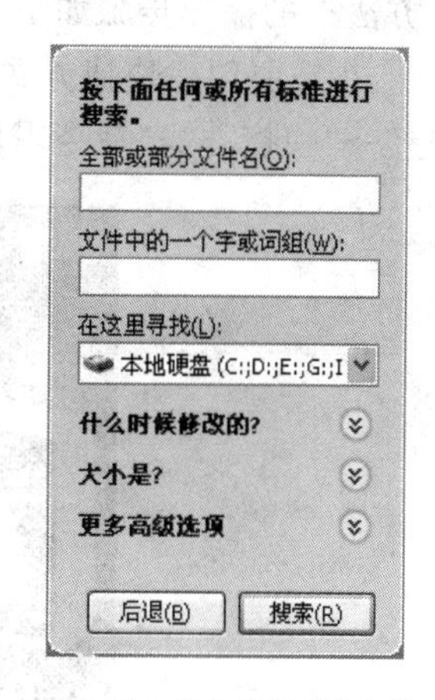

图 2-32 “搜索助理”窗格

（3）在“全部或部分文件名”文本框中输入要搜索的文件名，如“修改论文”。

（4）在“在这里寻找”下拉列表框中指定搜索范围。

（5）根据需要还可以设置其他的搜索条件，如要搜索系统文件或隐藏文件的话，可以在“更多高级选项”中设置。

（6）单击“搜索”按钮，系统便开始进行搜索工作，最后将搜索结果显示在窗口右侧的搜索结果列表框中。

需要说明的是，在查找的文件名中可以使用通配符星号“*”和问号“?”。“*”代表零个或若干个任意字符，“?”代表任意一个字符。例如，要搜索扩展名为“.doc”的所有文件，则搜索的文件名可以使用“*.doc”来表示；如果要搜索所有以字母“w”开头的“.doc”类型的文件；则搜索的文件名可以使用“w＊.doc”来表示；如果要找出所有以字母“w”开头，后跟任意两个字符的“.doc”类型的文件，则搜索的文件名可以使用“w??.doc”来表示；而“＊.＊”则表示所有文件。

搜索命令除了可应用于文件或文件夹外，还适用于搜索网络中的计算机和其他用户。

2.2.11 文件和文件夹的快捷方式

快捷方式是快速启动应用程序、打开文件或文件夹的便捷方法。如果用户经常使用某个应用程序或文件、文件夹，则可以为其在“桌面”、“开始”菜单或指定位置上创建快捷方式，以便迅速地访问。

快捷方式是一种特殊的文件类型，其特殊性表现在该文件仅包含链接对象的位置信息，并不包含对象本身信息，所以只占几个字节的磁盘空间，但它所承担的作用却很大。它们可以包含为启动一个程序、编辑一个文档或打开一个文件夹所需的全部信息。

快捷方式的图标在左下角有一个黑色的小箭头，如。当双击一个快捷方式图标时，Windows首先检查该快捷方式文件的内容，找到它所指向的原对象，然后打开该对象。简单地说，快捷方式可称为原对象的“替身”，删除快捷方式并不等于删除对象本身。

下面以创建“记事本”应用程序的快捷方式为例，介绍两种创建快捷方式的方法。

方法1的操作步骤如下。

① 在需要创建快捷方式的位置（如桌面或文件夹中）右击，在弹出的快捷菜单中选择“新建”→“快捷方式”命令，打开“创建快捷方式”对话框，如图2-33所示。

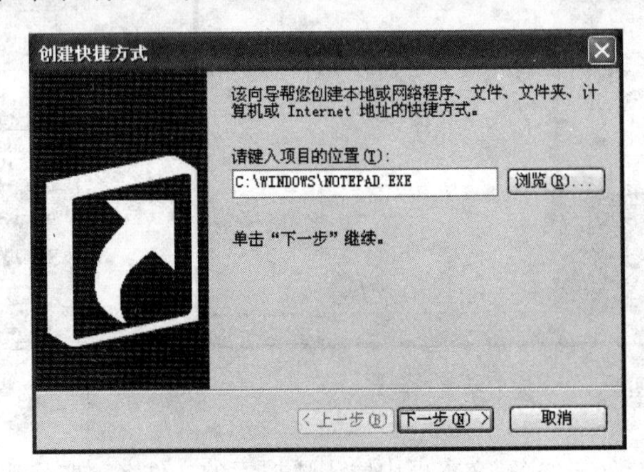

图2-33 “创建快捷方式”对话框

② 在“请键入项目的位置”文本框中输入“记事本”程序的路径和文件名，如C:\WINDOWS\NOTEPAD.EXE。也可以单击“浏览”按钮选择该文件所在的路径和文件名。

③ 单击“下一步”按钮，打开“选择程序标题”对话框，如图2-34所示。在“键入该快捷方式的名称”所对应的文本框中为快捷方式指定名称，如本例中的NOTEPAD。

④ 单击“完成”按钮，即在指定位置创建了“记事本”应用程序的快捷方式。

方法2的操作步骤如下。

① 在“我的电脑”或资源管理器窗口中找到NOTEPAD.EXE应用程序，如本例中该应

用程序位于C:\WINDOWS文件夹中。

② 右击NOTEPAD.EXE应用程序图标，弹出快捷菜单。

③ 在快捷菜单中选择“发送到”→“桌面快捷方式”命令，则可在桌面上创建一个该应用程序的快捷方式。

图 2-34 “选择程序标题”对话框

2.3 磁盘管理

磁盘是文件的存储介质。在计算机的日常使用过程中，会存储大量数据信息，不可避免地会经常安装、卸载应用程序，进行文件的复制、移动、删除等操作，而这样的操作过一段时间后，会在计算机硬盘上产生很多磁盘碎片和大量的临时文件，严重影响硬盘的读写速度。因此用户需要定期对磁盘进行管理，使其处于良好的运行状态。

2.3.1 磁盘格式化

“格式化磁盘”是指对磁盘进行初始化，以便能够在其中保存数据。磁盘格式化可分为格式化硬盘和格式化U盘等。格式化硬盘又可分为高级格式化和低级格式化。高级格式化是指在Windows XP系统下对硬盘进行的格式化操作；低级格式化是指在高级格式化操作之前，对硬盘进行的分区和物理格式化。这里主要介绍如何进行硬盘的高级格式化。

磁盘的格式化可以重新划分磁盘的磁道和扇区，检查磁盘是否存在损坏的磁道，重建磁盘根目录和文件分配表。

需要说明的是磁盘格式化将删除磁盘中的所有数据，因而要慎重进行。

对硬盘进行高级格式化的具体操作步骤如下。

(1) 打开“我的电脑”或资源管理器窗口，右键单击需要做格式化的磁盘，从弹出的快捷菜单中选择“格式化”命令，打开“格式化”对话框，如图2-35所示。

(2) 在“容量”下拉列表框中，系统会自动识别需要格式化的磁盘容量。

(3) 在“文件系统”下拉列表框中，选择所需的文件系统FAT32或NTFS等。

(4) 在“分配单元大小”下拉列表框中系统自动采用“默认配置大小”。

(5) 在"卷标"文本框中,用户可以输入便于识别磁盘内容的描述信息,也可以不输入任何文字。

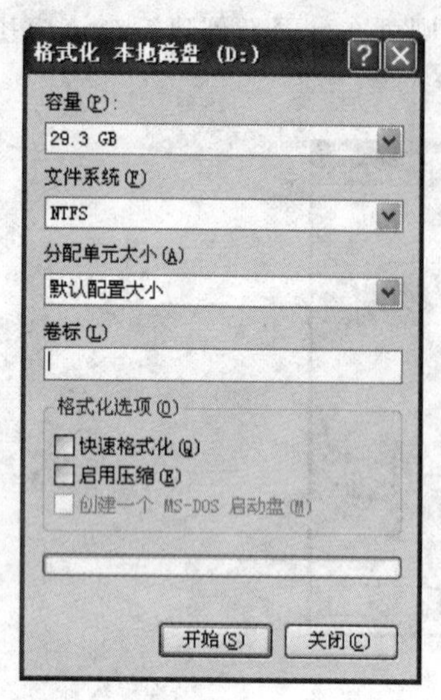

图 2-35 "格式化"对话框

(6) 在"格式化选项"区域中,根据需要设置选项。各选项含义如下。

① 快速格式化:它相当于删除磁盘中的所有文件。这种方式的格式化速度较快,但不检查磁盘中是否存在已损坏的磁道。只有曾经做过格式化的磁盘才能选用这种方式。

② 创建一个 MS-DOS 启动盘:该选项只适用于软盘格式化。它在格式化完成后会在被格式化的软盘中创建系统文件信息,用以启动计算机。

③ 启用压缩:如果在"文件系统"下拉列表框中选择了 NTFS,则"启用压缩"复选框自动被激活,选择它可以增大系统管理的磁盘容量。

(7) 完成上述各项设置后,单击"开始"按钮,系统会弹出警告消息框,提示用户此操作将删除磁盘中的所有数据。单击"确定"按钮,系统便开始格式化磁盘,并且在对话框的底部显示格式化的进度。

(8) 格式化完成后,弹出"正在格式化"对话框,提示用户格式化已经完成。单击"确定"按钮,将返回图 2-35 所示的对话框。

(9) 单击"关闭"按钮,完成格式化操作。

需要说明的是:磁盘经格式化操作后,上面存储的数据会全部消失,所以在进行格式化操作之前,最好将重要数据进行备份。

2.3.2 磁盘清理

计算机在使用了一段时间之后,由于进行大量的读、写操作以及安装、卸载操作,会使磁盘上存留许多临时文件或已经没用的程序。这些残留文件和程序不但占用磁盘空间,而且会影响系统的整体性能。

磁盘清理程序通过搜索驱动器,列出磁盘上的临时文件、Internet 缓存文件和可以安全删除的不需要的程序文件。用户可以通过"磁盘清理"程序删除部分或全部这类文件从而释放它们所占用的系统资源,以提高系统性能。

使用"磁盘清理"程序清理磁盘的操作步骤如下。

(1) 打开"开始"菜单,执行"所有程序"→"附件"→"系统工具"→"磁盘清理"命令,弹出"选择驱动器"对话框,如图 2-36 所示。

(2) 选择需要进行清理的驱动器,如 D:。单击"确定"按钮,Windows 将开始检测该磁盘中可以清理的文件。

(3) 检测完毕弹出"(D:)的磁盘清理"对话框,如图 2-37 所示。

(4) 选择"磁盘清理"选项卡,查看可以清理的文件以及清理后能够释放的磁盘空间大小。在"要删除的文件"列表框中选中欲清理的文件类型。

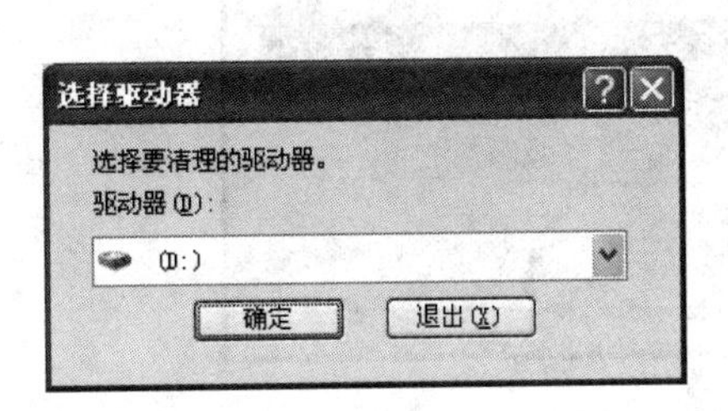

图 2-36 “选择驱动器”对话框

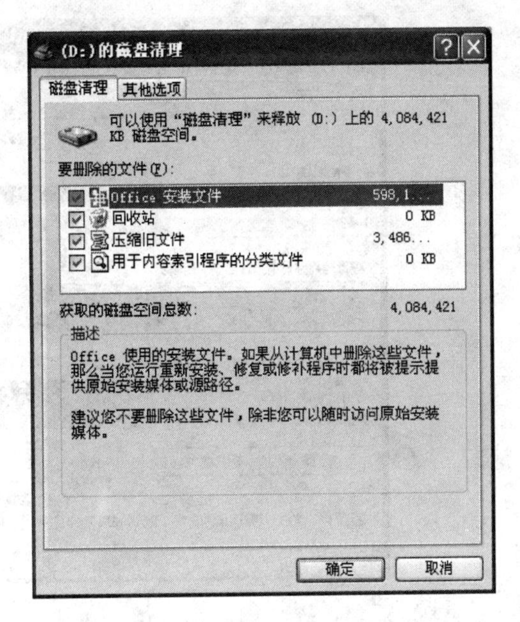

图 2-37 “(D:)的磁盘清理”对话框

(5) 单击“确定”按钮，弹出提示对话框，询问用户是否执行此操作，单击“是”按钮，即开始对该磁盘进行清理工作。在清理过程中将弹出显示磁盘清理进度的对话框，工作完成后该对话框自动关闭。

2.3.3 磁盘碎片整理

与磁盘清理功能一样，“磁盘碎片整理程序”也是 Windows XP 中提供的一项磁盘管理工具。当计算机使用时间久了，经过反复的删除、存储操作，在磁盘上保存的大量文件，很可能被分散地存放在许多地方，同时磁盘上还会有许多个剩余的小存储空间，这些分散的小空间被称作“磁盘碎片”。

文件存放的位置不连续并不影响文件本身的使用，但它影响系统的读写速度。而磁盘碎片又导致后续写入的文件存放不连续。因此，整理磁盘碎片，将这些碎片连接成大而连续的存储空间，可以较大幅度地提高系统效率。

用户可以使用“磁盘碎片整理程序”重新整理硬盘上的文件和未使用的空间，尽量使文件存储在一片连续的存储空间中，合并空闲空间，从而提高硬盘的访问速度。

整理磁盘碎片的具体操作步骤如下。

(1) 打开“开始”菜单，执行“所有程序”→“附件”→“系统工具”→“磁盘碎片整理程序”命令，弹出“磁盘碎片整理程序”对话框，如图 2-38 所示。

(2) 选择需要进行碎片整理的磁盘。

(3) 单击“分析”按钮，即可对选定磁盘进行碎片情况分析。完成后，弹出分析报告对话框(如图 2-39 所示)，询问用户是否进行碎片整理。

(4) 单击“碎片整理”按钮，即可开始磁盘碎片整理。在对磁盘进行碎片整理的过程中，用户可以随时了解碎片整理的进程，如图 2-40 所示。

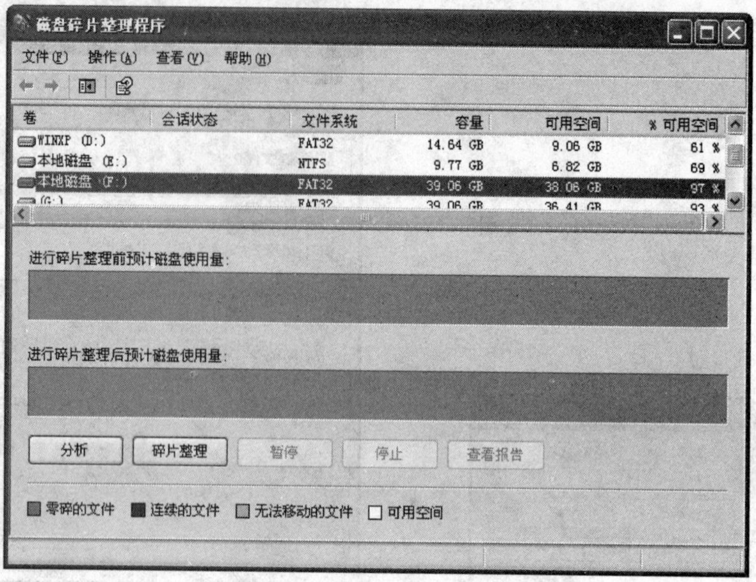

磁盘碎片整理程序

文件(F) 操作(A) 查看(V) 帮助(H)

卷	会话状态	文件系统	容量	可用空间	% 可用空间
WINXP (D:)		FAT32	14.64 GB	9.06 GB	61 %
本地磁盘 (E:)		NTFS	9.77 GB	6.82 GB	69 %
本地磁盘 (F:)		FAT32	39.06 GB	38.06 GB	97 %
(G:)		FAT32	39.06 GB	36.41 GB	93 %

进行碎片整理前预计磁盘使用量：

进行碎片整理后预计磁盘使用量：

分析 碎片整理 暂停 停止 查看报告

零碎的文件 连续的文件 无法移动的文件 可用空间

图 2-38 “磁盘碎片整理程序”对话框

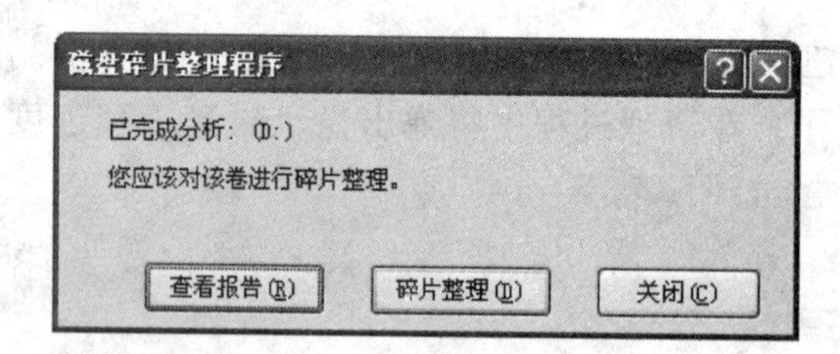

图 2-39 分析报告对话框

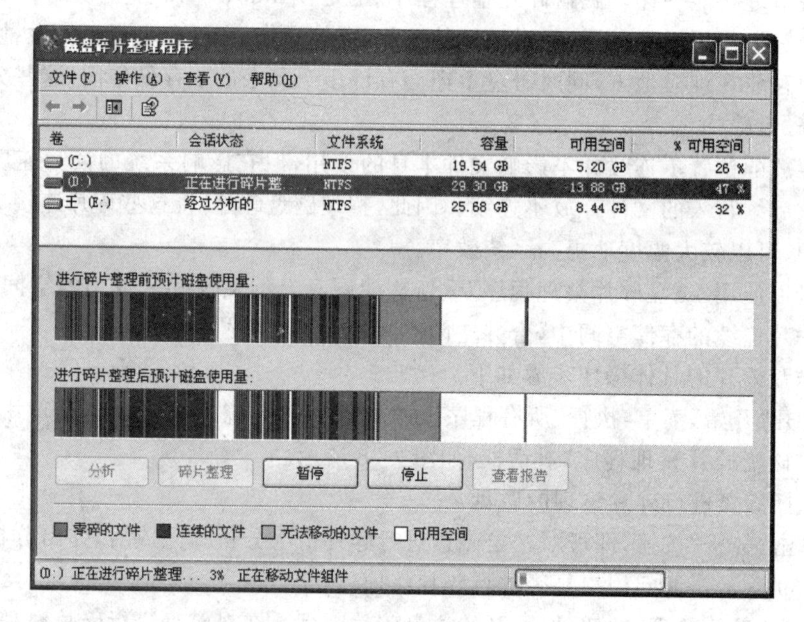

图 2-40 磁盘碎片整理进度

(5) 碎片整理结束后，系统将弹出“磁盘碎片整理报告”对话框，提示用户已完成碎片的整理。单击对话框中的“查看报告”按钮，可以查看碎片整理情况，单击“关闭”按钮，结束碎片的整理。

需要说明的是，在对磁盘进行碎片整理时，计算机可以执行其他任务。但是计算机运行速度将变慢，而且磁盘碎片整理也要花费更长时间。如果要临时停止磁盘碎片整理以便更快地运行其他程序，可以单击“暂停”按钮。在碎片整理过程中，每当其他程序向正在被整理的磁盘上写数据时，“磁盘碎片管理程序”都将重新启动。

2.4 Windows XP 系统设置

用户可以根据自己的使用习惯创建个性化的 Windows XP，如显示属性的设置、键盘鼠标的设置、语言时间的设置等等。这些设置工作都可以在控制面板中进行。

2.4.1 控制面板简介

“控制面板”提供了一组专门用于系统维护和设置的工具，可以帮助用户调整计算机设置，从而使得操作计算机变得更加方便。

启动控制面板的方法有很多，常用的方法有以下三种。

(1) 在“开始”菜单中，选择“控制面板”命令。

(2) 在“我的电脑”窗口左侧“系统任务”窗格中单击“控制面板”图标。

(3) 在“资源管理器”窗口左侧窗格中单击“控制面板”文件夹。

Windows XP 的控制面板窗口有分类视图和经典视图两种显示方式。分类视图将同属于一个类别的项目组合在一起，如图 2-41 所示。经典视图延续以前版本 Windows 风格，所有项目均显示在一起，如图 2-42 所示。

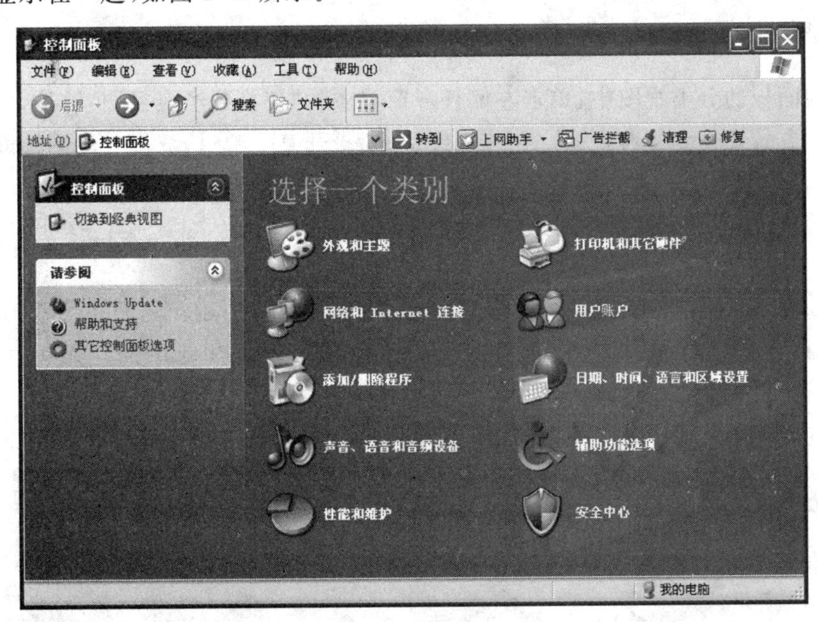

图 2-41 分类视图

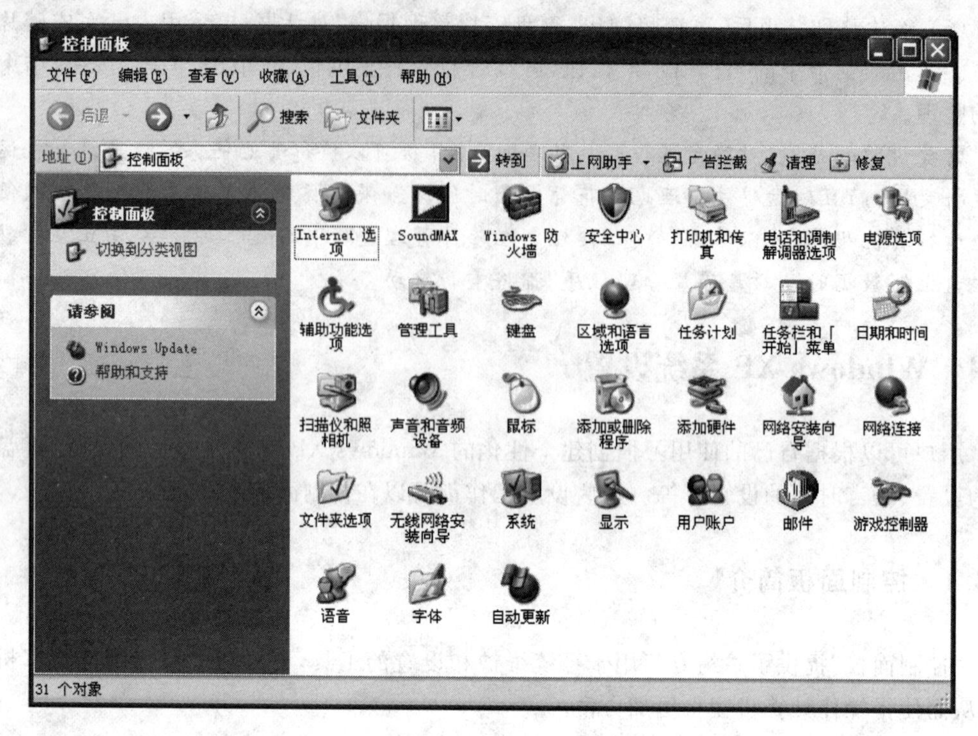

图 2-42 经典视图

1. 分类视图

首次打开控制面板，它以分类视图的方式显示。要打开某个项目组，可单击该项目组图标或类别名。某些项目会打开可执行的任务列表并列出其下的控制面板项目。把鼠标指针移到某个图标或类别名称上，在指针旁边会列出有关于该项目的解释说明。

2. 经典视图

在控制面板的分类视图中，单击左侧任务窗格中的“切换到经典视图”链接，即可将控制面板的视图方式切换到经典视图。在该视图下，要打开某个项目，双击它的图标即可。

2.4.2 应用程序的安装与卸载

Windows XP 操作系统提供了很多应用程序供用户使用，用户还可以根据自己的实际需要，安装具有特定功能的应用程序，对于不需要和不能正常使用的应用程序还可以删除它。

Windows XP 为用户提供了“添加或删除程序”工具，该工具可以保护 Windows XP 对更新、删除和安装过程的控制，不会因为误操作而对系统造成破坏。用户可以利用“添加或删除程序”工具管理计算机上的程序和组件。

在图 2-42 所示的经典视图中，双击“添加或删除程序”图标，打开“添加或删除程序”窗口，如图 2-43 所示。

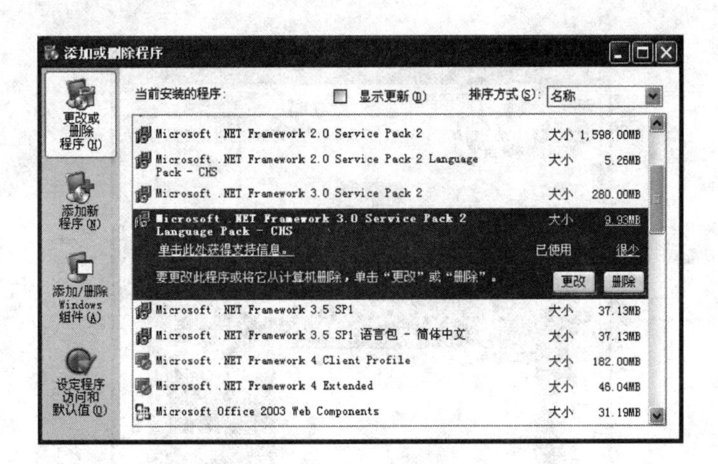

图 2-43 “添加或删除程序”窗口

1. 安装应用程序

在“添加或删除程序”窗口左侧单击“添加新程序”按钮，窗口右侧可以选择从 CD-ROM 或软盘安装程序。也可选择从 Microsoft 添加程序，选择此项用户可以从 Microsoft Update 站点下载最新应用。

2. 卸载或更改应用程序

在“添加或删除程序”窗口左侧单击“更改或删除程序”按钮，窗口右侧选中要更改或删除的程序名称，然后单击“更改”或“删除”按钮。单击“删除”按钮可以删除选定的应用程序。有些应用程序包含多个组件，单击“更改”按钮，可以添加或删除已安装的组件。

2.4.3 显示属性设置

在 Windows XP 操作系统中，通过桌面显示属性的设置，用户可以依照自己的爱好和需要选择美化桌面的背景、更改桌面主题、设置屏幕保护程序、选择显示器的分辨率等。

显示属性的设置是在“显示属性”对话框中进行的，该对话框有两种打开方法：

(1) 在桌面空白处右击，在弹出的快捷菜单中选择“属性”命令，打开“显示属性”对话框，如图 2-44 所示。

(2) 在控制面板中，双击“显示”图标打开“显示属性”对话框。

1. 更改桌面主题

桌面主题是 Windows XP 为用户提供的一种配套改变桌面的显示方案，包括桌面背景、快捷图标样式、鼠标形状等等。更改桌面主题的具体操作步骤如下。

(1) 在“显示属性”对话框中，选择“主题”选项卡。

(2) 在“主题”下拉列表中选择一种桌面主题，在“示例”框中将显示出这个主题的桌面显示模式。

(3) 单击“确定”按钮，应用这个“桌面主题”并关闭“显示属性”对话框。

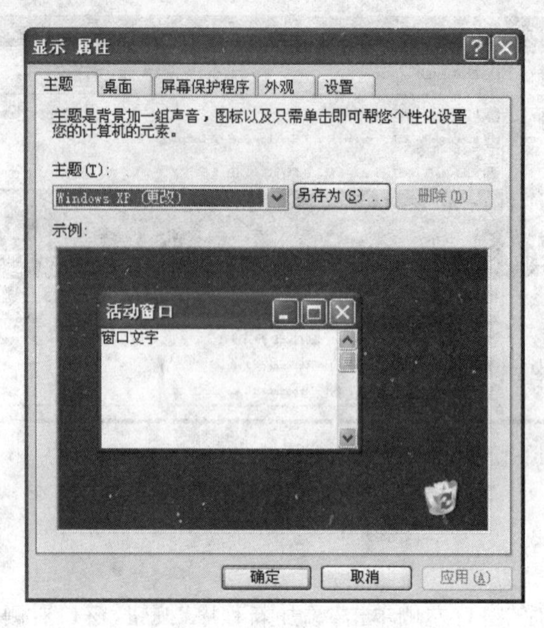

图 2-44 “显示属性”对话框

2. 设置屏幕保护

当用户长时间没有对计算机进行操作时，Windows XP 可以启动屏幕保护程序，以保护计算机的显示屏幕，延长显示器的寿命。设置屏幕保护的具体操作步骤如下。

(1) 在“显示属性”对话框中，选择“屏幕保护程序”选项卡，如图 2-45 所示。在设置屏幕保护程序之前，屏幕保护程序为“无”，在显示器形状的窗口中仅仅显示桌面背景，同时“设置”和“预览”按钮是不可使用的。

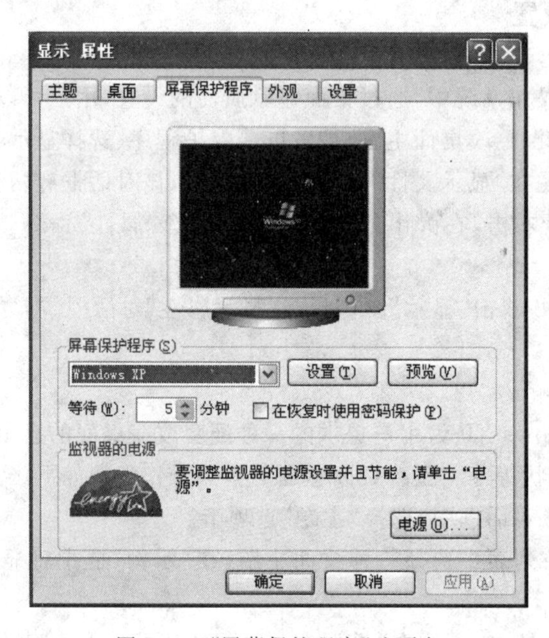

图 2-45 “屏幕保护程序”选项卡

(2) 在“屏幕保护程序”列表框中选择所需的屏幕保护程序,例如“Windows XP”。这时,在显示器形状的窗口可以预览这个屏幕保护程序的运行效果。

(3) 调整“等待”微调按钮,选择启动屏幕保护程序的时间。如果用户想在恢复对计算机的操作时使用密码保护,可以选中“在恢复时使用密码保护”复选框。

(4) 单击“设置”按钮,打开“设置”对话框,可以设置屏幕保护程序的各项参数。

(5) 单击“预览”按钮查看设置效果。

(6) 单击“确定”按钮,完成屏幕保护程序的设置,关闭该对话框。

当用户需要使用计算机时,只需移动鼠标或操作键盘即可恢复之前的状态。如果屏幕保护程序设置了密码,则需要用户输入正确的密码后才能进入先前的状态。

3. 设置显示外观

显示外观的设置是指设置窗口和消息框的标题栏、菜单、按钮、滚动条等的外观。外观的设置可以选用现成的方案,也可以由用户自定义,具体的操作步骤如下。

(1) 在“显示属性”对话框中,选择“外观”选项卡,如图2-46所示。

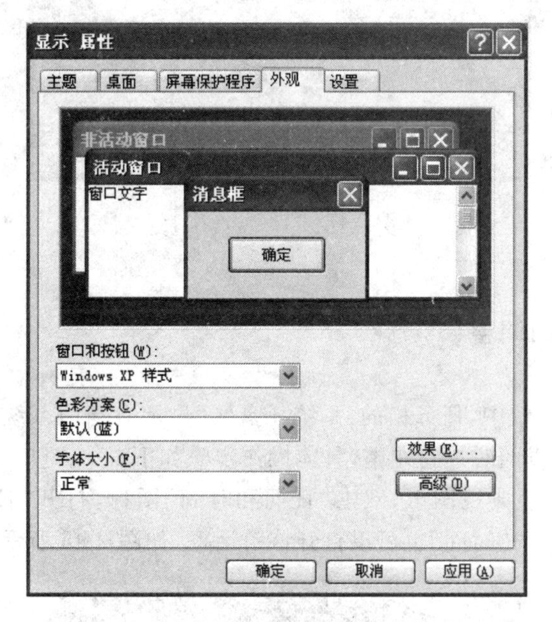

图2-46 “外观”选项卡

(2) 在“窗口和按钮”下拉列表框中选择Windows提供的显示方案,在预览框中将会显示这个方案的效果。

(3) 在“色彩方案”和“字体大小”列表框中选择相应的属性值。单击“效果”按钮,弹出“效果”对话框,可以设置屏幕外观的一些特殊效果。

(4) 单击“确定”按钮,完成设置。

4. 设置屏幕分辨率和颜色质量

通过对屏幕分辨率和颜色质量的设置,可以满足某些应用程序和用户的需要。具体操作步骤如下。

（1）在“显示属性”对话框中，选择“设置”选项卡，如图 2-47 所示。

（2）在“屏幕分辨率”标尺上可以拖动滑标来改变分辨率的大小，在“颜色质量”下拉列表中选择多种颜色的显示模式。

（3）单击“确定”按钮，完成设置。

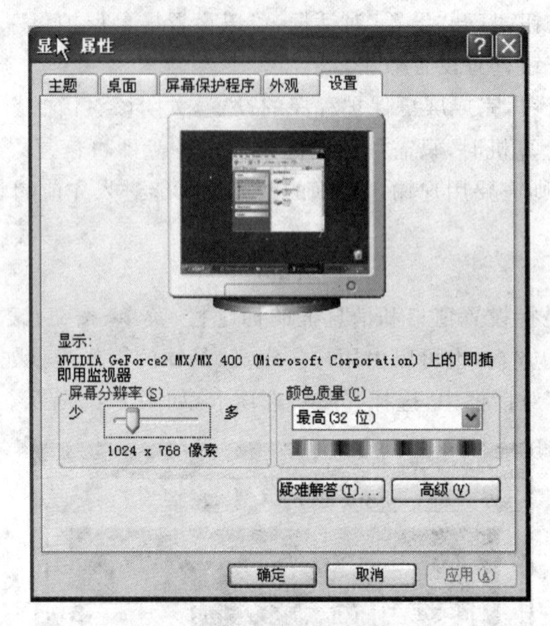

图 2-47 “设置”选项卡

2.4.4 日期、时间的调整

在 Windows XP 系统中，任务栏的“系统托盘区”显示有当前系统的日期和时间。如果时间或日期不准确，可以随时进行调整，具体操作步骤如下。

（1）在控制面板的经典视图下，双击“日期和时间”图标，打开“日期和时间属性”对话框。双击“系统托盘区”的“时间”也可以打开该对话框，如图 2-48 所示。

图 2-48 “日期和时间属性”对话框

(2) 在“时间和日期”选项卡下可以调整日期和时间，在“时区”选项卡下可以选择用户所在时区。

(3) 单击“确定”按钮，完成设置。

2.4.5 输入法的设置

在使用 Windows XP 过程中，常常需要使用键盘输入汉字和各种字符。英文字符和数字直接按键盘上的按键即可，但如果要输入汉字，就需要依靠汉字输入法来进行输入。输入法的设置工作主要包括输入法的选择、输入法的安装、输入法的添加和删除等。

1. 选择输入法

使用输入法输入汉字要先选择所需的中文输入法。用户可以使用以下两种方式选择汉字输入法。

(1) 使用输入法菜单。用鼠标单击任务栏右侧的输入法指示器，即语言栏上的按钮，屏幕上弹出输入法菜单，它列出了系统中所有已经安装的输入法，当前正在使用的输入法名称前有选定标志“√”。单击所需的输入法名称即可。

(2) 使用输入法切换键。按 Ctrl+Shift 快捷键，可在英文输入法和各种中文输入法之间进行切换。按 Ctrl+Space 快捷键，可在选中的中文输入法和英文输入法间切换。

2. 输入法的安装

中文版 Windows XP 在安装时，已经预先安装了微软拼音、全拼、智能 ABC 等中文输入法。用户还可以根据自己的习惯，将所需的输入法安装到系统中。输入法程序也属于应用程序，安装方法与其他应用软件的安装方法相同。运行输入法的安装文件，在向导的提示下一步步操作即可。

3. 添加输入法

用户安装完某种输入法后，有时不一定会在语言栏中显示出来，这时就需要添加输入法。添加的具体步骤如下。

(1) 在控制面板的经典视图下，双击“区域和语言选项”图标，打开“区域和语言选项”对话框。

(2) 切换到“语言”选项卡下，如图 2-49 所示。

(3) 单击“详细信息”按钮，打开“文字服务和输入语言”对话框。也可以右击语言栏，在快捷菜单中选择“设置”命令，同样可以打开该对话框。如图 2-50 所示。

(4) 在“文字服务与输入语言”对话框中，单击“添加”按钮，出现“添加输入语言”对话框，如图 2-51 所示。

(5) 在“输入语言”下拉列表中选择“中文(中国)”。在“键盘布局/输入法”下拉列表中选择所需添加的输入法，单击“确定”按钮，返回到图 2-50 所示的“文字服务和输入语言”对话框。

(6) 单击“确定”按钮，完成输入法的添加工作。

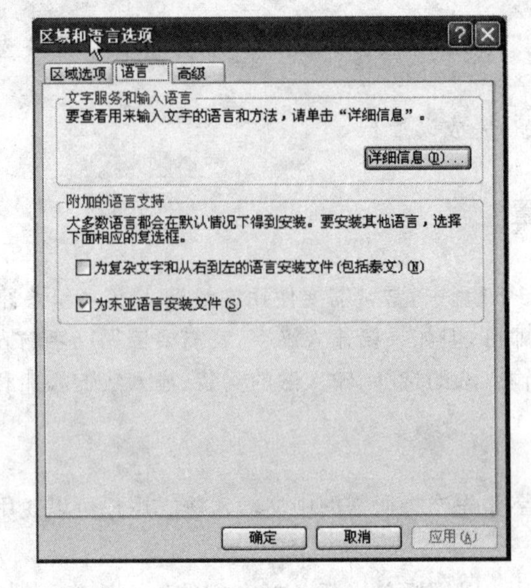

图 2-49 “语言”选项卡

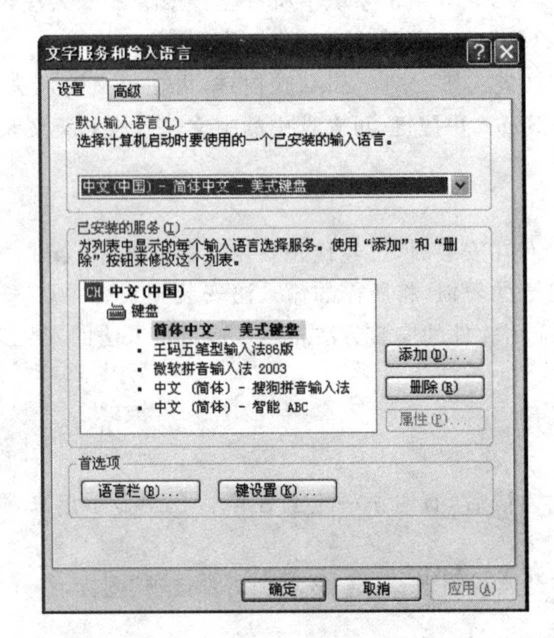

图 2-50 “文字服务和输入语言”对话框

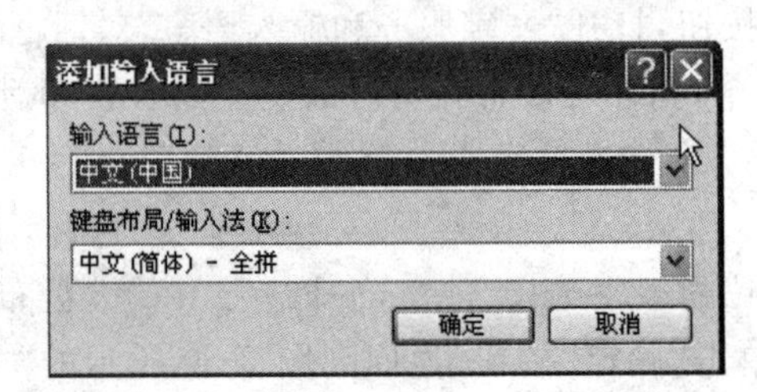

图 2-51 “添加输入语言”对话框

4. 删除输入法

删除输入法也是在图 2-50 所示的“文字服务和输入语言”对话框中完成的。在该对话框的“已安装的服务”选项组列表框中，选中要删除的输入法，单击“删除”按钮即可。

删除输入法并未将输入法文件从硬盘上真正删除，只是从系统记录的当前输入法列表中删除了该输入法的记录，以后需要时还可以使用上述添加输入法的方法将输入法添加进来。

5. 设置默认的输入法

默认输入法是指当每次启动计算机和程序时，都会自动选择的输入法。

在如图 2-50 所示的“文字服务和输入语言”对话框的“设置”选项卡下，在“默认输入语言”下拉列表中选中作为默认的输入法，单击“确定”按钮即可将该输入法设置为默认输入法。

2.4.6 打印机的设置

打印机是常用的外部输出设备，在使用计算机的过程中常常需要使用打印机来打印文档。

1. 打印机的安装

在中文版 Windows XP 系统中，用户不但可以在本地计算机上安装打印机，如果用户是联入网络中的，还可以安装网络打印机，使用网络中的共享打印机来完成打印作业。目前，用户使用的打印机大多是 USB 接口的，连接到计算机上时，计算机会自动发现并安装该打印机。

2. 添加打印机

(1) 打开“开始”菜单，选中“设置”→“打印机和传真”命令，打开“打印机和传真”窗口，如图 2-52 所示。

(2) 在窗口左侧的“打印机任务”窗格中，单击“添加打印机”命令，弹出“添加打印机向导”对话框，单击“下一步”按钮后会显示图 2-53 所示的对话框。

(3) 根据实际情况选择“连接到此计算机的本地打印机”，添加直接与本机相连的打印机；或选择“网络打印机或连接到其他计算机的打印机”添加网络打印机。

(4) 单击“下一步”按钮，在“添加打印机向导”的提示下，逐步完成各种参数的设置。

3. 设置默认的打印机

如果用户的计算机中安装了多个打印机或网络打印机，那么在图 2-52 所示的“打印机与传真”窗口中，带标记的打印机被设置为当前的默认打印机。

要更改默认打印机设置，可以用鼠标右键单击另一个打印机图标，在弹出的快捷菜单中选择“设为默认打印机”命令。

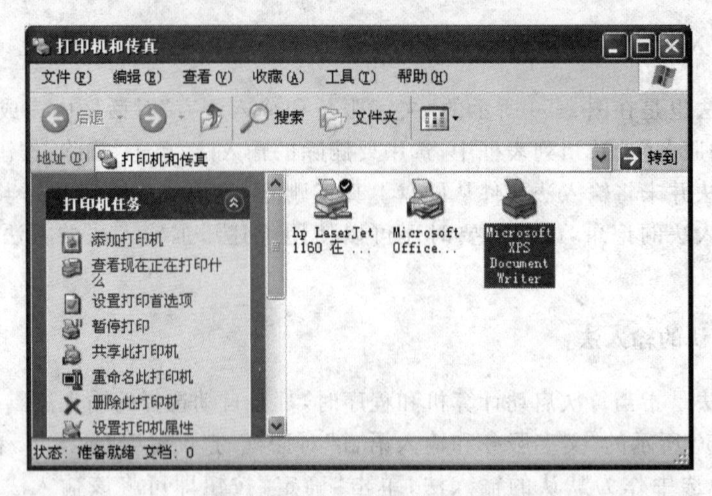

图 2-52 “打印机和传真”窗口

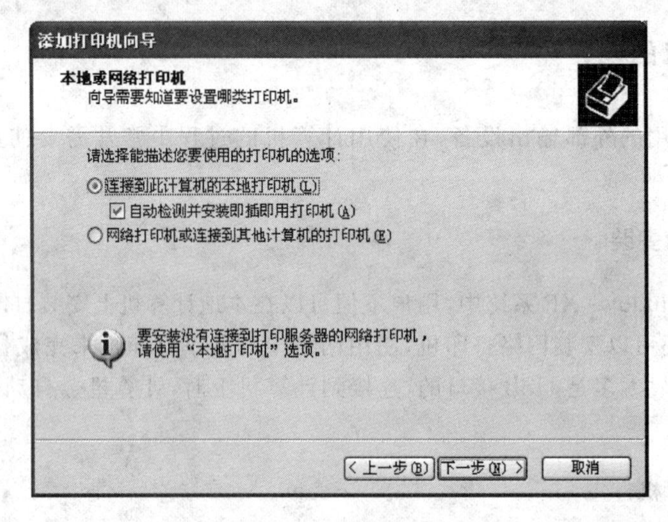

图 2-53 “添加打印机向导”对话框

4. 删除打印机

如果某台打印机不再被使用的话,可以将其从打印机列表中删除。具体操作步骤如下。

(1) 在图 2-52 所示的“打印机和传真”窗口中,选定欲删除的打印机。

(2) 在窗口左侧的“打印机任务”窗格中,单击“删除此打印机”命令。

(3) 在弹出的消息提示框中选择“是”即可。

2.4.7 用户账户管理

Windows XP 是一个支持多用户的操作系统,允许多个用户共用一台计算机。系统通过账户管理功能保护每个用户数据的安全。

1. 用户账户的分类

Windows XP 的账户按照权限的不同可分为管理员账户、普通账户和特殊账户。

(1) 管理员账户。是账户中权限最大的一类用户。管理员账户可以完全控制计算机并访问计算机上的所有资源,还可以创建和删除其他账户。

(2) 普通账户。也称为"一般用户账户"或"受限账户",只能访问部分资源。

(3) 特殊账户。一般用于系统开发和测试,用户使用的机会较少,权限也是受到一定限制的。

Windows XP 中按照权限的不同将用户分成不同的组,每个账户都属于某一个或多个组,同组中的账户具有相同的权限。

2. 创建新账户

创建新账户的具体操作步骤如下。

(1) 在控制面板的分类视图下,单击"用户账户"命令,打开"用户账户"对话框,如图 2-54 所示。

(2) 单击"创建一个新账户"命令,打开"用户账户"向导对话框。

(3) 在"为新账户键入一个名称"文本框中输入新添加的用户名称,例如"f"。

(4) 单击"下一步"按钮,为该账户选择一个账户类型,如图 2-55 所示。

(5) 单击"创建账户"按钮,关闭向导对话框,完成新账户的创建工作。

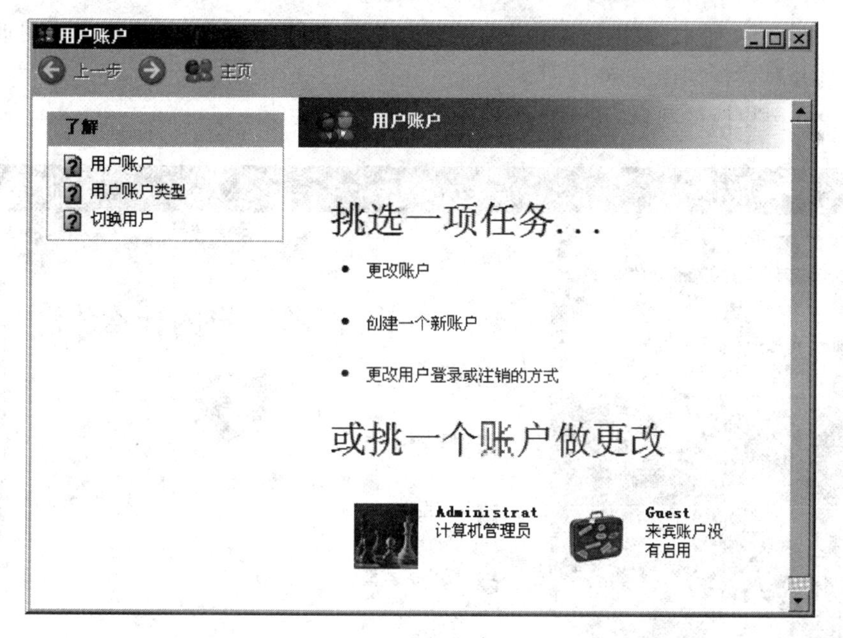

图 2-54 "用户账户"对话框

3. 更改账户设置

对于已经添加的账户,可以更改名称、创建密码、更改图片、更改账户类型甚至删除账

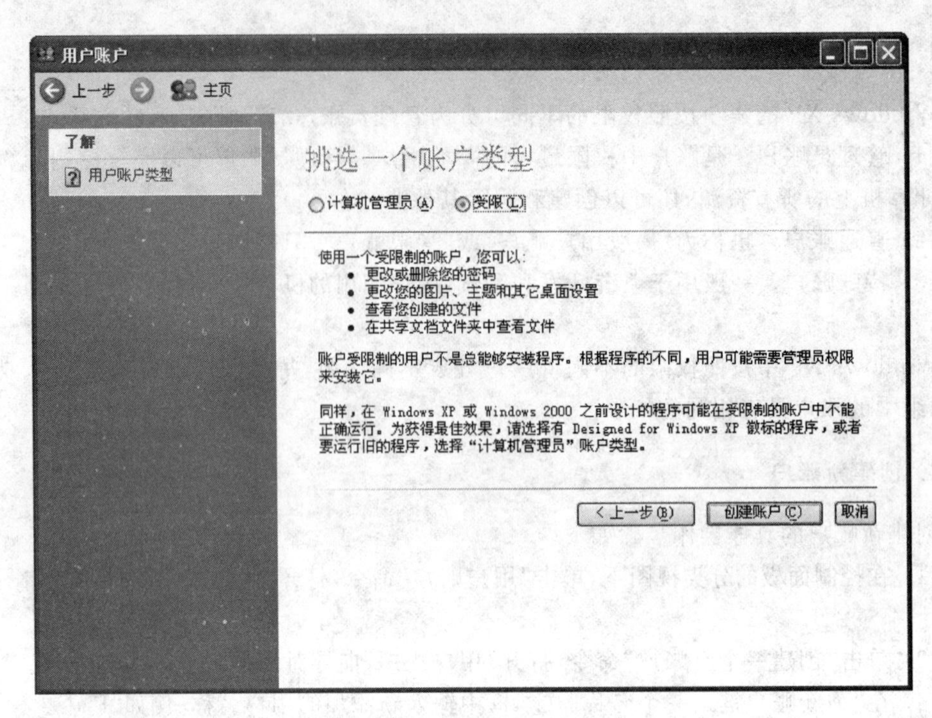

图 2-55　供选择账户类型的对话框

户。例如，要改变账户“f”的设置，可以执行如下操作。

(1) 在图 2-54 所示的“用户账户”对话框中单击“更改账户”命令，选定要更改的账户，比如“f”，打开对话框如图 2-56 所示。

(2) 单击要更改的项目，按照系统提示逐步完成操作。

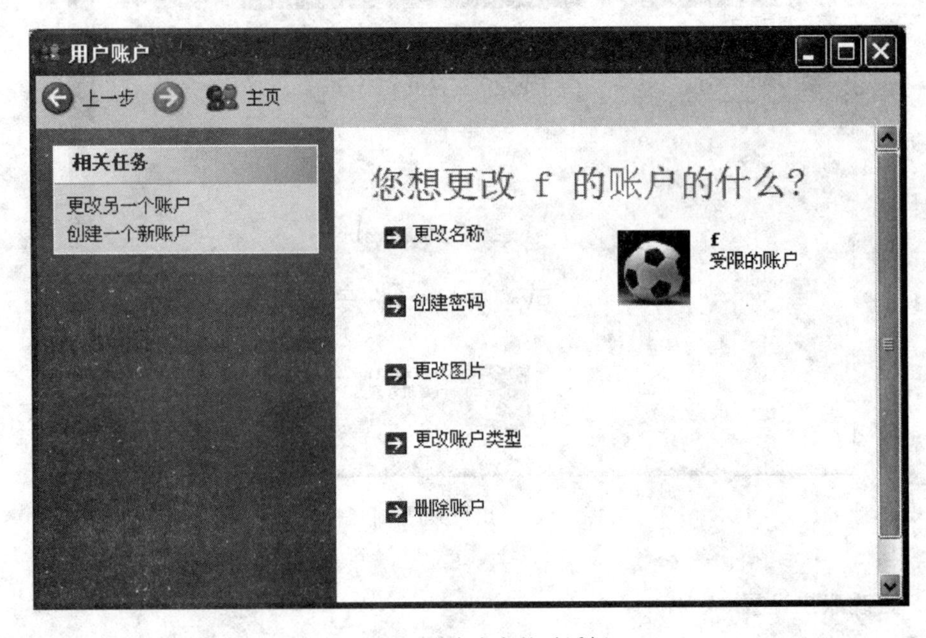

图 2-56　更改账户的对话框

2.5 Windows XP 附件程序的使用

Windows XP 中自带了许多附件应用程序，可以帮助用户完成文本编辑、数据计算、绘制图形等基础操作。

2.5.1 记事本

“记事本”是 Windows XP 自带的一款文本编辑程序，占用资源少，启动速度快，常用来查看和编辑纯文本文件。生成的文件通常以.txt 作为扩展名。

1. 记事本窗口

打开“开始”菜单，选择“所有程序”→“附件”→“记事本”命令，可启动“记事本”应用程序。

“记事本”程序的窗口从上到下依次是标题栏、菜单栏、编辑区等，如图 2-57 所示。

图 2-57 “记事本”窗口

标题栏用于显示正在打开的文本文件的名称，形式为“文档名-记事本”。如图 2-57 中显示的“d.txt-记事本”，表示当前记事本中正在编辑文件的名称为“d.txt”。

菜单栏下方的空白区域是文档编辑区。编辑区中有一个不停闪烁的竖直线，称为插入点，指示下一个要键入字符的位置。

2. 新建文档

默认情况下，当启动“记事本”之后，程序会自动创建一个空白文档，用户可以在该文档中直接进行编辑操作。

另外，也可以选择“文件”菜单→“新建”命令，创建一个新文档。

默认情况下，记事本中文本不能自动换行，可以执行菜单中的“格式”→“自动换行”命令，来实现文本的自动换行。

在输入的过程中，也可以使用“编辑”菜单中的剪切、复制、粘贴和删除等命令进行编辑操作，这里不再详述。

3. 保存文档

要保存文档的内容，可按如下步骤操作。

(1) 执行“文件”菜单→“保存”命令，打开“另存为”对话框，如图 2-58 所示。

图 2-58 “另存为”对话框

(2) 在“保存在”编辑框和它下方的文件夹列表区域中，选择文件的保存位置。默认为“我的文档”文件夹。

(3) 在“文件名”编辑框中输入文件的名称，例如“练习 1”。

(4) 在“保存类型”编辑框中选择文件的类型，例如“文本文档”。

(5) 单击“保存”按钮，完成文件的存盘工作。

需要说明的是，文档第一次被保存时，使用“保存”命令，会打开“另存为”对话框，要求用户输入保存的各种信息。再次执行“保存”命令时将不再打开“另存为”对话框了，而是按原文件名在原位置保存。

如果用户想要更改文档的保存位置或名称，可以执行“文件”→“另存为”命令，打开“另存为”对话框，重新输入保存的文件信息。

4. 打开文档

如果用户想要打开一个已经保存过的文本文件，可以执行“文件”→“打开”命令，在“打开”对话框中选择相应的文本文件即可。

5. 退出“记事本”应用程序

结束当前文档的编辑操作并存盘后，可以退出“记事本”应用程序。退出的方法是执行“文件”→“退出”命令，或者直接单击标题栏右侧的“关闭”按钮。

如果当前正打开的文档未被保存，那么在退出“记事本”时将出现一个对话框，询问是否保存当前文档。选择“是”按钮，将保存当前的文档；选择“否”按钮，将放弃对当前文档的修改；选择“取消”按钮，将取消本次退出“记事本”的操作，回到原来的编辑状态。

2.5.2 写字板

“写字板”是 Windows XP 自带的另一款文本编辑程序，在功能上比“记事本”要强大一些。利用它可以完成大部分的文字处理工作，如文档的格式化、图形的简单排版等。

“写字板”创建的文档默认格式为 RTF(Rich Text Format)格式，RTF 文件可以有不同的字体、字符格式及制表符，并可在各种不同的文字处理软件中使用。

“写字板”也可以读取纯文本文件(*.txt)、书写器文件(*.wri)以及 Word(*.doc)的文件。

1. 写字板窗口

打开“开始”菜单，选择“所有程序”→“附件”→“写字板”命令，启动“写字板”应用程序。

“写字板”应用程序同样以窗口的形式运行。与“记事本”比较，它也包括标题栏、菜单栏和编辑区，不同的是它还具备工具栏、格式栏、标尺和状态栏，如图 2-59 所示。

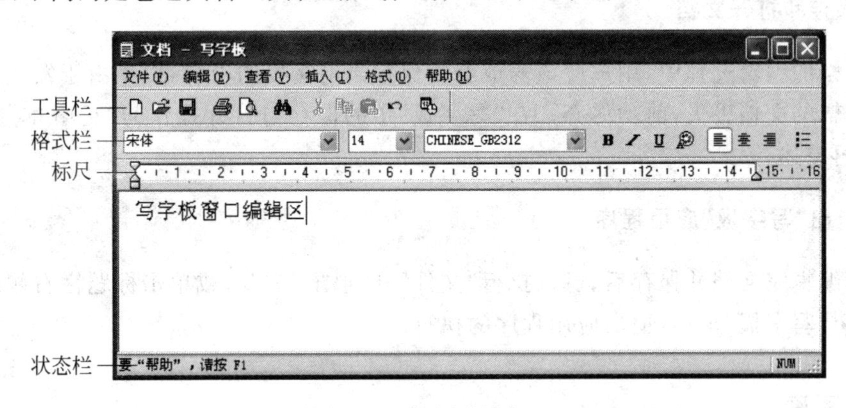

图 2-59 “写字板”窗口

(1) 工具栏上包括一组管理文档操作的按钮，从左到右分别表示新建、打开、保存、打印、打印预览操作；一组编辑文档操作的按钮，从左到右分别表示查找、剪切、复制、粘贴、撤销操作；一个插入日期和时间的按钮。当用户需要时只需单击相应的按钮即可完成任务。

(2) 格式栏由一些常用的格式化工具按钮组成。例如，宋体 用于选择字体，12 用于选择字号，B I U 分别用于为文字设置粗体、斜体、下划线格式，用于设置字体颜色，用于设置段落对齐方式，分别对应左对齐、居中、右对齐，用于为段落设置项目编号。

(3) 标尺用于设置段落缩进、调整页边距以及设置制表位等。在默认情况下，水平标尺位于“格式栏”的下方。

(4) 状态栏位于窗口下方，用于显示选定的菜单命令或工具按钮的功能说明。

2. 创建和编辑文档

与“记事本”程序相同，“写字板”程序启动之后，系统会自动创建一个空白文档，用户可以在该文档中直接进行编辑操作。另外用户还可以执行“文件”→“新建”命令，创建一个新文档。

在文档编辑过程中，如果要更改文字的格式，可执行如下操作。

① 选定需要设置格式的文字，被选定的文字变成了反白显示。

② 单击格式栏中相应的按钮可以设置相关的格式。或执行“格式”→“字体”命令，在打开的“字体”对话框中进行更详细的设置。

如果需要设置段落的对齐格式，可执行如下操作。

① 选定需要设置格式的段落或将插入点放到该段落中。

② 单击格式栏中相应的对齐按钮或执行“格式”→“段落”命令。

如果需要给段落加入项目符号，可执行如下操作。

① 选定需要添加项目符号的段落，或将插入点放到该段落中。

② 单击“格式”栏中的“项目符号”按钮，设置项目符号。

3. 保存和打开文档

在文档的编辑过程中，用户应该养成经常保存当前文档的习惯，以免由于发生某种意外而导致编辑的文档丢失，前功尽弃。在“写字板”中的保存与打开操作与“记事本”中的操作相同，不再赘述。

4. 退出“写字板”应用程序

用户编辑完文档并保存后，可以执行“文件”→“退出”命令，或单击标题栏右侧的“关闭”按钮，关闭“写字板”窗口，退出应用程序的执行。

2.5.3 画图

“画图”程序是 Windows XP 附件中自带的一款图形编辑工具，使用“画图”程序可以创建黑白或者彩色的简单图形，也可以对已有的图片进行编辑。编辑完成后可以保存为.jpg 格式.gif 格式或.bmp 格式的文件。

1. 画图窗口

打开“开始”菜单，选择“所有程序”→“附件”→“画图”命令，启动“画图”应用程序。“画图”程序的窗口如图 2-60 所示。

窗口由标题栏、菜单栏、工具箱、选项面板、颜料盒、绘图区域以及状态栏等组成。

(1) 工具箱由一组按钮组成，是用来在绘图区域进行绘图的工具，如图 2-61 所示。

(2) 选项面板中显示的是工具箱中当前选中工具的选项。当用户选择了工具箱中的某个工具时，会在选项面板中自动显示该工具选项下的子选项。

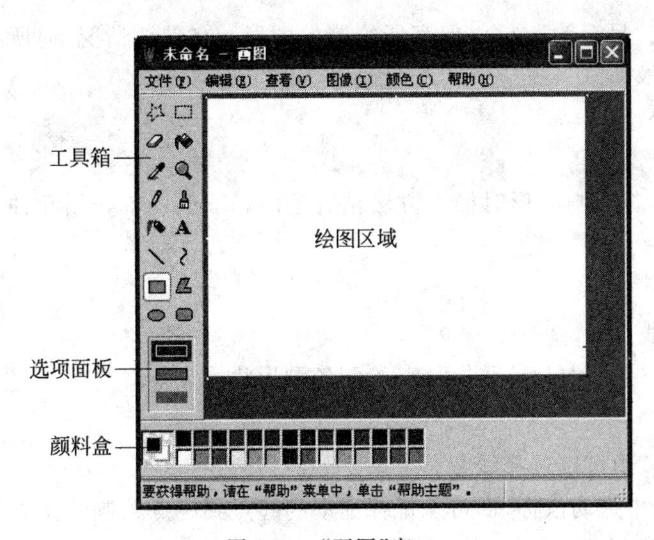

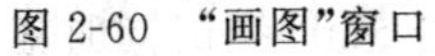
图 2-60 “画图”窗口

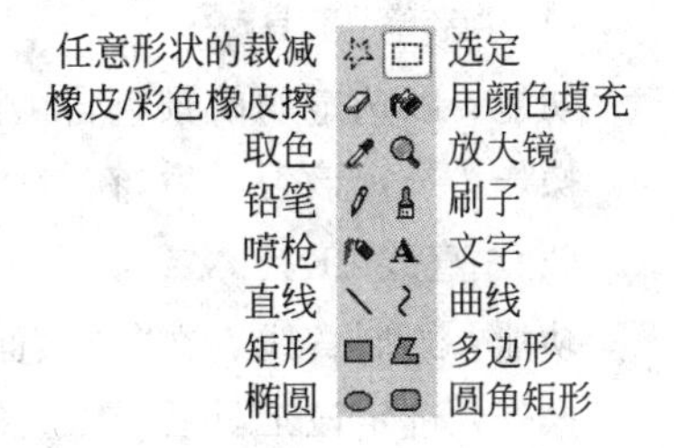

图 2-61 工具箱

(3) 颜料盒供用户设置绘图时使用的前景色和背景色。其中，在颜料盒的左侧是前景色和背景色显示框，框中有两个重叠在一起的小方块，前面的方块内显示的是前景色，后面的方块内显示的是背景色。单击颜料盒中的某种颜色可以设置前景色，右击颜料盒中的某种颜色可以设置背景色。

(4) 绘图区域也称为“画布”。可以用鼠标拖动画布的边角处来改变画布的大小。画布的大小一旦确定，所能绘制的图形的范围就确定了，画布之外的区域不能进行绘图操作。

2. 绘制图形

在绘图区域中绘制图形，一般按如下步骤操作。

① 执行“图像”→“属性”命令，弹出“属性”对话框，如图 2-62 所示。

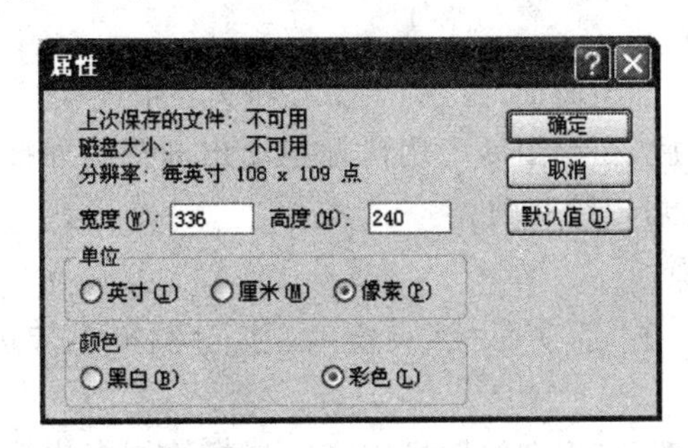

图 2-62 “属性”对话框

② 在“属性”对话框中选择“单位”，输入画布的“宽度”、“高度”，以确定画布的尺寸；在“颜色”区域选择所绘图形是“黑白”图形还是“彩色”图形。单击“确定”按钮返回。

③ 在图 2-61 所示的工具箱中单击选择所需的绘图工具；在选项面板中选择工具选项；在颜料盒中设置绘图的前景色和背景色。

④ 根据所选工具开始绘图。

⑤ 重复步骤③、④，直至绘图完成。

⑥ 执行“文件”→“保存”命令或“另存为”命令，保存所绘制的图形。在默认情况下，所绘图形被保存为.bmp文件，即位图文件。

3. 画图工具简介

工具箱中提供的各种绘图工具，在绘制图形时操作方法稍有不同。下面简单介绍几种常用工具的功能及使用方法。

(1) “铅笔”工具

功能：以选定的前景色自由画线。

操作：选定该工具后，在绘图区中拖动鼠标，可“手工”绘制各种形状的线条。

(2) “直线”工具

功能：绘制直线。在“选项面板”中可以选择线宽。

操作：选定该工具后，在绘图区中拖动鼠标，即可从鼠标拖动的起点到终点绘制一条直线。如果要画水平线、垂直线或45度斜线，可以在按住Shift键的同时拖动鼠标。

(3) “曲线”工具

功能：绘制光滑曲线。在“选项面板”中可以选择线宽。

操作：选定工具后，先拖动鼠标从曲线的起点到终点画一条直线，然后用鼠标拖动需要弯曲的部位，将直线调整为曲线形状；如果其他部位仍需要弯曲，可以再用鼠标拖动需弯曲的部位。

(4) “矩形”工具、“圆角矩形”工具

功能：绘制矩形或圆角矩形。在“选项面板”有空心、实心和实心带边框三种可选择的绘图方式。

操作：选定工具按钮后，在绘图区中用鼠标拖动出所绘矩形大小。如果在拖动鼠标的同时按住Shift键，可以分别绘制出正方形或圆角正方形。

(5) “椭圆”工具

功能：绘制椭圆。在“选项面板”有空心、实心和实心带边框三种可选择的绘图方式。

操作：选定工具按钮后，在绘图区中用鼠标拖动出椭圆的外接矩形大小。如果在拖动鼠标的同时按住Shift键，可以绘制圆。

(6) “多边形”工具

功能：绘制多边形。在“选项面板”有空心、实心和实心带边框三种可选择的绘图方式。

操作：单击该工具按钮，首先在绘图区中拖动鼠标绘制多边形的第一条边，释放鼠标，然后在第二条边的终点处单击鼠标，确定第二条边，依照相同的方法绘制多边形的其他边，在最后一个终点处双击鼠标，系统会自动封闭多边形。

(7) “橡皮/彩色橡皮擦”工具

功能：用颜料盒中选中的背景色擦除绘图区域中的图形。在“选项面板”中可以选择橡皮擦的大小。

操作：选定该工具后，按住鼠标左键进行拖动，系统将使用当前背景颜色覆盖沿鼠标轨迹经过的区域；如果按住鼠标右键进行拖动，系统只覆盖用当前前景颜色绘制的图形。

(8)"用颜色填充"工具

功能：用选中颜色填充封闭图形。

操作：选定该工具，在需要填充的封闭区域内单击鼠标左键，则封闭区域被填充为当前的前景颜色；单击鼠标右键，则封闭区域被填充为当前的背景颜色。

(9)"取色"工具

功能：从绘图区提取颜色。

操作：选定该工具按钮，在绘图区的颜色块中单击鼠标左键，则吸取的颜色将成为前景颜色；单击鼠标右键，则吸取的颜色将成为背景颜色。

(10)"放大镜"工具

功能：将绘图区的图形放大或还原。在"选项面板"中可以选择四种放大倍数。

操作：选定该工具按钮，在绘图区中单击鼠标，可以将图形放大；再次选定该工具按钮后，在绘图区中单击鼠标图形恢复为原始大小。

(11)"刷子"工具

功能：以选定的刷子形状和线宽画自由曲线。在"选项面板"中提供了多种刷子形状、大小和倾斜方向。

操作：单击该工具按钮，在绘图区中拖动鼠标左键，可以用当前前景色画自由曲线；拖动鼠标右键，使用当前的背景色画自由曲线。

(12)"喷枪"工具

功能：产生喷雾状效果的图形。在"选项面板"中有三种尺寸的喷枪供选用。

操作：单击该工具按钮，在绘图区中拖动鼠标左键，可以用当前前景色画出雾状轨迹；拖动鼠标右键，使用当前的背景色画出雾状轨迹。

(13)"文字"工具 A

功能：在图形中加入文字标注。在"选项面板"中可以选择透明或不透明背景。

操作：单击该工具按钮，从需要插入文字的位置开始拖动鼠标，出现的虚线框即为文字的大概范围，释放鼠标后即可在文字框中输入文字。可以移动或放大文字框，但是不能缩小。还可以在文字工具栏中，选择文字的字体、字号、字型和排列方式(横向或纵向)。输入文字后，单击文字框外的任意位置即可完成插入工作。

(14)"任意形状的裁剪"工具

功能：在绘图区中选取不规则边界区域中的图形。在"选项面板"中可以选择透明或不透明背景。

操作：选定该工具按钮，将鼠标指针移动到要选定区域边界上的某一点，沿区域边界拖动鼠标绕区域一周后释放鼠标，此时区域被虚线边界包围。然后右击选定区域，从弹出的快捷菜单中可以选择"剪切"、"复制"、"粘贴"或"清除选定内容"等命令，对选定区域进行移动、复制或者删除操作。

(15)"选定"工具

功能：在绘图区中选取矩形区域中的图形。在"选项面板"中可以选择透明或不透明背景。

操作：选定该工具按钮，按住鼠标左键不放拖动鼠标可形成一个矩形区域，该区域中的对象即被选定，并可以进行移动、复制或清除等编辑操作。

利用“任意形状的裁剪”工具或“选定”工具选取图形后，按 Delete 键或可将图形块删除掉；用鼠标左键拖动图形块到适当位置，可以完成移动操作；按住 Ctrl 键的同时拖动图形块，可以完成复制操作。

4. 图像的处理

用“选定”或“任意形状的裁剪”工具按钮选择需要处理的绘图区域后，执行“图像”菜单中的相关命令可以实现图形的翻转或旋转、拉伸或扭曲。

2.5.4 计算器

计算器是 Windows XP 的附件中自带的一款小应用程序，可以帮助用户完成简单的数据计算。

打开“开始”菜单，选择“所有程序”→“附件”→“计算器”命令，即可启动“计算器”，如图 2-63 所示。

计算器分为“标准型”计算器和“科学型”计算器两种。“标准型”计算器用于简单的算术运算。“科学型”计算器可以完成指数、对数、三角函数、统计以及数制转换等复杂运算。通过执行“查看”菜单中的“标准型”或“科学型”命令可以实现两种计算器之间的切换。“科学型”计算器如图 2-64 所示。

图 2-63 “标准型”计算器

图 2-64 “科学型”计算器

习题二

一、单项选择题

1. 中文 Windows XP 向用户提供了（　　）界面。

   A）图形　　B）命令行　　C）纯文本　　D）字符

2. Windows XP 的“桌面”指的是（　　）。

   A）全部窗口　　B）最大化的同一个窗口

C) 活动窗口　　D) 启动后显示的整个屏幕

3. Windows XP的"当前活动窗口"指的是(　　)。

A) 最大化的窗口　　B) 标题栏呈灰色的窗口

C) 标题栏呈深色的窗口　　D) 任务栏中显示的窗口

4. 在Windows XP"资源管理器"窗口中,主菜单栏中有"文件(E)"菜单,则表示按(　　)键可选择该菜单。

A) Alt+F　　B) Ctrl+F　　C) Shift+F　　D) F

5. Windows XP的"回收站"是(　　)的一块空间。

A) 硬盘　　B) 高速缓存　　C) 软盘　　D) 内存

6. 为了显示或隐藏任务栏,在任务栏的空白处单击鼠标右键,在弹出的菜单中单击"属性"选项,打开(　　)对话框。

A) 打开应用程序　　B) 改变窗口大小

C) 改变窗口的位置　　D) 任务栏和开始菜单属性

7. 在Windows XP"我的电脑"窗口或"资源管理器"窗口中,如果想一次选定多个分散的文件或文件夹,正确的操作是(　　)。

A) 按住Ctrl键用鼠标右键逐个选取　　B) 按住Ctrl键用鼠标左键逐个选取

C) 按住Shift键用鼠标右键逐个选取　　D) 按住Shift键用鼠标左键逐个选取

8. 用"记事本"程序保存文件的默认扩展名是(　　)。

A) .txt　　B) .rtf　　C) .gif　　D) .bmp

9. 通过标题栏中的控制菜单图标可以实现对窗口的(　　)操作。

A) 还原、移动、大小、最小化、最大化、关闭

B) 还原、移动、大小、最大化、保存

C) 移动、最小化、最大化、关闭、运行

D) 还原、关闭 、打开、保存、运行

10. 关闭当前窗口可以使用的快捷键是(　　)。

A) Ctrl+F1　　B) Alt+F4　　C) Ctrl+Esc　　D) Ctrl+Tab

11. 在中文Windows XP中,可以设置和改变的文件属性是(　　)。

A) 只读、隐藏、存档、删除　　B) 隐藏、存档、只读

C) 隐藏、只读、复制、系统　　D) 复制、只读、存档、系统

12. "剪切"、"复制"和"粘贴"操作的快捷键分别是(　　)。

A) Ctrl+C、Ctrl+D、Ctrl+V　　B) Ctrl+X、Ctrl+C、Ctrl+V

C) Ctrl+Y、Ctrl+V、Ctrl+X　　D) Alt+X、Alt+C、Alt+V

13. 在Windows XP中,移动不同驱动器之间的文件,应使用的鼠标方式是(　　)。

A) 拖曳

B) Ctrl+拖曳

C) Shift+拖曳

D) 选定要移动的文件按Ctrl+C,然后打开目标文件夹,最后按Ctrl+V

14. 要搜索所有的.BMP文件,应在"搜索结果"窗口的"全部或部分文件名"文本框中输入(　　)。

A）?.BMP　　B）DIR ?.BMP　　C）DIR *.BMP　　D）*.BMP

15. 桌面上墙纸排列方式有居中、平铺和(　　)。

A）左对齐　　B）右对齐　　C）分层　　D）拉伸

二、操作题

1. 设置自定义风格的桌面外观

利用"显示属性"对话框，完成如下操作：

(1) 桌面主题设置为：Windows XP 。

(2) 桌面背景设置为：Ascent，位置：拉伸。

(3) 屏幕保护程序为："飞越时空"，等待 3 分钟。

(4) 动画显示菜单和工具栏提示为：滚动效果。

(5) 显示颜色为：增强色(16 位)，屏幕分辨率为：1024×768。

(6) 监视器刷新频率为：75Hz。

2. 文件及文件夹的操作

(1) 在桌面上建立"计算器"应用程序的快捷方式。

(2) 在 D 盘根目录下建立两个文件夹，分别命名为"a1"和"b"，将"b"文件夹改名为"a2"。

(3) 使用"搜索"功能，在 C 盘上查找文件名以 a 字母开头，扩展名为.cur 的文件，将找到的文件复制到 a1 文件夹中。

(4) 将文件夹"a2"移动到文件夹"a1"内。

(5) 在文件夹"a1"内新建一个名为"lh"的文本文件，并把文本文件"lh"复制到此目录下的文件夹"a2"内。

(6) 设置文件夹"a1"中的文本文件"lh"只具备"存档"和"只读"属性。

(7) 将文件夹"a2"的属性设为"只读"、"存档"、"隐藏"。

第 3 章　文稿编辑软件 Word 2007

Word 2007 是 Microsoft 公司推出的办公套件 Office 2007 中的一个重要组件，是一个功能强大的文字处理软件，它在操作界面和操作方式方面较以前版本的 Word 发生了很大的变化。一旦掌握了 Word 2007，你会发现它的新特征和新界面，使其在性能和实用性方面将明显胜过早期的版本。

3.1　Word 2007 简介

Word 2007 可以编排各种格式的文档，如公文、报告、论文、书信、简历、杂志和图书等，其功能包括文字输入与编辑、文档格式编排、页面设置与打印输出、插入图形、图像和表格等。由于它在功能上设计的符合日常办公需求，并且操作非常人性化，所以 Word 软件一直以来都是广大用户首选的文字处理软件。

3.1.1　Word 2007 的界面组成

Word 2007 启动后，首先显示的是软件启动画面，然后立即进入工作界面，这个窗口的主要组成部分包括选项卡和功能区、Office 按钮、快速访问工具栏、标题栏、状态栏以及滚动条等，如图 3-1 所示。

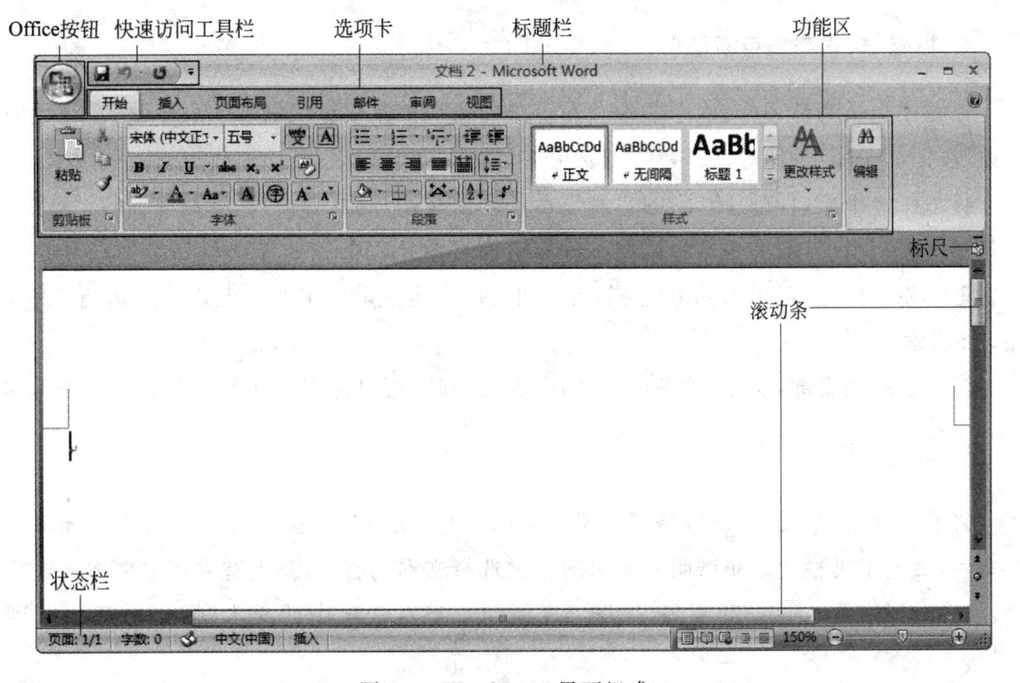

图 3-1　Word 2007 界面组成

1. 选项卡和功能区

启动 Word 2007，首先会注意到，它没有菜单。那些看起来像菜单名的地方，单击后并没有菜单出现，它们现在称为“选项卡”，而在以前版本中称为工具栏的那个地方，现在称为“功能区”。

选项卡上的命令被划分为组，例如，“开始”选项卡中的功能组，分别为“剪贴板”、“字体”、“段落”、“样式”和“编辑”。

2. Office 按钮

位于窗口左上角的圆形图标就是 Office 按钮，单击它会展开一个菜单，其中包含“新建”、“打开”、“关闭”、“保存”和“打印”等各种命令。

有的命令右侧有一个箭头，表示可以打开一个子菜单，从中选择附加命令。带有箭头的命令被分为两个类型：①在命令的名称和箭头之间出现一条分隔线，这样的命令本身是可以被单击的，如“另存为”或“打印”命令；②在命令的名称和箭头之间没有分隔线，说明这些命令本身不可选择，只能从其子菜单中选择命令，如“发送”命令。

3. 快速访问工具栏

快速访问工具栏列出了一些使用频率较高的工具按钮，默认情况下位于 Office 按钮的右侧，其中包含“保存”、“撤销”、“重复”按钮。这是用户界面中唯一可以自定义的部分，用户可以向快速访问工具栏中添加按钮，使常见和重复性的操作更容易执行，方法是在要添加的按钮上右击鼠标，选择“添加到快速访问工具栏”命令。

4. 标题栏、状态栏与滚动条

标题栏包括文档名称、程序名称及右上角的窗口控制按钮组(包括“最小化”按钮、“向下还原”按钮、“关闭”按钮等)。

状态栏位于窗口的底端，它的左侧显示了当前文档页数、总页数、字数等内容，状态栏右侧是视图按钮组、当前页面显示比例和调节页面显示比例的缩放滑块。如果用户想改变状态栏上的显示内容，可以右击状态栏，在弹出的“自定义状态栏”快捷菜单中进行选择，如图 3-2 所示。

窗口右端和底部配有滚动条，当文档内容过长时，可以使用滚动条查看前后文档内容。

5. 微型工具栏

为了方便用户对文本进行格式设置，Word 2007 制作了微型工具栏。当用户选择一些文本后，微型工具栏就以非透明方式出现在被选择文本的右侧，其上有常用的文本格式化命令，包括选择字体、大小、颜色等，如图 3-3 所示。当右击选中的文本时，也会显示微型工具栏。

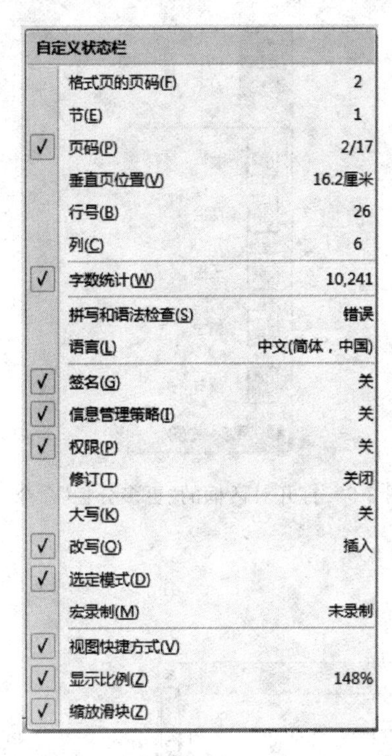

图 3-2 “自定义状态栏”快捷菜单

图 3-3 微型工具栏

6. 对话框和库

Word 2007 在实用性、便捷性方面做了诸多改善。

(1) 简化了打开对话框的步骤，或将对话框中的部分功能直接显示在功能区。

① 使用功能区的某些按钮可以打开对话框。

例如：单击“开始”选项卡→“查找”按钮，可直接打开“查找和替换”对话框。

② 对话框中的部分功能出现在选项卡或按钮的下拉列表中。

例如，字体上标的设置，在“开始”选项卡→“字体”组→“上标”按钮 x^2 ；“页面布局”选项卡→“纸张方向”按钮→打开的下拉列表包含“横向”、“纵向”命令，如图 3-4 所示。

③ 某些下拉列表底部有打开相关对话框的命令。

例如，分栏按钮不但包含一些组图，还包含“更多分栏”命令，如图 3-5 所示，单击该命令可以打开“分栏”对话框。

④ 某些组名右侧有对话框启动按钮，可以打开相关对话框。

例如，单击“字体”组右下角的对话框启动按钮，可以打开“字体”对话框。

有时单击某些组的对话框启动按钮，打开的是任务窗格。

例如，单击“剪贴板”组的对话框启动按钮。

(2) “库”的设计

① 某些按钮的下拉列表中含有“库”，是所有能够应用的组图的集合。

例如，单击“插入”选项卡→“页眉”按钮，可以打开“页眉库”，如图 3-6 所示。

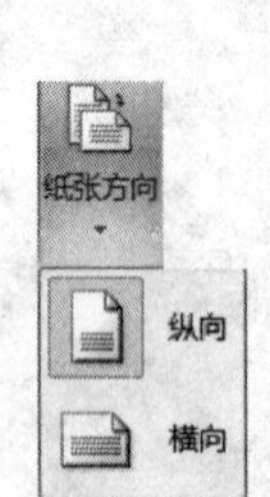

图 3-4 “纸张方向”下拉列表

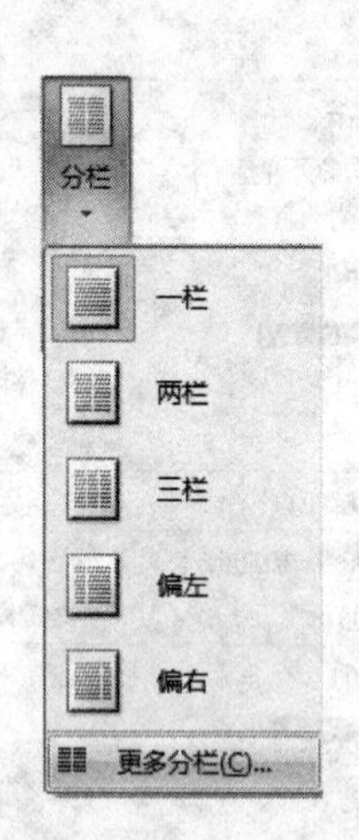

图 3-5 打开对话框的“更多分栏”命令

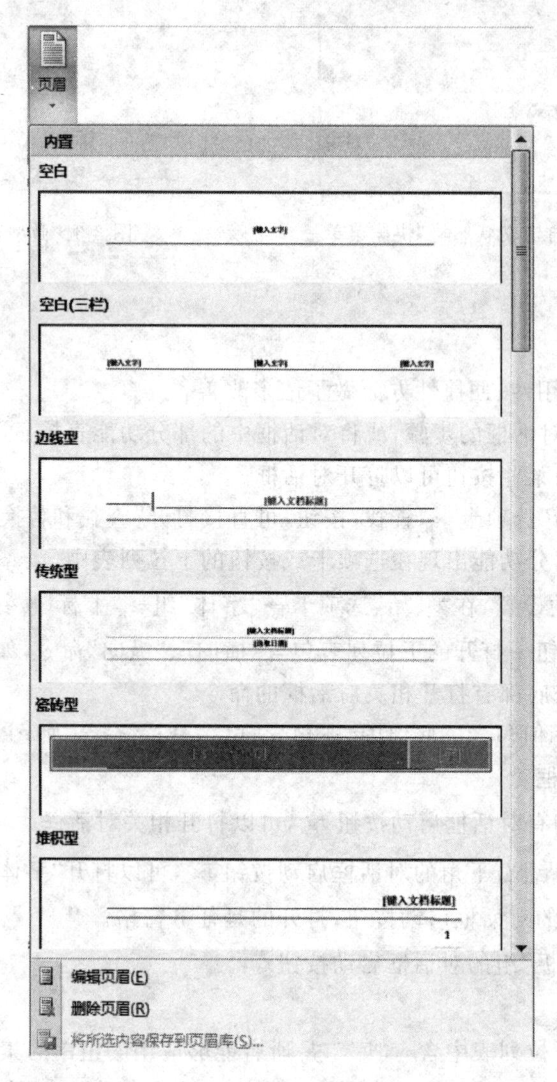

图 3-6 “页眉”列表中的“库”

② 一些“库”，或者是第一排，将直接出现在选项卡上。

例如：“开始”选项卡→“样式”组，如图 3-7 所示。

图 3-7 选项卡上的“库”

7. 格式化主题

主题就像样式，不同之处在于它作为一个整体应用于整篇文档，而不仅仅应用于一种特定类型的文本或对象。主题格式设置包括如下三个方面。

(1) 主题颜色。一组颜色占位符。图 3-8 显示的是 Word 2007 中典型的拾色器。第一行的颜色是当前主题颜色，每个颜色下都有浓稠和色调的变化。主题颜色的下面是标准颜色，当改变颜色主题时，标准颜色不改变。

(2) 主题字体。根据段落样式应用到文本的一对字体：标题字体和正文字体。仅当文本没有应用其他字体的时候，才使用主题字体。

(3) 主题效果。应用于图形对象。例如 SmartArt 和图表等，并应用不同纹理和图像到图形对象上，然后构成图表或示意图。

在“页面布局”选项卡→“主题”组中，用户可以使用单独的按钮，分别应用主题的颜色、字体、效果，也可以单击“主题”按钮在出现的下拉列表中的主题库中进行选择，如图 3-9 所示，此时应用的是主题的所有类型。

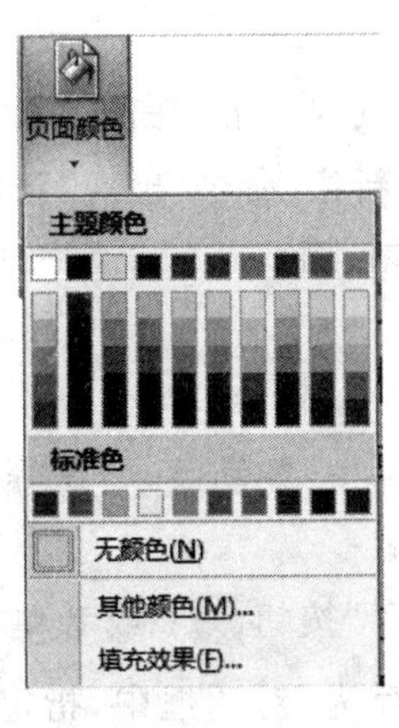

图 3-8 拾色器

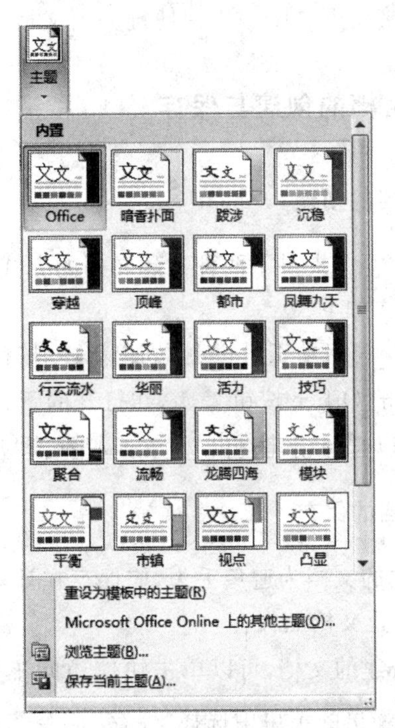

图 3-9 主题库

3.1.2　Word 2007 的启动和退出

用户安装好 Word 2007 后，就可以利用 Word 2007 来进行文字处理了。本节介绍如何启动和退出 Word 2007，这是使用 Word 2007 编辑文档的前提条件。

1. 启动 Word 2007

正常启动 Word 2007 的步骤：单击“开始”菜单，然后选择“所有程序”→Microsoft Office→Microsoft Word 2007 命令，即可进入 Word 2007 的工作界面。

另外，也可以使用快捷菜单启动 Word 2007。在 Windows 桌面的空白处右击，在弹出的快捷菜单中选择“新建”→“Microsoft Word 文档”命令。执行该命令后即可在桌面上创建一个 Word 文档，双击该文档就会打开这篇新建的空白文档。

2. 退出 Word 2007

完成对文档的编辑处理后即可退出 Word 2007，退出方法有以下几种。

① 单击 Word 标题栏最右端的“关闭”按钮 。

② 单击 Word 标题栏最左端的“Office 按钮” ，在打开的下拉菜单的底部选择“关闭”命令。

③ 单击 Word 标题栏最左端的“Office 按钮” ，在打开的下拉菜单的右下角选择“退出 Word”按钮。

④ 直接按下 Alt＋F4 快捷键关闭文档。

3.1.3　文档的创建与保存

1. 文档的创建

Word 2007 提供了两种创建文档的方式：一种是新建空白文档；另一种是根据模板新建文档，方法如下：

① 在快速启动工具栏上添加“新建”按钮，单击它即可创建一个空白的新文档。

② 单击“Office 按钮” ，在打开的下拉菜单中选择“新建”命令，出现“新建文档”对话框，用户可以选择新建空白文档，或根据模板新建文档，如图 3-10 所示。

2. 文档的保存

编辑过的文档为避免丢失，应保存在计算机外部存储器中，如硬盘、U 盘等。

(1) 新建文档的保存

保存新建的文档，可以单击快速访问工具栏中的“保存”按钮 ；或者单击“Office 按钮” ，在弹出的菜单中选择“保存”命令。在弹出的“另存为”对话框中，指定文档保存的位置、文件名及保存类型，单击“保存”按钮即可。

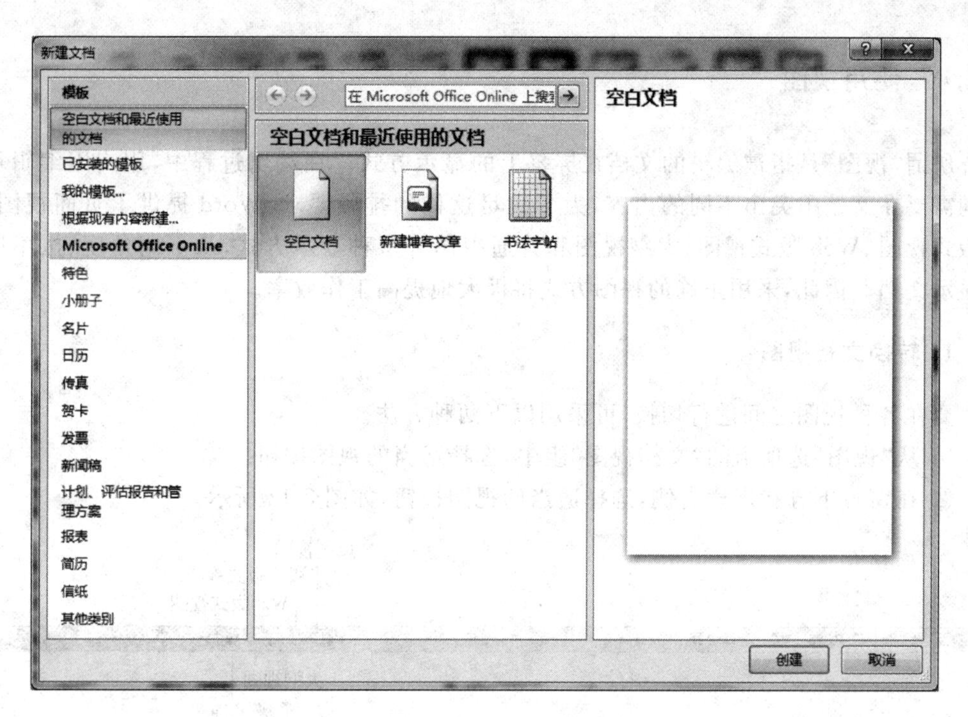

图 3-10 “新建文档”对话框

默认情况下，Word 2007 的文件以“. docx”格式保存，如果要在 Word 2003 或更早的 Word 版本中打开文档，需要选择“Word 97-2003 文档”格式保存文档。

（2）另存文档

一般情况下，对于一些重要文档，用户应当做一个或多个备份，备份文档的具体步骤：单击“Office 按钮”，在打开的下拉菜单中选择“另存为”命令，其余步骤与保存新建文档相同。

（3）设置文档自动保存

文档的编辑过程中难免会遇到忽然断电、计算机死机等意外情况，如果用户没有及时保存文档，就会造成数据丢失。因此，可以设置文档自动保存来避免该情况的发生，方法如下：

① 单击“Office 按钮”，在打开的下拉菜单右下角选择“Word 选项”按钮。

② 在弹出的“Word 选项”对话框中，选中“保存自动恢复信息时间间隔”复选框，在其后输入时间间隔即可，如图 3-11 所示。

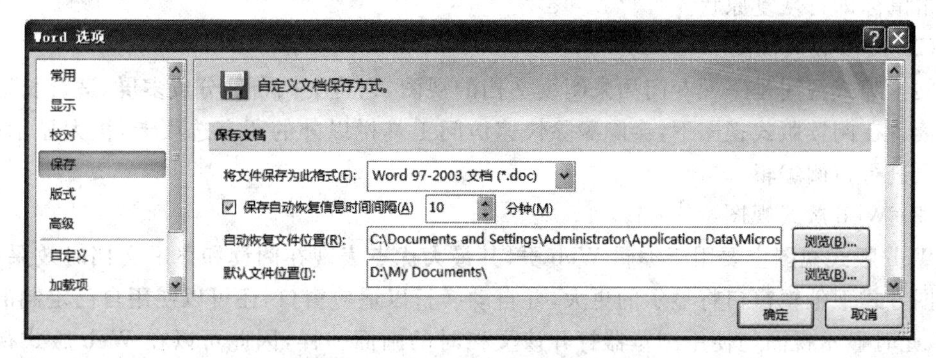

图 3-11 “Word 选项”对话框

3.1.4 使用视图

所谓"视图"是指被编辑的文档在屏幕上的显示方式。在编辑过程中，用户因编辑目的不同需要在文档中突出不同的内容，为了满足这样的排版要求，Word提供了页面视图、阅读版式视图、Web版式视图、大纲视图和普通视图等多种显示方式，从不同角度、按不同方式显示文档。因此，采用正确的视图方式将极大地提高工作效率。

1. 转换文档视图

要在各种视图之间进行切换，可采用以下两种方法。

① 从"视图"选项卡的"文档视图"组中，选择适当的视图按钮。

② 在窗口下方状态栏右侧，选择适当的视图按钮，如图3-12所示。

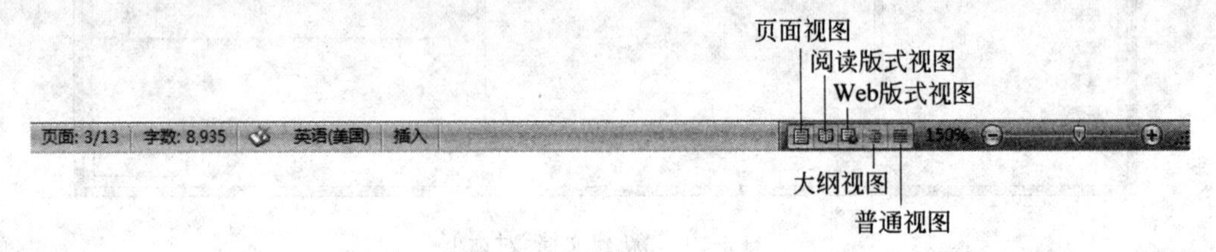

图3-12 "视图切换"按钮

下面简单介绍常用的几种视图。

（1）页面视图

页面视图是Word中最常用的视图之一。在页面视图下既可以看到页边距、页眉和页脚、图形对象等，又可以同时显示水平标尺和垂直标尺，该视图下的文档排版格式即文档打印在纸上的效果。由于页面视图可以更好地显示排版格式，因此常被用来对文本、格式、版面或者文档的外观进行修改。

值得一提的是，在页面视图下，不仅可以进行常规编辑工作，还可以进行在普通视图方式下无法进行的绘制图形、插入艺术字、编辑数学公式等多种操作。

在页面视图下，页与页的间距比较大。在Word 2007中，若将鼠标移到两页之间的间隙上，就会自动显示"双击可隐藏空白"的提示，双击鼠标即可将两页之间的间隙变为一条实线。反之，若将鼠标移到两页之间的分界线上，就会自动显示"双击可显示空白"的提示，再次双击鼠标即可恢复原状。

（2）阅读版式视图

阅读版式视图是一种专门用来阅读文档的视图，它将文档自动分成多屏，适合长篇文档的阅读。在阅读版式视图下，会隐藏除快速访问工具栏以外的所有选项卡，扩大显示区，方便用户进行审阅编辑。

（3）Web版式视图

Web版式视图主要用于编辑Web页，其最大优点表现在阅读和显示文档时效果极佳。该视图方式下编辑窗口将显示的更大，并自动换行以适应窗口，还可以使用自己定制的文档背景，此时显示视图与使用浏览器打开该文档时的画面一样，因此可以在Web版式视图下浏览和制作网页等。

(4) 大纲视图

大纲视图是显示文档结构的视图，它将所有标题分级显示，层次分明，适合较多层次的文档，如报告文体和章节排版等。在这种视图方式下用户可以创建、修改、显示文档的大纲，建立和观察文档的结构，可以将大纲下的文档隐藏起来只查看指定层数的主要标题，也可以展开文档查看全部内容等。

(5) 普通视图

普通视图仅仅显示文档的正文，在此视图中只能显示字体、字号、字型、段落缩进以及间距等最基本的文本格式，而不显示页边距、页眉和页脚、背景、图形对象以及未设置为"嵌入型"环绕方式的图片，且只能显示水平标尺而不能显示垂直标尺。

在普通视图中，页与页之间用一条单虚线作为分隔符，节与节之间用一条双虚线作为分隔符。这种显示方式能够连续地显示文档内容，不仅使文档阅读起来比较连贯，也使选择文本的操作更加容易。

2. 显示或隐藏屏幕元素

"视图"选项卡的"显示/隐藏"组，有五个打开或关闭特殊元素的复选框。

(1) 标尺。标尺用来查看正文、表格及图片等的高度和宽度，还可以调整段落缩进、设置与清除制表位、调整栏宽等。标尺分为水平标尺和垂直标尺，分别位于工作区的上方和左侧，可通过如下方法显示或隐藏标尺。

① 单击"视图"选项卡→"标尺"复选框。

② 单击窗口右侧垂直滚动条上方的"标尺"按钮。

(2) 文档结构图。文档标题的大纲以单独的窗格显示在正文文档的左侧。它提供了同时查看大纲和全文的方式，可以单击文档结构图中的标题跳转到相应的正文部分。

(3) 网格线。一个不可打印的网格，有助于更加精确地将文档中的图形对象对齐。

(4) 缩略图。由文档每一页组成的一组小图片(缩略图)，以单独的窗格出现在正文文档左侧。可以通过缩略图导航，然后单击想要跳转到的页面。

(5) 消息栏。消息栏显示安全警告、工作流任务、服务器文档信息和策略消息。当一篇文档有一个文档消息栏可用时，"消息栏"复选框方可生效。

3. 改变显示比例

显示比例是指文档窗口内文档的大小，它仅仅是屏幕设置，不影响打印版本。调整显示比例的方法如下。

(1) 在状态栏的缩放滑块上，拖动缩放控件，或单击滑块两侧的缩小或放大按钮。

(2) 在"视图"选项卡→"显示比例"组中，使用"显示比例"按钮等进行设置。

4. 显示多个文档和窗口

Word 允许同时在不同窗口中打开多个文档。在默认情况下，仅仅显示一个窗口，但用户可以重新排列窗口，以便同时可以看到几个不同的窗口。每个窗口下的每个文档，都有其自己的功能区和其他控件。

要在打开的文档之间进行切换，可以使用“视图”选项卡提供的如下按钮。

(1) 新建窗口。用户可以为一个文档打开多个窗口，在不同的窗口中对同一个文档的不同位置进行编辑。

(2) 全部重排。将已打开的文档窗口全部显示在屏幕上。

(3) 拆分窗口。将文档窗口一分为二变成两个子窗口，两个子窗口显示的是同一文档中的内容，只是显示的部位不一样，方便用户对同一文档中的前后内容进行复制和粘贴等操作。

拆分窗口操作如下。

① 在功能区单击“视图”选项卡→“窗口”组→“拆分”按钮，如图 3-13 所示。

② 执行“拆分”命令后，鼠标指针就会变成“等号上下带有箭头”的形状，并带着一根横贯屏幕的深灰色粗直线，移动鼠标这根直线也随之移动，到要拆分窗口的位置单击鼠标左键，这个窗口就被分成上下两个窗口了。

取消拆分窗口，可以用鼠标双击拆分线，或者单击“取消拆分”按钮（窗口被拆分后，“拆分”按钮就会变成“取消拆分”按钮）。

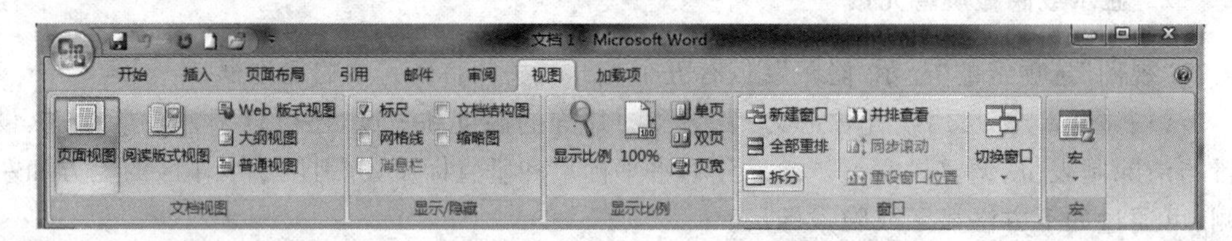

图 3-13 “视图”选项卡

(4) 并排查看。并排排列两个文档，一个为当前的活动文档，一个为用户选择的其他文档，以便比较其内容。

(5) 同步滚动。当“并排查看”被启用的时候，这个选项锁定两个文档的滚动，再次单击可以取消两个文档同步滚动。

(6) 重设窗口位置。当“并排查看”被启用的时候，这个选项依据最初窗口的大小和形状，重新设置正在并排比较的两个文档的窗口位置，使它们平分屏幕空间。

(7) 切换窗口。所有打开的文档位于“切换窗口”按钮下，便于在它们之间进行切换。

3.2 文档的编辑

3.2.1 文本输入

创建新文档后，就可以在文本编辑区中输入文本了。文本是文字、符号、特殊符号等内容的总称。要在文本编辑区中正确地输入文本内容，就要熟练掌握输入文本的各种操作，如输入汉字、字母、标点符号、特殊符号等。

1. 选择与使用输入法

输入英文和数字只需直接敲击键盘上相应的按键即可，若要输入大写字母，可按下大写字母锁定键 CapsLock，再敲击字母键即可，或在按下 Shift 键的同时击打字母键。符号键大多都是一些双字符键，双字符键上位于下方的符号可直接敲击该键输入，位于上方的符号则需在按下 Shift 键的同时击打该键输入。

要在文档中输入汉字，需要使用中文输入法。为此，可单击任务栏右侧的输入法指示器，即语言栏的按钮，打开输入法列表，如图 3-14 所示，从中选择所需要的输入法。

在选择了一种中文输入法之后，就可以进行中文输入了。输入法语言栏上的按钮可以切换输入状态以及设置输入法的属性，以“微软拼音输入法”的语言栏为例，其按钮的作用如图 3-15 和表 3-1 所示。

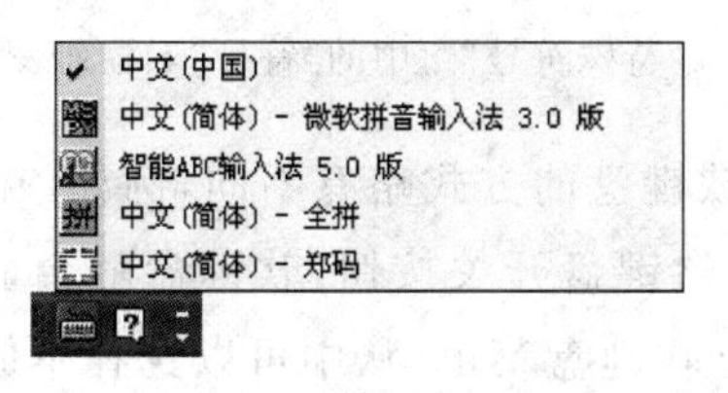

图 3-14　输入法列表

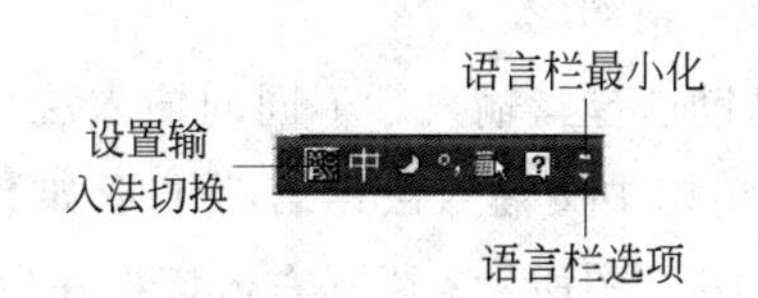

图 3-15　“微软拼音输入法”语言栏

表 3-1　“微软拼音输入法”语言栏按钮的含义

按钮	作　用	快捷键
	与其他输入法切换	Ctrl ＋ Shift
中 英	切换中英文输入模式	Shift
	切换全半角模式	Shift ＋ Space
	切换中英文标点模式	Ctrl ＋ .
	激活功能菜单	无
	打开帮助文件	无

2. 输入文本的方法和技巧

在编辑文档时，有时需要输入一些键盘上没有的符号，例如数学运算符、希腊字母等，此时可以采用以下方法：

(1) 单击“插入”选项卡→“符号”组→“符号”按钮，弹出下拉列表，如图 3-16 所示。如果下拉列表中没有所需要的符号，可以单击“其他符号”，打开“符号”对话框，在“字体”下拉列表框中选择所需的字体，再在“子集”下拉列表框中选择一个专用字符集，在下方的字符列表中找到所需符号，单击“插入”按钮或双击字符即可。

(2) 选择“插入”选项卡→“特殊符号”组，在其中选择所要符号单击即可。如果这里没有所需要的符号，可以单击“符号”按钮，在弹出的下拉列表中进行选择，如图 3-17 所示。或者单击“更多…”命令打开“插入特殊符号”对话框，选择所需符号分类的选项卡，如“标点符号”、“特殊符号”、“数学符号”等，再在分类选项卡下的字符列表中选择所需符号，单击“确定”按钮或双击该符号即可将符号插入到文档中。

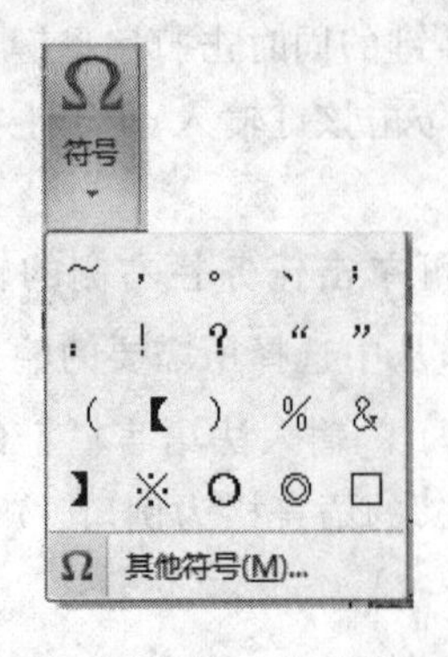

图 3-16 “符号”下拉列表

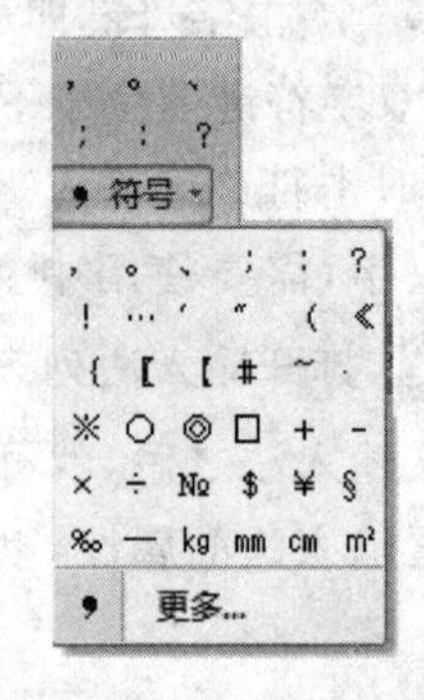

图 3-17 “特殊符号”组中的“符号”下拉列表

(3) 借助软键盘输入。不同的输入法打开软键盘的方式略有不同，例如，在智能 ABC 输入法中，单击中文输入法语言栏上形如 的软键盘开关按钮，软键盘就会显示在屏幕上，如图 3-18 左图所示；鼠标右击该按钮则弹出软键盘菜单，从中可以选择不同字符分类的软键盘，如图 3-18 右图所示；再次单击软键盘开关按钮 ，则关闭软键盘。而在微软拼音输入法中，选择打开不同字符分类的软键盘和关闭软键盘命令都位于“功能菜单”按钮 下。

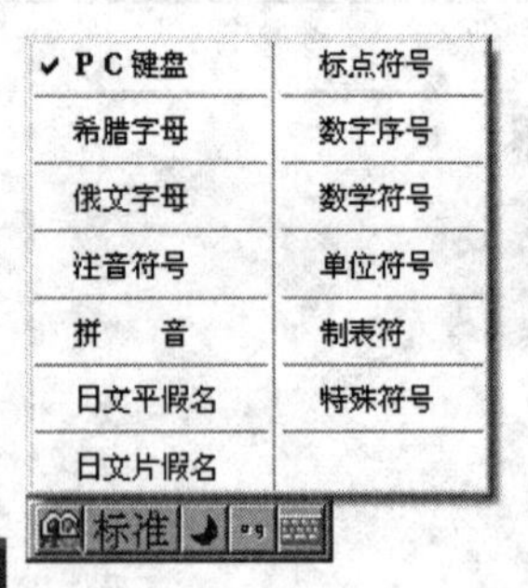

图 3-18 软键盘和软键盘菜单

在输入标点符号时，有的中文标点符号在键盘上找不到直接对应的字符按键，例如顿号、省略号等，现把这样的常用中文标点符号总结如表 3-2 所示。

表 3-2 输入中文标点的键位表

中文符号	输入方法
……省略号	Shift＋^
——破折号	Shift＋_
、顿号	Shift＋\
·间隔号	Shift＋@
—连接号	Shift＋&
￥人民币符号	Shift＋$

3.2.2 文本选择

要对文本进行复制、移动等编辑操作，以及为文本设置格式，应首先选择这些文本，下面介绍几种选定文本的方法。

1. 用鼠标进行选择

① 任意区域：按住鼠标左键拖过欲选文本。

② 一个单词：在欲选文本上双击鼠标。

③ 一句话：在欲选的句子上 Ctrl＋单击。

④ 矩形文本区域：将光标置于文本的一角，按住 Alt 键拖动鼠标至对角。

⑤ 一行文本：将鼠标移至该行最左端的文本选定区，待光标变为 形状后，单击鼠标左键。

⑥ 一个段落：在欲选段落上的任意位置三击鼠标，或者在欲选段落的最左端的文本选定区，待光标变为 形状后，双击鼠标。

⑦ 任意多行：将鼠标移至该行最左端的文本选定区，待光标变为 形状后，按下鼠标左键拖动。

⑧ 连续的文本块：将光标置于选择文本之前，按住 Shift 键的同时在选择文本结束的位置单击鼠标。

⑨ 整篇文档：在文档任意一行最左端的文本选定区，待光标变为 形状后，三击鼠标，或者 Ctrl＋单击鼠标，或者使用快捷键 Ctrl＋A。

取消选择：在文档的任意位置单击鼠标即可。

2. 使用 Shift 键与光标键进行选择

① Shift ＋ Home：选择插入点至行首的内容。

② Shift ＋End：选择插入点至行尾的内容。

③ Shift ＋PageUp：选择插入点向前一页的内容。

④ Shift ＋PageDown：选择插入点向后一页的内容。

⑤ Shift ＋“箭头”：选择插入点向箭头方向的内容。

⑥ Shift ＋Ctrl ＋Home：选择插入点至文档首部的全部内容。

⑦ Shift ＋Ctrl ＋End：选择插入点至文档尾部的全部内容。

3.2.3 常用的文本编辑操作

1. 移动与复制

移动与复制是编辑文档最常用的操作之一。例如，对放置不当的文本，可以快速移动到满意的位置；对重复出现的文本不必一次次地重复输入。

Word 中移动和复制文本的常用方法有两种。

(1) 利用鼠标拖动实现(适用于在同一文档中进行短距离移动或复制内容)。

移动：选择要移动的文本内容，按下鼠标左键拖动到目标位置，释放鼠标左键即可。

复制：选择要移动的文本内容，按下 Ctrl＋鼠标左键拖动到目标位置，释放鼠标左键即可。

移动和复制：选择要移动的文本内容然后按下鼠标右键拖动鼠标到目标位置释放鼠标，在弹出的快捷菜单中选择相应的操作。

(2) 利用“剪贴板”实现(适用于在同一文档或不同文档间移动或复制内容)。

移动：选择对象后执行“剪切”命令，然后选定目标位置再执行“粘贴”命令。

复制：选择对象后执行“复制”命令，然后选定目标位置再执行“粘贴”命令。

“剪切”、“复制”、“粘贴”命令可以使用如下方法实现：

① “开始”选项卡→“剪贴板”组中的“剪切”、“复制”、“粘贴”按钮。

② 快捷菜单中的“剪切”、“复制”、“粘贴”命令。

③ 使用快捷键：Ctrl＋X(剪切)、Ctrl＋C(复制)、Ctrl＋V(粘贴)。

“剪切”命令是将选择的内容转移到剪贴板，并将选择内容删除；“复制”命令是将选择的内容复制到剪贴板，不删除选择内容；“粘贴”是将剪贴板中的内容复制到文档的插入点处，可以多次“粘贴”。在 Word 2007 中，Office 剪贴板最多可以保存 24 项内容，单击“开始”选项卡→“剪贴板”组→“剪贴板”对话框启动按钮 ，可以打开剪贴板进行查看。

2. 删除与修改

要删除文档中不再需要的内容，可将光标放置在该位置，按 Backspace 键可删除光标左侧的字符，按 Delete 键可删除光标右侧的字符。或者选中要删除的内容，按 Backspace 键或 Delete 键均可。

文档的编辑状态有两种：“插入”和“改写”，默认编辑状态为“插入”状态。如果要在“插入/改写”模式之间进行切换，可执行以下操作。

① 单击 Office 按钮→“Word 选项”按钮。

② 在打开的“Word 选项”对话框的左侧选择“高级”选项。

③ 在对话框的右侧“编辑选项”部分，选中或清除“使用改写模式”复选框(“用 Insert 控制改写模式”复选框，决定是否用键盘上的 Insert 键作为“插入/改写”模式的切换开关)。

④ 单击“确定”按钮。

此外，单击状态栏上的“插入/改写”模式指示器，也可在两种模式间进行切换。

3. 查找与替换

查找和替换是字处理程序中非常有用的功能。利用 Word 2007 提供的查找与替换功能，不仅可以在文档中迅速查找到相关的内容，还可以将查找到的内容替换成其他的内容。

(1) 查找

如果需要查找相关的内容，可按如下步骤进行：

① 单击“开始”选项卡→“编辑”组→“查找”按钮，打开“查找和替换”对话框，如图 3-19 所示。

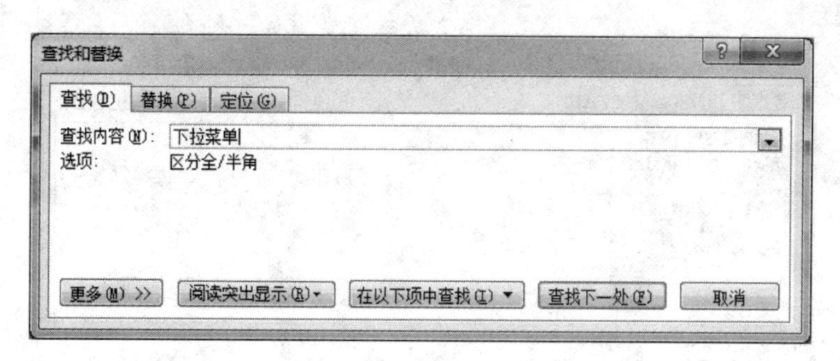

图 3-19 “查找和替换”对话框

② 在“查找内容”编辑框中输入要查找的内容。

③ 单击“查找下一处”按钮，系统将从插入点开始查找，然后停在第一次出现查找内容的位置并以蓝色背景突出显示。

④ 继续单击“查找下一处”按钮，系统将继续查找相关的内容，并停在下一个出现查找内容的位置并以蓝色背景突出显示。对整篇文档查找完毕后，会出现一个提示信息对话框。在提示框中单击“确定”按钮，结束查找操作，并返回“查找和替换”对话框。

此外，单击“阅读突出显示”按钮，在打开的列表中可以选择“全部突出显示”或“清除突出显示”，将查找到的内容设置成黄色背景以突出显示文字，或者清除突出显示格式；单击“在以下项中查找”按钮，可以指定查找内容的范围。

(2) 替换

在编辑文档时，有时需要统一对整个文档中的某个单词或词组进行修改，这时可以使用替换命令来进行操作，这样既加快了修改文档的速度，又可避免重复操作。

① 单击“开始”选项卡→“编辑”组→“替换”按钮，打开“查找和替换”对话框。

② 在“查找内容”编辑框中输入要查找的内容，在“替换为”编辑框中输入替换为的内容。

③ 单击“替换”或“查找下一处”按钮，系统将从插入点开始查找，然后停在第一次出现查找内容的位置并以蓝色背景突出显示。

④ 单击“替换”按钮，以蓝色背景突出显示的内容将被替换为在“替换为”编辑框中输入的内容，同时下一个要被替换的内容以蓝色背景突出显示，单击“查找下一处”按钮，以蓝色背景突出显示的内容不被替换，系统也将继续查找，并停在下一个出现查找内容的位置并以蓝色背景突出显示。单击“全部替换”按钮，文档中符合要求的内容一次性全部被替换。

(3) 高级查找和替换

如果在“查找和替换”对话框中单击“更多”按钮，该对话框将展开，如图 3-20 所示。

在“搜索选项”下设置搜索条件，各复选框的含义如下。

① 区分大小写：查找时可以区分字母的大小写，即视大写字母和小写字母不同。例如，“Word”与“word”不同。否则不予区分。

② 全字匹配：主要适用于英文查询。英文单词是由字母组成的，有的单词又是另一个单词的一部分。例如，单词“in”是单词“integer”的一部分，若在查找“in”时，选定“全字匹配”查找方式，当查找时，可以查找到“in”，但查不到“integer”；否则都可以查到。

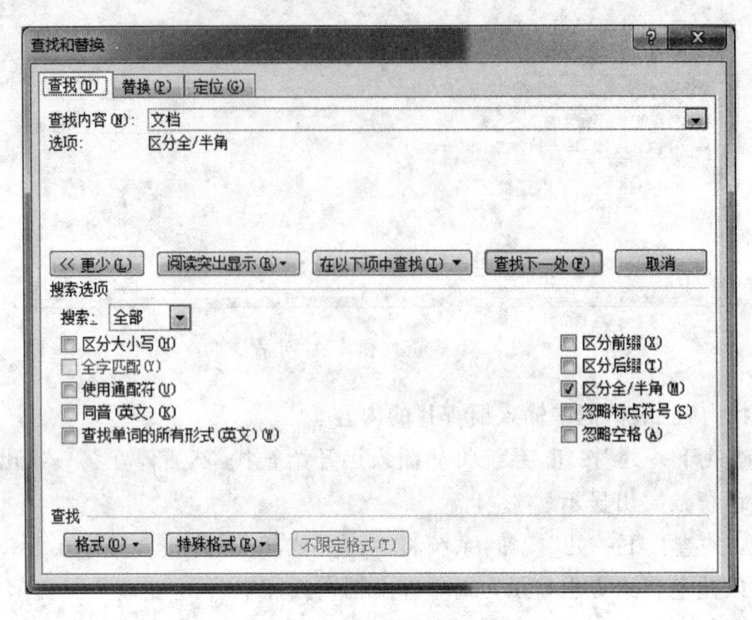

图 3-20 “查找和替换”对话框

③ 使用通配符:通配符是指可以匹配其他字符的符号。最常用的通配符如表 3-3 所示。

表 3-3 “查找/替换”操作中常用的通配符

通配符	功能说明	应用举例
?	查找任意一个字符	输入 b?d 表示查找 bed、bid 等
*	查找任意多个字符	输入 s*d 将查找 sad、starded 等

④ 同音(英文):表示同时查找发音相同,但拼写不同的单词。

⑤ 查找单词的所有形式(英文):表示查找所输入单词的复数、过去式等不同形式。

⑥ 区分前缀:查找出现在单词开头的字符串,即匹配单词的开头。

⑦ 区分后缀:查找出现在单词末尾的字符串,即匹配单词的末尾。

⑧ 区分全/半角:查找时可以区分全角字符与半角字符,即视全角字符与半角字符不同。例如全角字符组成的“AB”与半角字符组成的“AB”不同。否则不予区分。

⑨ 忽略标点符号:搜索中忽略标点符号。例如,当启用该选项时,如果搜索“two apple”,那么搜索结果可能会包含“two, apple”。

⑩ 忽略空格:搜索中忽略空格。例如,当启用该选项时,如果搜索“living room”,那么搜索结果可能会包含“livingroom”。

通过单击“格式”按钮,还可查找具有特定格式的内容,或者将内容替换为特定格式。例如,如果要将文档中的“计算机基础”字样替换为楷体、红色、倾斜、带下划线,可执行如下步骤。

① 打开“查找和替换”对话框。

② 在“查找内容”和“替换为”编辑框中都输入“计算机基础”。

单击“更多”按钮展开对话框,将光标放置在“替换为”编辑框中。

③ 单击“格式”按钮，从弹出的列表中选择“字体”命令，打开“替换字体”对话框，在其中设置“中文字体”为“楷体”，“字形”为“倾斜”，“字体颜色”为“红色”，“下划线线型”为“双波浪线”。

④ 单击“确定”按钮，返回“查找和替换”对话框，一次单击“全部替换”和“关闭”按钮，执行全部替换操作并关闭“查找和替换”对话框。

另外，通过单击“特殊格式”按钮，还可查找和替换段落标记、制表符等特殊符号。

4. 撤消、恢复和重复

在编辑文档时，难免会出现一些错误的操作，例如错误地删除、移动或者替换了某些文档内容。Word 提供的“撤消”、“恢复”、“重复”操作可以帮助迅速纠正错误的操作，提高工作效率。

单击快速访问工具栏上的“撤消”按钮 ，或按 Ctrl＋Z 快捷键，能够撤消之前所做的一步或多步操作。每单击一次“撤消”按钮，可以撤消前一步的操作；单击“撤消”按钮右侧下三角形的按钮 ，在展开的下拉列表中拖动鼠标选择要撤消的前几步操作，单击鼠标左键就可以撤消之前所做的多步操作。

单击快速访问工具栏上的“恢复”按钮 ，或按 Ctrl＋Y 快捷键，能够恢复被撤消的一步或多步操作，是撤消操作的逆操作。

“重复”功能，可以多次重复相同的操作，例如键入、删除或格式化等操作。当“重复”功能可用时，“重复”按钮 就会出现在快速访问工具栏上，取代“恢复”按钮的位置。“重复”功能的快捷键也是 Ctrl＋Y，“重复”和“恢复”功能不能同时使用。

3.3 文档的格式化

为文档设置必要的格式，可以使文档版面更加美观。文档格式的设置主要包括字符格式设置、段落格式设置、文档的分栏与分页、页面格式设置。

3.3.1 字符格式设置

在 Word 中，字符是指作为文本输入的汉字、字母、数字、空格、标点符号以及特殊符号等。字符是文档格式化的最小单位。设定字符格式便决定了字符在屏幕上显示和打印时的形式。字符格式包括字体、字号、字形、颜色，以及特殊的阴影、阴文、阳文等修饰效果。

1. 设置字体常用格式

设置文档中的字体常用格式，经常使用的方法有两种。

(1) 利用“开始”选项卡→“字体”组中的按钮进行设置。

“字体”组中设置字符格式的按钮如图 3-21 所示，从左到右、从上到下依次为“字体”、“字号”、“增大字体”、“缩小字体”、“清除格式”、“拼音指南”、“字符边框”、“加粗”、“倾斜”、“下划线”、“删除线”、“下标”、“上标”、“更改大小写”、“以不同颜色突出显示文本”、“字体颜色”、“字符底纹”、“带圈字符”按钮。选取要设置字符格式的文字，在“字体”组中单击相应的按钮，即可完成设置。

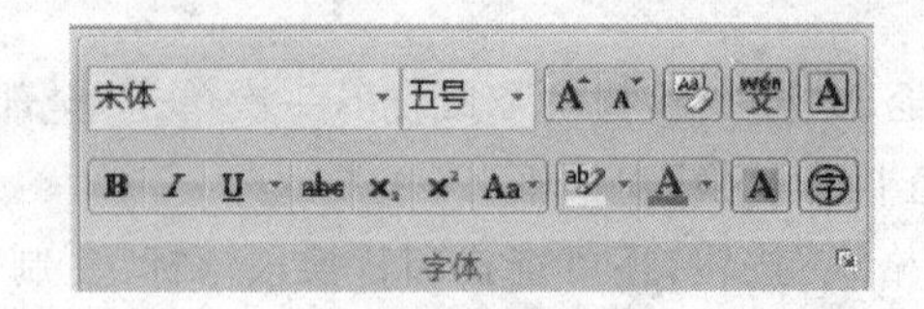

图 3-21　设置字符格式的常用按钮

有些按钮右侧带有下拉箭头，表示单击该按钮后会弹出下拉列表供用户进行相应选择，当鼠标停留在下拉列表中的某一项时能够及时预览所选文字的效果。例如，单击“字体颜色”右侧下拉箭头，会弹出颜色列表，如图 3-22 所示，移动鼠标停留在某个色块上时会显示该颜色的提示信息，当前显示为“绿色”，同时所选文字变为绿色显示，如果在下拉列表中单击“其他颜色”，会弹出“颜色”对话框供用户选择更多的颜色，如图 3-22 所示。

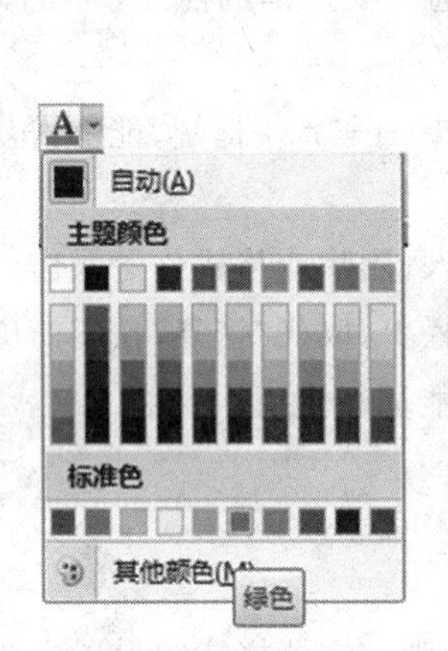

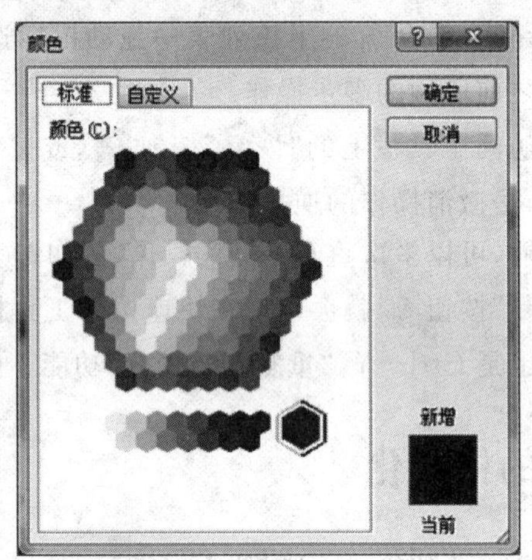

图 3-22　颜色列表和“颜色”对话框

（2）利用“字体”对话框进行设置。

“字体”组中的按钮操作尽管很方便，但只能设置部分字符格式，更多字符格式的设置需要在“字体”对话框中完成。

首先，选中要修改的文字，单击“开始”选项卡→“字体”组右下角的对话框启动按钮，打开“字体”对话框，选择“字体”选项卡，如图 3-23 所示。

默认情况下，Word 2007 使用的字体为宋体，字号为五号。单击“中文字体”或“西文字体”编辑框右侧的按钮，在弹出的下拉列表框中选择所需字体，在“字号”编辑框下方的列表框中选择字号，单击“确定”按钮关闭“字体”对话框，则所选文字的字体、字号被改变。

在“字体”对话框中的“字体”选项卡下，还可以通过给文字增添一些附加属性来改变文字的形状，例如，设置文字为粗体、斜体等强调效果，或修饰文字添加下划线、删除线、上标、下标、阴影、空心、阴文、阳文等显示特殊效果，使得文字更加突出和引人注目。设置字形、字体颜色与修饰文字的方法与字体的设置方法相似。例如，输入化学分子式 H_2O 的步骤为：

① 输入“H2O”。

② 选择字符“2”，打开“字体”对话框，在“字体”选项卡中单击“下标”前的复选框，使其变为☑的样式。

③ 单击“确定”按钮关闭“字体”对话框，则字符“2”下移成为“H_2O”。

类似地，一元二次方程 $ax^2+bx+c=0$ 的输入，通过设置“上标”就可以实现。

图 3-23 “字体”对话框的“字体”选项卡

2. 调整字符的水平间距和垂直位置

字符的水平间距和垂直位置可以在“字体”对话框的“字符间距”选项卡中进行设置，如图 3-24 所示。

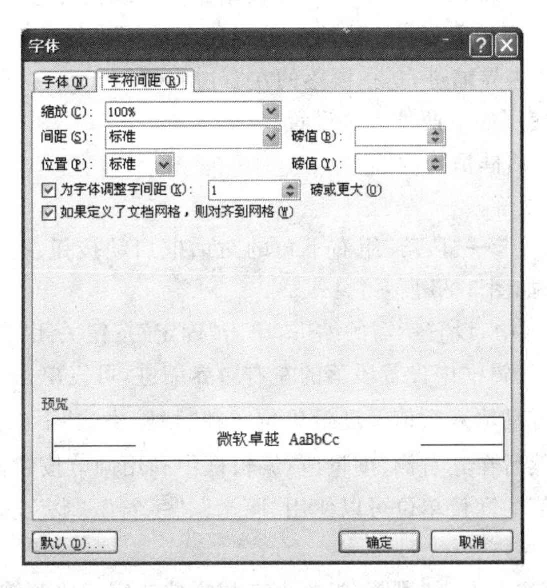

图 3-24 “字体”对话框的“字符间距”选项卡

在“缩放”下拉列表框中可以按文字当前尺寸的百分比横向扩展或压缩文字；在“间距”下拉列表中可以调整文字间的水平间距；在“位置”下拉列表中，可以调整文字的垂直位置。

也可以单击“开始”选项卡→“段落”组→“中文版式”按钮 右侧的下拉箭头 ，在展开的下拉列表中选择“字符缩放”项进行设置。

3.3.2 段落格式设置

输入文字到达一行的最右端时，输入的文本将自动跳转到下一行，当一个段落结束时要按下 Enter 键，此时产生一个段落标记“ ↵ ”。如果按 Shift+Enter 快捷键会换行并产生一个人工换行符“ ↓ ”，但这样并不会结束该段落只是换行输入而已，在 Word 中仍默认它们为一个段落。

段落指的是两个段落标记之间的文本内容，段落格式是指以段落为单位的格式设置。设置段落格式主要是指设置对齐方式、设置段落缩进以及设置行间距和段落间距等。

段落标记不仅标识着一个段落的结束，而且还含有该段落的格式。如果设定了一个段落的格式，按下 Enter 键时，段落标记就会把该段落的格式带到下一个段落，除非重新设置段落格式，否则这种格式设置会一直保持到文档结束。如果删除了段落标记，本段落就和下一个段落合并为一个段落了，段落格式自动服从前面的段落。

Word 的格式设置命令适用于整个段落时，将插入点置于段落的任一位置都认为是选定该段落。因此，在下面为段落设置格式的步骤中，选择一个段落，可以用鼠标选中段落，也可以将光标置于段落内的任意位置。

1. 设置段落缩进

段落缩进包括段落的首行缩进、悬挂缩进和段落的左右边界缩进等。

所谓首行缩进，是指段落的第一行相对于段落的左边界的缩进，如最常见的文本段落格式就是首行缩进两个汉字的宽度；悬挂缩进是指段落的第一行顶格（即悬挂），其余各行则相对缩进；段落的左右边界缩进，是指段落的左右边界相对于左右页边距进行缩进。

段落的缩进可以使用如下两种方法设置。

(1) 使用“段落”对话框精确设置

① 选定要缩进的段落。

② 单击“开始”选项卡→“段落”组右下角的对话框启动按钮，打开“段落”对话框，选择“缩进和间距”选项卡，如图 3-25 所示。

③ 在“缩进”选项区中，设置所需的缩进，单击“确定”按钮关闭“段落”对话框。

在“左侧”、“右侧”编辑框中设置段落的左右边界缩进，可以单击编辑框右侧的调节按钮 设置数值，也可以手动输入数值及度量单位。在“特殊格式”下拉列表中可以选择“首行缩进”或“悬挂缩进”，然后在其右侧“度量值”编辑框中利用调节按钮设置数值或手动输入数值及度量单位。缩进值的度量单位可以使用“厘米”、“字符”、“磅”等，直接在数值后面键入即可。

此外，“页面布局”选项卡→“段落”组中也有相应按钮完成段落缩进的设置。

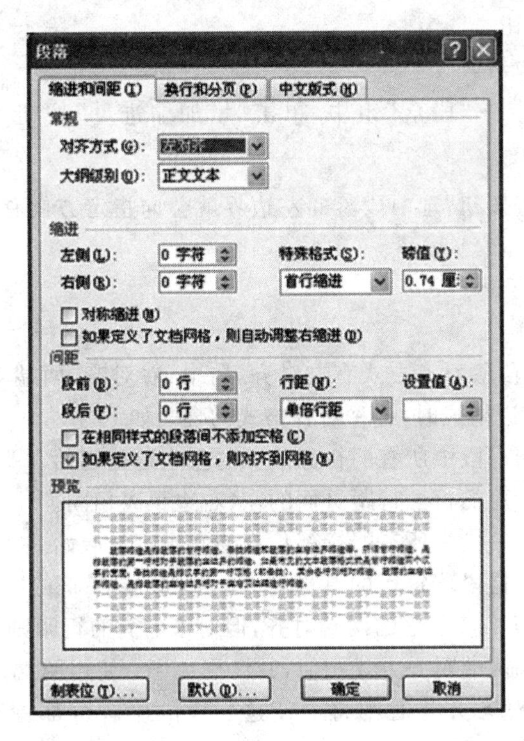

图 3-25 “段落”对话框中的“缩进和间距”选项卡

(2) 使用标尺快捷设置

① 选定要缩进的段落。

② 如果看不到水平标尺，可以单击“视图”选项卡→“显示/隐藏”组→“标尺”复选框，或者单击垂直滚动条顶端的“标尺”按钮，文本编辑区上方就会出现水平标尺，如图 3-26 所示。

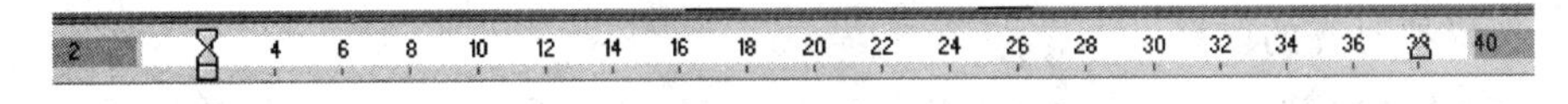

图 3-26 文本编辑区上方的水平标尺

③ 在水平标尺上，将“首行缩进”标记拖动到所需的位置。如果设置其他缩进，则拖动水平标尺上相应的缩进标记，各缩进标记示意图如表 3-4 所示。

表 3-4 各缩进标记示意图

缩进标记	首行缩进	悬挂缩进	左缩进	右缩进
示意图	箭头所指	箭头所指	箭头所指	

按住 Alt 键的同时拖动缩进标记，水平标尺上会显示数值及单位，辅助设置缩进。

(3) 使用 Tab 键

默认情况下，在段落的开头按一次 Tab 键，可以实现首行缩进，再次按 Tab 键可以实现段落的左缩进；按 Backspace 键可以删除缩进。

（4）使用“缩进”按钮

① 选定要更改的段落。

② 在“开始”选项卡→“段落”组中，单击“增加缩进量”按钮 或“减少缩进量”按钮 。

③ 每单击一次缩进按钮，选中段落的左边界就会向指定方向移动一个字符，这种方法简单但不够精确。

2. 设置段落对齐

Word 2007 提供的段落对齐方式有左对齐、居中、右对齐、两端对齐和分散对齐五种方式。在未设置段落的缩进格式时，各种对齐格式的含义如下。

① 左对齐方式是指一段中所有的行都从页的左边距处起始。

② 居中方式是指段落的每一行距页面的左、右边距离相同。

③ 右对齐方式是指一段中所有的行都从页的右边距处起始。

④ 两端对齐方式是指段落每行的首尾对齐，如果行中字符的字体和大小不一致，它将使字符间距自动调整，以维持段落的两端对齐，但对未输满的行距则保持左对齐。

⑤ 分散对齐方式和两端对齐方式相似，其区别在于：使用两端对齐方式时未输满的行是左对齐，而使用分散对齐方式时则将会使这一段的所有行都首尾对齐，字与字的间距相等。

段落对齐格式的设置方法如下。

（1）利用“对齐”按钮

① 选择要对齐的段落。

② 在“开始”选项卡→“段落”组中，单击“两端对齐”按钮 、“居中”按钮 、“右对齐”按钮 和“分散对齐”按钮 。

（2）利用“段落”对话框

① 选择要对齐的段落。

② 单击“开始”选项卡→“段落”组→右下角的对话框启动按钮 ，打开“段落”对话框，选择“缩进和间距”选项卡，如图 3-25 所示，在“常规”下的“对齐方式”列表框内选择对齐方式。

3. 设置段间距和行距

段间距是指段落之间的距离，行距是指段落中行与行之间的距离。设置段间距和行距的目的是调整文章所占的页数或提高可视性。

用户在设置段间距或行距时，可以用“行”、“英寸”、“厘米”或“磅”作为单位，设置段间距或行距的步骤如下。

① 选择要设置段间距或行距的段落。

② 单击“开始”选项卡→“段落”组→右下角的对话框启动按钮 ，打开“段落”对话框，选择“缩进和间距”选项卡，如图 3-25 所示，在“间距”下可以设置“段前”、“段后”、“行距”，操作方法与设置段落缩进相似。

“段前”指本段落和其前面一个段落之间的距离；“段后”指本段落和其后面一个段落之间的距离。

默认情况下，段落中文本的行距为“单倍行距”，如果行中出现图形或字号发生变化时，Word 会自动调整行间距以适应其大小。当行距设置为“固定值”时，行距始终保持不变，如果字号增大，就可能会使其显示不完整。

调整行距也可单击“开始”选项卡→“段落”组→“行距”按钮 右侧的下拉箭头，在展开的下拉列表中进行设置。或者在“页面布局”选项卡→“段落”组→“间距”分组下设置段前间距或段后间距。

3.3.3 格式刷和突出显示文本

1. 格式刷

在 Word 中，利用“开始”选项卡→“剪贴板”组→“格式刷”按钮 格式刷，可以快速地将已设置好的格式复制到其他段落和文字中。

使用格式刷复制格式，可按如下步骤操作。

① 选取已设置好格式的“源文本”。

② 单击“格式刷”按钮，此时鼠标指针变成刷子状。

③ 拖动鼠标左键，用鼠标指针刷过“目标文本”，即需要复制格式的文本，释放鼠标完成格式的复制。

使用格式刷复制格式时，有以下几种常用的技巧。

① 双击“格式刷”按钮，可以将选中的“源文本”的格式复制到多个段落或文本中，要结束复制时可以按 Esc 键或再次单击“格式刷”按钮。

② 如果选择“源文本”中的部分文字，或是部分文字和段落标记 ↵，则只能将字体格式复制给“目标文本”。

③ 如果选择“源文本”中的段落标记 ↵，则只能将段落格式复制给“目标文本”，这也正说明了段落标记 ↵ 含有段落格式。

④ 如果选择“源文本”中的整个段落，包括段落标记 ↵，则可以将字体格式和段落格式同时复制给“目标文本”。

2. 突出显示文本

Word 可以对需要引起注意的文本应用突出显示，设置文本突出显示的方法有两种。

(1) 先选中文本，单击“开始”选项卡→“字体”组→“以不同颜色突出显示文本”按钮 ，则用当前颜色突出显示文本。如果单击其右侧的下拉箭头，可以在出现的下拉列表中更改突出显示文本的颜色或取消突出显示文本，如图 3-27 所示。

(2) 先单击“以不同颜色突出显示文本”按钮右侧下拉箭头，在图 3-27 所示的下拉列表中选择一种颜色，然后用鼠标左键依次拖动经过要突出显示的文本，完成所有选择后再次单击“以不同颜色突出显示文本”按钮，或者在“以不同颜色突出显示文本”下拉列表中选择“停止突出显示”,或者按 Esc 键结束突出显示。

如果要取消文档中的突出显示,只要先选择需要取消突出显示的文本,然后在“以不同颜色突出显示文本”下拉列表中选择“无颜色”即可,如图 3-27 所示。突出显示是一种字符格式,不能通过“开始”选项卡→“字体”组→“清除格式”按钮清除突出显示文本的效果。

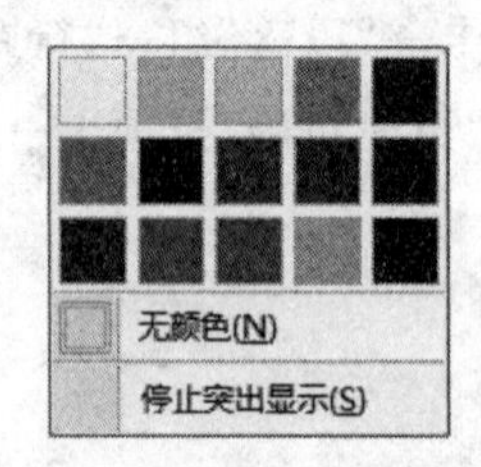

图 3-27 以不同颜色突出显示文本下拉列表

3.3.4 设置首字下沉

所谓首字下沉就是将段落开头的第一个字放大数倍,并以下沉或者悬挂的方式改变文档的版面样式。首字下沉通常用于文档的开头,人们经常可以从报刊等出版物上见到这种排版方式。Word 2007 中设置首字下沉或悬挂的操作步骤如下。

① 将插入点定位到需要设置首字下沉的段落中,单击“插入”选项卡→“文本”组→“首字下沉”按钮。

② 在打开的下拉列表中单击“下沉”或“悬挂”选项,设置首字下沉或首字悬挂效果。

③ 如果在下拉列表底部单击“首字下沉选项”,打开“首字下沉”对话框,可以设置字体、下沉行数及距正文的距离,完成设置后单击“确定”按钮即可,如图 3-28 所示。

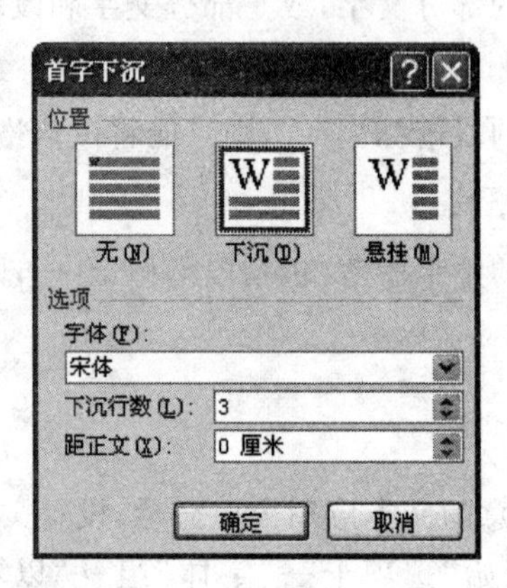

图 3-28 “首字下沉”对话框

首字下沉是一种特殊的格式,设置成“首字下沉”的文字以图片的形式显示。若要取消首字下沉,可在“首字下沉”的下拉列表中选择“无”,或者在“首字下沉”对话框的“位置”选项区中选择“无”。

3.3.5 项目符号和编号

项目符号是在一些段落的前面加上完全相同的符号；编号是按照大小顺序为文档中的段落添加编号。添加项目符号和编号可以提高文章的可读性和层次感，Word 提供了自动添加项目符号和编号的功能。设置编号与设置项目符号的方法相似，此处以设置项目符号为例介绍设置方法。

1. 添加项目符号

① 选取要设置项目符号的段落。

② 单击“开始”选项卡→“段落”组→“项目符号”按钮 。

默认情况下，单击“项目符号”按钮会添加一个黑色实心圆作为项目符号，如果单击“项目符号”按钮右侧的下拉箭头，则弹出如图 3-29 所示的下拉列表，用户可以根据需要从中选择更多的项目符号。

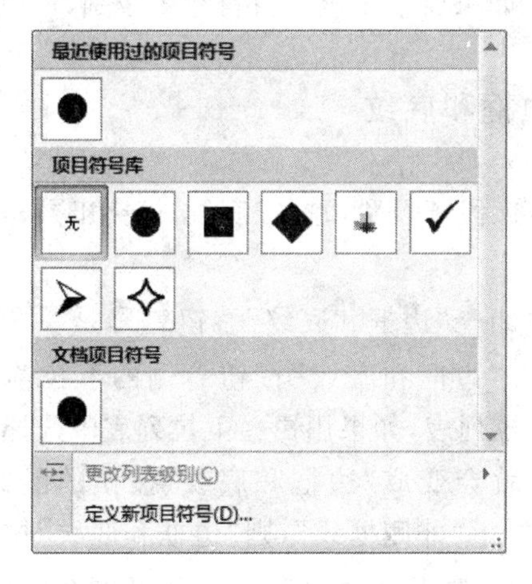

图 3-29 “项目符号”下拉列表

2. 自定义项目符号

单击“项目符号”按钮右侧的下拉箭头，在弹出的下拉列表底端选择“定义新项目符号”命令，打开“定义新项目符号”对话框，如图 3-30 所示，在该对话框中可以选择其他符号或者图片作为新项目符号，还可以进行“对齐方式”的设置。

3. 修改项目符号的级别

在 Word 中，项目符号有九个级别。不同级别的项目符号，在符号样式上会有所区别，同时在段落的缩进方式上也有所不同。为项目符号设置不同的级别有两种方法。

(1) 选择需要调整级别的段落，然后单击“项目符号”按钮右侧的下拉箭头，在弹出的下拉列表中指向“更改列表级别”命令，会弹出一个二级列表，从中可以选择当前段落所需的项目符号级别。

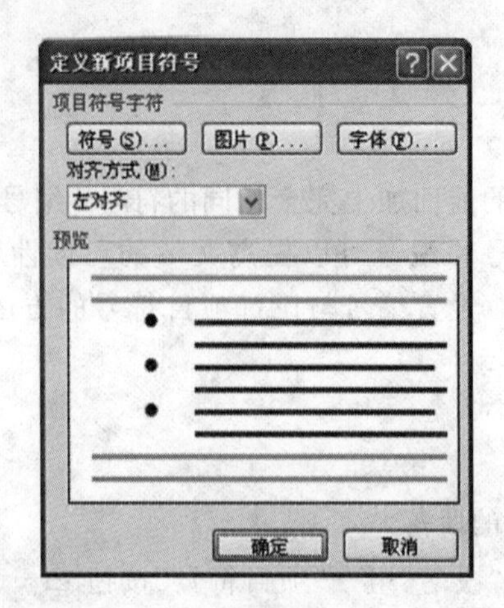

图 3-30 “定义新项目符号”对话框

（2）把插入点定位到需要修改项目符号级别的段落最前面，每按一次 Tab 键都可以使该项目符号增加一个级别。如果要减小该项目符号的级别，可以按 Shift＋Tab 快捷键。

3.3.6 文字与段落的边框和底纹

在 Word 中，可以为字符、段落设置边框或底纹，以突出文档中的内容，使文档的外观效果更加美观。

“开始”选项卡→“段落”组→“边框和底纹”按钮 是一个变化明显的按钮。当用户单击“边框和底纹”按钮右侧的下拉箭头时，弹出如图 3-31 所示的下拉列表，如果用户在下拉列表中选择某一项，则这一项前面的图标就会变成“边框和底纹”按钮的图标。例如，用户在下拉列表中选择了“外侧框线”，则“边框和底纹”按钮的图标就变成 ，此时单击“边框和底纹”按钮，就可以完成“外侧框线”的设置。

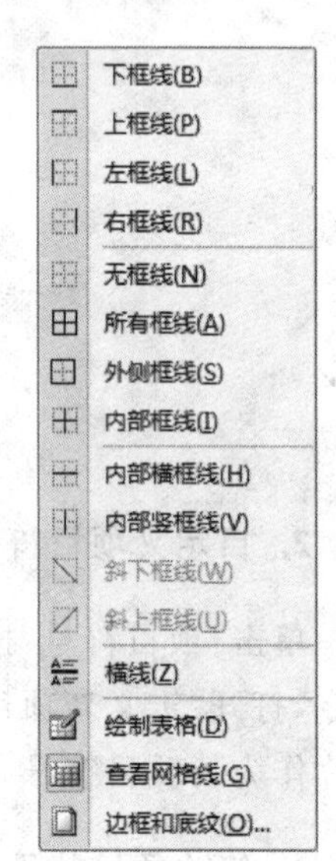

图 3-31 “边框”下拉列表

1. 利用“边框和底纹”按钮进行设置

① 选择要设置边框的文字或者段落。如果是设置某一段的段落边框，可以不选择整个段落，而只需将插入点置于该段落内即可。

② 单击“开始”选项卡→“段落”组→“边框”按钮右侧的下拉箭头，弹出下拉列表，如图 3-31 所示，其中包括各种各样的边框选项供用户选择：“内部横框线”对两个以上段落有效，即在段落之间添加横框线；“内部竖框线”对段落不起作用；“边框和底纹”可以打开“边框和底纹”对话框，如图 3-32 所示。

③ 添加边框。在“边框和底纹”对话框中选择“边框”选项卡，如图 3-32 所示。在“设置”选项区中选择边框类型，包括“无”、“方框”、“阴影”、“三维”和“自定义”；在“样式”选项

框中选择边框线类型，并依次选择边框线的“颜色”、“宽度”；在右侧的预览区内，可以单击图示中的四条边框，或使用左侧和下方的四个按钮，设置显示或不显示四边的哪一条边框，单击一次取消显示，再次单击重新显示。在对话框右下角的“应用于”下拉列表框中选择“文字”或“段落”，可将边框应用于所选文字或者段落，单击“确定”按钮完成设置。

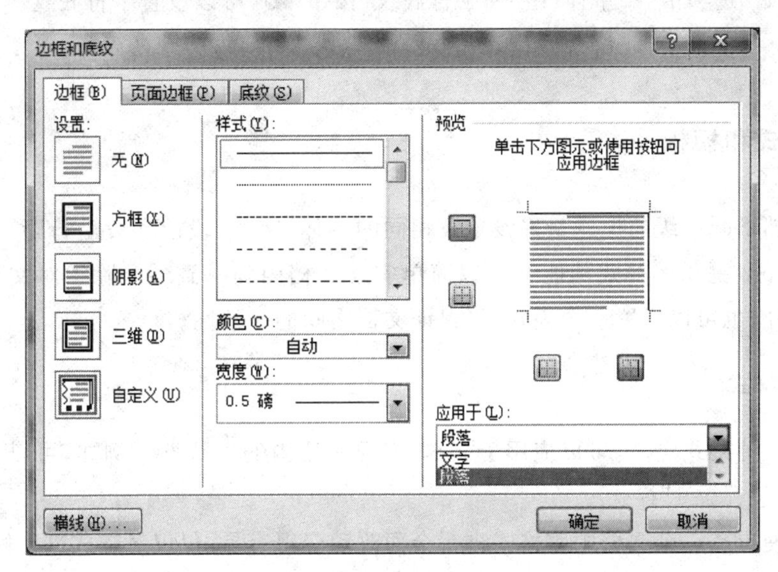

图 3-32 “边框和底纹”对话框的“边框”选项卡

④ 添加底纹。在“边框和底纹”对话框中选择“底纹”选项卡，如图 3-33 所示。在“填充”选项区中选择底纹的颜色；在“图案”选项区中，利用“样式”和“颜色”下拉列表框选择底纹的图案样式及颜色；在对话框右下角的“应用于”下拉列表框中选择“文字”或“段落”，可将底纹设置应用于所选文字或者段落。单击“确定”按钮完成设置。

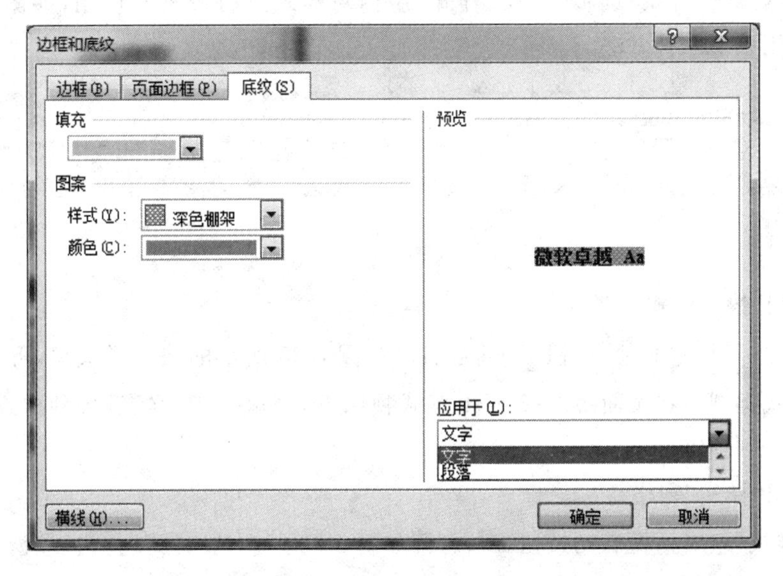

图 3-33 “边框和底纹”对话框的“底纹”选项卡

2. 利用其他按钮进行设置

（1）“开始”选项卡→“字体”组→“字符边框”按钮，可以设置字符边框。

（2）“开始”选项卡→“字体”组→“字符底纹”按钮，可以设置字符底纹。

（3）“开始”选项卡→“段落”组→“底纹”按钮，可以设置字符底纹。

3.3.7 样式和模板

一个文档里同一级的标题最好设置成相同的字体、字号、段前和段后行距，以便分清文档的层次，Word 提供的样式功能就可以简单实现文档内的一致性。除了对文档中局部元素设定样式外，也可以设置一个模板，以保证文档之间的一致性。

1. 应用样式

样式是一种格式定义，可以应用于文本，实现文档内的一致性。例如，可以把文档中所有标题设置成“标题 1”样式。

样式还使得在一个文档中对格式进行全面改动变得容易，仅仅对样式进行修改，那么所有基于该样式的文本都会自动进行改动。例如，想把所有标题加上下划线，那么仅对“标题1”样式加下划线就可以实现。

样式包含了对文档中正文、各级标题、页眉页脚的设置，使用样式后可以自动生成目录、文档结构图和大纲结构图，使文档看起来井井有条，使编辑和修改变得更加简单、快捷。

在功能区单击“开始”选项卡，在“样式”组内对样式进行设置和使用，如图 3-34 所示。应用样式常用以下两种方法。

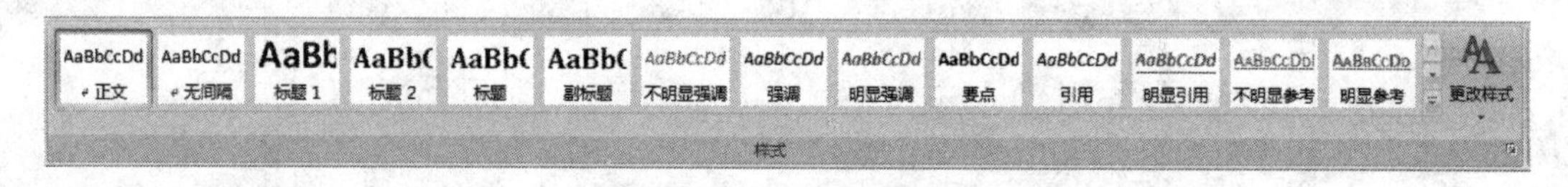

图 3-34 “样式”组

（1）使用“快速样式集”

单击“样式”组→“其他”按钮，将会打开如图 3-35 所示的快速样式集，可以在其中选择所需的样式类型。在页面视图或 Web 版式视图下，当鼠标指针经过各种样式按钮时，文档中就可以看到预览效果。

（2）使用“样式”窗格

单击“样式”组对话框启动按钮，打开如图 3-36 所示的“样式”窗格，该窗格可以被拖动到编辑窗口的任意位置。快速样式集显示的是用户常用的几种样式，复杂的样式操作还要在“样式”窗格进行。

图 3-35 “快速样式集”

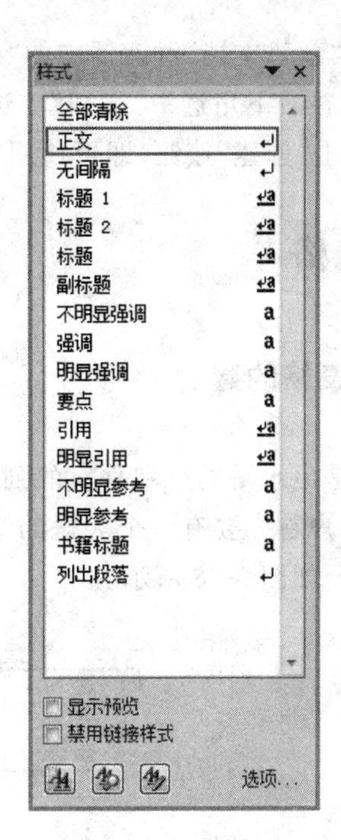

图 3-36 “样式”窗格

2. 使用现成的 Word 模板

Word 2007 中有很多精美实用的模板，方便用户创建传真、贺卡、简历等类型的文档，要应用这些模板，可按如下步骤操作。

① 执行“Office 按钮”→“新建”命令，打开“新建文档”对话框，如图 3-37 所示。

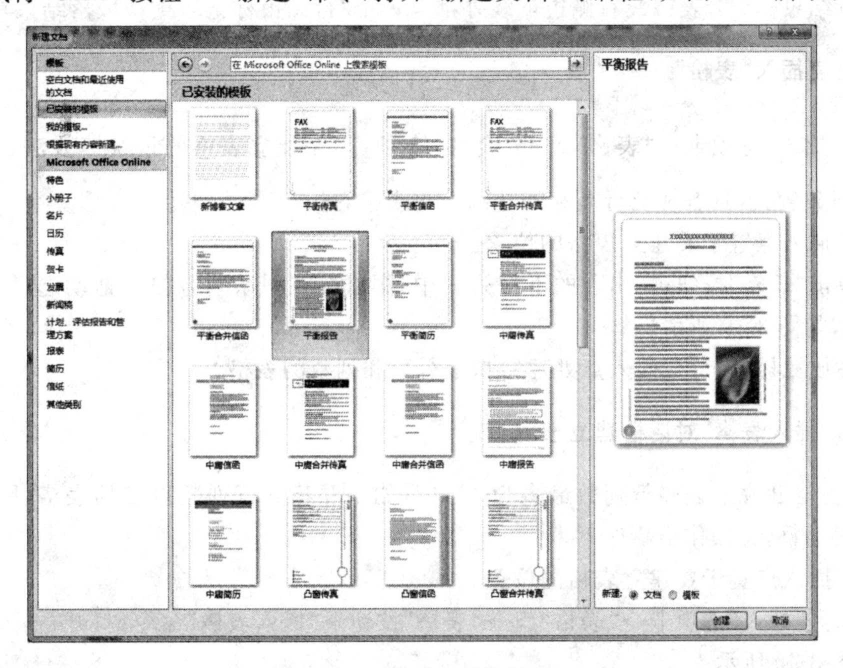

图 3-37 “新建文档”对话框

② 在“新建文档”对话框中的“模板”选项区中单击“已安装的模板”选项。选中自己需要的模板，在右下角选中“文档”单选项。

③ 单击“创建”按钮，即可使用模板创建新文档。

3.4 表格

3.4.1 表格的建立

表格是由水平的行和垂直的列组成的，行与列交叉形成的方框称为单元格。在建立表格之前，用户首先要有一个大概的结构，也就是说建立的表格有几行、几列等。表格中其他的组成部分如图 3-38 所示。

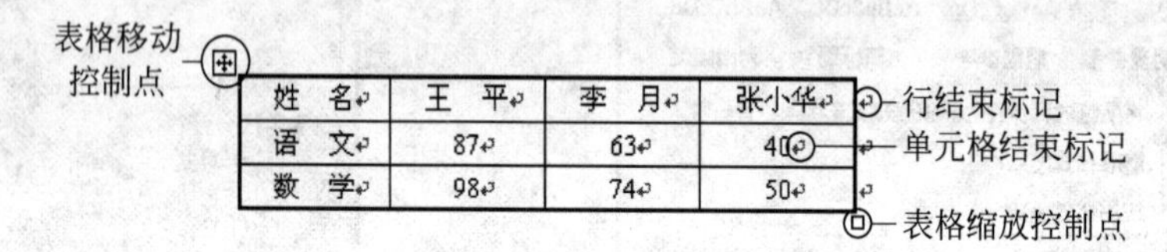

图 3-38 表格的组成部分

① 表格移动控制点：将鼠标移至表格区域，该控制点就会出现。单击就可以选中整个表格，按住鼠标左键进行拖动可以移动表格。

② 表格缩放控制点：将鼠标移至表格区域，该控制点就会出现。再将鼠标指针移至该控制点上，待指针变为双向箭头形状，按住鼠标左键进行拖动可以对表格进行缩放。

③ 单元格结束标记：每个单元格都有一个“单元格结束标志”，类似段落结束标记。

④ 行结束标记：表格最右侧边框线外都有一个“行结束标记”，类似段落结束标记。

1. 快速插入“表格”

单击“插入”选项卡→“表格”组→“表格”按钮，是建立表格的最快捷方法，它适合于建立行、列数较少，具有规则行高和列宽的简单表格，操作步骤如下。

① 将插入点置于要建立表格的位置。

② 单击“表格”按钮，在出现的下拉列表中，用鼠标在一系列方格上拖动选择表格的行数和列数，如图 3-39 所示。

③ 释放鼠标，即可在插入点处建立指定行数和列数的表格。

2. 用“插入表格”对话框建立表格

上述方法建立的表格行列数最多为 10×8，如果要建立行列数更多的表格，则需用“插入表格”对话框，其操作步骤如下。

① 将插入点置于要建立表格的位置。

② 选择“插入”选项卡→“表格”组→“表格”按钮→“插入表格”命令，打开“插入表格”对话框，如图 3-40 所示。

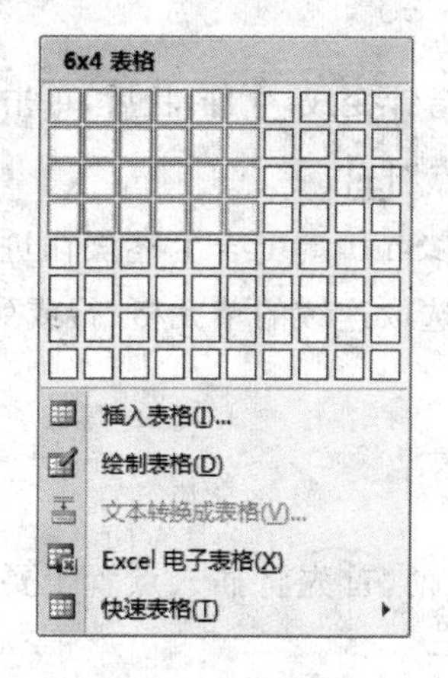

图 3-39　表格列表

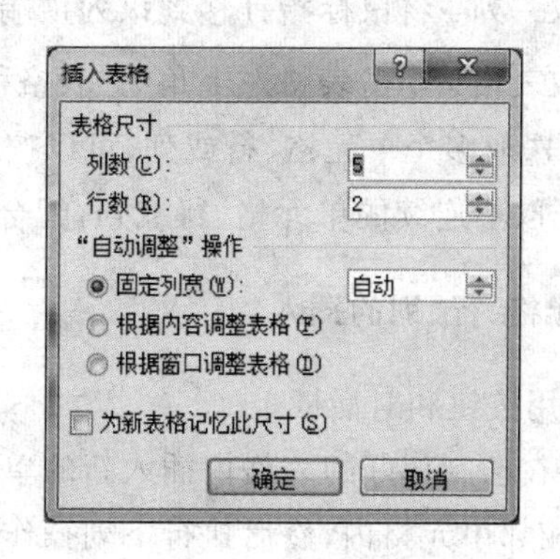

图 3-40　"插入表格"对话框

③ 在"列数"和"行数"编辑框中输入所需的列数和行数。

④ 单击"确定"按钮,关闭对话框,即可建立指定行数和列数的表格。

3.4.2　表格的编辑

在实际工作中,经常要对建立好的表格结构进行编辑,如插入或删除单元格、行或列,调整表格的行高或列宽,合并或拆分单元格等。

快捷菜单是编辑表格和设置表格格式的一个便捷方式。将鼠标指针置于表格内,右击鼠标,在弹出的快捷菜单中有很多与表格相关的操作供用户选择,在下面的介绍中不再赘述,请用户尝试使用。

1. 单元格、行、列与表格的选取

对表格进行编辑之前,首先要选取编辑的对象,如单元格、行、列或整个表格,选取方法如下。

方法 1: 将插入点置于表格内,单击"布局"选项卡→"表"组→"选择"按钮,在弹出下拉列表中进行选择,如图 3-41 所示。

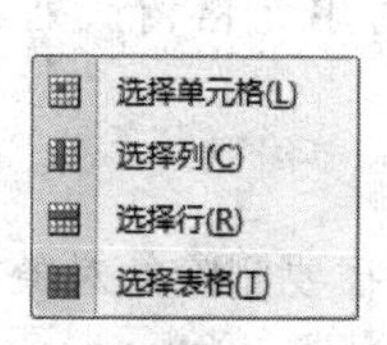

图 3-41　"选择"按钮下拉列表

方法 2: 在文档中选中文本的方法同样适用于选定表格中的文本,此外 Word 还提供了多种在表格中直接进行选取的方法。

① 选取一个单元格: 将鼠标指针移到单元格的左边界处,待鼠标指针变成 ➚ 形状后,单击鼠标左键即可,如果双击则选中该单元格所在的行。

② 选取一行: 将鼠标指针移到该行左边界的外侧,待鼠标指针变成 ↗ 形状后,单击鼠

标左键。

③ 选取一列：将鼠标指针移到该列顶端，待鼠标指针变成 ⬇ 形状后，单击鼠标左键。

④ 选取表格：单击表格左上角的“表格移动控制点”⊞。

如果要选取多个单元格、行或列，可以按下 Ctrl 或 Shift 键配合上述操作进行选取。配合 Ctrl 键选取不连续的单元格、行或列，配合 Shift 键选取连续的单元格、行或列。

2. 单元格、行、列的插入

(1) 使用按钮和对话框

用户要在已制作好的表格内插入新的单元格、行、列，首先将插入点置于要添加单元格或行、列的相邻单元格内，然后执行下列操作之一。

① 在“布局”选项卡→“行和列”组中根据插入位置单击相应按钮完成操作，按钮有“在上方插入”、“在下方插入”、“在左侧插入”、“在右侧插入”，如图 3-42 所示。

② 单击“布局”选项卡→“行和列”组右下角对话框启动按钮，打开“插入单元格”对话框，如图 3-43 所示，选择需要的插入类型，单击“确定”关闭对话框。

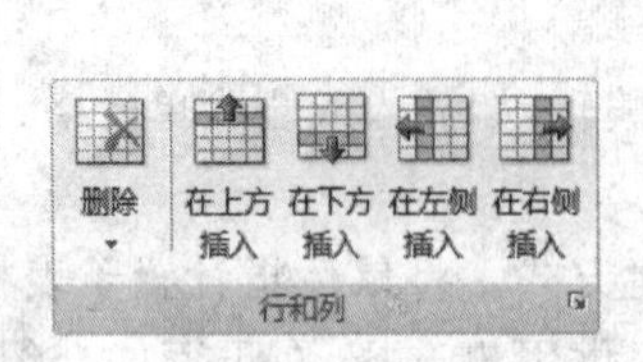

图 3-42 “行和列”组

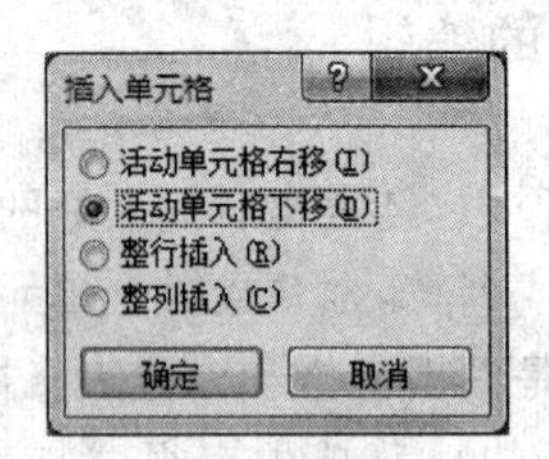

图 3-43 “插入单元格”对话框

(2) 使用键盘

① 在行结束标记处，按 Enter 键，可以在当前行之后插入一个新行。

② 在最后一行最右侧的单元格内，按 Tab 键，可以在表格末尾添加一个新行。

3. 单元格、行、列、表格的删除

用户可以在已制作好的表格内对单元格、行、列或者整个表格进行删除，常用方法有两种。

(1) 使用按钮

① 将插入点置于表格内，或者选择要删除的对象。

② 单击“布局”选项卡→“行和列”组→“删除”按钮，打开下拉列表如图 3-44 所示，选择相应命令完成操作即可。

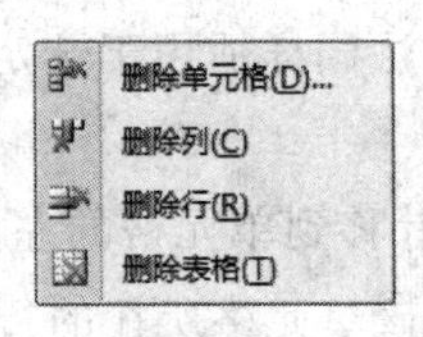

图 3-44 表格“删除”按钮列表

(2) 使用 BackSpace 键

① 删除一个或多个单元格：选中一个或连续多个单元格，按 BackSpace 键则弹出“删除单元格”对话框。

② 删除一行或多行：选中一行或连续多行，按 BackSpace 键则删除选中行。

③ 删除一列或多列：选中一列或连续多列，按 BackSpace 键则删除选中列。

④ 删除表格：选中表格，按 BackSpace 键则删除整个表格。

需要说明的是，选中单元格、行、列或表格，按 Delete 键只删除表格中的内容，保留表格结构；按 BackSpace 键则将表格结构及其内容全部删除。

4. 调整表格的行高与列宽

改变表格或单元格的行高和列宽是常用的修改表格的操作，下面介绍三种常用的改变行高或列宽的方法。

(1) 利用鼠标拖动设置行高或列宽

利用鼠标拖动是调整表格行高和列宽最快捷的方法，操作方法有两种。

① 将鼠标指针移到表格的边框线，当鼠标指针变成“中间竖线两边双向箭头”形状时，按下鼠标左键拖动边框线，就可以改变单元格的行高或列宽。

② 将鼠标指针移到水平标尺或垂直标尺上边框线所对应的滑块上，当鼠标指针变成“双向箭头”形状时按下鼠标左键拖动，也可以改变单元格的行高或列宽。

(2) 利用按钮或对话框精确设置行高或列宽

精确设置表格的行高或列宽，首先选择要改变高度的行(或宽度的列)，或者将插入点置于单元格内，执行下述操作之一。

① 单击“布局”选项卡→“单元格大小”组，在“高度”和“宽度”编辑框中输入数值或利用右侧调节按钮 设置，如图 3-45 所示。

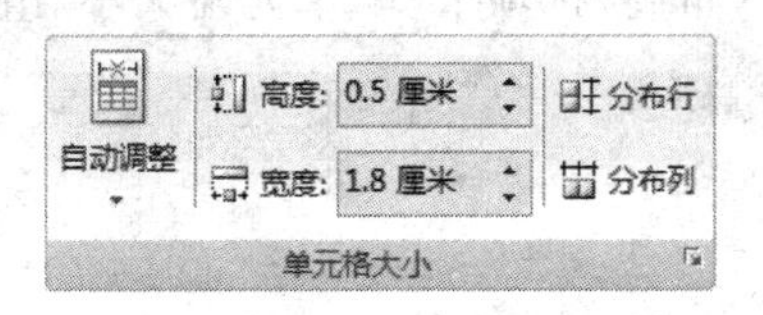

图 3-45 “单元格大小”组

② 单击“布局”选项卡→“单元格大小”组右下角对话框启动按钮 ，打开“表格属性”对话框，选择“行”选项卡(或者选择“列”选项卡)，如图 3-46 所示，选中“指定高度”复选框(或者“指定宽度”复选框)，并在其后面的编辑框中指定具体的行高(或列宽)，单击“确定”按钮完成设置。

(3) 使用“自动调整”按钮

在建立表格后，用户可以随时使用“自动调整”按钮来调整表格的行高或列宽。首先，将插入点置于要修改的表格内或选中要修改的表格，再单击“布局”选项卡→“单元格大小”组→“自动调整”按钮，打开下拉列表如图 3-47 所示，选择相应命令完成操作。

① 选择“根据内容自动调整表格”：表示表格按每一列的文本内容重新调整列宽，调整后的表格看上去更加紧凑、整洁。

图 3-46 “表格属性”对话框的“行”选项卡

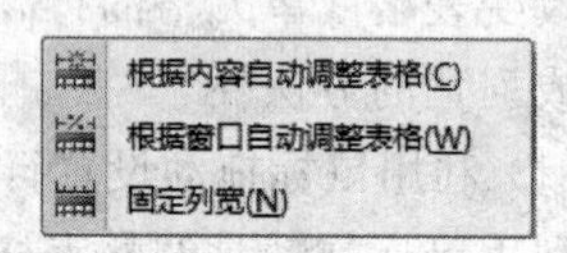

图 3-47 “自动调整”下拉列表

② 选择“根据窗口自动调整表格”：表示表格中每一列的宽度将按照相同的比例扩大，调整后的表格宽度与正文区宽度相同。

③ 选择“固定列宽”：表示指定表格的宽度。默认状态下，单元格的宽度会随着输入文字的增多而加大，如果选择了“固定列宽”则单元格的列宽固定不变，文字输入到单元格的右侧表格线时会自动换行。

(4) 平均分布各行或各列

如果要将整个表格或选定的行(或列)都设置成相同的高度(或宽度)，可以先选定表格或相应的行(或列)，然后单击“布局”选项卡→“单元格大小”组→“分布行”按钮(或“分布列”按钮)，即可完成设置。

5. 单元格的合并与拆分

用户可以将表格中的多个单元格合并为一个单元格，也可以将选中的单元格拆分成等宽或等高的多个小单元格。合并与拆分单元格操作步骤如下。

(1) 合并单元格

① 选取要合并的单元格。

② 单击“布局”选项卡→“合并”组→“合并单元格”按钮，就可以将选取的多个单元格合并成一个单元格。

(2) 拆分单元格

① 选取要拆分的单元格。

② 单击“布局”选项卡→“合并”组→“拆分单元格”按钮，打开“拆分单元格”对话框，如图 3-48 所示。

③ 分别在“行数”和“列数”编辑框中输入要拆分的行数和列数，单击“确定”按钮，则选取的单元格按指定的行数或列数拆分。

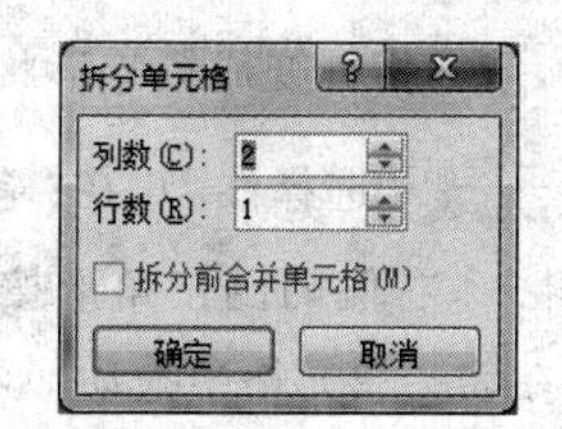

图 3-48 “拆分单元格”对话框

6. 表格的合并与拆分

合并表格就是将两个表格合并为一个表格，拆分表格则刚好相反，是将一个表格从某一行拆分成上下两个表格。表格只能进行纵向的拆分与合并，不能进行横向的拆分与合并。

(1) 合并表格

如果合并上下两个表格，只要删除两个表格之间的内容或回车符就可以了。

(2) 拆分表格

① 将插入点置于表格的待拆分行上。

② 单击“布局”选项卡→“合并”组→“拆分表格”按钮，则插入点所在行及其下边的各行成为独立的表格，插入点上边各行成为另一个独立的表格。

7. 斜线表头的制作

在使用表格时，经常需要在第 1 行第 1 列的单元格绘制斜线，这时用户可以使用如下两种方法绘制斜线表头。

(1) 使用对话框

① 将插入点置于要绘制斜线的单元格内。

② 单击“布局”选项卡→“表”组→“绘制斜线表头”按钮，打开“插入斜线表头”对话框，如图 3-49 所示。选择表头样式、字体大小、输入“行标题”和“列标题”内容，单击“确定”按钮，就可以绘制出表头斜线并输入标题。

(2) 利用“绘图边框”组

将插入点置于表格内，在“设计”选项卡→“绘图边框”组中，如图 3-50 所示，使用各按钮绘制表头斜线，一般步骤如下：

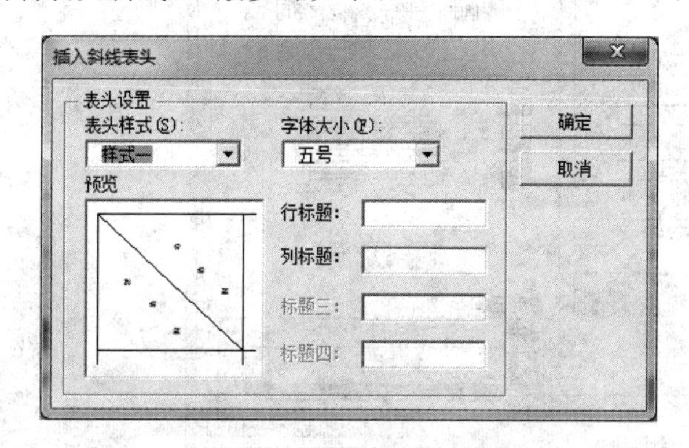

图 3-49 “插入斜线表头”对话框

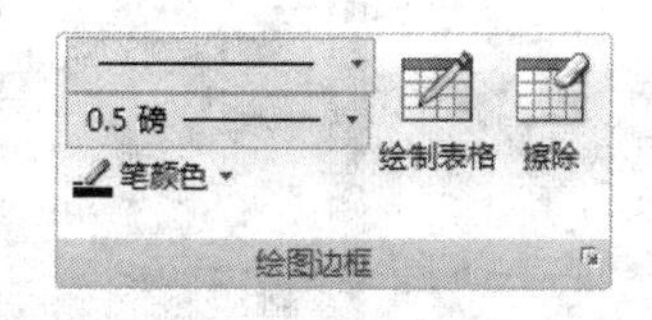

图 3-50 “绘图边框”组

① 单击"绘制表格"按钮 绘制表格，鼠标指针变成铅笔形状，进入绘制状态。

② 在"笔样式"编辑框 选择线型，在"笔画粗细"编辑框 0.5 磅 选择线宽，单击"笔颜色"按钮 笔颜色 右侧的倒三角形按钮，在出现的"拾色器"列表中选择边框线颜色，然后按住鼠标左键在表头单元格中拖动即可绘制斜线。

③ 斜线绘制完成后，再次单击"绘制表格"按钮取消绘制状态。

④ 如果绘制出现错误，可单击"表格擦除器"按钮 擦除，此时鼠标变成橡皮擦的形状，对要擦除的边框线进行选取即可，再次单击"表格擦除器"按钮可退出擦除状态。

3.4.3 表格格式设置

在文档中新建一个表格后，标题栏上就会出现"表格工具/设计"选项卡和"表格工具/布局"选项卡，针对表格格式提供集中设置。这是 Word 2007 的特点之一，在插入某个对象的时候才会出现针对该对象操作的选项卡，后面将要介绍的文本框、图片、艺术字等在插入后，也会在标题栏下出现具有针对性设置的选项卡，方便用户进行格式设置与修改等操作。

1. 设置表格、单元格的边框与底纹

给表格、单元格设置边框和底纹，可以使表格更加美观，表格中的内容更加突出，设置方法如下。

(1) 使用"边框和底纹"对话框

① 选取要设置边框和底纹的单元格、行或列；如果要设置整个表格的边框和底纹，将插入点置于表格内即可。

② 单击"设计"选项卡→"表样式"组→"边框"按钮右侧的下拉箭头，在出现的下拉列表底部选择"边框和底纹"，打开"边框和底纹"对话框，如图 3-51 所示。或单击"绘图边框"组右下角的对话框启动按钮 ，也可以打开"边框和底纹"对话框。

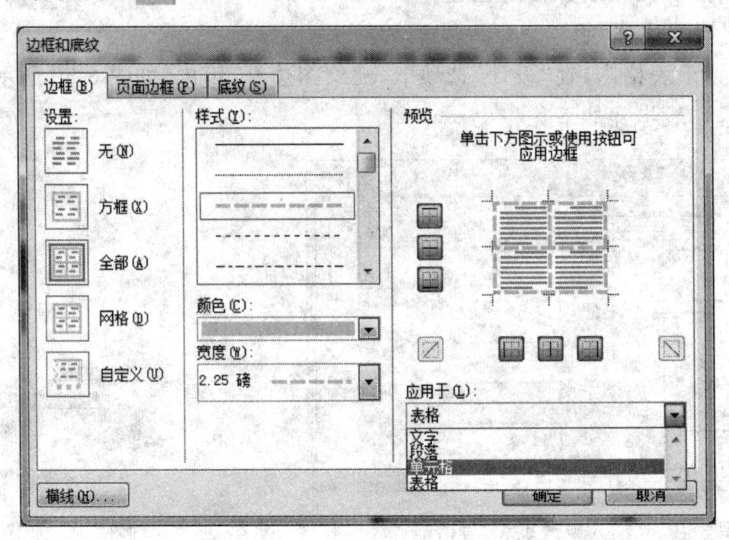

图 3-51 "边框和底纹"对话框

③ 分别在“边框”选项卡和“底纹”选项卡中进行设置即可，具体操作可以参照 3.3.6 节讲述的设置段落边框和底纹的步骤，最后在右下角的“应用于”下拉列表中选择“表格”或“单元格”，单击“确定”按钮关闭对话框。

(2) 使用“边框”和“底纹”按钮

① 选取要设置边框和底纹的单元格、行或列。

② 单击“设计”选项卡→“表样式”组→“边框”按钮或“底纹”按钮右侧的倒三角形按钮，在出现的下拉列表中进行选择设置。

(3) 使用“绘图边框”组

将插入点置于表格内，在“设计”选项卡→“绘图边框”组中，使用各按钮绘制表格边框，方法与绘制表头斜线相似，简述如下。

① 单击“绘制表格”按钮。

② 在“笔样式”、“笔画粗细”编辑框分别选择线型、线宽，“笔颜色”按钮的“拾色器”列表中选择边框线颜色，然后按住鼠标左键在要设置边框的表格线上拖动。

③ 绘制完成后，再次单击“绘制表格”按钮取消绘制状态。

④ 如果绘制出现错误，可单击“表格擦除器”按钮，在要擦除的边框线拖动即可，再次单击“表格擦除器”按钮可退出擦除状态。

需要说明的是，利用“底纹”按钮、“绘图边框”组只能设置单纯颜色的底纹，而利用“边框和底纹”对话框不仅可以设置单纯颜色的底纹，还可以设置带有图案的底纹。

(4) 查看隐藏的边框线

有的表格将某些边框线颜色设置成白色不可见，如果要查看这些被隐藏的表格线，则将插入点置于表格内，单击“布局”选项卡→“表”组→“查看网格线”按钮 查看网格线，就可以显示这些表格线，再次单击“查看网格线”按钮表格线又被隐藏。

2. 设置单元格中文字的对齐方式

默认情况下，单元格中输入文字的对齐方式是水平方向“左对齐”方式，垂直方向“顶端对齐”。要调整单元格中文字的对齐方式，首先选中要设置文字对齐方式的单元格，然后选用如下方法中的一种。

① 使用“开始”选项卡→“段落”组中的文本对齐按钮，可以设置水平对齐方式。

② 在“布局”选项卡→“对齐方式”组中，如图 3-52 所示，左侧排列的九个按钮中选择所需对齐按钮，可以同时设置文字的水平对齐方式和垂直对齐方式。

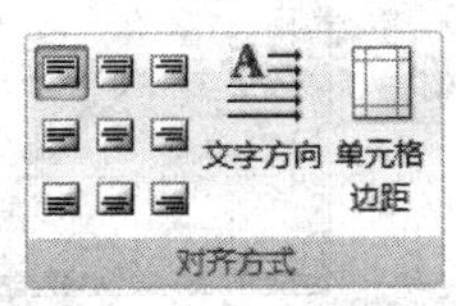

图 3-52 “对齐方式”组

3. 设置单元格中文字的方向

表格中的每个单元格都可以独立设置文字的方向，这大大丰富了表格的表现力。设置文字方向的操作步骤如下。

① 选中要设置文字方向的单元格。

② 单击“布局”选项卡→“对齐方式”组→“文字方向”按钮，如图 3-52 所示，即可将单元格中的文字改变方向。

4. 设置单元格边距

每个单元格都有各自内部边距，即每条边框与键入文本之间的距离。可以一次性为全部单元格设置内部间距，也可以对各个单元格进行设置。

(1) 为表格设置整体内部边距

表格的整体内部边距仅仅是提供了一种基准，以后用户可以对各个单元格进行修改。要设置表格的整体内部边距，方法如下。

① 将插入点置于表格内。

② 单击“布局”选项卡→“对齐方式”组→“单元格边距”按钮，打开“表格选项”对话框进行设置，如图 3-53 所示。

③ 设置完成后，单击“确定”按钮。

(2) 为单个单元格设置内部边距

为单个或多个单元格自定义内部边距，方法如下。

① 选择要设置边距的单元格。

② 单击“布局”选项卡→“表”组→“属性”按钮，打开“表格属性”对话框。

③ 在“表格属性”对话框中，选择“单元格”选项卡，如图 3-54 所示。

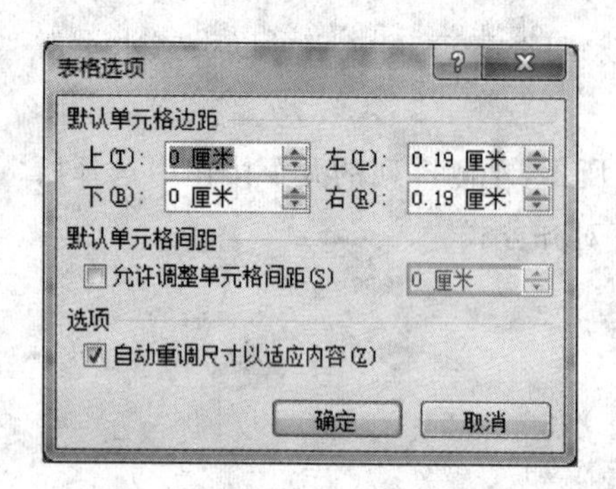

图 3-53 “表格选项”对话框

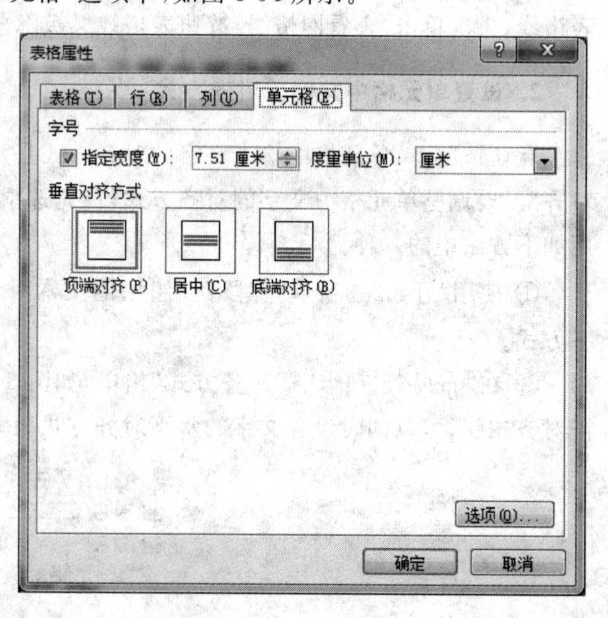

图 3-54 “表格属性”对话框的“单元格”选项卡

④ 单击右下角的“选项”按钮，打开“单元格选项”对话框，不要选中“与整张表格相同”复选框，单元格的内部边距设置变得可用，如图 3-55 所示。

⑤ 设置完成后，单击“确定”按钮。

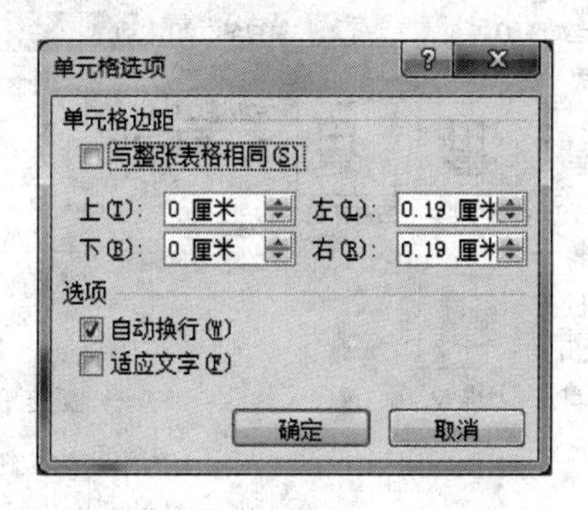

图 3-55 “单元格选项”对话框

5. 应用表格样式

表格样式包括很多表格特有的属性，比如单元格边框格式化、单元格底纹和表格首末行列的某些特殊设计。要应用表格样式，先将插入点置于表格中的任意位置，然后从表格“设计”选项卡→“表样式”组中选择一种表格样式，单击右下角的按钮可以打开表格样式集列表，从中选择更多表格样式，如图 3-56 所示。

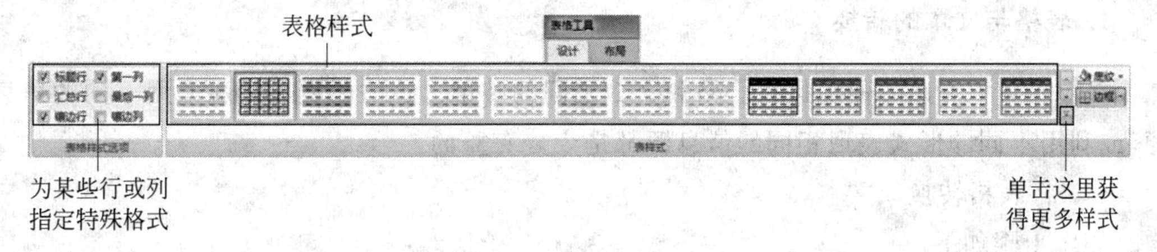

图 3-56 “表样式”组

应用表格样式后，使用“设计”选项卡中“表格样式选项”组中的复选框可以打开和关闭更多格式设置。这些设置对某些行或列指定不同的格式。比如，“标题行”设置第一行采用不同的格式，“汇总行”设置最后一行采用不同格式，“镶边行”和“镶边列”使得相邻两行或两列设置不同的格式，以方便阅读。

6. 调整表格在页面中的位置

为了使表格在页面中的位置与其他内容相协调，可以对表格设置对齐方式以及表格与文字之间的环绕方式，操作步骤如下。

① 将插入点置于表格内，单击“布局”选项卡→“表”组→“属性”按钮，打开“表格属性”对话框如图 3-57 所示。

② 选择“表格”选项卡，在“对齐方式”选项区中设置表格和文本之间的对齐方式，在“文字环绕”选项区中选择表格和文字之间的环绕方式。

③ 单击“确定”按钮即可。

图 3-57 “表格属性”对话框

3.4.4 表格的其他操作

1. 表格与文本的转换

在 Word 中可以方便地进行表格和文本之间的转换。这对于更灵活地使用不同的信息源，或利用不同的形式表现相同的信息源都是十分有益的。

(1) 将表格转换成文本

操作步骤如下。

① 将插入点置于表格内。

② 单击“布局”选项卡→“数据”组→“转换为文本”按钮 ，打开“表格转换成文本”对话框，如图 3-58 所示。

③ 选择一种文字分隔符，单击“确定”按钮，就可以将表格转换为由段落标记、制表符、逗号或者其他字符分隔的文字。

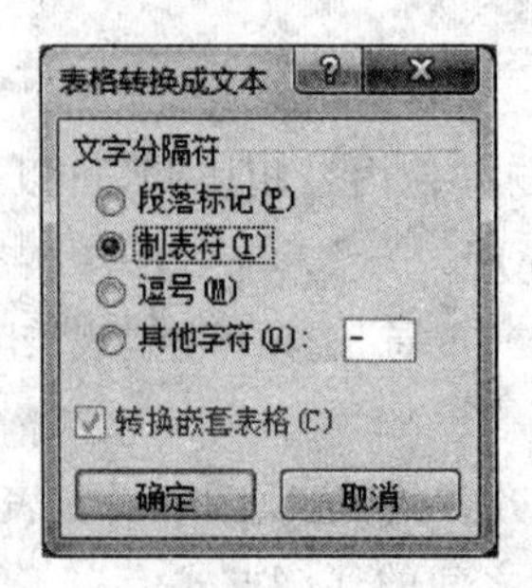

图 3-58 “表格转换成文本”对话框

（2）将文本转换成表格

将文本转换为表格之前要确保文本之间插入了相同的分隔符，如段落标记、制表符、逗号或者其他字符，如果分隔符不一致则不能正常转换。操作步骤如下。

① 选择要包含在表格中的文字。

② 单击“插入”选项卡→“表格”组→“表”按钮，在打开的下拉列表中选择“文本转换成表格”，打开“将文字转换成表格”对话框，如图 3-59 所示。

③ “文字分隔位置”选项区中选择当前文本所使用的分隔符类型，“表格尺寸”选项区中的“行数”编辑框不可用，因为此时的行数由选择的内容中所含分隔符数和选定的列数确定。

④ 单击“确定”按钮，就可以将文字转换为表格。

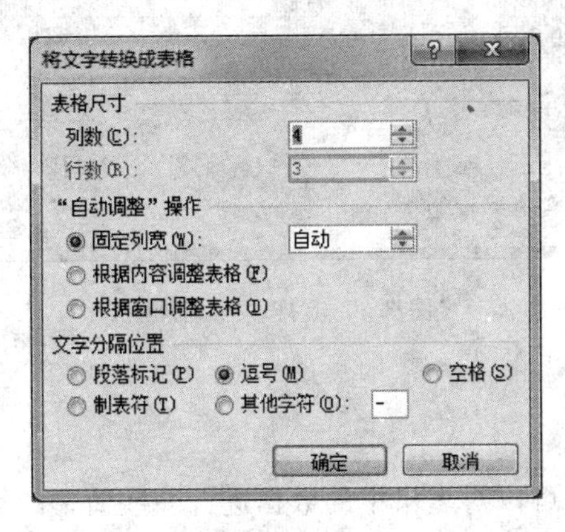

图 3-59 “将文字转换成表格”对话框

2. 使表格在跨页时重复标题行

如果所建立的表格超过了一页，Word 将会自动拆分表格。要使分成多页的表格在每一页上都显示标题行，可将插入点置于表格标题行的任意位置，然后执行下列操作之一，则表格在每页都自动重复显示标题行。

① 单击“布局”选项卡→“数据”组→“重复标题行”按钮 重复标题行。

② 打开“表格属性”对话框，选择“行”选项卡，选中“在各页顶端以标题行形式重复出现”复选框。

3. 表格的排序

在 Word 的表格中，可以依照某列对表格数据进行排序，具体操作步骤如下。

① 将插入点置于要排序列中的任意单元格内，或选取整列。

② 单击“布局”选项卡→“数据”组→“排序”按钮 排序，打开“排序”对话框，如图 3-60 所示。

③ 在“主要关键字”下拉列表中选择排序依据；在“类型”下拉列表中选择排序方式，例如按数字、笔画、拼音或日期方式进行排序，最后单击“升序”或“降序”单选按钮。

④ 如果要进一步指定排序的依据，可以在“次要关键字”、“第三关键字”下拉列表框中，依次指定第二个、第三个排序依据、排序类型及排序的顺序。

⑤ 在“列表”选项区内，如果选中“有标题行”单选按钮，则排序时不把标题行算在排序范围内，否则标题行也参加排序。

⑥ 单击“确定”按钮，完成排序。

需要说明的是，要进行排序的表格中不能含有合并后的单元格，否则无法进行排序。

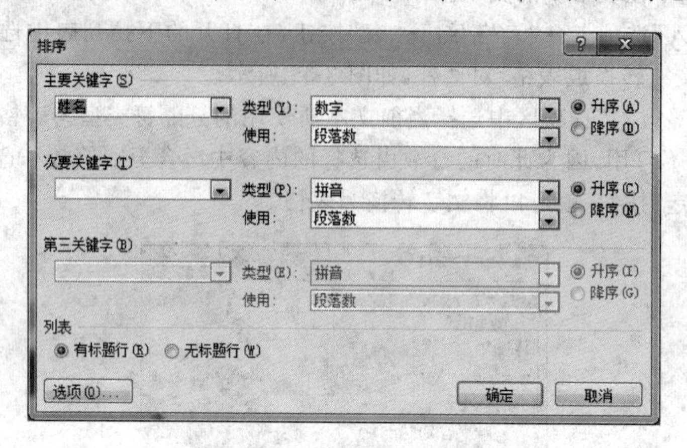

图 3-60 “排序”对话框

4. 表格的计算

利用表格的计算功能，可以对表格中的数据进行一些简单的运算，例如求和、求平均值、求最大值等。

(1) 单元格的名称约定

默认情况下，在计算公式中可用 A、B、C…代表表格的列号，用 1、2、3…代表表格的行号，“列号＋行号”即为所引用的单元格名称，如图 3-61 所示。例如，“C2”表示第 3 列与第 2 行相交的单元格内的数据。

(2) 表格中数据的计算方法

Word 可以对表内数据进行基本运算，如加、减、乘、除等，还可以利用 Word 提供的函数进行计算，例如，SUM 是求和函数，“SUM(A1:B3)”表示求以“A1 单元格和 B3 单元格为顶角组成的矩形区域”内的数据之和，如图 3-61 中带有底纹的单元格区域。

在表格中进行数据计算的操作步骤如下。

① 将插入点置于要显示计算结果的单元格内。

② 单击“布局”选项卡→“数据”组→“公式”按钮 fx 公式，打开“公式”对话框，如图 3-62 所示。

A1	B1	C1	D1
A2	B2	C2	D2
A3	B3	C3	D3
A4	B4	C4	D4

图 3-61 单元格名称引用图示

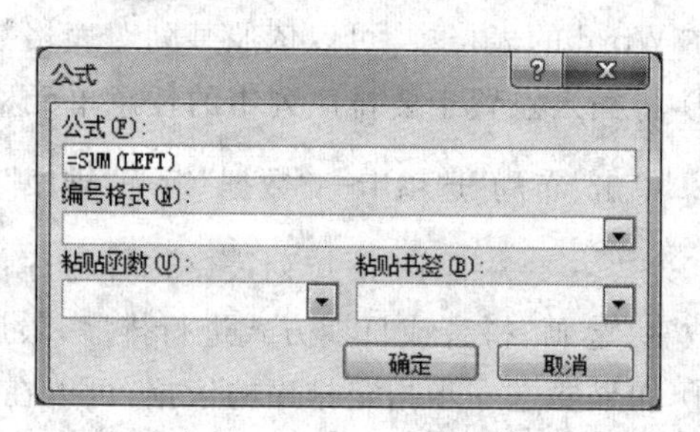

图 3-62 “公式”对话框

③ 在“公式”编辑框中显示出建议公式，如果插入点所在单元格位于一行的最右边，Word 会建议用“＝SUM(LEFT)”公式，表示对插入点左侧的所有单元格中的数据进行求和。

④ 在“公式”编辑框中可以重新输入计算公式，但一定要保留等号，例如求 A2 单元格和 C2 单元格内数据的乘积，则在“公式”编辑框中应输入“＝A2 * C2”。

⑤ 在“公式”编辑框中还可以重新输入函数用于计算。首先删除“公式”编辑框中除了“＝”以外的内容，然后在“粘贴函数”下拉列表框中选择所需函数，例如“AVERAGE”，则该函数即被显示在“公式”编辑框中。接着在函数后面的括号内输入参加运算的参数值，例如输入“ABOVE”后，“公式”编辑框中显示为“＝AVERAGE(ABOVE)”，表示对插入点所在单元格之上的所有单元格中的数据进行求平均值；如果输入“B2:C4”后，“公式”编辑框中显示为“＝AVERAGE(B2:C4)”表示对如图 3-63 所示矩形围绕的单元格区域中的数据进行求平均值。

需要说明的是，公式中使用的符号必须为英文标点符号，如冒号和括号等。

⑥ 在“数字格式”下拉列表框中选择计算结果的显示格式。

⑦ 单击“确定”按钮，则按公式进行计算并将结果显示在插入点所在的单元格内。

A1	B1	C1	D1
A2	B2	C2	D2
A2	B3	C3	D3
A4	B4	C4	D4

图 3-63 “＝AVERAGE(B2:C4)”表示的计算区域

注意：由于表格中的运算结果是以“域”的形式插入到表格中的，所以当参与运算的单元格数据发生变化时，可将光标放置在运算结果单元格中，按 F9 键，更新计算结果。

Word 中常用的函数如表 3-5 所示。

表 3-5 Word 提供的常用函数及其功能

函数名	功能
ABS(x)	求 x 的绝对值
AVERAGE(x)	求 x 的平均值
COUNT(x)	求表格中的项目个数
MOD(x)	求 x 的余数
INT(x)	求 x 的整数值
MIN(x)	求 x 的最小值
MAX(x)	求 x 的最大值
SUM(x)	求 x 的和
PRODUCT(x)	求 x 的乘积

注：“x”表示函数所要求的参数，可能是一个，也可能是若干个。

3.5 在文档中插入元素

3.5.1 创建文本框

文本框是一种文本不直接键入到页面上，而键入到一个悬浮文本框的布局。每个文本框都可以在页面中自由移动，不必遵循严格的从上到下的方式，使得排版变得更加灵活。

1. 插入文本框

（1）插入预设文本框

单击"插入"选项卡→"文本"组→"文本框"按钮，在打开的下拉列表中选择一种预设文本框，如图 3-64 所示，再在文本中框中单击鼠标并输入内容。

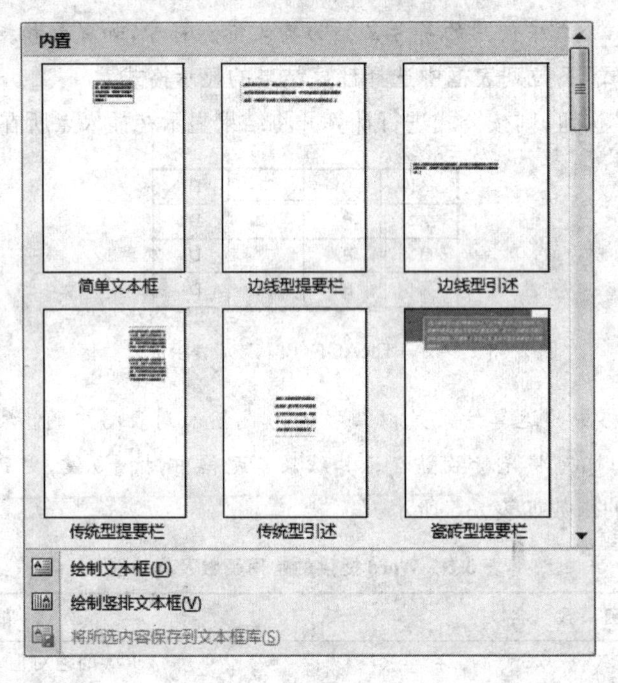

图 3-64 "文本框"下拉列表

（2）绘制文本框

如果用户对预设文本框都不满意，可以自行绘制文本框，然后格式化文本框达到预期效果。绘制文本框操作步骤如下。

① 单击"插入"选项卡→"文本"组→"文本框"按钮，在打开的下拉列表底部选择"绘制文本框"，或"绘制竖排文本框"，如图 3-64 所示，此时鼠标指针变成十字形状。

② 在要插入文本框的位置按住鼠标左键并拖动，当释放鼠标时出现文本框及格式选项卡。

③ 此时输入文字直接显示在文本框中。

2. 移动和重设文本框大小

单击选中文本框时，它的边框上会出现八个控制点，拖动边框可以移动文本框，拖动控制点可以改变文本框大小，如图 3-65 所示。

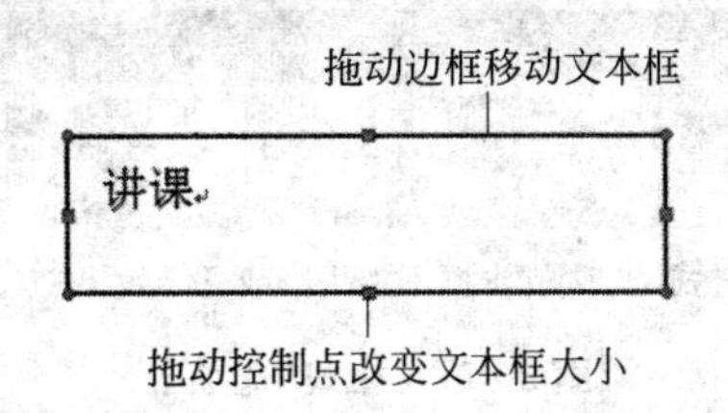

图 3-65 移动和重设文本框图示

如果要精确设置文本框大小，首先要选中文本框，然后执行下列方法之一。

① 单击“格式”选项卡→“大小”组，在“高度”和“宽度”输入框中键入精确值。

② 单击“大小”组右下角的对话框启动按钮，打开“设置文本框格式”对话框，如图 3-66 所示，在其中可以设置“高度”和“宽度”的绝对值，也可以设置相对于页面等的相对值，即按照页面或其他对象宽度的一定百分比进行设置。

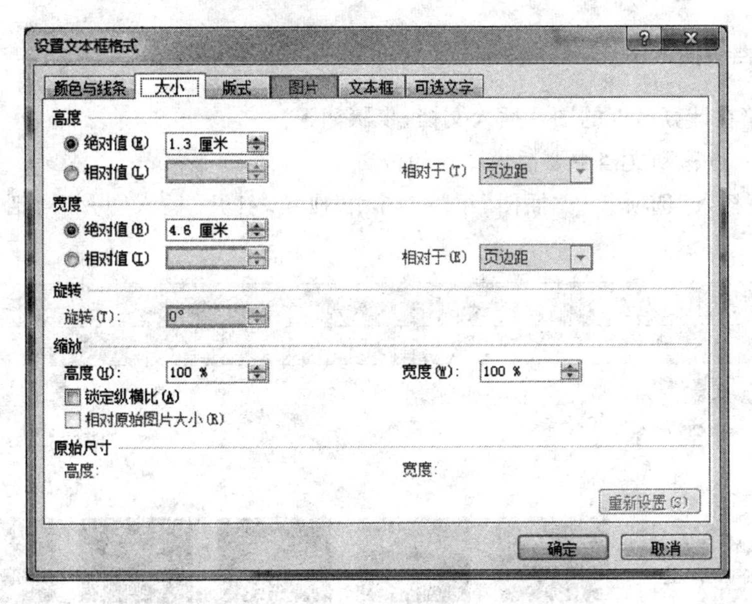

图 3-66 “设置文本框格式”对话框

3. 格式化文本框

在文本框中，可以像处理文本一样处理其中的文字，如格式化文字、设置段落格式等。还可以像处理图形对象一样来格式化整个文本框，如可以与其他的图形组合、叠放、可以设置三维效果、阴影、边框类型和颜色、填充颜色等。对文本框进行格式化，首先选中要设置格式的文本框，使用“格式”选项卡中的各按钮完成，如图 3-67 所示。

此外，用鼠标右键单击文本框的边框，在弹出的快捷菜单中单击“设置文本框格式”命令，打开“设置文本框格式”对话框，在其中也可完成对文本框的格式设置。后面介绍的插入到文档中的其他元素，也都可以采取这种方法进行格式设置，后面不再赘述。

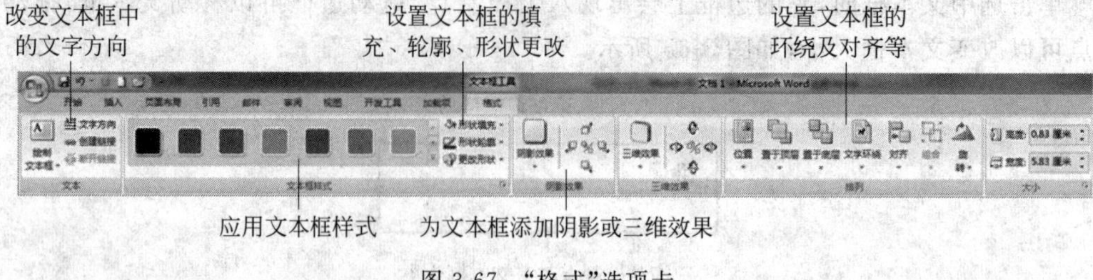

图 3-67 “格式”选项卡

3.5.2 在文档中插入图片

在 Word 中有一系列处理图片的特定方式，并且在“格式”选项卡中有针对图片的一系列设置（当图片被选中时才会出现“格式”选项卡）。也可以对图片应用一些特殊的效果，比如图片样式、柔化边缘和映像等。

1. 在文档中插入图片

要将存储在计算机上的图片插入文档，步骤如下。

① 将插入点移到文档中要插入图片的位置。

② 单击“插入”选项卡→“插图”组→“图片”按钮，打开“插入图片”对话框，如图 3-68 所示。

图 3-68 “插入图片”对话框

③ 默认情况下，Word 支持的所有图片类型都会显示出来，也可以单击“文件名”编辑框右侧的按钮，在出现的列表中选择图片类型，缩小查找范围。

④ 在对话框上方的地址栏中选择图片所在路径，然后选取所需图片；如果需要可以单击“更改您的视图”按钮 右侧的下拉箭头，从弹出的列表中选择更方便的查看方式预览图片。

⑤ 单击“插入”按钮。

2. 设置文字环绕方式

默认情况下，图片是作为内嵌式图像插入到文档中的，嵌入式图像就是被当作字符处理的图形，对 Word 而言它就像一个大尺寸的字母。当编辑图片周围的文字时，图片就会挪开，就像文字挪开一样。

如果需要更多的灵活性，就需要改变图片的文字环绕方式了，这样图片就不再是嵌入式图像，而是一个可以自由移动的对象了。然后，可以把它移动到页面的任意位置，如果这个位置有文字的话，那么图片与文字之间的摆放方式就取决于用户设置的文字环绕方式了。例如，如果选择“四周型环绕”，那么文字环绕于图片的矩形边框周围。

对图片设置文字环绕的方式如下。

① 选中图片。

② 单击“格式”选项卡→“排列”组→“文字环绕”按钮，在弹出的下拉列表中选择所需的文字环绕方式，如图 3-69 所示。

要获得更多控制，可以从“文字环绕”下拉列表中选择“其他布局选项”，打开“高级版式”对话框，在其中完成更细致的设置，如图 3-70 所示。

图 3-69 “文字环绕”列表

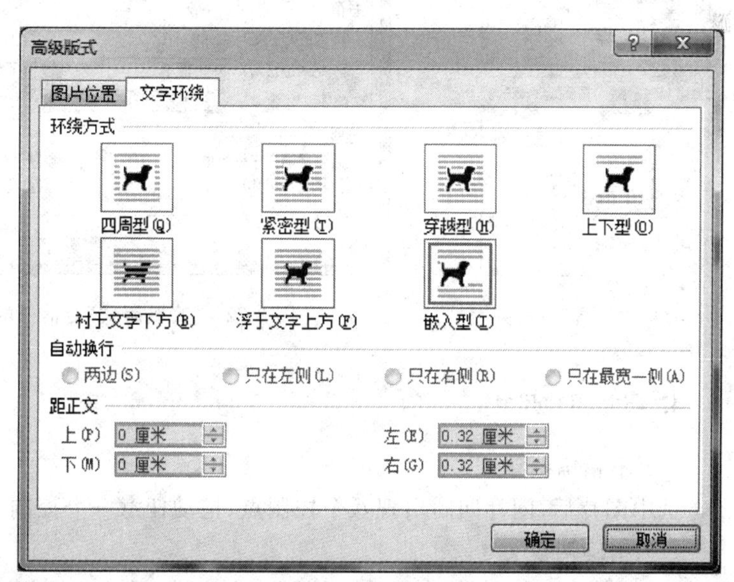

图 3-70 “高级版式”对话框的“文字环绕”选项卡

3. 设置图片位置

（1）手动设置图片位置

选中图片，将鼠标指针放在除了控制点以外的其他部位，按住鼠标左键拖动图片到目标位置。

（2）选择图片预设位置

图片位置预设决定了图片在页面中出现的位置和与周围文字的环绕方式。选择图片预设位置步骤如下。

① 选中图片。

② 单击“格式”选项卡→“排列”组→“位置”按钮，打开下拉列表，如图 3-71 所示。

③ 单击所需的预设位置。

如果希望使用其他的文字环绕方式，先使用预设位置设置，再改变文字环绕方式即可。

（3）指定图片自定义位置

在如图 3-71 所示的“位置”下拉列表中选择“其他布局选项”，打开“高级版式”对话框，选择“图片位置”选项卡，使用其中的控制选项可以更好地调整图片位置（对于“嵌入型”图片，这些设置无效），如图 3-72 所示。

图 3-71 “位置”下拉列表

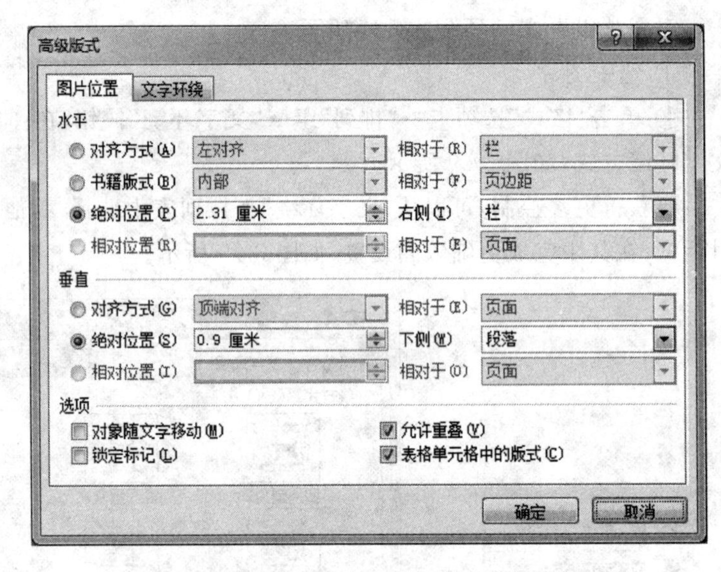

图 3-72 “高级版式”对话框的“图片位置”选项卡

4. 调整图片尺寸

（1）不精确调整

选中图片后，图片四周出现八个控制点，拖动任意一个控制点均可以调整图片的大小。

（2）精确调整

要指定图片大小到某个尺寸，可以在“格式”选项卡→“大小”组→“高度”和“宽度”框中输入图片尺寸。如果单击“大小”组右下角的对话框启动按钮，可以打开对话框获得更多的大小控制选项。如果是 Word 2007 格式的文档，打开的对话框是“大小”对话框，如图 3-73

所示；如果是 Word 早期的兼容文档，打开的对话框是“设置图片格式”对话框，其中包含“大小”选项卡。

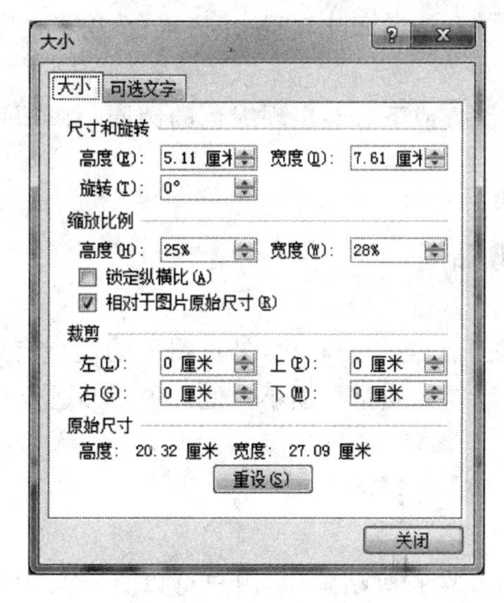

图 3-73 “大小”对话框

5. 裁剪图片

裁剪图片是指裁剪掉图片的某个或多个边缘部分，以便观众能把重点集中在图像最重要的部分。

(1) 不精确裁剪

① 选择图片。

② 单击“格式”选项卡→“大小”组→“裁剪”按钮，图片四周的控制点变成黑色线条，鼠标指针变成裁剪工具形状。

③ 将裁剪工具置于裁剪控制点上，再执行下列操作之一(这些操作同样适用于用控制点对图片进行缩放)。

若要裁剪一边，可向内拖动该边中心的控点。

若要同时相等地裁剪两边，可在向内拖动任意一边上中心控点的同时，按住 Ctrl。

若要同时相等地裁剪四边，可在向内拖动角控点的同时，按住 Ctrl。

④ 完成裁剪操作后，单击“裁剪”按钮，或者单击文档中图片以外的部分，即可取消裁剪状态。

(2) 精确裁剪

① 选择图片。

② 单击“格式”选项卡→“大小”组右下角对话框启动按钮，打开“大小”对话框，如图 3-73 所示。

③ 选择“大小”选项卡，在“裁剪”选项区中，键入图片各边裁剪的数量值。

④ 单击“关闭”按钮。

将裁剪数量值设为 0，可以撤销裁剪。

6. 旋转图片

对图片实现平面旋转，可在选择图片后单击“格式”选项卡→“排列”组→“旋转”按钮，在出现的下拉列表中设置。

此外，选择图片后图片上方或下方会出现绿色的圆圈，称作旋转手柄，用鼠标拖动旋转手柄也可以实现图片的旋转。

3.5.3 在文档中插入剪贴画

剪贴画通常都是矢量图形。与位图相比，矢量图形的优点有，所占存储空间小，在调整大小后还能具备光滑的边缘、图像质量受损小。但矢量图形适合于卡通画、绘图、图表、艺术字和剪贴画。

1. 插入剪贴画

Word 自带了一个内容丰富的剪贴画库，用户可以直接从中选择需要的图片并插入到文档中，插入剪贴画的步骤如下。

① 将插入点移至文档中要插入剪贴画的位置。

② 单击“插入”选项卡→“插图”组→“剪贴画”按钮，打开“剪贴画”任务窗格，显示在Word 窗口右侧，如图 3-74 所示。

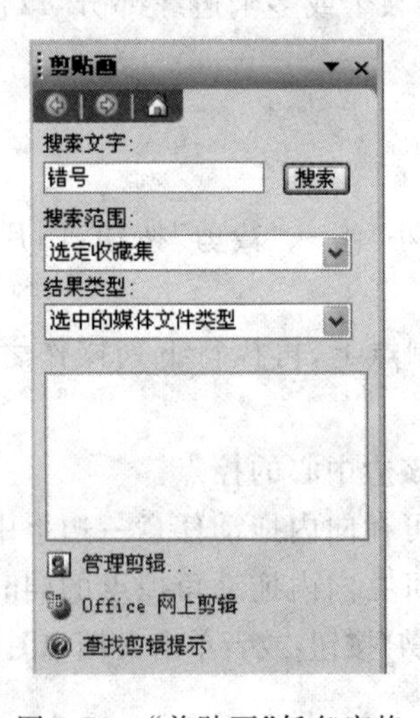

图 3-74 “剪贴画”任务窗格

③ 单击任务窗格底部的“管理剪辑…”链接，打开如图 3-75 所示的“符号-Microsoft 剪辑管理器”对话框。

④ 在“收藏集列表”中选择所需类别。

⑤ 当鼠标指针移至右侧区域的某个图片上时，图片右侧会出现带下拉箭头的按钮，如图 3-76 所示。单击该按钮在弹出的下拉菜单中选择“复制”选项；或者直接在图片上右击，在弹出的快捷菜单中选择“复制”选项亦可。

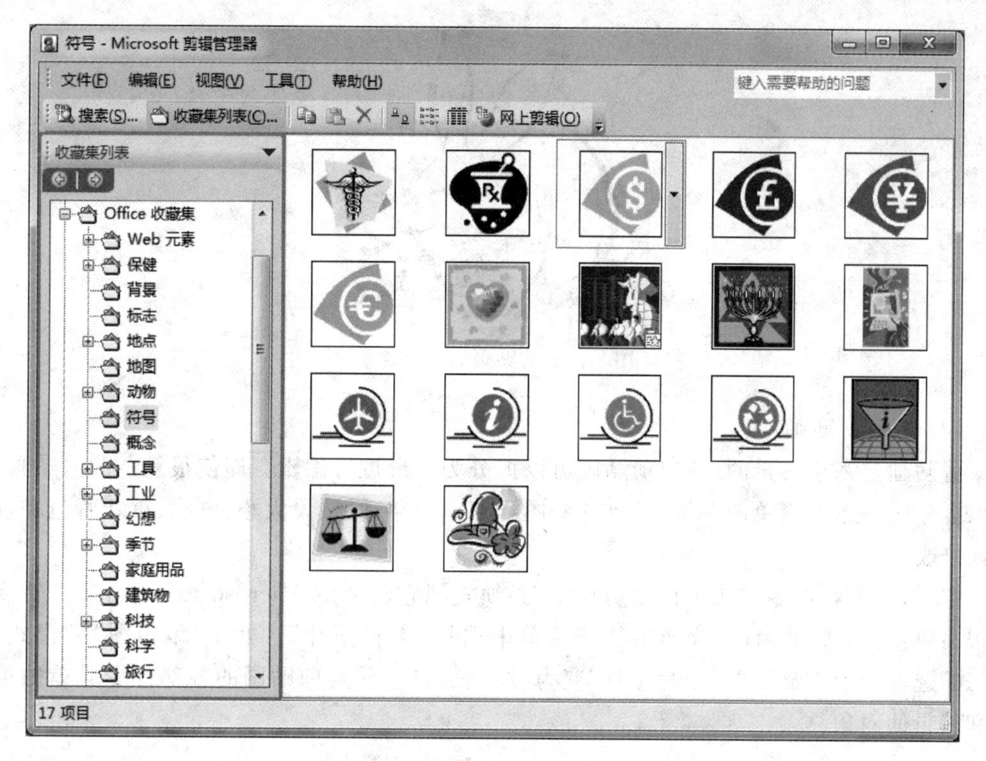

图 3-75 “符号-Microsoft 剪辑管理器”对话框

图 3-76 被选中的剪贴画

⑥ 关闭对话框，返回文档编辑区，使用“粘贴”命令将所选的图片插入到文档中。

2. 设置剪贴画格式

对剪贴画格式的设置与图片相似。在选择剪贴画后，Word 窗口上方也会出现“图片工具”之“格式”选项卡，在其中可以完成对剪贴画的各种设置。

剪贴画常用的其他设置如下。

(1) 编辑文字环绕顶点

“环绕顶点”是“紧密型”文字环绕方式中界定图像边界的标识。

① 选中剪贴画。

② 设置“紧密型”文字环绕方式。

③ 单击“格式”选项卡→“排列”组→“文字环绕”按钮，在打开的下拉列表中选择“编辑环绕顶点”，剪贴画周围就会出现红色线条和黑色控制点，如图 3-77 所示。

④ 拖动线条和控制点就可以改变文字与剪贴画的边界。

⑤ 编辑环绕顶点结束后，按 Esc 键或者单击文档其他部分，即可退出。

图 3-77 剪贴画的环绕顶点

(2) 编辑剪贴画

剪贴画是基于矢量的,所以剪贴画可以拆分为图形进行编辑。即使很复杂的剪贴画,也可以拆分成一系列简单的图形,并且这些图形都可以移动、重设大小、删除、重新着色和进行其他修改。

但是,不能在原始格式下修改剪贴画,必须先把它转换成 Microsoft 绘画对象。转换操作很简单:右击剪贴画,在弹出的快捷菜单中选择"编辑图片"。处于"编辑图片"模式时,"格式"选项卡上方显示的"图片工具"变为"绘图工具",并且剪贴画的各部分变成单独可选择和编辑的对象。

3.5.4 在文档中绘制图形

1. 绘图画布

绘图画布是一个区域,可在该区域上绘制多个图形,因为图形包含在绘图画布内,所以它们可作为一个整体移动和调整大小。

创建绘图画布的步骤如下。

① 将光标放置在要插入绘图画布的位置。

② 单击"插入"选项卡→"插图"组→"形状"按钮,打开"形状"下拉列表,如图 3-78 所示。

③ 单击"新建绘图画布",则在光标所在位置出现绘图画布,如图 3-79 所示。

④ 在绘图画布中绘制图形即可。也可以先绘制图形,再拖到绘图画布中。

如果需要 Word 自动创建绘图画布,可进行如下设置。

① 单击 Office 按钮。

② 在出现的下拉菜单中单击"Word 选项"按钮。

③ 在打开的"Word 选项"对话框中,选择左侧的"高级"选项。

④ 选中"插入'自选图形'时自动创建绘图画布"复选框。

⑤ 单击"确定"按钮。

在新建绘图画布后,默认情况下,绘图画布没有背景或边框,但是如同处理图片对象一样,可以对绘图画布应用格式。首先选择绘图画布,然后在"格式"选项卡中进行设置。

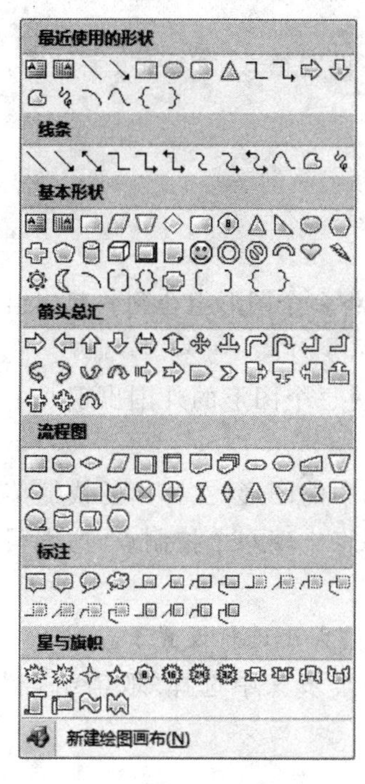

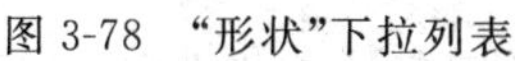
图 3-78 “形状”下拉列表

图 3-79 绘图画布

2. 绘制图形

(1) 绘制图形的步骤

① 单击“插入”选项卡→“插图”组→“形状”按钮，打开下拉列表，如图 3-78 所示。

② 单击要绘制图形的按钮，鼠标指针变成十字形。

③ 在要绘制图形的位置按住鼠标左键不放并拖动到一定位置释放鼠标，即可绘制出所要图形。

在 Word 中如果需要快速绘制水平线，可采用如下方法。

① 绘制水平双实线。在段落开头连续输入三个“＝”，然后按 Enter 键。

② 绘制水平点划线。在段落开头连续输入三个“＊”，然后按 Enter 键。

③ 绘制水平单实线。在段落开头连续输入三个“-”，然后按 Enter 键。

(2) 常用的绘图技巧

① 绘制图形时按住 Shift 键，可等比例绘制图形。例如在单击“矩形”和“椭圆”按钮后，按住 Shift 键并拖动鼠标则可以绘制出正方形或圆形。

② 绘制直线时，按住 Shift 键拖动鼠标，可以限制此直线与水平线的夹角以 15°递增，即 0°、15°、30°、45°等。

3. 给图形添加文字

在 Word 中，可以给图形对象添加文字，操作步骤如下。

① 右击要添加文字的图形，在弹出的快捷菜单中选择“添加文字”命令。或单击“格式”选项卡→“插入形状”组→“添加文字”按钮。此时图形上将显示一个文本框，供输入文字

使用。

② 在文本框中输入需要的文字，并和在正文中一样，对文字设置格式，如字体、字号等，在图形区域之外单击则可完成输入。

4. 图形的组合与叠放次序

(1) 图形的组合

在实际应用中，经常要对多个图形进行整体操作，这时需要将多个图形组合到一起。组合图形的具体步骤如下。

① 按住 Ctrl 键或 Shift 键的同时逐个单击要组合的图形，使每个图形的外围出现八个控制点。

② 单击“格式”选项卡→“排列”组→“组合”按钮，或右击选中的图形，在弹出的快捷菜单中选择“组合”→“组合”命令。此时在所有被选中图形的外围将出现八个控制点，这表明这些图形已经组合为一个整体。

需要说明的是，图形组合后，就不能对组合图形中单个图形的大小进行设置了。

要取消图形的组合，只需重复组合图形的步骤，在最后一个步骤中选择“取消组合”即可。

(2) 图形的叠放次序

当绘制的多个图形的位置有重合时会产生覆盖，此时可以调整图形的叠放次序，具体步骤如下。

① 选中需要调整叠放次序的图形。

② 使用“格式”选项卡→“排列”组→“置于顶层”或“置于底层”按钮及下拉列表。或右击选中的图形，在弹出的快捷菜单中选择“叠放次序”→“下移一层”(或其他命令)。

5. 调整图形的位置、尺寸和形状

调整图形的位置、尺寸与 3.5.2 节中介绍的调整图片的位置和尺寸的操作方法相同。另外还有一些技巧如下。

① 按住 Alt 键移动或拖动对象时，可以精确地调整大小或位置。

② 按住 Shift 键移动对象时，对象按垂直或水平方向移动。

在绘制的自选图形中，当选中某些图形时，该图形周围会出现一个或多个黄色的菱形块，这些菱形块称为图形的调整控制点，如图 3-80 所示，拖动调整控制点可以对图形形状进行变换。

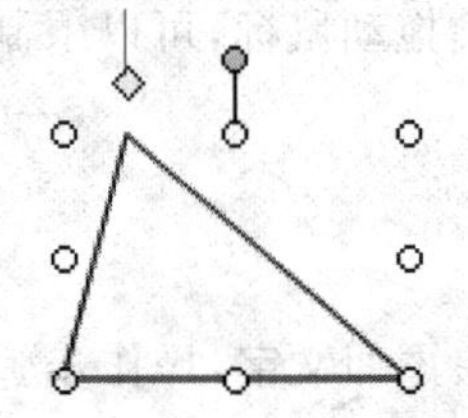

图 3-80 图形的调整控制点

6. 图形的对齐与分布

拖放对象有时效果不好，不能精确设定对象相对于其他对象的位置。创建了一组堆叠在一起的对象后，可以使用“对齐”和“分布”命令进行精确设置。

设置对象的对齐方式步骤如下。

① 选定要对齐的对象。对于“对齐页面”和“对齐边距”两种方式，只需选中一个对象。“对齐所选对象”要求必须选择两个以上的对象。

② 单击“格式”选项卡→“排列”组→“对齐”按钮，在出现的下拉列表中选择需要的对齐方式：“对齐页面”、“对齐边距”或“对齐所选对象”，如图 3-81 所示。

实际上，这个步骤并没有设置对齐，而仅仅设置了状态。

③ 再次单击“对齐”并选择需要的对齐方式，如“左对齐”、“上下居中”等。

分布就是平均分布对象之间的空间，操作步骤如下。

① 选定要分布的对象。

② 单击“格式”选项卡→“排列”组→“对齐”按钮，在出现的下拉列表中选择需要的分布方式：横向分布或纵向分布。

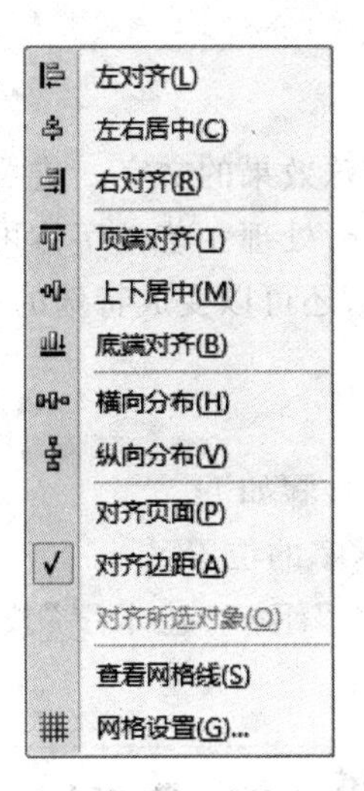

图 3-81 “对齐”下拉列表

需要强调的是，由于不能同时选择位图图片和绘制的图形，所以不能设置这两种对象的对齐和分布。另外，所有的“分布”命令都不能应用到 Word 2007 格式的位图中。

7. 图形的其他格式设置

图形的许多格式设置与图片类似，例如调整位置与尺寸、环绕方式的设置、旋转与翻转等，这些设置都可以在“格式”选项卡中完成，此处不再赘述。不同的是，利用对话框进行设置时，一个打开的是“设置图片格式”对话框，一个打开的是“设置自选图形格式”对话框，如图 3-82 所示。

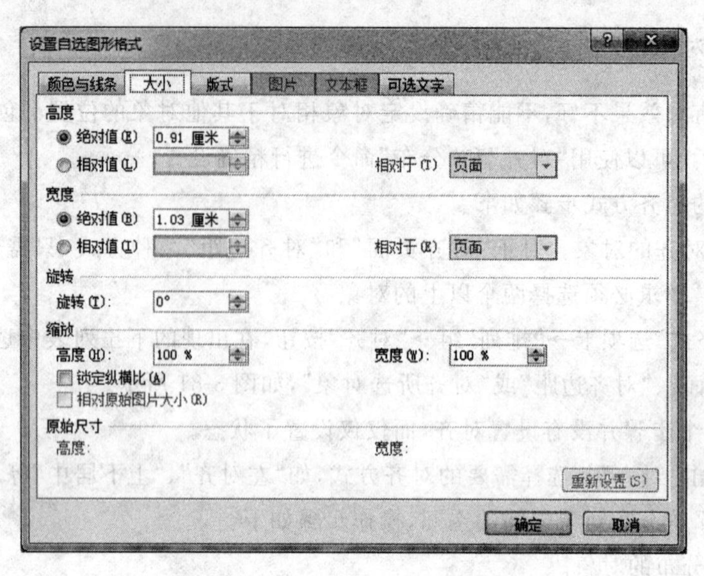

图 3-82 “设置自选图形格式”对话框

3.5.5 在文档中插入艺术字

所谓艺术字是指文档中具有特殊效果的文字。艺术字不是普通的文字，而是图形对象，可以像处理其他的图形那样对其进行处理。艺术字体可以有各种颜色和字体，可以带阴影或三维效果，可以倾斜、旋转和延伸，还可以变成特殊的形状。

1. 插入艺术字

在文档中插入艺术字体的具体步骤如下。

① 移动鼠标指针到要插入艺术字的位置。

② 单击“插入”选项卡→“文本”组→“艺术字”按钮，出现艺术字样式下拉列表，如图 3-83 所示。

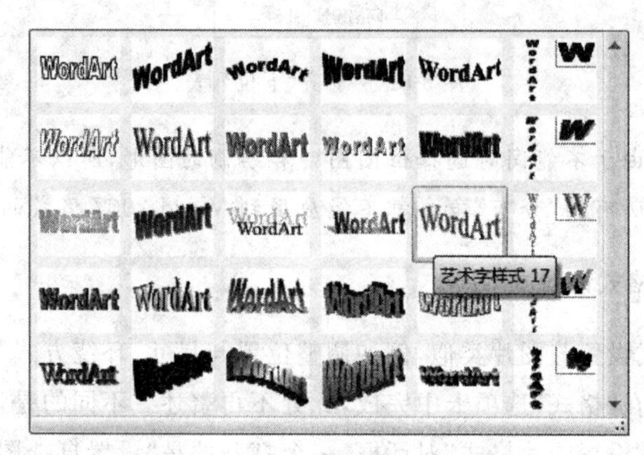

图 3-83 “艺术字”下拉列表

③ 单击其中的一种艺术字样式。打开“编辑艺术字文字”对话框，如图 3-84 所示。

④ 在“文本”框中输入需要的内容，并且可以设置“字体”、“字号”、“加粗”、“倾斜”的文字格式。

⑤ 单击“确定”按钮就可以在文档中插入设置的艺术字。

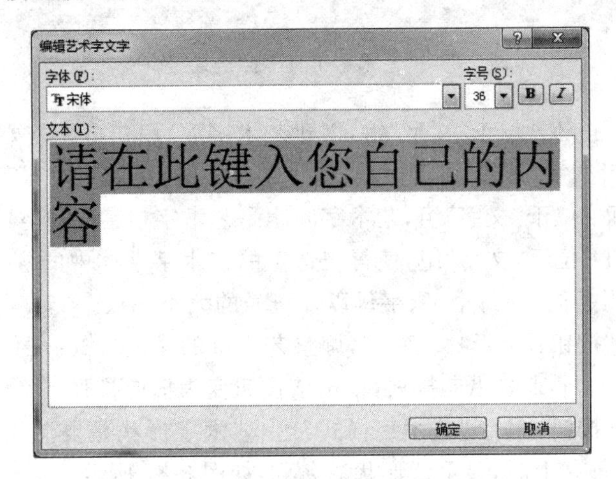

图 3-84 “编辑艺术字文字”对话框

2. 设置艺术字格式

利用“设置艺术字格式”对话框，或者“格式”选项卡中的按钮，可以设置艺术字格式，例如对艺术字进行调整叠放次序、旋转和翻转以及设置对齐和排列等操作，与前面介绍的图形的设置方法相似，这里不再赘述。

打开“设置艺术字格式”对话框可采用下列方法之一。

① 右击插入的艺术字，在弹出的快捷菜单中选择“设置艺术字格式”。

② 单击“格式”选项卡→“大小”组右下角的对话框启动按钮。

“设置艺术字格式”对话框如图 3-85 所示。

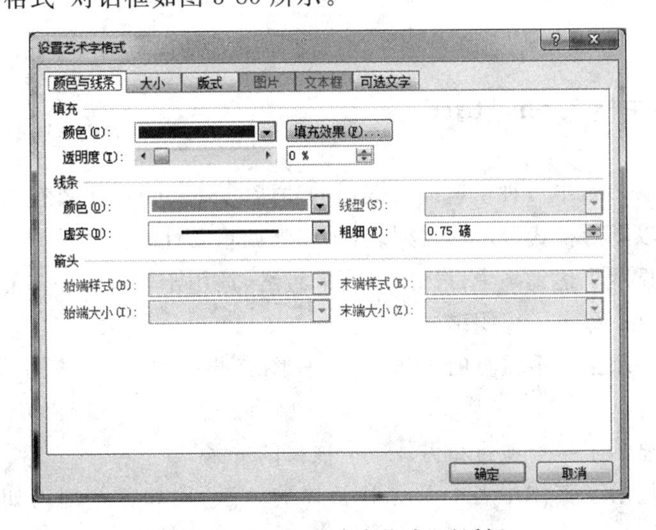

图 3-85 “设置艺术字格式”对话框

下面主要介绍“艺术字”在“格式”选项卡中不同于图片的一些按钮功能，如图 3-86 所示。

图 3-86 “艺术字工具”之“格式”选项卡

(1)“编辑文字”按钮：位于“文字”组，创建艺术字后，用户可能需要改变艺术字的文字内容，那么单击“编辑文字”按钮，打开“编辑艺术字文字”对话框修改文字内容。

(2)“间距”按钮：位于“文字”组，艺术字间距是艺术字中字间的空白间距。

(3)“等高”按钮：位于“文字”组，使得被选定的艺术字字体中的各个字、各个字母以及各个符号的高度变得相同，即每个字、字母以及符号的大小一致。

(4)“竖排文字”按钮：位于“文字”组，调整艺术字的排列方式。原来是横向排列，单击该按钮变为纵向排列；原来是纵向排列，单击该按钮变为横向排列。

(5)“更改形状”按钮：位于“艺术字样式”组，艺术字形状是要注入文字采用的框架形状，鼠标停留在某个形状上时，显示该形状的名称，如图 3-87 所示。

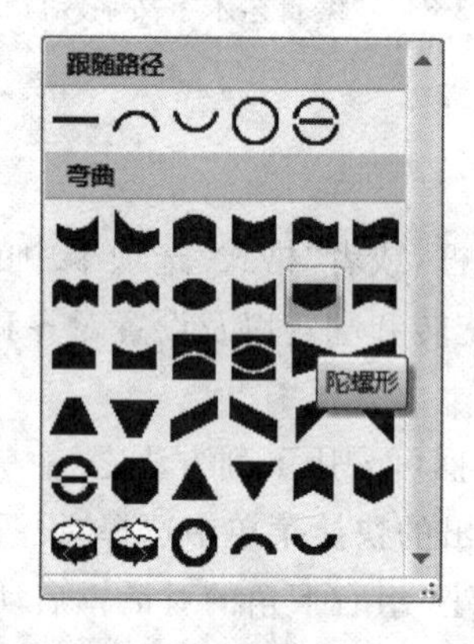

图 3-87 艺术字“更改形状”下拉列表

3.5.6 在文档中插入 SmartArt

SmartArt 是 Word 中一种快速插入图形的功能。SmartArt 主要有七种类别的图形。

① 列表图：以图形格式显示项目列表，用以强调重要性。

② 流程图：显示了达到某个目标所经历的过程，适用于一步接一步的过程表达。

③ 层次结构图：显示了组织结构图。

④ 循环图：显示了一个重复的过程，与流程图有些相似，不过该图的开头和结尾是连在一起的。

⑤ 关系图：显示了一个项目和另外一个项目的关系。

⑥ 矩阵图：显示了整体中各个部分和整体的关系，比如各个部门如何组成一个商务机构。

⑦ 棱锥图：显示了从较大数量到较小数量的项目级别，比如公司中管理人员和公司员工之间的数量关系。

1. 插入 SmartArt 图形

插入 SmartArt 图形的步骤如下：

① 将插入点移到文档中要插入 SmartArt 图形的位置。

② 单击“插入”选项卡→“插图”组→SmartArt 按钮，打开“选择 SmartArt 图形”对话框，如图 3-88 所示。

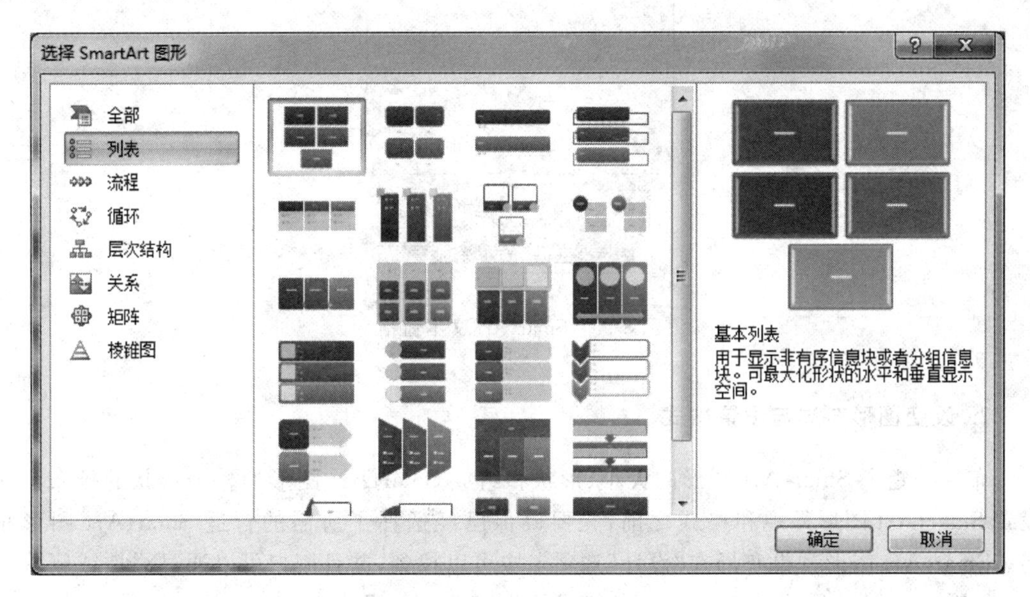

图 3-88 “选择 SmartArt 图形”对话框

③ 在对话框左侧单击需要的图形类别，或者单击“全部”查看所有的图。

④ 在对话框中间单击需要的图形布局，然后单击“确定”按钮，出现一个空图布局，如图 3-89 所示。

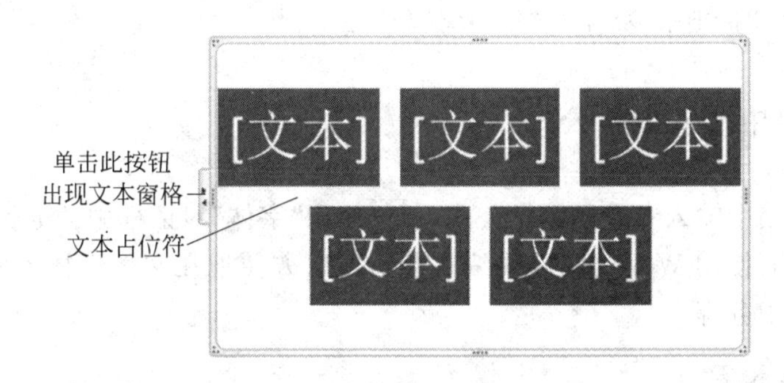

图 3-89 SmartArt 空图布局

⑤ 单击左侧的折叠按钮，会出现一个文本窗格，用于向各个形状中输入文本，如图 3-90 所示。或者在每个文本占位符中单击并输入文字。

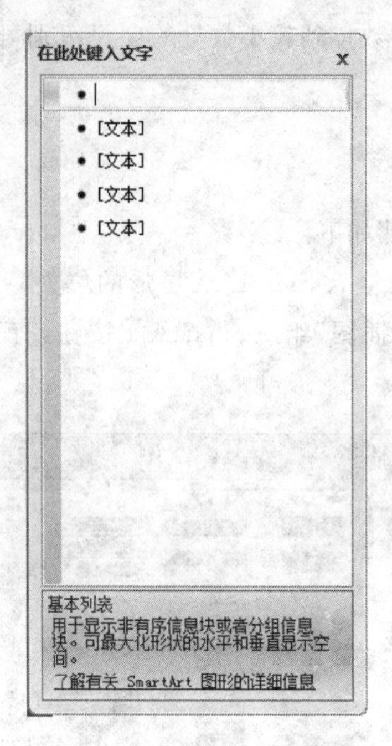

图 3-90　SmartArt 文本窗格

2. 改变图形布局与设置格式

布局决定了 SmartArt 图形的大小、形状和组成 SmartArt 图形的各个形状的排布。在设置 SmartArt 图形外观和格式之前，先要确保已经选择了所需的合适 SmartArt 图形布局。SmartArt 图形预设布局在“设计”选项卡中可以找到，并且用户可以通过添加或删除形状、改变 SmartArt 图形的流向等方式来自定义 SmartArt 图形。

对 SmartArt 图形的格式设置包括应用各种快速样式、对 SmartArt 图形各个元素应用填充、轮廓、效果等，这些设置主要通过以下三种途径完成。

① 使用“格式”选项卡中的各种按钮。

② “设计”选项卡→“SmartArt 样式”组。

③ “页面布局”选项卡→“主题”组→“效果”按钮。

3.5.7　在文档中插入数学公式

如果要在文档中输入专业的数学公式，仅仅使用“字体”对话框中的上标、下标进行设置是远远不够的。而使用 Word 的“公式编辑器”，可以方便地在文档中插入各种类型的数学公式，如矩阵、微积分等。

1. 插入预设公式

Word 以预设公式形式提供了常用公式的输入手段。要插入预设公式，步骤如下。

① 将插入点移到文档中要插入公式的位置。

② 单击“插入”选项卡→“符号”组→“公式”按钮，打开下拉列表，如图 3-91 所示。

③ 在内置的预设公式列表中，单击所需的公式。

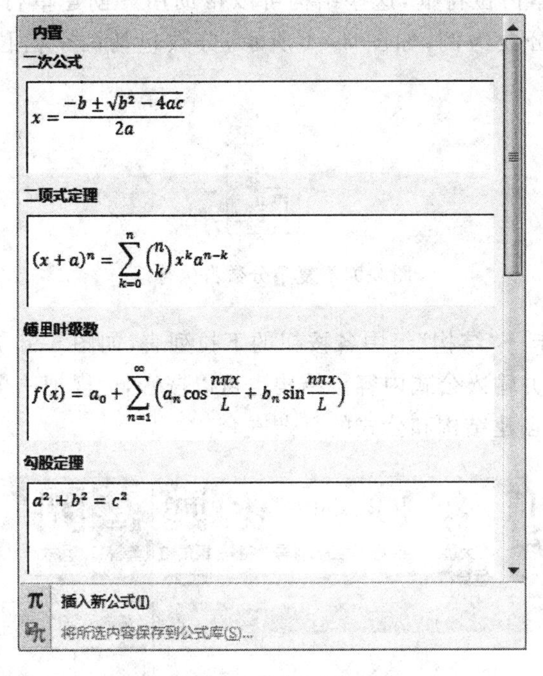

图 3-91 “公式”下拉列表

2. 插入新建空白公式

如果预设公式不满足需要，用户可以新建空白公式进行编辑，方法如下。

单击“公式”按钮上半部分而不是按钮的下拉箭头，或在“公式”下拉列表底部选择“插入新公式”，会在插入点处显示一个带有文本占位符的公式框架，如图 3-92 所示。

图 3-92 公式框架

3. 创建基础公式

要创建简单公式，在公式框架中键入即可。可以使用键盘输入，或者“设计”选项卡→“符号”组中提供的大量数学符号，如图 3-93 所示。

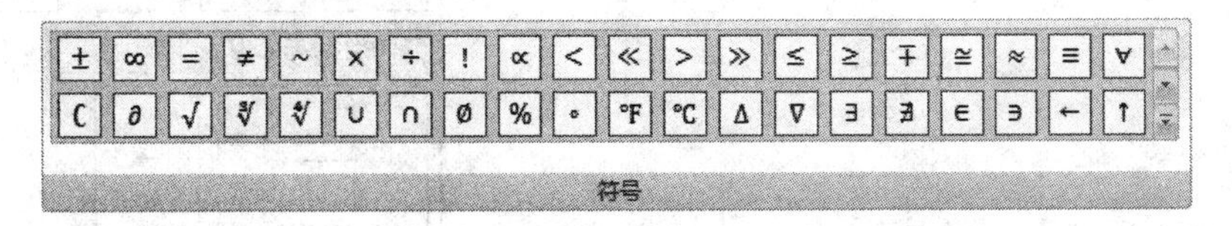

图 3-93 公式“符号”组

4. 插入和填充结构

结构指符号和文本占位符框，这些结构可以帮助用户创建单行文本难以表达的数学表达式。以输入复杂分数为例，如图 3-94 所示，分数包括两个占位符框，中间有一条水平线。

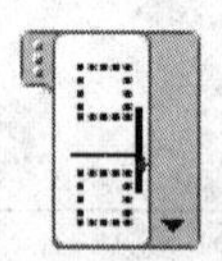

图 3-94　复杂分数占位符框

打开“设计”选项卡→“结构”组中各按钮的下拉列表，如图 3-95 所示，选择需要的公式结构，在占位符中单击并输入公式内容。结构也可以嵌套，可以把一个结构放到另外一个结构的占位符框中，以此创建结构和公式的复杂嵌套。

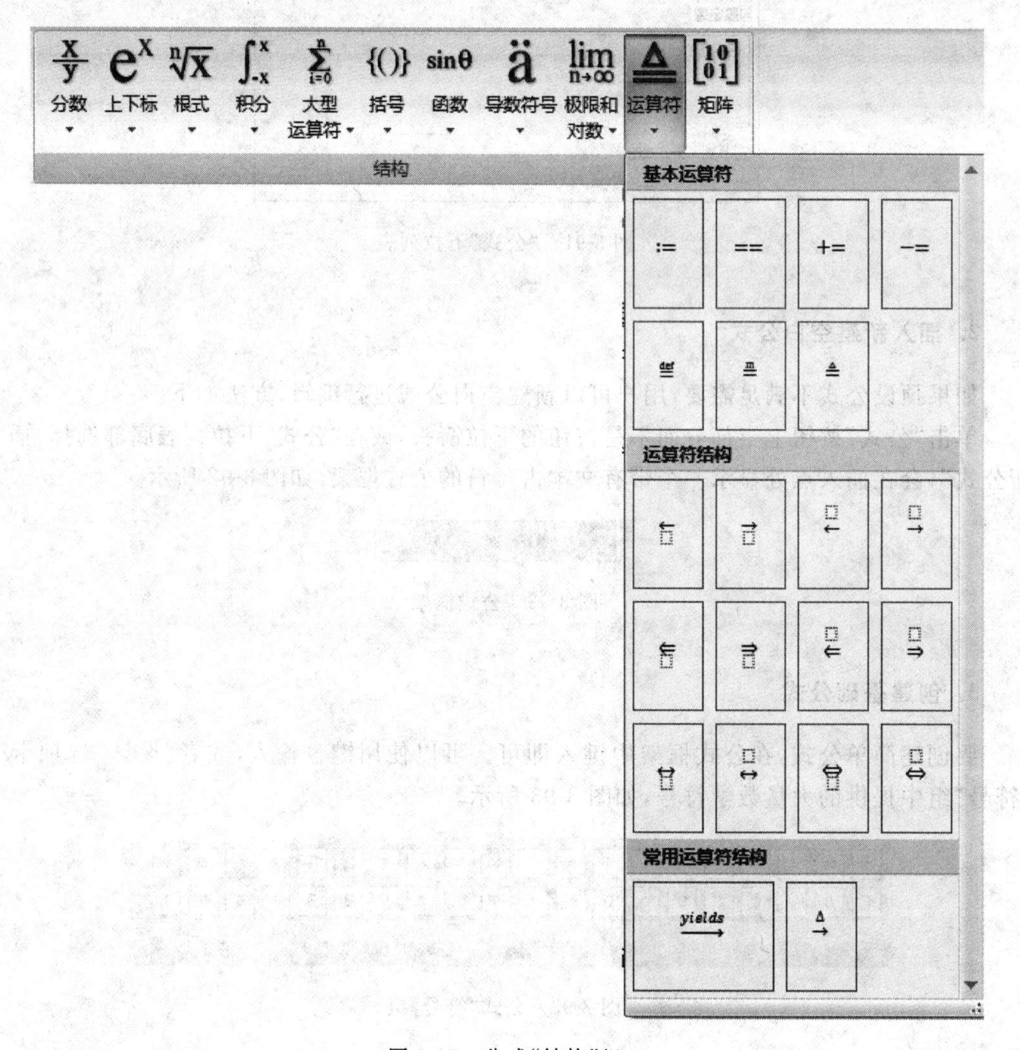

图 3-95　公式“结构”组

3.6 文档的高级编辑

3.6.1 批注与修订

当多个人编辑同一个文档时，能够清楚地标记哪个人对文档什么部分做了更改是非常有用的。为了促进这种标记跟踪的完成，Word 为用户提供了可以标记文档而不会丢掉原文显示的多个工具。

1. 显示或隐藏“审阅”窗格

“审阅”窗格列出了对所选文字做出的更改，它显示的是所有标记的修订及批注。单击“审阅”选项卡→“修订”组→“审阅窗格”按钮，可以显示或隐藏“审阅”窗格；单击“审阅窗格”按钮右侧的下拉箭头，可以在下拉列表中选择显示审阅窗格的显示位置。

2. 使用批注

批注有点像粘贴的便签，插入它用来对文档做批注。

批注不能取代修订标记；每个批注在编辑过程中都有自己的位置。当对文档内容等有疑问，但并不打算做出详细修改时使用批注；当需要显示自己的更改想法时使用修订标记。

(1) 插入批注

批注可以插入到文档的任意位置，包括正文、标题、页脚等，创建批注步骤如下。

① 选择想要创建批注的文字，或将光标放在想要显示批注标记的位置。

② 单击“审阅”选项卡→“批注”组→“新建批注”按钮，即显示一个批注框。

③ 输入批注内容，然后在批注之外单击以接受该批注。

(2) 编辑批注

① 右击批注，在弹出的快捷菜单中选择“编辑批注”，输入编辑内容即可。

② 在“审阅”窗格中单击要编辑的批注，输入编辑内容，并跳转至该批注。

③ 单击“审阅”选项卡→“批注”组→“上一条”或“下一条”按钮可在批注间移动。

(3) 删除批注

常用的删除批注方法有以下两种。

① 右击批注，在弹出的菜单中选择“删除批注”。

② 单击“审阅”选项卡→“批注”组→“删除”按钮。

3. 使用修订跟踪(标记)

设置修订跟踪(标记)的步骤如下。

① 单击“审阅”选项卡→“修订”组→“修订”按钮。

② 将光标插入要修订的位置，对文档进行修订，如插入内容、删除内容、移动内容和格式更改等。

③ 再次单击“修订”按钮，退出修订状态。

④ 默认情况下，修订过的文本以红色字体显示，插入的内容带有单下划线，删除的内容带有删除线。

想要改变修订标记的格式，可以单击“修订”按钮的下拉箭头，在出现的下拉列表中选择“修订选项”，打开“修订选项”对话框如图 3-96 所示，在“标记”选项区中进行设置。

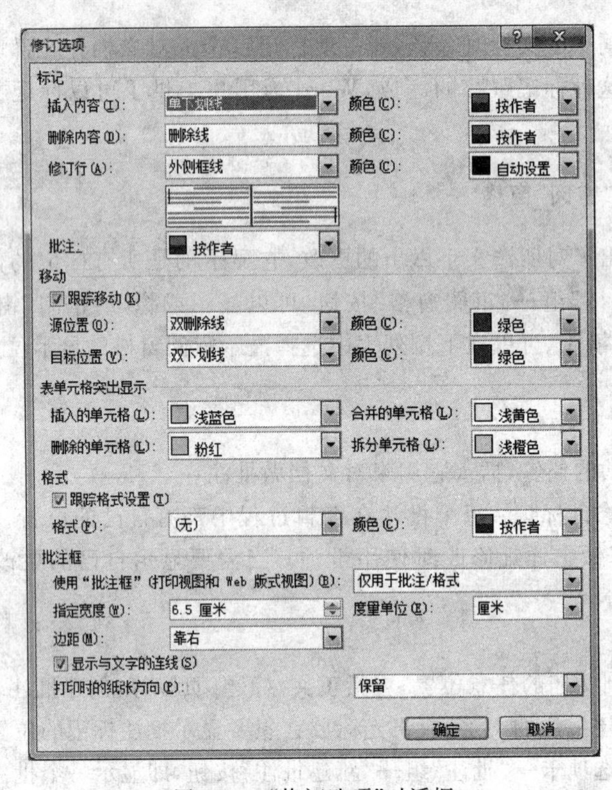

图 3-96 “修订选项”对话框

在文档中，以何种方式显示修订信息，取决于是否打开了批注框的使用。单击“审阅”选项卡→“修订”组→“批注框”按钮的下拉箭头，在弹出的下拉列表中提供了三种显示修订的方式，如图 3-97 所示。

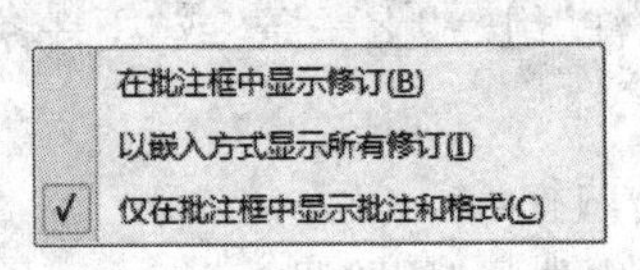

图 3-97 “批注框”下拉列表

例如，对图 3-98 所示的一段文字修订的内容如下。

①“一轮”改成“一弯”。

② 为“月牙泉”三个字添加双引号。

③ 将“月牙泉”三个字的字体格式设置成加粗。

下面是分别采用三种显示修订方式的效果。

① 在批注框中显示修订，如图 3-98 所示。

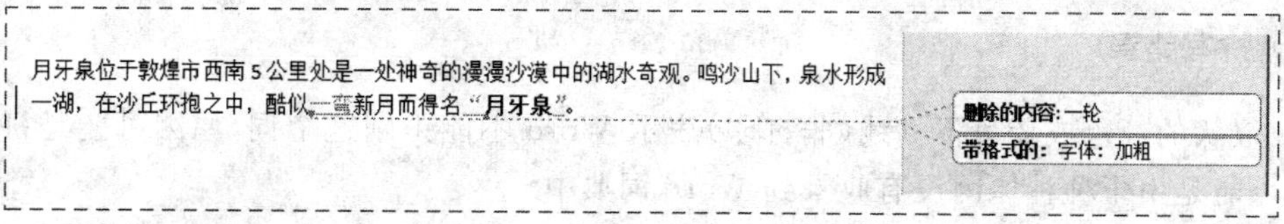

月牙泉位于敦煌市西南5公里处是一处神奇的漫漫沙漠中的湖水奇观。鸣沙山下，泉水形成
一湖，在沙丘环抱之中，酷似一弯新月而得名"月牙泉"。
删除的内容: 一轮
带格式的: 字体: 加粗

图 3-98 在批注框中显示修订

② 以嵌入方式显示所有修订，如图 3-99 所示。

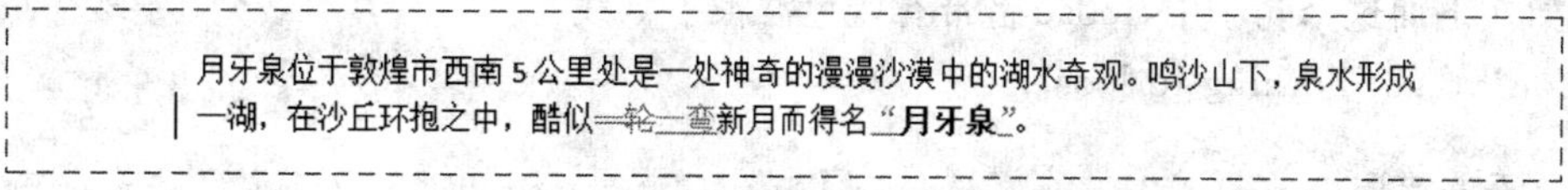

月牙泉位于敦煌市西南5公里处是一处神奇的漫漫沙漠中的湖水奇观。鸣沙山下，泉水形成
一湖，在沙丘环抱之中，酷似一轮一弯新月而得名"月牙泉"。

图 3-99 以嵌入方式显示所有修订

③ 仅在批注框中显示批注和格式，如图 3-100 所示。

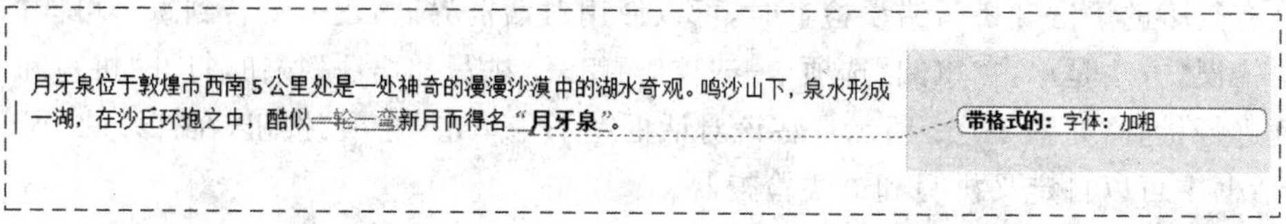

月牙泉位于敦煌市西南5公里处是一处神奇的漫漫沙漠中的湖水奇观。鸣沙山下，泉水形成
一湖，在沙丘环抱之中，酷似一轮一弯新月而得名"月牙泉"。
带格式的: 字体: 加粗

图 3-100 仅在批注框中显示批注和格式

4. 复审修订

(1) 显示或隐藏修订标记

单击"审阅"选项卡→"修订"组→"显示标记的…"框的下拉箭头，弹出的下拉列表如图 3-101 所示，从中可以选择所需的显示状态。

显示标记的最终状态
最终状态
显示标记的原始状态
原始状态

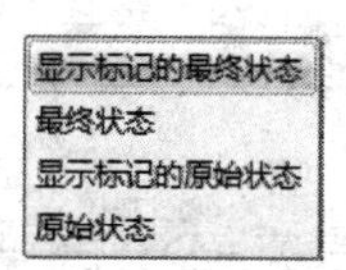

图 3-101 "显示标记的…"框的下拉列表

(2) 在修订间移动

单击"审阅"选项卡→"更改"组→"上一条"或"下一条"按钮，可以逐个查看修订标记。

(3) 接受或拒绝修订

单击"审阅"选项卡→"更改"组→"接受"或"拒绝"按钮，可以选择接受或拒绝接受修订。

3.6.2 拼写和语法错误

Word 有一个内置的拼写和语法错误检查器，当文档中出现可能的拼写错误或语法错误时，系统自动在错误内容下添加波浪状下划线。

1. 拼写错误

波浪状的红色或蓝色下划线(非打印)表示 Word 不能识别这个词,原因可能是拼写错误,也可能是由于种种原因没有收录到 Word 词典中。

带有红色波浪下划线的单词表示这个词不在 Word 词典中,例如在下面这个句子中,luse 将带有红色波浪下划线。

You've got nothing to luse.

带有蓝色波浪下划线的单词表示这个词在 Word 词典中,但根据上下文它可能使用不当,例如在下面这个句子中,loose 将带有蓝色波浪下划线。

You've got nothing to loose.

2. 语法错误

语法或标点符号上可能出现的错误,通常使用波浪状的绿色下划线标注。Word 擅长寻找可能的错误并建议更正,但它不能取代用户本人的校对。

当有较多的语法和拼写错误检查时,可以使用对话框界面,逐一跳转到每个可能的拼写和语法错误,方法是单击"审阅"选项卡→"校对"组→"拼写和语法"按钮,打开"拼写和语法"对话框进行检查,如图 3-102 所示。在该对话框左下角单击"选项"按钮,在打开的"Word 选项"对话框中可以自定义拼写和语法检查器。

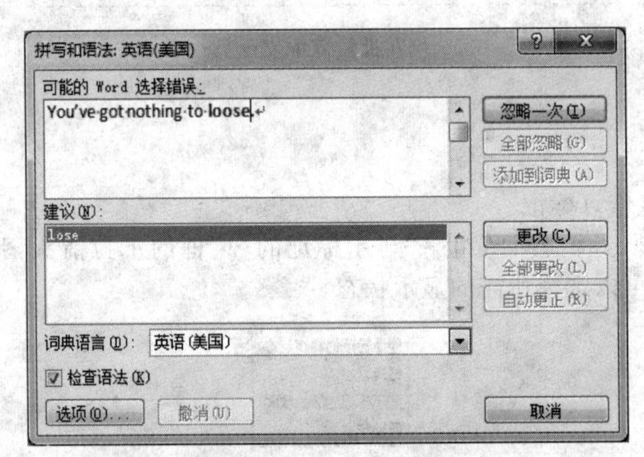

图 3-102 "拼写和语法"对话框

3.6.3 目录

目录是文档中标题的列表,可以将其插入到指定的位置。

1. 创建目录

用户在创建目录之前,必须确保对文档的标题应用了样式,Word 会用各个样式的标题级别来确定它在所属目录中的级别。

单击"引用"选项卡→"目录"组→"目录"按钮,弹出下拉列表如图 3-103 所示,列表中提供了预置的目录样式。还可以单击“插入目录”命令,弹出“目录”对话框如图 3-104 所示,在“目录”选项卡中设置目录的显示格式,完成后单击“确定”按钮。

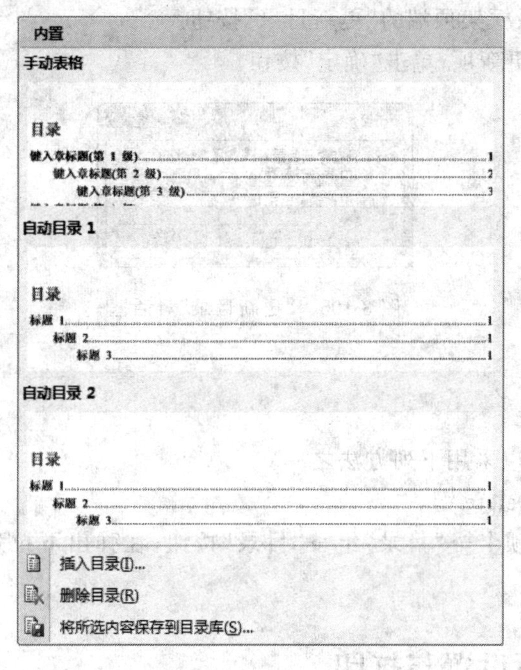

图 3-103 “目录”下拉列表

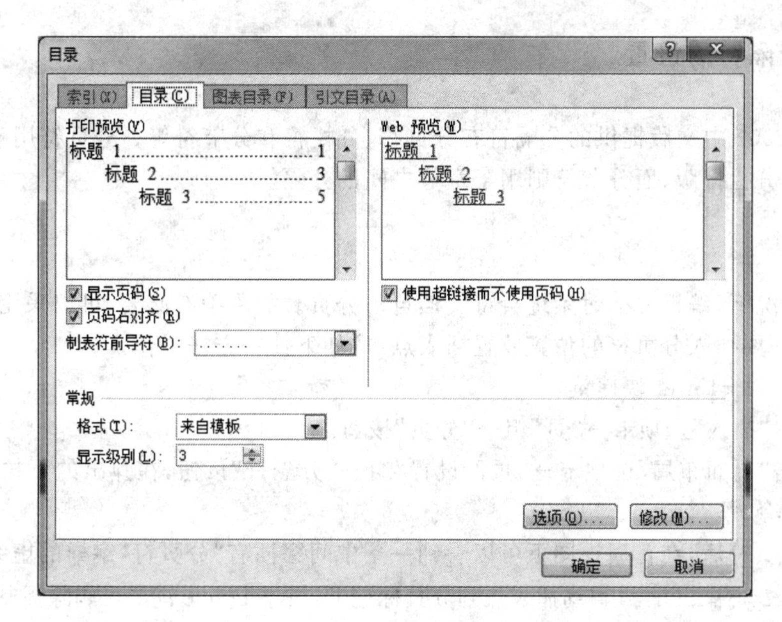

图 3-104 “目录”对话框

2. 更新目录

如果对文档进行了修改,则必须更新目录,操作步骤如下。

① 将光标定位在要更新的目录中。

② 单击“引用”选项卡→“目录”组→“更新目录”按钮，弹出“更新目录”对话框，如图 3-105 所示。也可以单击目录框架顶端的“更新目录”按钮。

③ 选择所需要的更新项，单击“确定”按钮。

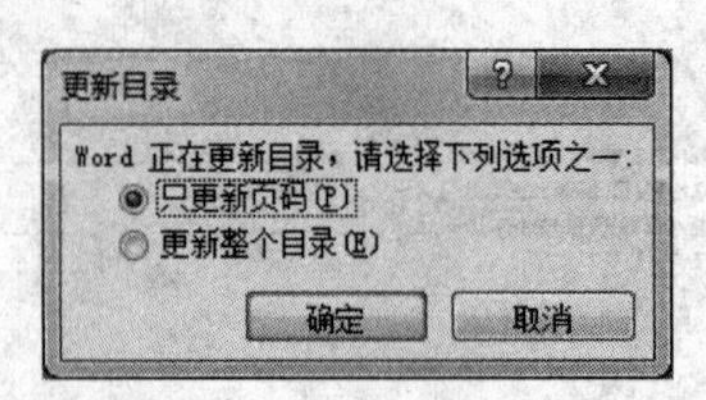

图 3-105 “更新目录”对话框

3. 删除目录

想要删除目录，可以采用下列方法之一。

① 选择目录，按 Delete 键。

② 单击“引用”选项卡→“目录”组→“目录”按钮，在弹出下拉列表中选择“删除目录”命令。

3.7 文档的页面设置与打印

3.7.1 分隔符的设置

Word 2007 中文版提供的分隔符有分页符、分栏符和分节符等。分页符用于强制分页，分栏符用于分栏排版，而分节符则用于章节之间的分隔。

1. 分页

通常情况下，编辑文档时系统会将文档自动分页。如果确有必要，可以采用强制分页的手段，在任何要插入分页符的位置放置插入点，按如下任一方法操作。

① 按 Ctrl+Enter 快捷键。

② 单击“插入”选项卡→“页”组→“分页”按钮。

③ 单击“页面布局”选项卡→“页面设置”组→“分隔符”按钮，在弹出的下拉列表中选择“分页符”命令。

插入分页符后，在普通视图下可以看到一条中间穿插有“分页符”字样的虚线，即强制分页标记 ……分页符…… ，移动插入点到分页标记上，按下 Delete 键即可删除强制分页标记。

如果看不到强制分页标记，可单击“开始”选项卡→“段落”组→“显示/隐藏编辑标记”按钮 。

2. 分节

节是文档格式化的最大单位。在没有分节前，Word 自动将整篇文档视为一节。Word

中有些格式是以节为单位进行设置的，例如，页眉页脚、页边距、页面方向、文字方向或者分栏版式等格式。

在普通视图模式下，节与节之间用一个双虚线作为分界线，称做分节符。分节符是一个节的结束符号，在分节符中储存了分节符之上整个一节的文本格式，如页边距、页面方向、页眉页脚以及页码的顺序等。

插入分节符的具体步骤如下。

(1) 将插入点置于要分节的位置。

(2) 单击"页面布局"选项卡→"页面设置"组→"分隔符"按钮。

(3) 在弹出的下拉列表中选择"分节符"类型。

分节符的类型及作用如下。

① 下一页：插入一个分节符并分页，新节从下一页开始。

② 连续：插入一个分节符，新节从同一页开始。

③ 偶数页：插入一个分节符，新节从下一个偶数页开始，对于普通的书就是从左手页开始。

④ 奇数页：插入一个分节符，新节从下一个奇数页开始，对于普通的书就是从右手页开始。

分节符和分页符的删除方法相同。由于分节符中保存着该分节符上面文本的格式，所以删除一个分节符就意味着删除了这个分节符之上的文本所使用的格式，这时该节的文本将使用下一节的格式。

3. 分栏

许多刊物都会选择分栏来排版内容，其优点是不但易于阅读，还能尽最大可能地利用纸张中的空白区域。在 Word 中可以在不同的节中设置不同的栏数和格式。

分栏的操作步骤如下。

① 选择分栏的对象。如果将光标插入在某段落中，则将该段落所在节中的所有段落进行分栏排版；如果选中某几个段落，则将选中的段落进行分栏排版，并且在选中段落的首尾处自动插入"连续"型的分节符。

② 单击"页面布局"选项卡→"页面设置"组→"分栏"按钮，在弹出的下拉列表中选择分栏样式实现分栏，如"一栏"、"两栏"等；或者单击下拉列表底部的"更多分栏"打开"分栏"对话框进行设置，如图 3-106 所示。

③ 在"预设"选项区中选择分栏的格式。有"一栏"、"两栏"、"三栏"、"偏左"、"偏右"共五种分栏格式可供选择。

④ 如果对"预设"选项区中的分栏格式不满意，可以在"列数"框中输入所要分隔的栏数。框中数目可根据所定的纸张不同而不同，在 A4 纸张的版面下为 1～11 之间。

⑤ 如果要使各栏宽度相同，则选择"栏宽相等"复选框，否则取消选中"栏宽相等"复选框，并在"宽度和间距"选项区中设置各栏的栏宽和间距。

⑥ 如果要在各栏之间加入分隔线，则选中"分隔线"复选框。

⑦ 在"应用于"下拉列表框中选择分栏的范围。可以是"本节"、"整篇文档"、"插入点之后"。

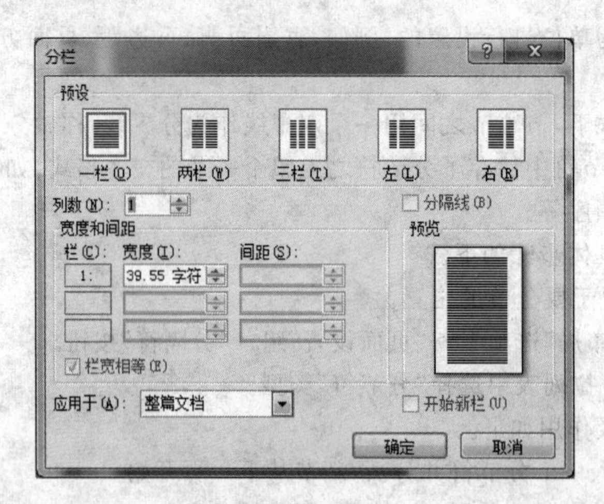

图 3-106 “分栏”对话框

⑧ 单击“确定”按钮关闭“分栏”对话框，在页面视图下可以观察到分栏效果。

有时候用户并不是要将整个文档都设置成多栏版式，而是使用单栏、多栏混合排版方式，方法如下。

(1) 制作跨栏标题

所谓跨栏标题，实际上就是跨越多栏的标题，即标题栏为单栏，标题栏后面的文本为多栏。

制作跨栏标题，首先要在标题文本后插入一个“连续”类型的分节符，即将标题文本和正文文本设置成两个节。然后将标题文本设置成一栏显示，将正文文本设置成多栏显示。跨栏标题制作前后的对比效果，如图 3-107 所示。

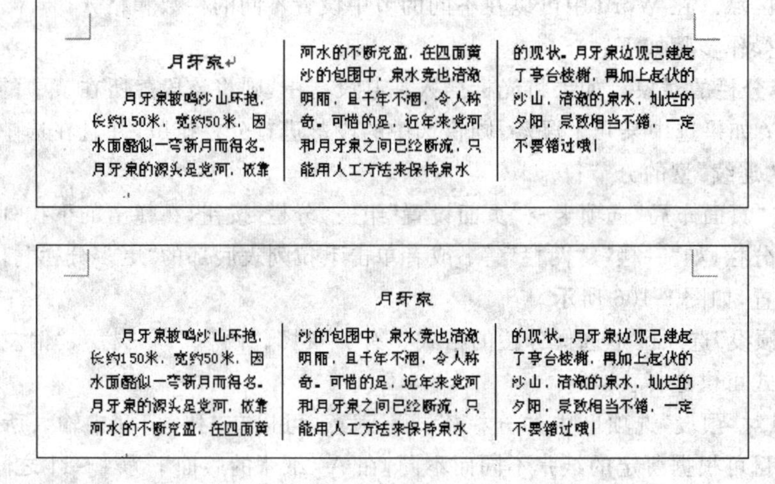

图 3-107 跨栏标题制作前后的对比效果

(2) 平衡各栏文字长度

默认情况下，每一栏的宽度都是由系统根据文本数量和页面大小自动设置的。在没有足够的文本填满一页时，往往会出现栏间不平衡的布局，即一栏内容很长，而另一栏内容很短甚至没有文本，如图 3-108 中上图所示。为了使文本的版面效果更好，就需要平衡各栏文字长度，此时只要在分栏文档结尾处插入一个“连续”类型的分节符即可，效果如图 3-108 中下图所示。

由此可见，在同一篇文档中进行“分节”后，就可以为各节文档设置不同的分栏版式。

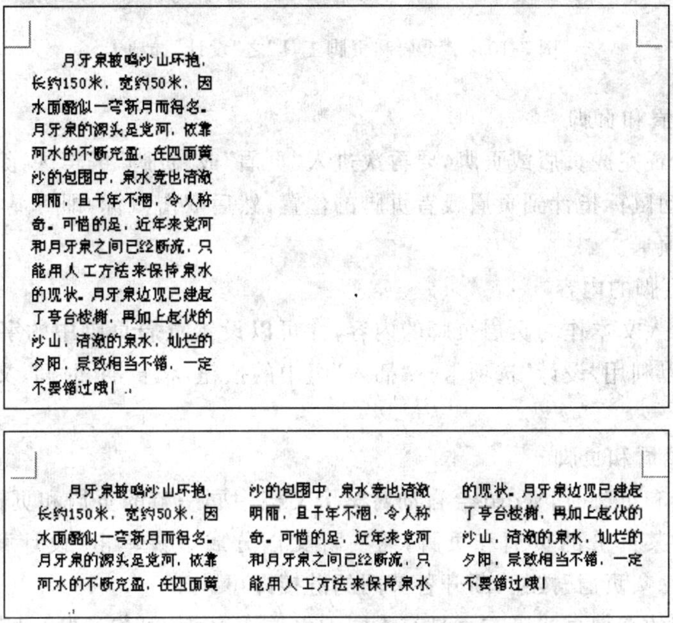

月牙泉被鸣沙山环抱，长约150米，宽约50米，因水面酷似一弯新月而得名。月牙泉的源头是党河，依靠河水的不断充盈，在四面黄沙的包围中，泉水竟也清澈明丽，且千年不涸，令人称奇。可惜的是，近年来党河和月牙泉之间已经断流，只能用人工方法来保持泉水的现状。月牙泉边现已建起了亭台楼榭，再加上起伏的沙山，清澈的泉水，灿烂的夕阳，景致相当不错，一定不要错过哦！

月牙泉被鸣沙山环抱，长约150米，宽约50米，因水面酷似一弯新月而得名。月牙泉的源头是党河，依靠河水的不断充盈，在四面黄沙的包围中，泉水竟也清澈明丽，且千年不涸，令人称奇。可惜的是，近年来党河和月牙泉之间已经断流，只能用人工方法来保持泉水的现状。月牙泉边现已建起了亭台楼榭，再加上起伏的沙山，清澈的泉水，灿烂的夕阳，景致相当不错，一定不要错过哦！

图 3-108 平衡各栏文字长度前后的对比效果

3.7.2 创建页眉和页脚

1. 设置页眉和页脚

所谓“页眉”和“页脚”是打印在文档每页顶部和底部附加的描述性内容，典型的页眉和页脚的内容往往包括文档的标题、日期、页码等，也可以在页眉和页脚中输入文本或插入图形。

(1) 创建页眉和页脚

插入页眉和页脚的具体操作步骤如下。

① 单击“插入”选项卡→“页眉和页脚”组→“页眉”按钮，在弹出的下拉列表中选择“编辑页眉”命令，进入“页眉”编辑区，同时打开“页眉和页脚工具”之“设计”选项卡，如图 3-109 所示。此时正文部分变成灰色，表示当前不能对正文进行编辑。

② 在“页面”编辑区中输入页眉内容，并编辑页眉格式。

③ 单击“设计”选项卡→“导航”组→“转至页脚”按钮，切换到“页脚”编辑区。

④ 在“页脚”编辑区中输入页脚内容，并编辑页脚格式。

⑤ 设置完成后，单击“关闭页眉和页脚”按钮，返回文档编辑窗口。

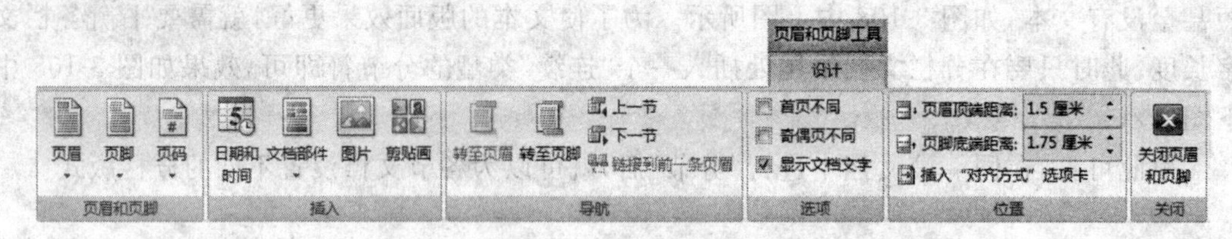

图 3-109 “页眉和页脚工具”之“设计”选项卡

（2）编辑页眉和页脚

对于已经设置完成页眉或页脚，要再次进入“页眉”或“页脚”编辑区，除了利用上述方法之外，还可以移动鼠标指针到页眉或者页脚的位置，然后双击鼠标，即可显示“页眉和页脚工具”之“设计”选项卡。

① 页眉和页脚的内容

用户可以输入文本作为页眉页脚的内容，并可以设置页眉页脚中的字体格式及对齐方式等。此外，可以利用“设计”选项卡→“插入”组中的按钮，将日期、时间、文档属性等插入到页眉或页脚中。

② 不同的页眉和页脚

在修改页眉和页脚时，Word 会自动对整个文档中同一节的页眉和页脚进行修改，要单独地修改文档中某部分的页眉和页脚，需要将文档分成节并单击“设计”选项卡→“导航”组→“链接到前一条页眉”按钮，断开各节间的链接即可。

若要使文档的奇偶页或者首页具有不同的页眉或页脚，可勾选“设计”选项卡→“选项”组中相应的复选框。“页面设置”对话框的“版式”选项卡中，也有设置“奇偶页不同”或“首页不同”的复选框。

③ 页眉和页脚的位置

在“设计”选项卡→“位置”组中，可以设置页眉和页脚的位置。

④ 插入页眉或页脚构建基块

Word 2007 的页面和页脚的特殊之处就在于使用了构建基块，构建基块为页眉和页脚提供了各种格式和布局上的选择。单击“插入”选项卡→“页眉和页脚”组→“页眉”按钮，在弹出的下拉列表中选择一种构建基块，如图 3-110 所示。

⑤ 删除页眉或页脚

要想删除页眉或页脚，可以单击“插入”选项卡→“页眉和页脚”组→“页眉”（或“页脚”）按钮，在弹出的下拉列表中选择“删除页眉”（或“删除页脚”）命令，如图 3-110 所示。

在页眉或页脚添加页码、日期、时间等内容时，实际上是插入相应的域。如果看到的是类似[PAGE]或[DATE]这样的域代码而非实际的页码、日期、时间等，那么按 Alt＋F9 切换域代码，即可看到实际页码、日期、时间等。

（3）修改页眉线

默认情况下，页眉线为单实线。如果要修改页眉线样式，可执行如下操作。

① 双击页眉区，进入页眉编辑状态，选中页眉文字后面的段落标记。

② 单击“插入”选项卡→“段落”组→“边框和底纹”按钮，在弹出的下拉列表中选择“边框和底纹”命令，弹出“边框和底纹”对话框。

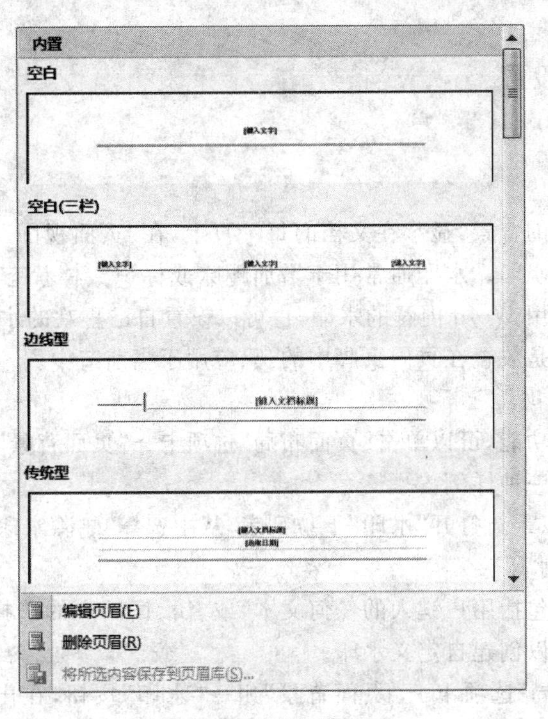

图 3-110 页眉下拉列表

③ 在“边框和底纹”对话框的“边框”选项卡中，在“样式”列表框中选择一种线型，在“预览”图示中只选择下边框，单击“确定”按钮，关闭“边框和底纹”对话框。

④ 设置完成后，单击“关闭页眉和页脚”按钮返回文档正文的编辑区。

2. 设置页码

当文档有多页时，插入页码便于整理和阅读，在文档中插入页码的步骤如下。

① 单击“插入”选项卡→“页眉和页脚”组→“页码”按钮，在弹出的下拉列表中选择“设置页码格式”命令，弹出“页码格式”对话框，如图 3-111 所示。

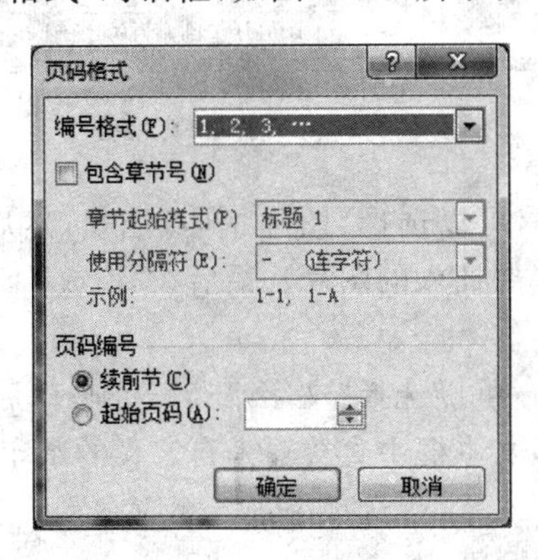

图 3-111 “页码格式”对话框

② 在“页码格式”对话框中进行需要的设置。

③ 单击“确定”按钮，即可在文档中插入页码。

3.7.3 页面背景设置

1. 水印

水印是一种特殊的背景，显示在文档的每一页上，在"页面视图"、"阅读版式视图"或打印的文档中可以看见水印。水印通常用于增加趣味或标识文档状态，例如将一篇文档标记为草稿。用户可以使用 Word 内置的水印，也可以设置自己喜欢的水印。水印可以是文字，也可以是图片。水印是放置在页眉页脚中的，只应用于当前节中。

（1）插入内置水印

要使用内置水印功能，可以单击"页面布局"选项卡→"页面背景"组→"水印"按钮，在出现的下拉列表中选择一种样例。

要删除水印，可以重新打开"水印"下拉列表，从中选择"删除水印"。

（2）插入自定义水印

自定义水印可以包括用户键入的任何文本，或者根据用户的选择以冲蚀效果插入一张图片。按以下步骤可以创建自定义水印。

① 单击"页面布局"选项卡→"页面背景"组→"水印"按钮，在出现的下拉列表中选择"自定义水印"，打开如图 3-112 所示的"水印"对话框。

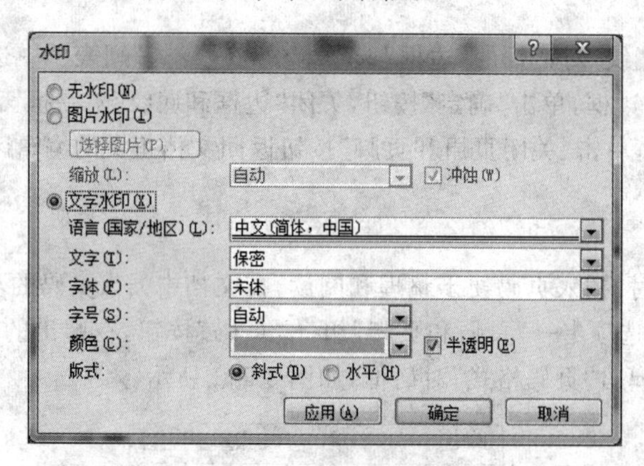

图 3-112 "水印"对话框

② 如果要设置图片水印，可以选择"图片水印"选项，然后单击"选择图片"按钮，打开"插入图片"对话框，从中选择要插入的图片。最后在"缩放"列表框、"冲蚀"效果复选框中进行相应设置。

③ 如果要设置文字水印，可以选择"文字水印"选项，然后在"文字"下拉列表框中选择所需要的水印文本，也可以在文本框中直接输入自定义的水印文本，接着在"字体"、"字号"、"颜色"、"半透明"、"斜式"或"水平"等选项中进行相应设置。

④ 单击"确定"按钮完成设置。

2. 应用页面背景色

页面背景色出现在页面的最底层，可以是固定颜色或填充效果，页面背景色只能在"页面视图”、“阅读版式视图”和“Web版式视图”中查看。单击“页面布局”选项卡→“页面背景”组→“页面颜色”按钮，在出现的下拉列表中选择一种颜色设置方法。

① 在“主题颜色”或“标准色”中选择一种颜色，如图3-113所示。

② 单击“其他颜色”打开“颜色”对话框，从中选择颜色。

③ 单击“填充效果”打开“填充效果”对话框，如图3-113所示，从中选择一种填充类型：渐变、纹理、图案、图片。

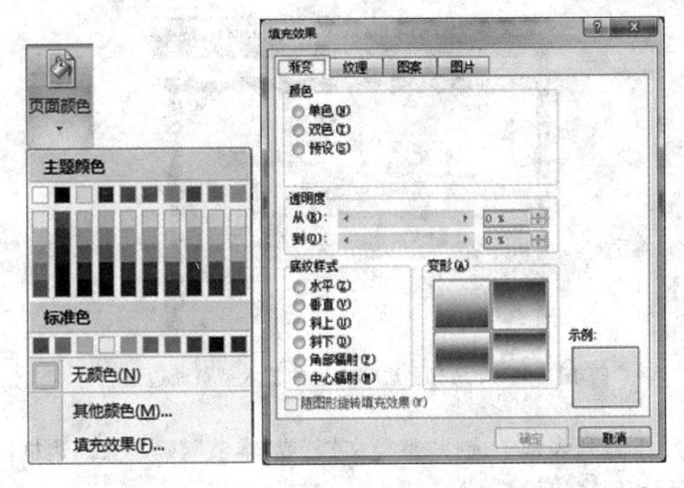

图3-113 “页面颜色”下拉列表与“填充效果”对话框

3. 设置页面边框

设置页面边框可以为打印出的文档增加效果，页面边框只能在“页面视图”和“阅读版式”视图中查看，添加页面边框的具体步骤如下。

① 单击“页面布局”选项卡→“页面背景”组→“页面边框”按钮，打开“边框和底纹”对话框→“页面边框”选项卡，如图3-114所示。

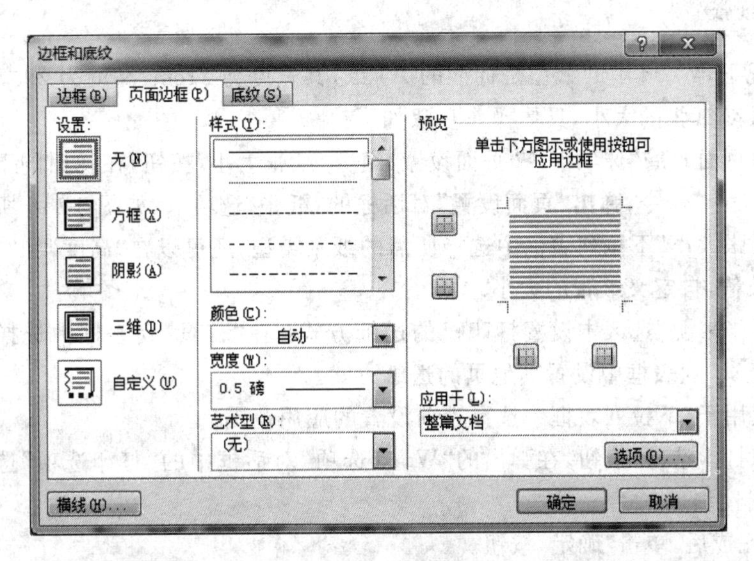

图3-114 “边框和底纹”对话框的“页面边框”选项卡

② 在“设置”选项区中选择边框类型，包括“无”、“方框”、“阴影”、“三维”和“自定义”等。

③ 在“样式”选项框中选择边框线类型，并依次选择边框线的“颜色”、“宽度”，或者选择图片组成的“艺术型”边框。

④ 在右侧的预览区内，可以单击图示中的四条边框，或使用左侧和下方的四个按钮，设置显示或不显示四边的哪一条边框，单击一次取消显示，再次单击重新显示。如图 3-115 所示，设置的页面边框只有上边和右边的边框线，且为苹果图片的艺术型边框线。

图 3-115　只有上边和右边的艺术型页面边框

⑤ 在“应用于”下拉列表框中选择“整篇文档”或“本节”，确定页面边框的应用范围。

⑥ 单击“确定”按钮完成设置。

3.7.4　页面设置

页面设置包括对纸张大小、页边距、字符数/行数和版面等的设置。用户既可以使用 Word 默认的页面设置，也可以根据需要重新设置或随时修改这些选项。设置页面既可以在输入文档之前，也可以在输入文档的过程中或输入文档之后进行。

1. 设置纸张

默认情况下，Word 中的纸型是标准的 A4 纸，其宽度为 21cm，高度为 29.7cm。用户可以根据需要改变纸张的大小，具体操作步骤如下。

① 单击“页面布局”选项卡→“页面设置”组→“纸张大小”按钮，在弹出的下拉列表中选择“其他页面大小”命令，弹出“页面设置”对话框的“纸张”选项卡，如图 3-116 所示。

② 在“纸张大小”下拉列表框中选择所需的纸张类型，还可以在“高度”和“宽度”微调框中设置具体数值，自定义纸张的大小。

③ 在“纸张来源”选区中设置打印机的送纸方式：在“首页”列表框中选择首页的送纸方式，在“其他页”列表框中设置其他页的送纸方式。

④ 在“应用于”下拉列表框中选择当前设置的应用范围。

⑤ 单击“打印选项”按钮，在弹出的“Word 选项”对话框中的“打印选项”选项栏中进一步设置打印属性。

⑥ 设置完成后，单击“确定”按钮。

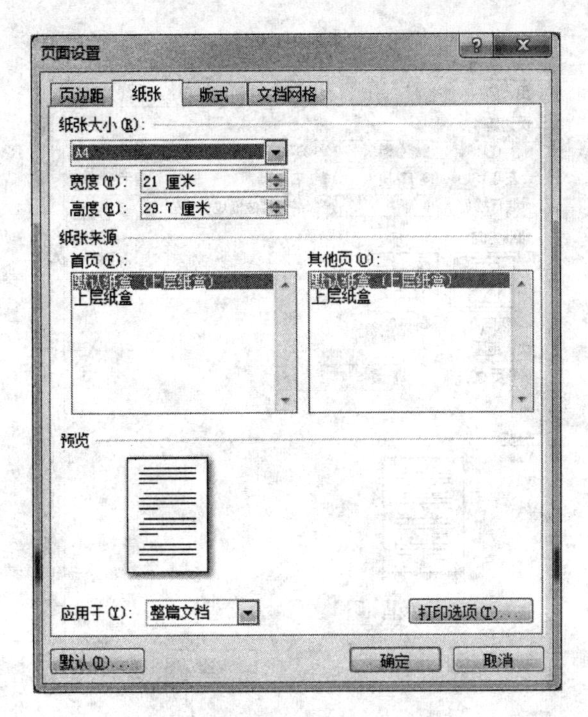

图 3-116 “页面设置”对话框的“纸张”选项卡

2. 设置页边距

页边距是页面四周的空白区域，也就是正文与纸张边缘的距离。Word 会根据用户指定的纸张大小提供默认的页边距，例如 A4 纸默认的上、下页边距为 2.54 厘米，左右页边距为 3.17 厘米。用户也可以自行指定页边距，设置方法有如下两种。

方法一：利用对话框精确设置页边距

① 单击“页面布局”选项卡→“页面设置”组→“页边距”按钮，在弹出的下拉列表中选择“自定义页边距”命令，弹出“页面设置”对话框的“页边距”选项卡，如图 3-117 所示。

② 在“页边距”选项区中设置页边距的距离及装订线的宽度和位置。

③ 在“纸张方向”选项区中选择文档的页面方向。

④ 在“页码范围”和“预览”选项区中分别进行需要的设置。

⑤ 单击“确定”按钮。

方法二：使用标尺快速设置页边距

在页面视图模式下，水平标尺和垂直标尺两端的深色区域代表的是页边距，如图 3-118 所示，将鼠标移动到标尺深色和浅色区域的分界处，当鼠标指针形状变成双向箭头时，用鼠标左键拖动分界线可以调整页边距。

在使用标尺设置页边距时按住 Alt 键，将显示出文本区和页边距的量值。

3. 设置版式

设置版式的操作步骤如下。

① 打开“页面设置”对话框，选择“版式”选项卡，如图 3-119 所示。

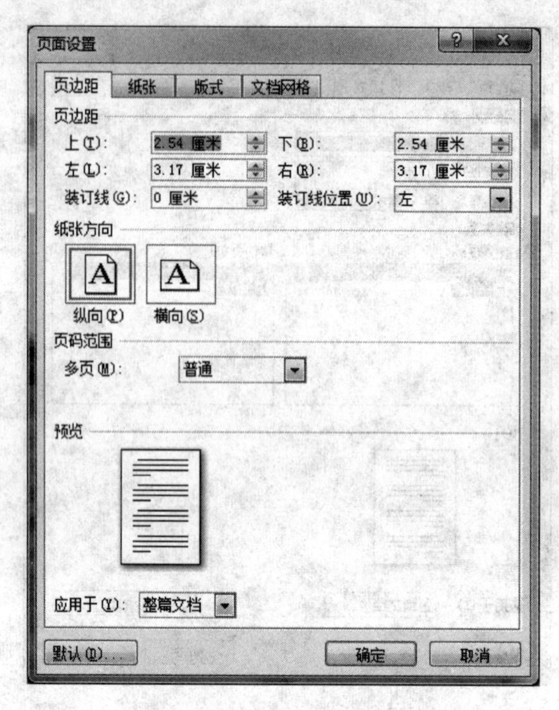

图 3-117 “页面设置”对话框的“页边距”选项卡

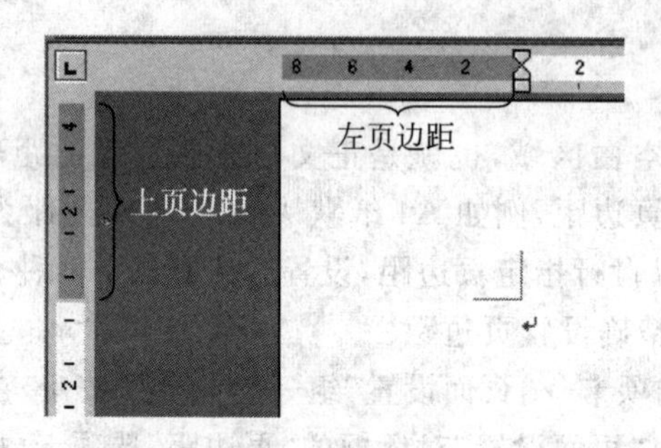

图 3-118 页边距示意图

② 在“节”的选区中，可以设置节的起始位置，用于对文档分节。

③ 在“页眉和页脚”选项区中可以设置奇偶页或首页不同的页眉和页脚，还可以设置页眉和页脚距纸张上、下边界的距离。

④ 在“页面”选项区中可以设置文本的垂直对齐方式。

⑤ 在“预览”选区中，单击“行号”按钮打开“行号”对话框，可以为文档中的某一节或整篇文档添加行号。

⑥ 单击“确定”按钮。

4. 设置文档网格

在“页面设置”对话框的“文档网格”选项卡中，可以设置文字排列方向、网格、每行字符数和每页行数，如图 3-120 所示。

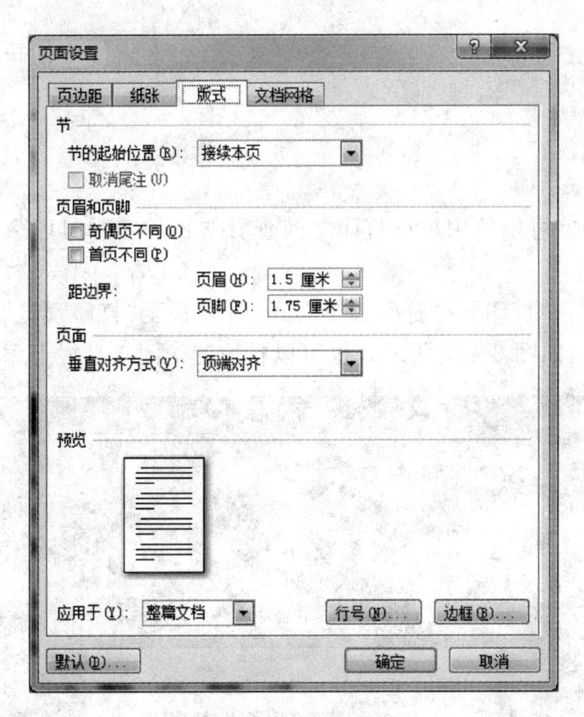

图 3-119 “页面设置”对话框的“版式”选项卡

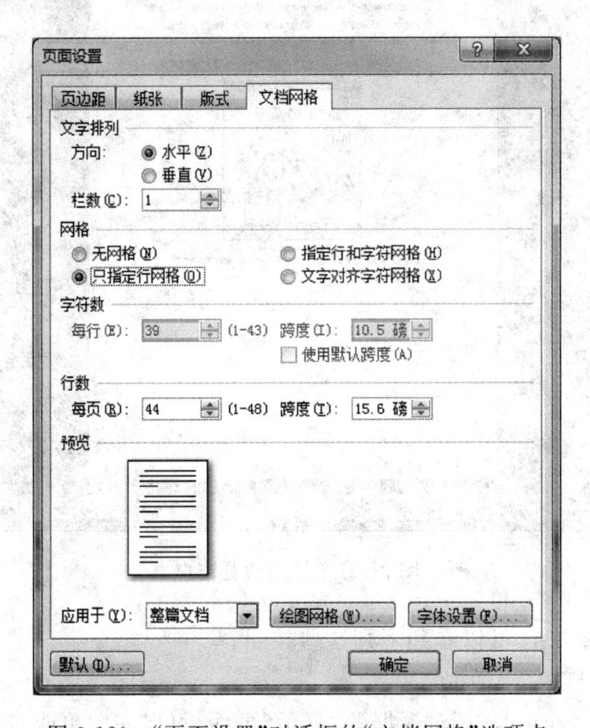

图 3-120 “页面设置”对话框的“文档网格”选项卡

3.7.5 文档的打印

1. 打印预览

应用打印预览功能可以使用户在打印之前查看文档的实际打印效果，从而避免打印后才发现的错误。

单击 Office 按钮→“打印”→“打印预览”，Word 切换至“打印预览”视图，此视图下只显示“打印预览”选项卡，如图 3-121 所示。也可以在快速访问工具栏上添加“打印预览”按钮。

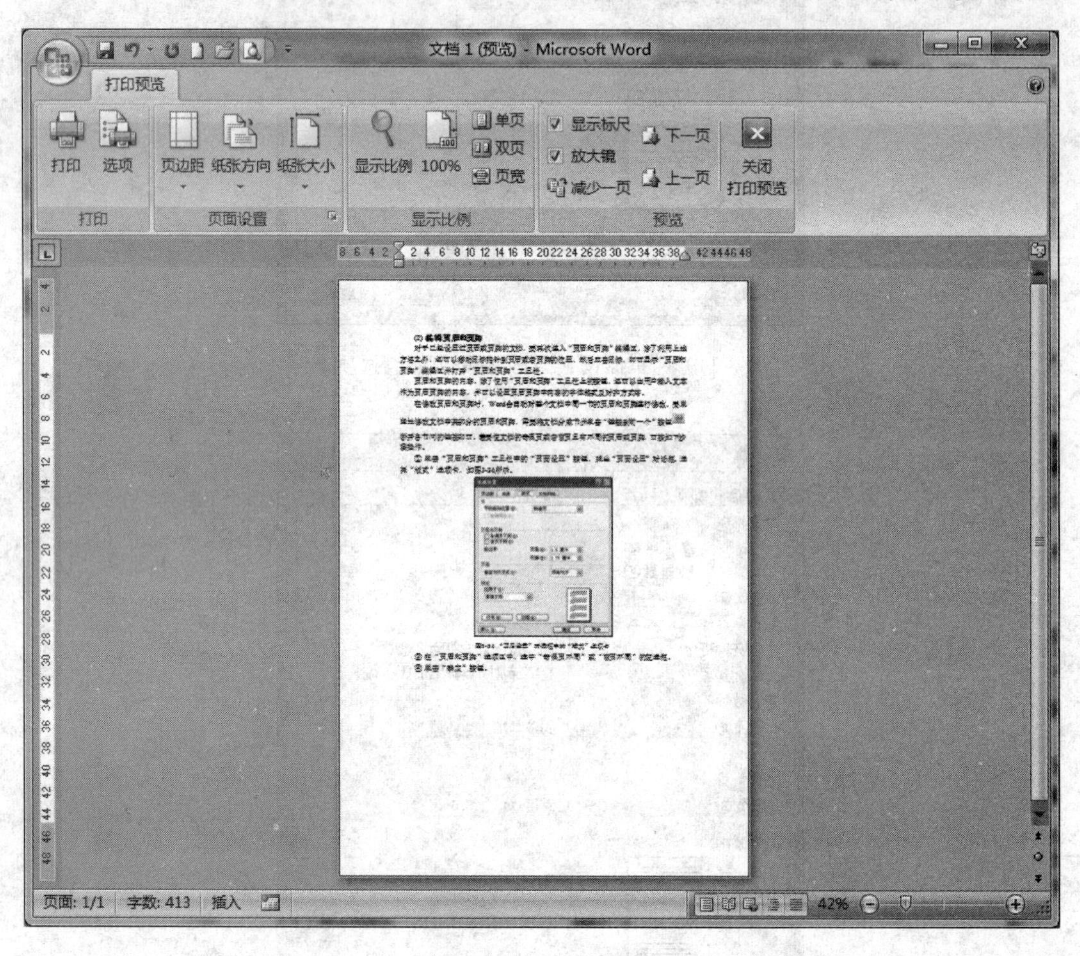

图 3-121 打印预览窗口

在“打印预览”选项卡，可以看到下列这些按钮。

① 打印：打开“打印”对话框。

② 选项：打开“Word 选项”对话框的“显示”页面，可以在此更改打印机的设置。

③ 页边距：打开“页边距”列表，从中可以更改文档的页边距。

④ 纸张方向：打开“纸张方向”列表，可以在页面的“纵向”布局和“横向”布局之间进行切换。

⑤ 纸张大小：打开“纸张大小”列表，从中可以更改纸张的大小。

⑥ 显示比例：打开“显示比例”对话框，指定文档的缩放级别，并以此显示页面。

⑦ 单页、双页和页宽：使用这些按钮，更改文档的显示比例，使整个页面适应窗口的大小。

⑧ 显示标尺：隐藏或显示标尺。

⑨ 放大镜：选择该项，鼠标变成放大镜的样子，可以通过单击来缩放文档。

⑩ 减少一页：每次单击该按钮，文档中的字体都会缩小，以便可以使文档缩减一页。

⑪ 下一页和上一页：用于翻页查看文档。

⑫ 关闭“打印预览”：返回文档的编辑模式。

2. 打印文档

在 Word 中有多种打印文档的方式，用户不仅可以按指定范围打印文档，还可以打印多份文档或将文档打印到文件，以及对文档进行缩放打印。

单击 Office 按钮→“打印”→“打印”按钮，弹出“打印”对话框，如图 3-122 所示，可选设置如下。

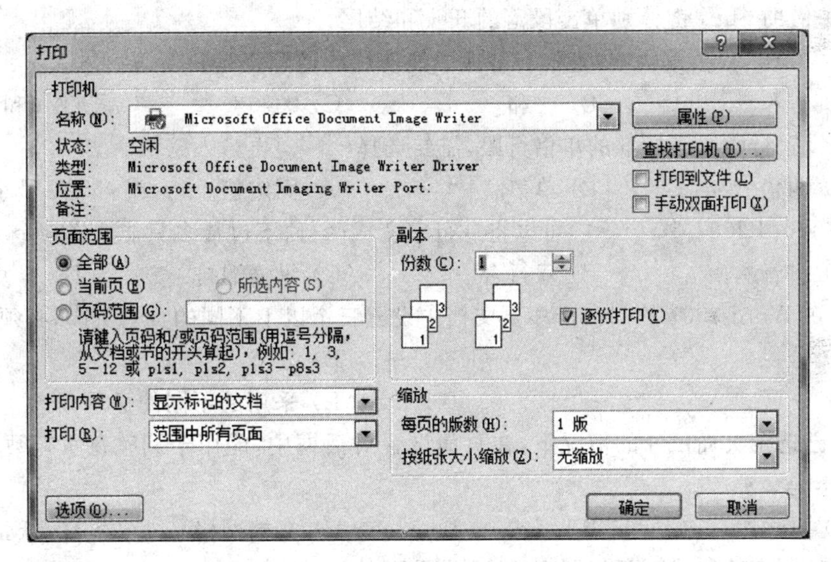

图 3-122 “打印”对话框

① 在“名称”下拉列表框中选择所需的打印机。选中“打印到文件”复选框，可以将文档输出到一个磁盘文件中，如果连接打印机的计算机没有安装 Word 程序，只要把该文件复制到那台计算机上进行打印即可。选中“手动双面打印”复选框，可以在纸张的正反两面进行打印。

② 在“页面范围”选项区中选择或设置打印的范围，如“全部”、“当前页”或指定的“页码范围”等。

③ 在“副本”选项区的“份数”编辑框中可以设置打印的份数。如果需要一份一份地打印文档，可选中“逐份打印”复选框。

④ 在“缩放”选项区中，从“每页的版数”下拉列表框中设置每页纸上将打印的版数，可

在一张纸上打印多页文件内容。如果文件页面大于或小于打印纸张,可从“按纸张大小缩放”下拉列表框中选择打印文档的纸型。

⑤ 在“打印内容”编辑框中可以设置打印其他内容,而不仅仅是文本。

习题三

一、单项选择题

1. 关闭 Word 2007 窗口,下列(　　)操作是错误的。

A) 双击窗口左上角的 Office 按钮　　B) 选择 Office 按钮中的“退出”命令

C) 按 Ctrl+F4 快捷键　　D) 按 Alt+F4 快捷键

2. 在 Word 2007 中若要选中一个段落,最快的方法是(　　)。

A) 将光标停在段落的范围之内

B) 将光标移至某一行的左边双击

C) 拖黑

D) 借助 Shift 键分别单击段落的开头和结尾

3. 在 Word 2007 编辑中,查找和替换中能使用的通配符是(　　)。

A) +和-　　B) *和,　　C) *和?　　D) /和*

4. 要设置行距小于标准的单倍行距,需要选择(　　)再输入磅值。

A) 两倍　　B) 单倍　　C) 固定值　　D) 最小值

5. 在 Word 2007 中,(　　)可以将一行字变成两行,不过最多只能选择六个字符。

A) 拼音指南　　B) 双行合一　　C) 纵横混排　　D) 合并字符

6. 要在 Word 2007 的同一个多页文档中设置三个以上不同的页眉页脚,必须(　　)。

A) 分栏　　B) 分节

C) 分页　　D) 采用的不同的显示方式

7. 在已选定页面尺寸的情况下,在页面设置对话框中,能用于调整每页行数和每行字数的选项卡是(　　)。

A) 页边距　　B) 版式　　C) 文档网格　　D) 纸张

8. 要复制字符格式而不复制字符内容,需用(　　)按钮。

A) 格式选定　　B) 格式刷　　C) 格式工具框　　D) 复制

9. 在 Word 2007 中插入的艺术字在文档中可作为(　　)来处理。

A) 图形对象　　B) 文本　　C) 文字　　D) 图形和文字

10. 在 Word 2007 的表格中,使用(　　)不能将插入点从一个单元格移动到另一单元格。

A) →　　B) Tab 键

C) 回车键　　D) ↓

二、填空题

1. 要选中不连续的多处文本,应按下________键控制选取。

2. 省略号应在中文标点状态下，用________快捷键输入。

3. 当我们要在 Word 2007 中插入某一对话框窗口画面时，应按下________组合键后，再用 Ctrl＋V 快捷键粘贴进来。

4. 在 Word 2007 中，要想自动生成目录，一般在文档中应包含________样式。

5. 在 Word 2007 中，文档的视图模式会影响字符在屏幕上的显示方式，为了保证字符格式的显示与打印完全相同应设定________视图。

三、操作题

1. 在用户文件夹创建一个 Word 文档并输入下面方框内的文字。然后按要求完成下列操作并保存文档，文件命名为“word1. docx”。

① 使用“查找/替换”功能，将下面文字中所有的“基因”替换为红色、四号、隶书的“生物”。

② 将第一段的“基因”设置为首字下沉两行。

③ 将第二段设置段前间距 10 磅。

④ 将第二段设置分栏，两栏偏右，蓝色字体。

⑤ 为文档添加页脚，选择“传统型”构建基块。

⑥ 在文档的上边和右边插入松树形状的艺术型边框。

> 基因技术直接关系到人类的切身利益，是 21 世纪高科技的佼佼者。基因组计划、基因工程、细胞工程、酶工程和蛋白质工程等将给农业、食品、医药和化学工业等带来新的革命，产生难以估量的社会效益和经济效益。
>
> 21 世纪科学技术的核心是生命科学。以基因技术为代表的基因工程技术在农业、工业、医药和疾病防治等方面，对人类的生活将产生重大影响。基因技术对人类的贡献程度取决于对基因组的研究进展。耗资数十亿美元的人类基因组计划将于 2003 年提前完成，它为揭示人类的生长、衰老、疾病、死亡的秘密打下坚实的基础。

2. 在用户文件夹创建一个 Word 文档，并在文档中制作如下表格。其中，标题“个人简历一览表”的字体为隶书、字号为二号，并为标题行(即第一行单元格)填充 15%的浅蓝色底纹，其他格式参考下面的表格完成。然后保存文档，文件命名为“word2. docx”。

<table>
<tr><th colspan="7">个人简历一览表</th></tr>
<tr><td>姓名</td><td></td><td>性别</td><td></td><td>年龄</td><td></td><td rowspan="4">照片</td></tr>
<tr><td rowspan="3">地址</td><td colspan="5">通信地址</td></tr>
<tr><td>邮政编码</td><td></td><td>电子邮件</td><td colspan="2"></td></tr>
<tr><td>电话</td><td></td><td>传真</td><td colspan="2"></td></tr>
<tr><td>应聘岗位</td><td colspan="6">□数学　　□科研　　□管理　　□服务</td></tr>
</table>

3. 在用户文件夹创建一个 Word 文档，然后按下列要求完成操作并保存文档，文件名为“word3. docx”。

① 输入下面样张中的文字。

② 在该段落前插入“月牙泉”字样的艺术字。

③ 设置艺术字为第3行第1列的艺术字样式，字体为隶书、40磅。

④ 设置艺术字形状为“槽形”，选择阴影样式6。

⑤ 设置艺术字高度为1.6厘米，宽度为3厘米。

⑥ 设置艺术字环绕方式设置为“衬于文字下方”，相对于页边距左右居中对齐，完成效果如样张所示。

样张：

月牙泉被鸣沙山环抱，长约150米，宽约50米，因水面酷似一弯新月而得名。月牙泉的源头是党河，依靠河水的不断充盈，在四面黄沙的包围中，泉水竟也清澈明丽，且千年不涸，令人称奇。可惜的是，近年来党河和月牙泉之间已经断流，只能用人工方法来保持泉水的现状。月牙泉边现已建起了亭台楼榭，再加上起伏的沙山，清澈的泉水，灿烂的夕阳，景致相当不错，一定不要错过哦！↵

第 4 章　电子表格处理软件 Excel 2007

Excel 2007 是 Microsoft 公司推出的电子表格处理软件，也是 Office 2007 办公自动化套件的重要组成部分。它具有直观方便的制表功能，强大精巧的数据图表功能，丰富多彩的图形功能和简单易用的数据管理与统计分析功能。

本章主要介绍 Excel 2007 的基本知识和常用功能，包括工作表的创建与编辑、工作表数据的格式化、公式与函数的使用、数据的管理与分析、图表的应用、工作表的页面设置和打印等。

4.1　Excel 2007 概述

4.1.1　Excel 2007 的启动与退出

1. 启动 Excel

启动 Excel 2007 的方法与启动 Word 2007 的方法类似，一般可以通过以下两种方法实现。

(1) 打开"开始"菜单，选择"程序"→Microsoft Office→Microsoft Office Excel 2007 选项。

(2) 双击扩展名为.xlsx 或.xls 的工作簿文件名。

2. 退出 Excel

完成 Excel 2007 的操作后应当正常退出 Excel 2007。一般通过以下三种方法退出 Excel 2007。

(1) 单击 Excel 2007 窗口右上角的"关闭"按钮 ✕。

(2) 单击 Office 按钮，打开"文件"菜单，执行"退出 Excel"命令。

(3) 使用快捷键 Alt+F4。

4.1.2　Excel 2007 窗口的组成

Excel 2007 启动成功后，显示如图 4-1 所示的工作窗口。该窗口由一个应用程序主窗口和一个工作簿窗口组成。

1. Excel 2007 的主窗口

与 Word 2007 类似，Excel 2007 主窗口同样包括 Office 按钮、快速访问工具栏、标题栏、功能区和状态栏等。不同的是 Excel 2007 增加了处理电子表格专用的编辑栏。该栏中包括名称框、“插入函数”按钮和编辑框。

① 名称框：用于显示当前活动单元格或区域的地址或名称。如图 4-1 所示的“A3”。

② “插入函数”按钮 fx ：单击此按钮可以在公式中输入函数。

③ 编辑框：单击此区域可以编辑当前单元格内容。当单元格中显示的是公式的计算结果时，该区域可以显示公式本身。

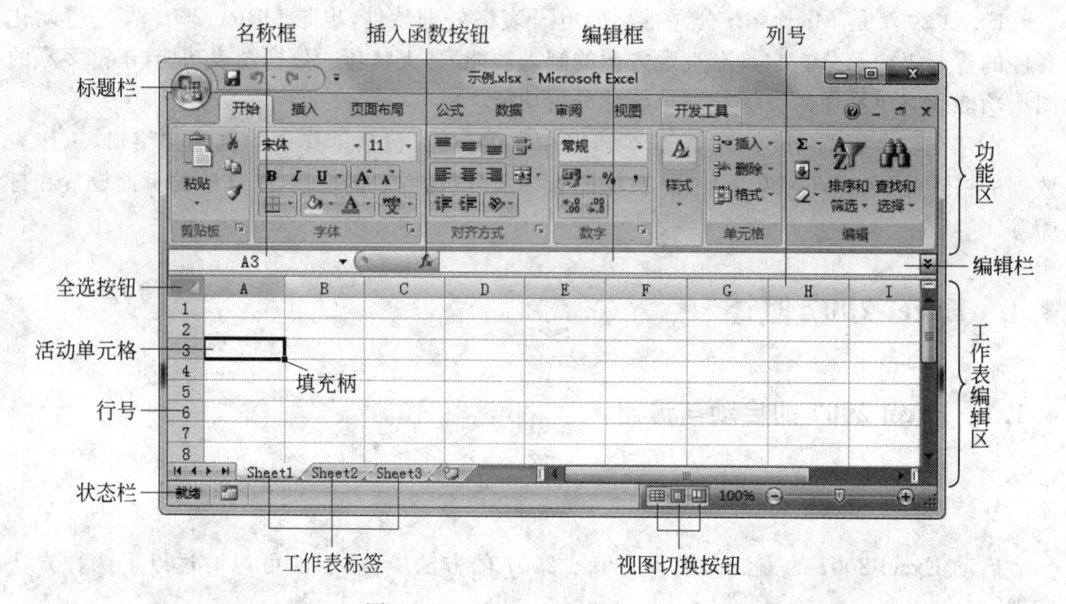

图 4-1　Excel 2007 工作窗口组成

2. 工作簿窗口

Excel 2007 的工作簿窗口是 Excel 进行数据处理的工作区域，如图 4-1 所示的“工作表编辑区”，包含了 Excel 2007 工作簿的特征元素，如工作表、单元格、工作表标签、行号和列号、全选按钮等。

(1) 工作簿

工作簿是 Excel 存储和处理数据的文件，默认扩展名为“. xlsx”。启动 Excel 2007 后，系统会自动打开一个默认的工作簿文件 Book1，保存文件时用户可根据需要重新命名。一个工作簿中可包含多个工作表，默认情况下，一个工作簿中包含 Sheet1、Sheet2 和 Sheet3 三个工作表。

当打开一个工作簿文件时，它所包含的所有工作表也同时被打开。

(2) 工作表

工作表是由行和列组成的二维表格。默认情况下，最多可有 1048576 行（$1048576=2^{20}$）、16384 列（$16384=2^{14}$）。行号用 1、2、3、…、1048576 表示，列号用 A、B、C … Z、AA、AB、AC、…、XFD 表示。

每个工作表有一个名称，显示在工作簿窗口左下角的“工作表标签”行上，默认为 Sheet1、Sheet2、Sheet3 等。用户可以根据需要为工作表重新命名。

(3) 单元格及单元格区域

单元格是组成工作表的基本单位。可以在单元格中输入数字、文本、公式、函数和图形等。

单击某单元格时,该单元格被黑色粗边框包围,称为"活动单元格",同时活动单元格的地址显示在名称框中。此时可以在该单元格中输入数据。

为引用方便,每个单元格都有固定的地址,默认由"列号+行号"组成,如E8、H20等(类似Word表格)。后面将会讲到,在计算公式中,每个单元格中的数据都是通过这个地址来引用的。

另外,除了"列号+行号"的地址格式之外,系统还提供了另一种表示单元格地址的方式,即"R行号+C列号"模式。如D3和R3C4都表示第3行第4列的单元格。这种方式使用较少,了解即可。

单元格区域由若干个相邻或不相邻的单元格组成。相邻单元格组成的区域通常使用"左上角地址:右下角地址"表示,例如C3:D8。

除上述方法外,表示单元格或单元格区域还可以通过对单元格或单元格区域命名的方法。单元格或区域名称中的第一个字符必须是字母、下划线或反斜杠(\)。名称中的其他字符可以是字母、数字、小数点和下划线。为单元格或单元格区域命名可按照下列步骤操作。

① 选中要命名的单元格或单元格区域。

② 用鼠标单击名称框,单元格名称反白显示。

③ 输入新的单元格名称,按Enter键。

(4) 工作表标签

工作表标签行位于工作簿窗口底端,如 Sheet1 Sheet2 Sheet3 ,其中的Sheet1、Sheet2等是工作表名称。背景色为白色的是当前工作表,单击工作表标签可以切换当前工作表。在工作表标签行上还可以实现工作表重命名、移动、复制、插入、删除工作表等操作。

工作表标签左侧有四个滚动箭头,如 ,这是标签滚动按钮。使用滚动按钮,可以滚动显示工作表标签。

(5) 全选按钮

全选按钮 位于整个工作表的左上角,即行号和列号交汇处,单击该按钮可以选中整个工作表。

(6) 活动单元格

当前被选中的单元格称为活动单元格,其右下角的黑色小方块称为填充柄,拖动填充柄可以将活动单元格中的数据或公式按规律填充到其他单元格。

4.1.3 工作簿的创建、打开与保存

要创建新的电子表格,就意味着要创建新的工作簿;要编辑已经存在的电子表格,实际上就是打开已经存在的工作簿文件,然后对其中的工作表进行编辑或修改。

因为Excel和Word都属于Office系列,很多操作完全类似,所以此处仅做简单介绍。

1. 创建新工作簿文件

如前所述，Excel启动成功后，系统自动创建一个名为“Book1”的空工作簿文件。除此之外，在Excel中还经常使用以下两种方法创建新工作簿。

(1) 使用快捷键创建空白工作簿

在已经启动Excel的情况下，按快捷键Ctrl＋N可创建一个新的工作簿文件。

(2) 使用菜单命令创建空白工作簿

使用菜单命令创建空白工作簿，操作步骤如下。

① 单击Office按钮，在下拉菜单中选择“新建”命令，弹出如图4-2所示的“新建工作簿”对话框。

② 在对话框左侧的“模板”类型中选择“空白文档和最近使用的文档”选项；在中间区域的模板列表中选择“空工作簿”。

③ 单击“创建”按钮。

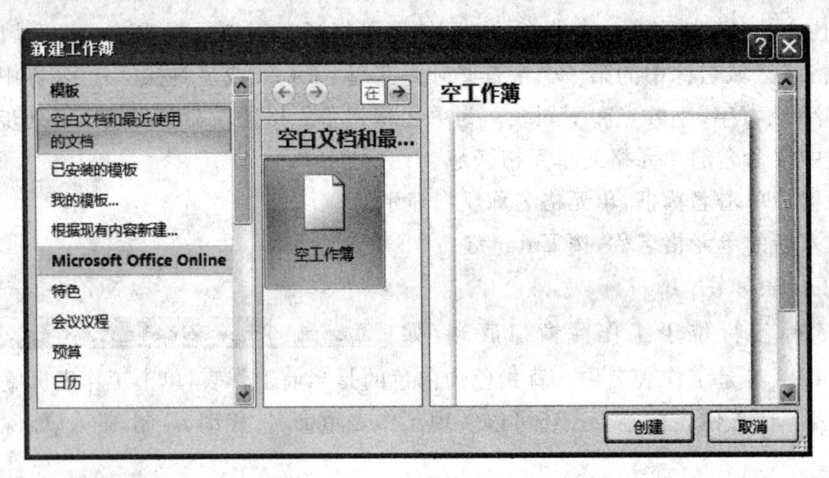

图4-2 “新建工作簿”对话框

2. 打开工作簿文件

打开一个已存在的工作簿文件，操作步骤如下。

① 单击Office按钮，在下拉菜单中选择“打开”命令，弹出“打开”对话框。

② 在“打开”对话框中，选择要打开的文件后单击“打开”按钮；或者直接双击要打开的文件名即可。

3. 保存工作簿文件

工作簿文件被编辑后需要保存。特别指出的是，在编辑工作簿文件的过程中也要养成经常保存文件的习惯，以免因为掉电、误操作或死机等原因造成数据或文件丢失。保存文件分以下几种情况。

(1) 保存新工作簿文件

① 单击Office按钮，在下拉菜单中选择“保存”命令或“另存为”命令，也可以单击快速

访问工具栏上的“保存”按钮 ，弹出“另存为”对话框。

② 选择存放文件的磁盘和文件夹，指定文件类型为“Excel 工作簿(*.xlsx)”，输入文件名。

③ 单击“保存”按钮。

(2) 保存旧工作簿文件

对于已经保存过的工作簿文件，若不想改变原工作簿文件名，只需执行“保存”命令或单击快速访问工具栏上的“保存”按钮。

若保存时要重新为工作簿文件命名或更改保存位置，可以执行“另存为”命令，其余的操作步骤与保存新工作簿文件的步骤相同。

4.2 工作表中数据的输入

要使用 Excel 完成数据的处理与分析，首先要将数据输入到工作表中。本节重点介绍如何向单元格中输入各种类型的数据。

4.2.1 单元格或区域的选取

要对工作表进行操作，必须先选取指定单元格或区域，使其成为活动单元格或区域，然后再将数据输入到其中，即先选择后操作。

单元格或区域的选取可分以下几种情况(类似 Word 表格的选取操作)。

1. 选取一个单元格

选取单元格又称为激活单元格，有以下三种常用方法。

(1) 单击要选取的单元格。

(2) 用键盘上的方向键将光标移动到要选取的单元格上。

(3) 在“名称框”中输入要选取的单元格的地址，按 Enter 键。

2. 选取连续的单元格区域

选取连续的单元格区域有以下两种常用方法。

(1) 单击要选取的单元格区域的左上角单元格，然后拖动鼠标到单元格区域的右下角单元格，释放鼠标。

(2) 单击要选取的单元格区域的左上角单元格，按住 Shift 键再单击单元格区域的右下角单元格。

3. 选取多个不连续的单元格或单元格区域

若要同时选取多个不连续的单元格或单元格区域，可以先选取第一个单元格或单元格区域，然后按住 Ctrl 键再选择其他需要选取的单元格或单元格区域。

4. 选取行或列

选取行或列的有以下几种常用方法。

(1) 单击行号(或列号),可选取一整行(或列)。

(2) 要选取连续多行(或多列),可以按住鼠标左键,从要选取的第一行(或第一列)拖动鼠标到要选取的最后一行(或最后一列);也可以单击要选取的第一行(或第一列)的行号(或列号),然后按住Shift键再单击要选取的最后一行(或最后一列)的行号或(列号)。

(3) 要选取不连续的多行(或多列),可以先选取第一个要选的行(或列),按住Ctrl键,再选取其他行(或列)。

5. 选取整个工作表

单击工作表左上角的行号与列号交叉处的"全选按钮",可以选取整个工作表。

6. 取消单元格区域的选取

单击工作表中的任意单元格,可取消对单元格区域的选取。

4.2.2 数据的输入

在Excel中,向单元格中输入数据的方法与Word的表格类似,不同的是,Excel的数据不仅可以手工输入,还可以自动输入。

在Excel工作表中输入的数据可分为两大类。

① 常量:是指可以直接输入到单元格中的数字、字符、日期、时间或逻辑值等数据。

② 公式:是以"="开头,由常量、单元格引用地址、函数或操作符等组成的序列。

本小节主要介绍常量的输入方法。

双击某一单元格或单击单元格后再单击编辑框,单元格便处于编辑状态,即可输入数据。输入的内容会同时在单元格和编辑框中显示。数据输入结束后,按Enter键、Tab键、光标移动键或单击编辑栏的✔按钮,接收编辑的数据;按Esc键或单击编辑栏的✖按钮,则取消输入。

1. 输入文本型数据

文本型数据包括西文字符、汉字、符号、数字字符以及它们的组合。可以认为,任何输入到单元格中的字符集,只要不被系统解释成数字、日期、时间、逻辑值和公式,Excel一律视为文本。文本型数据默认的对齐格式是左对齐。

在初始状态下,每个单元格的宽度为8个字符。输入文本数据时,如果超过8个字符的宽度,分为以下两种情况显示。

① 如果活动单元格右边的单元格为空,则输入文字全部显示。

② 如果右边单元格中已有数据,则截断显示。但截断显示并不影响文本的实际值,调整列宽后即可显示全部内容。

需要特别指出的是,如果要输入全部由数字组成的文本串(如电话号码、邮政编码、身份证号码等)时,为了使其不被系统解释为数值型数据,必须先输入一个西文单引号“'”,然后再输入数字串。例如,输入邮政编码“063000”时,正确的输入是“'063000”。

在一个单元格中输入数据时,Excel 默认为不换行,如需换行,可以按 Alt+Enter 快捷键。

2. 输入数值型数据

数值型数据包含数字 0~9 和一些特殊符号,如+、−、.、/、$、%、指数符号 E 和 e、千位分隔符“,”等。

数值型数据默认的对齐格式是右对齐。

要输入分数,需要做如下特殊处理。

① 输入纯分数需要先输入数字 0 和一个空格,然后再输入分数。如输入“0 4/5”,在单元中得到的是以分数显示的“4/5”,在编辑框中显示的是 0.8。如果直接输入“4/5”,Excel 会默认为输入的是日期型数据“4 月 5 日”。

② 输入带分数需要先输入整数部分,然后输入一个空格,最后再输入分数。如输入“3 2/5”,在单元中得到的是以分数显示的“3 2/5”,在编辑框中显示的是 3.4。

当输入的数据很大或很小时,Excel 会自动按科学记数法(指数形式)表示。例如输入 456456456456,在单元格中显示的是 4.56456E+11。以指数形式显示数据时小数的位数与单元格宽度有关。当单元格的宽度不能显示全部小数位数时,将按四舍五入处理。

如果输入数值的小数位数多于单元格中预先设定的小数位数时,Excel 会自动进行四舍五入。例如,设定的小数位数为 2 位,当输入 13.486 时,单元格中显示的形式为 13.49。

在 Excel 中,由于单元格的宽度受数据显示格式的限制,输入的数据与显示的数据可能不同,但数据的大小仍以实际输入值为准。即在进行运算时,以实际数值参加运算,而不是以显示的数值参加运算。当单元格宽度不足,不能显示数据的所有数据位时,单元格中将显示若干个“#”。此时,如果适当增加单元格的列宽,数据就会重新显示。

3. 输入日期和时间型数据

Excel 将日期和时间按数值数据处理,并且对日期和时间的输入格式有严格要求,用户必须按照 Excel 内置的格式输入,否则会把输入的内容当成是文本数据接收。

日期时间型数据在单元格中的默认显示方式是右对齐,与数值数据相同。

Excel 中的日期和时间格式有很多种,当单元格中输入的日期或时间数据与 Excel 的日期或时间格式匹配时,Excel 即将它们识别为日期或时间。

(1) 输入日期

常用的日期输入格式有 yy/mm/dd、yy-mm-dd、mm/dd、mm-dd 等。

例如:输入 2014-2-1 或 2014/2/1,在单元格中显示的日期均为 2014-2-1;输入 2-1 或 2/1,在单元格中显示的日期均为 2 月 1 日。

按 Ctrl+;快捷键可以快速输入当前系统日期。

(2) 输入时间

常用的时间输入格式为 hh:mm:ss AM/PM。其中 AM 代表上午,PM 代表下午,大小写字母均可,hh:mm:ss 与 AM/PM 之间必须有空格,否则 Excel 会当作文本数据处理。

例如，输入 5:20:18 pm，表示是下午 5 点 20 分 18 秒。

按 Ctrl+Shift+；快捷键可以快速输入当前系统时间。

（3）输入日期和时间

如果要在单元格中同时输入日期和时间，则先输入哪个都可以，但它们之间要有空格分隔。例如，在单元格中输入 2014-2-21 16:05:20 PM，表示是 2014 年 2 月 21 日下午 4 点 05 分 20 秒。

4. 为单元格添加批注

单元格的批注是对单元格中数据的解释说明。

（1）添加批注

① 选中要添加批注的单元格。

② 单击“审阅”选项卡→“批注”组→“新建批注”按钮，弹出批注编辑框，如图 4-3 所示。在编辑框的上方会自动显示用户名，如图 4-3 中所示的 USER。

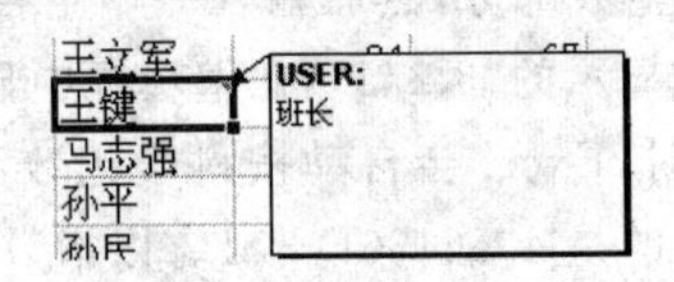

图 4-3 “新建批注”编辑框

③ 在批注编辑框中输入批注的内容，如图 4-3 所示的“班长”。

④ 输入结束后，单击批注编辑框以外的任意位置，隐藏批注编辑框，此时单元格的右上角显示红色的小三角标志，表示此单元格带有批注。

（2）显示批注

默认情况下，单元格中的批注信息不显示，只在单元格右上角显示一个红色的三角标记。当鼠标指针指向该单元格时，批注内容被自动显示。

（3）编辑批注

选中带批注的单元格，单击“审阅”选项卡→“批注”组→“编辑批注”按钮。

（4）删除批注

选中带批注的单元格，单击“审阅”选项卡→“批注”组→“删除”按钮。

5. 快速向单元格区域输入相同数据

如果对多个单元格或单元格区域输入同一内容，可以使用快速输入的方法，操作步骤如下。

① 选中要输入数据的多个单元格或单元格区域。

② 输入内容。

③ 按 Ctrl+Enter 快捷键或者按住 Ctrl 键，单击 ✔ 按钮接收输入，则所选择的多个单元格或单元格区域即被输入了同一内容。

4.2.3 数据的自动填充

使用数据填充功能，可以将当前单元格或区域的数据或公式等内容向上、下、左、右相邻单元格或区域中快速填充，不仅提高了数据输入的准确性，而且极大地提高了数据输入效率。

数据的填充可以使用鼠标拖动填充柄的方法实现，也可以使用功能组中的按钮实现。

1. 使用填充柄实现数据填充

每个活动单元格或单元格区域的右下角都有一个黑色的小方块，称为填充柄。当鼠标指针指向填充柄时，光标形状变为黑色十字形。用户可以利用鼠标拖动填充柄快速填充数据。

根据活动单元格中输入的初始值，默认情况下，填充结果分为以下几种。

(1) 如果活动单元格中输入的是纯数字或纯文本型的数据，拖动填充柄时，拖动过程中所经过的区域中将被填充上与活动单元格完全相同的内容，即可以实现数据的复制。

使用填充柄复制数据时，活动单元格可以是一个单元格、一行(列)或单元格区域。

(2) 如果活动单元格中输入的内容是数字时，按住 Ctrl 键的同时向右或向下拖动填充柄，在拖动过的区域中填充按 1 递增的等差数列；向上或向左拖动时，在拖动过的区域中填充一个按 1 递减的等差数列。

(3) 如果在同一行(或同一列)两个相邻的单元格中输入等差数列的前两个数据项，然后选中这两个数据，向下(或向右)拖动填充柄，可填充一个递增的等差数列；向上(或向左)拖动填充柄，可填充一个递减的等差数列。

(4) 如果在单元格中输入一个由文字和数字组成的序列，选中单元格，向下或向右拖动填充柄，在拖动过的区域中填充一个文字部分不变、数字部分按递增变化的数据序列；向上或向左拖动填充柄，在拖动过的区域中填充的是文字部分不变、数字部分递减的数据序列。

需要说明的是，拖动填充柄完成填充后，在填充区域的右下角将出现“自动填充选项”按钮，单击该按钮，可出现如图 4-4 所示下拉菜单，供用户选择如何填充所选内容。例如，可以选择“仅填充格式”，实现单元格格式复制但不填充数据；也可以选择“不带格式填充”而只填充单元格的内容。

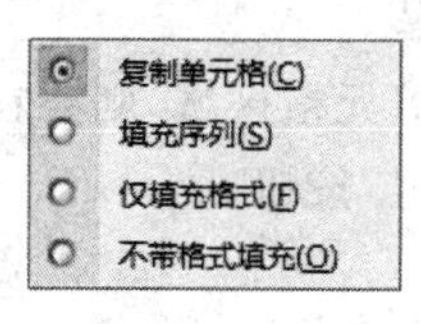

图 4-4 “自动填充选项”下拉菜单

2. 使用功能组中的按钮实现数据填充

虽然使用填充柄可以快速地完成某些数据的输入，但要填充等比数列等，使用填充柄就很难实现，而是需要使用功能组中的按钮实现。步骤如下。

① 在活动单元格中输入序列的初值，初值可以是一个或多个。

② 从初值单元格开始选中要填充序列的单元格区域，如果不选，则需要在“序列”对话框中指定终止值，如图 4-5 所示。

③ 单击“开始”选项卡→“编辑”组→“填充”→“系列”命令，弹出图 4-5 所示的“序列”对话框。

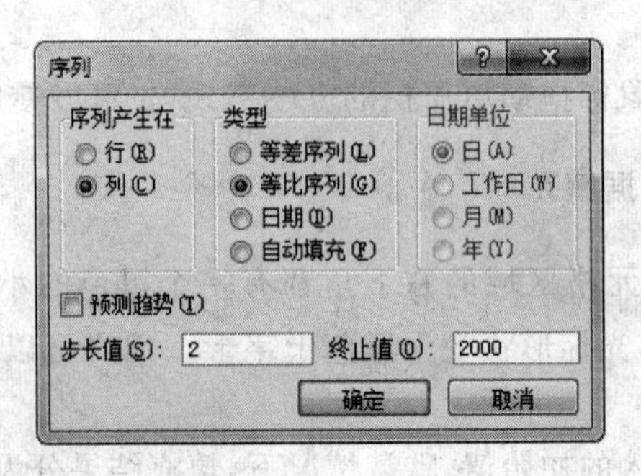

图 4-5 “序列”对话框

④ 在“序列产生在”区域中，如事先已选择了序列填充的区域，系统就会自动选择，否则必须根据需要选择序列产生在“行”或“列”。

⑤ 在“类型”区域中，选择以下要填充的序列类型。

- 等差数列：表示填充的是等差数列。
- 等比数列：表示填充的是等比数列。
- 日期：表示填充的是以“日期单位”为增长单位的日期序列。
- 自动填充：选择该选项后，步长值和终止值无效，并根据初值填充一个扩充序列。例如，初始值是纯数字或纯文本时，填充的是初始值；初始值是文字和数字的混合体时，填充的是一个文字部分不变而数字递增的序列；若初始值是两个数字时，填充的是一个步长值为前两个初值之差的等差数列。

⑥ 如果数据序列的类型是“日期”型，则应在右侧的“日期单位”区域中选择日期序列的递增单位。

⑦ 如果事先已在两个相邻的单元格中输入了等差(或等比)数列中的前两个初值，选择“预测趋势”，则步长值和终止值无效，Excel 会根据前两个初值和序列的类型自动填充其余单元格区域的内容。

⑧ 根据序列的类型选择“步长值”。

⑨ 如果事先未选择序列填充的单元格区域，则要在“终止值”中给出序列的终值。

⑩ 各选项设置完成后，单击“确定”按钮。

3. 用户自定义序列

Excel 系统预定义了一些常用的序列，如图 4-6 的“自定义序列”列表框中的内容所示。在需要输入 Excel 预先定义的数据序列时，只要输入序列中的某一个数据，然后拖动该数据所在单元格的填充柄即可。

Excel 还允许用户自己定义一些经常使用的数据序列。自定义序列的步骤如下。

① 单击 Office 按钮，选择下拉菜单右下角的“Excel 选项”命令，在“常用”选项下，单击

“编辑自定义列表”按钮，弹出“自定义序列”对话框，如图 4-6 所示。

② 在“自定义序列”列表框中选择“新序列”，然后在“输入序列”列表框中依次输入该序列的各个数据项，每个数据项占一行。

③ 数据项输入完毕后，单击“添加”按钮，新序列则被添加到“自定义序列”列表框中。

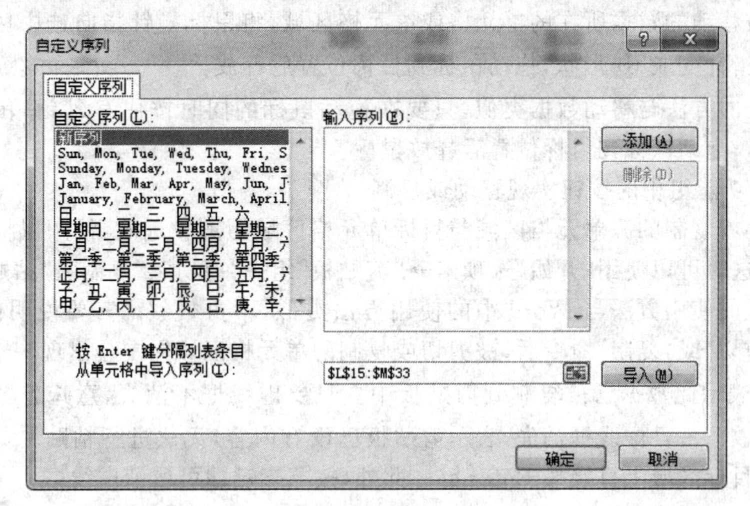

图 4-6 “自定义序列”对话框

4.3 工作表编辑与格式化

在工作表创建过程中，编辑和格式化是 Excel 最基础的应用。编辑和格式化操作可以保证数据输入的准确性、完整性，可以使数据显示更具人性化。

4.3.1 单元格或区域的编辑

1. 单元格数据的修改

对单元格中的数据进行修改，既可以在选定的单元格中进行，也可以在编辑框中进行，有以下三种常用方法。

(1) 选中要修改数据的单元格，直接在该单元格中输入新数据，按 Enter 键确认，新输入的内容会直接替换掉单元格中原有的内容。

(2) 双击要修改数据的单元格，此时单元格中出现插入点，表示单元格内容处于编辑状态，用户可以利用插入点灵活地在单元格中进行插入、修改、删除等操作，修改结束后按 Enter 键确认。

(3) 选中要修改数据的单元格，在编辑栏中单击要修改的字符，根据需要修改数据。数据修改完毕，按 Enter 键或单击 ✔ 按钮接受修改，否则按 Esc 键或单击 ✖ 按钮取消修改。

2. 复制和移动

在 Excel 中，复制和移动数据的操作可以使用鼠标、功能组中的按钮以及快捷方式实现。

(1) 使用鼠标实现移动或复制

选中要被移动的数据所在的单元格或单元格区域，将鼠标指针指向选中区域的边框线上，此时鼠标指针变成 ✥ 形状，拖动鼠标到目标位置后释放。

复制数据的方法与移动数据类似，只要在拖动鼠标的同时按住 Ctrl 键，鼠标箭头右上方出现“＋”号，拖动鼠标到目标位置后释放鼠标。

(2) 使用功能组中的按钮实现移动或复制

当要移动或复制的源单元格区域与目标单元格区域距离较远时，使用鼠标拖动的方法就不方便了，这时可以使用“开始”选项卡→“剪贴板”组→“剪切”、“复制”、“粘贴”按钮。

这些按钮的使用方法与 Word 中的使用方法类似，不再赘叙。需要说明的是在 Excel 中，当执行“剪切”或“复制”命令后，被剪切或复制的单元格区域周围会出现一个闪烁的虚线框，如 16384 ，表示此数据已被复制到剪贴板中。只要虚线框不消失，意味着数据仍在剪贴板中，粘贴有效。一旦虚线框消失，表示剪贴板已没有内容，无法进行粘贴。如果只需粘贴一次，可以在目标区域上直接按 Enter 键。此外，按 Esc 键即可取消虚线框。

3. 选择性粘贴

在 Excel 中，执行“剪切”或“复制”命令之后，剪贴板上除了包含源区域的内容（文本、数值、公式等）之外，还包含源区域的格式（如文本的字体、字号、对齐方式、颜色和边框等）和批注等信息。

如果直接单击“开始”选项卡→“剪贴板”组→“粘贴”按钮 ，是将这些信息全部都复制到了目标区域。如果用户只需要粘贴其中部分信息，可以使用“选择性粘贴”功能。

进行“选择性粘贴”的操作步骤如下。

① 执行“复制”命令，将所需的数据复制到剪贴板；

② 单击目标区域左上角单元格或选中目标区域，在“开始”选项卡→“剪贴板”组中，单击“粘贴”命令，弹出如图 4-7 所示的下拉菜单，从中选择所需粘贴的信息即可。如需做更复杂的选择，可以执行下拉菜单中“选择性粘贴”命令，弹出如图 4-8 所示的“选择性粘贴”对话框。

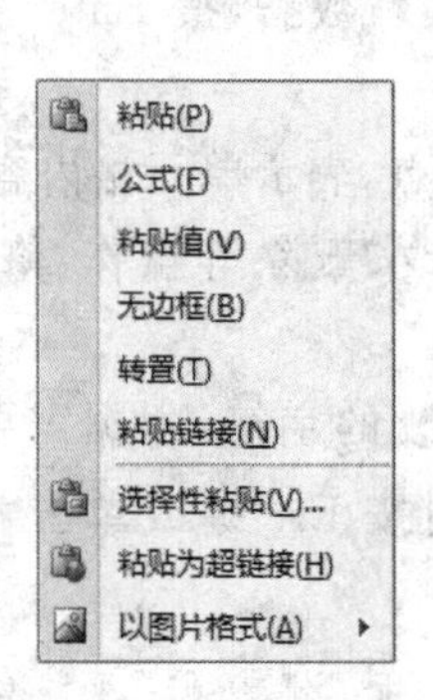

图 4-7 “粘贴”按钮的下拉菜单

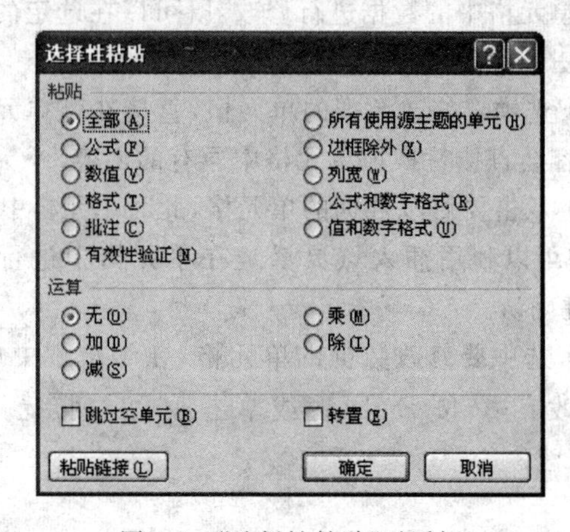

图 4-8 “选择性粘贴”对话框

③ 在“选择性粘贴”对话框的“粘贴”区域中选择要粘贴的信息类型；在“运算”区域中选择粘贴后源区域中的数据与目标区域中的数据进行运算的种类。

④ 单击“确定”按钮。

4. 清除与删除

在编辑过程中，如果只想删除单元格或区域中的数据、格式或批注，但保留单元格或区域本身，可以使用“清除”按钮；如果想将单元格或区域中的数据连同单元格或区域一同删除，可以使用“删除”按钮。

(1) “清除”操作

选中单元格或区域，单击“开始”选项卡→“编辑”组→“清除”按钮，弹出如图4-9所示下拉菜单，在菜单中可以选择清除格式、内容、批注或全部。

如果只想清除单元格中的数据，可以直接按Delete键。

(2) “删除”单元格或区域

删除操作会将单元格或区域本身以及其中的数据、格式、批注等信息全部删除，并调整周围的单元格或区域来填补删除后的空缺。操作步骤如下。

① 单击“开始”选项卡→“单元格”组→“删除”命令，在弹出的下拉菜单中选择“删除单元格”命令，弹出如图4-10所示的“删除”对话框。

② 在“删除”对话框中选择所需的删除方式，单击“确定”按钮。

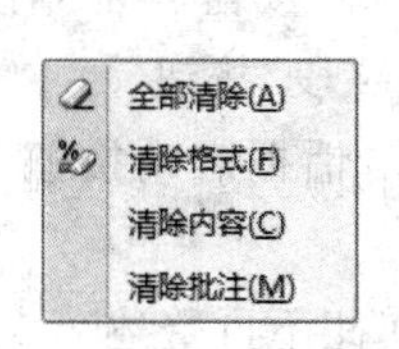

图4-9 “清除”按钮下拉菜单

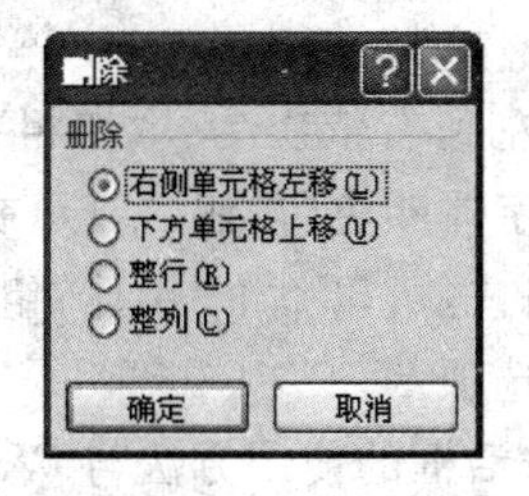

图4-10 “删除”对话框

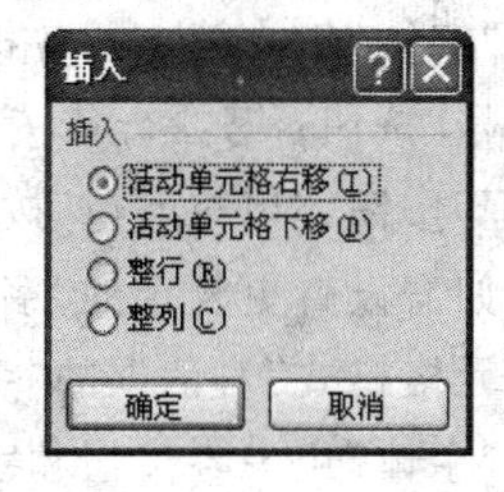

图4-11 “插入”对话框

(3) 删除整行或整列

要删除工作表中的整行或整列，只需在选中要删除的行或列后，单击“开始”选项卡→“单元格”组→“删除”按钮即可。

5. 插入单元格、行或列

(1) 插入单元格或单元格区域

插入单元格或区域会引起周围单元格的移动，操作步骤如下。

① 选中要插入单元格或区域的位置，单击“开始”选项卡→“单元格”组→“插入”按钮的下拉箭头，在弹出的下拉菜单中选择“插入单元格”命令，弹出如图4-11所示的“插入”对话框。

② 在“插入”对话框中选择所需的插入方式，单击“确定”按钮。

(2) 插入行、列

插入行或列操作除了可以使用“插入”对话框实现外，还可以按如下步骤操作。

① 选中要插入新行处的行号或新列处的列号。

② 单击"开始"选项卡→"单元格"组→"插入"按钮,则已选中行的上方或已选中列的左侧将被插入与选中行或列等数量的新行或新列。

6. 查找与替换

Excel 中查找与替换操作与 Word 类似,不再赘述。

4.3.2 单元格或区域的格式化

1. "字体"格式的设置

常用的字体格式设置可以使用"开始"选项卡→"字体"组中的相关按钮,如图 4-12 所示。

图 4-12 "字体"功能组按钮

"字体"组中第一行各按钮从左到右依次为:"字体"框、"字号"框、"增大字号"按钮、"减小字号"按钮;第二行各按钮从左到右依次为:"加粗"按钮、"倾斜"按钮、"下划线"按钮、"边框"按钮、"填充颜色"按钮、"字体颜色"按钮、"显示或隐藏拼音字段"按钮。

如需设置更复杂的"字体"格式,可以单击"字体"组右下角的对话框启动按钮,打开"设置单元格格式"对话框的"字体"选项卡。

"字体"组中各按钮和字体对话框的使用方法与 Word 类似,在此不再赘述。

2. "对齐方式"格式的设置

常用的对齐方式设置可以使用"开始"选项卡→"格式"组中的相关按钮,如图 4-13 所示。

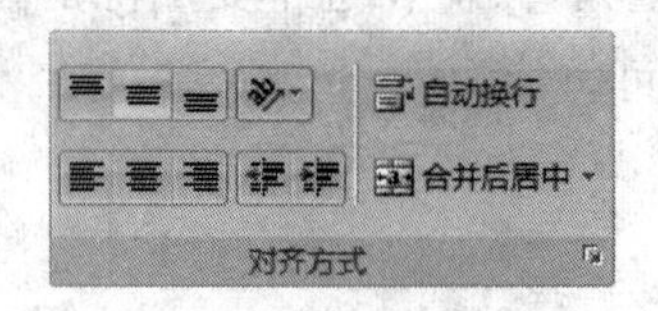

图 4-13 "对齐方式"功能组按钮

① 垂直对齐按钮,用于设置单元格内数据的垂直对齐格式,从左到右依次为"顶端对齐"按钮、"垂直居中"按钮、"底端对齐"按钮。

② 水平对齐按钮,用于设置单元格内数据的水平对齐格式,从左到右依次为"文本左对齐"按钮、"居中"按钮、"文本右对齐"按钮。

③ "方向"按钮,设置文本在单元格内的旋转角度。

④ "自动换行"按钮 自动换行,当单元格中文本内容的长度超过单元格宽度时,使用

此按钮可使单元格内文本自动换行。

⑤“合并后居中”按钮 合并后居中 ，使用此按钮，可将选中的矩形区域内的单元格合并，并且单元格内容将在合并单元格中居中显示。要合并单元格而不居中显示内容，可单击“合并后居中”旁的下拉箭头，然后执行下拉菜单中的“跨越合并”或“合并单元格”命令。

如需设置更多的对齐格式，可单击“对齐”组右下角的对话框启动按钮，打开“设置单元格格式”对话框的“对齐”选项卡。

3. “数字”格式的设置

常用的数字格式设置可以使用“开始”选项卡→“数字”组中的相关按钮，如图4-14所示。

①“会计数字格式”按钮，单击该按钮可将选中单元格中的数值设置为货币格式，默认的货币符号为￥，保留2位小数。若需使用其他货币符号，可单击右侧的下拉箭头。

②“百分比样式”按钮 % ，单击该按钮，可将选中单元格中的数值显示为百分比。

③“千位分隔样式”按钮 , ，单击该按钮，可将选中单元格中的数值显示为千分位分隔样式，默认保留2位小数。

④“增加小数位数”按钮、“减少小数位数”按钮，用于调整单元格中数值的小数位数。

⑤“数字格式”框 常规 ，单击右侧的下拉箭头，在对应的下拉菜单中包含多种常用的数字格式，如图4-15所示。

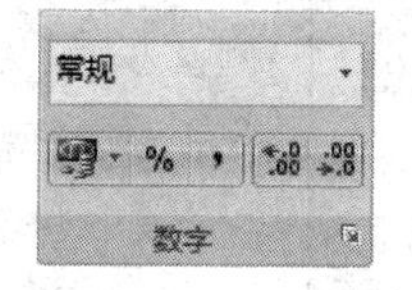

图4-14 “数字”功能组按钮

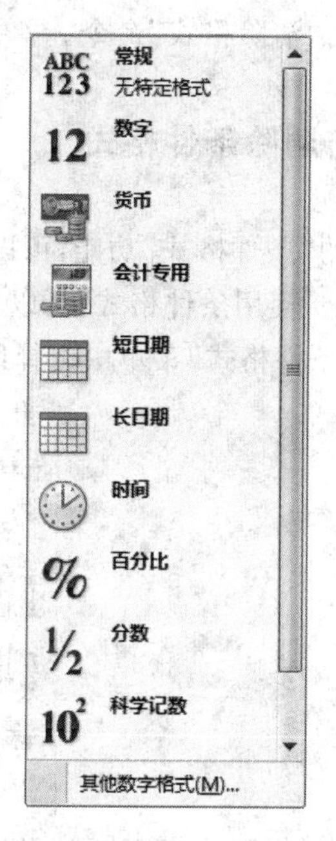

图4-15 “数字格式”菜单

如需设置更多的数字格式，可单击“数字”组右下角的对话框启动按钮，打开“设置单元格格式”对话框的“数字”选项卡。

4. “边框”与“填充”格式的设置

要设置单元格或区域的边框格式，可单击“开始”选项卡→“字体”组→“边框”按钮右侧的下拉箭头,从弹出的下拉菜单中,选择所需边框样式。如需设置更多的边框样式,可选择下拉菜单中的"其他边框"命令,打开"设置单元格格式"对话框的"边框"选项卡。

要用纯色填充单元格或区域,可单击"开始"选项卡→"字体"组→"填充颜色"按钮右侧的下拉箭头,从弹出的调色板中单击所需的填充色。

要用图案或特殊效果填充单元格或区域,可单击"字体"组右下角的对话框启动按钮,打开"设置单元格格式"对话框,单击"填充"选项卡。

5. 复制和删除格式

(1) 复制格式

选中源单元格区域,单击"开始"选项卡→"剪贴板"组→"格式刷"按钮 格式刷 ,鼠标光标变成刷子形状。在需要复制格式的单元格区域上拖动鼠标,则凡是被鼠标指针"刷过"的区域,其格式均被设置成了源单元格区域格式。

需要说明的是,如果要多次复制格式,可在选中源单元格或区域后,双击"格式刷"按钮,然后依次在目的单元格或区域上拖动鼠标实现格式的复制,复制完成后,单击"格式刷"按钮将其释放。

(2) 删除格式

选中要删除格式的单元格区域,单击"开始"选项卡→"编辑"组→"清除"命令,在弹出的下拉菜单中,单击"清除格式"命令。

4.3.3 设置与删除条件格式

Excel 提供的"条件格式"功能,可以为满足指定条件的单元格添加颜色,并将其突出显示在工作表中。要使用条件格式,可以单击"开始"选项卡→"样式"组→"条件格式"命令,在图 4-16 所示的"条件格式"菜单中选择所需规则。"条件格式"菜单中共提供五种条件规则。

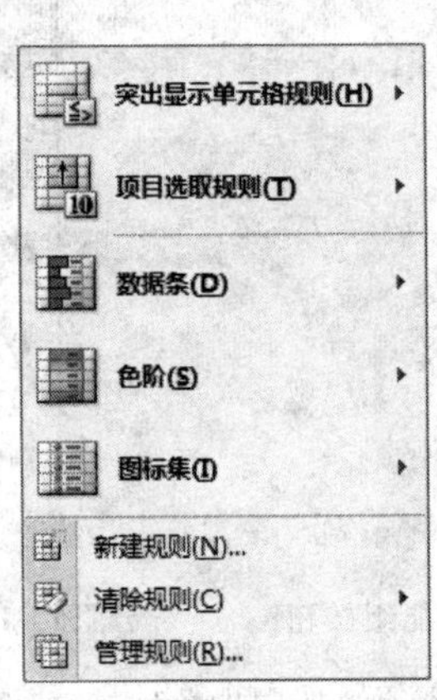

图 4-16 "条件格式"菜单

1. 突出显示单元格规则

使用"突出显示单元格规则"子菜单中的命令可以对所选区域中指定的值、文本、日期以及重复值应用格式，如图4-17所示。在图4-17所示的“突出显示单元格规则”子菜单中选择所需选项进行相应设置即可。其中各选项功能如下。

① 大于：为大于指定值的单元格设置格式。

② 小于：为小于指定值的单元格设置格式。

③ 介于：为在两个指定值之间的单元格设置格式。

④ 等于：为与指定值相等的单元格设置格式。

⑤ 文本包含：可以在弹出的对话框中指定文本，并对所选区域中包含该文本的单元格设置格式。

⑥ 发生日期：可以在弹出的对话框中指定日期，并对所选区域中包含该日期的单元格设置格式。

⑦ 重复值：可以在弹出的对话框中选择“重复”或“唯一”，并对符合条件的单元格设置格式。

2. 项目选取规则

使用“项目选取规则”子菜单中的命令可以根据指定的截止值查找所选区域中的最大值、最小值或平均值，如图4-18所示。

① 值最大的10项：为所选区域中数值最大的前n项设置格式。

② 值最大的10%项：按照百分比为所选区域中数值最大的前n项设置格式。

③ 值最小的10项：为所选区域中数值最小的前n项设置格式。

④ 值最小的10%项：按照百分比为所选区域中数值最小的前n项设置格式。

⑤ 高于平均值：为所选区域中高于平均值的单元格设置格式。

⑥ 低于平均值：为所选区域中低于平均值的单元格设置格式。

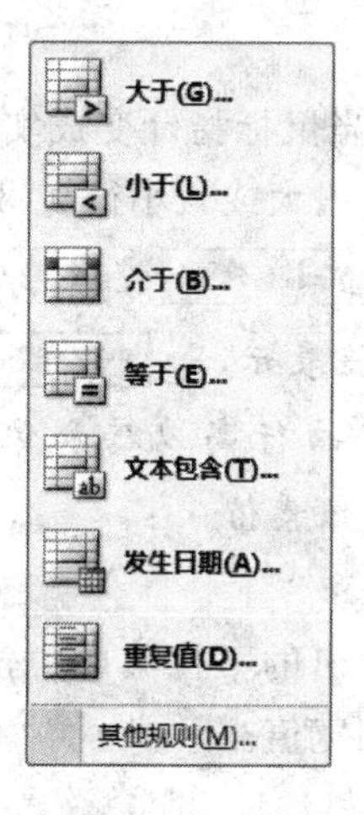

图4-17 “突出显示单元格规则”子菜单

图4-18 “项目选取规则”子菜单

3. 数据条

使用“数据条”命令可以帮助用户查看某个单元格相对于其他单元格的值。在其子菜单中包含蓝色、绿色、红色、橙色、浅蓝色以及紫色六种颜色的数据条。其中，数据条的长度代表单元格中的值。数据条越长，表示值越大；数据条越短，表示值越小。

4. 色阶

使用"色阶"命令可以帮助用户了解数据的分布和变化，在其子菜单中又分为双色刻度与三色刻度两种，不同颜色的底纹代表单元格中不同的值。

5. 图标集

使用"图标集"命令可以对数据进行注释，并可以按照阈值将数据分为 3～5 个类别，每个图标代表一个值的范围。Excel 共提供了 17 种图标样式。

6. 删除条件格式

执行"条件格式"菜单中的"清除规则"命令可以删除已设置的条件格式。

4.4 管理工作簿

4.4.1 工作表的基本操作

1. 设置行高与列宽

默认情况下，Excel 工作表中的行高与列宽都有一个固定值。当单元格中数据内容的字体过大或文字太长时便需要适当地调整行高和列宽，以使工作表更加协调、美观。

调整工作表的行高或列宽通常有以下两种操作方法。

(1) 使用鼠标拖动调整

将鼠标指针移到行号下方(或列号右侧)的边框线上，当鼠标指针变成实心的垂直双向箭头时，按住鼠标左键向下、向上(或向左、向右)拖动，可以增大或减小行高(列宽)。在拖动的过程中，行高或列宽尺寸会自动在提示框中显示，如 高度: 19.50 (26 像素) 或 宽度: 9.00 (77 像素) 。

需要说明的是，Excel 工作表的列宽以字符和像素值表示，如 宽度: 9.00 (77 像素) 中，9.00 为字符值，括号内的 77 为对应的像素值；工作表的行高以磅和像素值表示，如 高度: 19.50 (26 像素) 中，19.50 为磅值，括号内的 26 为对应的像素值。

(2) 使用"格式"菜单调整

单击"开始"选项卡→"单元格"组→"格式"命令，在弹出的下拉菜单中，单击"行高"或"列宽"命令，可弹出相应的对话框，供用户设置行高值或列宽值。

2. 隐藏行或列

在对 Excel 工作表进行编辑的过程中，如果需要避免使用某些行或列，而又不想将其删除时，可以将它们暂时隐藏。隐藏行或列操作步骤如下。

① 选中需要隐藏的行或列；

② 单击"开始"选项卡→"单元格"组→"格式"按钮，执行下拉菜单中的"隐藏和取消隐

藏”→“隐藏行”或“隐藏列”命令。

选中需要隐藏的行或列后，执行快捷菜单中的“隐藏”命令，也可隐藏行或列。

3. 显示被隐藏的行或列

要重新显示被隐藏的行，有以下两种较便捷的操作方法。

① 选中被隐藏行的上、下两行，然后执行快捷菜单中的“取消隐藏”命令。

② 选中整个工作表，在行号上右击，选择快捷菜单中的“取消隐藏”命令。

要重新显示被隐藏的列，有以下两种较便捷的操作方法。

① 选中被隐藏列的左、右两列，然后执行快捷菜单中的“取消隐藏”命令。

② 选中整个工作表，在列号上右击，选择快捷菜单中的“取消隐藏”命令。

4.4.2 工作簿的基本操作

默认情况下，Excel 2007 工作簿中包含三张工作表，工作表名称分别为 Sheet1、Sheet2 和 Sheet3。在实际使用过程中，经常需要为工作表重新命名或添加、删除、移动、复制工作表。

1. 选择工作表

选择工作表是进行一切编辑操作的前提条件，工作表的选择操作通常是在工作表标签行上进行。

(1) 选择一个工作表。单击要选择的工作表标签，即可选定要操作的工作表。

(2) 选择多个连续的工作表。首先单击要选择的这组工作表的第一个工作表标签，然后按住 Shift 键，再单击这组工作表的最后一个工作表标签。

(3) 选择多个不连续的工作表。首先单击要选择的第一个工作表标签，然后按住 Ctrl 键，再依次单击其他要选择的工作表标签。

(4) 选择全部工作表。右击工作表标签，在弹出的快捷菜单中选择“选定全部工作表”命令，可选中工作簿中的全部工作表。

(5) 取消选定。如果当前已选中工作簿中的所有工作表，则单击任意一个工作表标签，可取消其他工作表的选定。如果当前已选中工作簿中部分工作簿，则单击另外一个未被选中的工作表，可以取消其他工作表的选定。

2. 工作表重命名

新建一个工作簿后，默认的工作表名称为 Sheet1、Sheet2、…。有时为了能从工作表名称了解工作表的内容，需要为工作表重新命名。为工作表重命名常用以下三种方法。

(1) 双击要重命名的工作表标签，工作表名称反白显示，输入新工作表名称后，按 Enter 键确认。

(2) 右击要重命名的工作表标签，在弹出的快捷菜单中选择“重命名”命令，工作表名称反白显示，输入新工作表名称后按 Enter 键确认。

(3) 执行“开始”选项卡→“单元格”组→“格式”菜单→“重命名工作表”命令，则工作表标签行当前工作表名称呈反白显示，输入新工作表名称后，按 Enter 键确认。

3. 插入工作表

新建工作簿后，Excel 默认的工作表只有三个，根据需要可以插入新的工作表。常用的插入工作表的方法有如下三种。

(1) 在工作表标签行上，单击“插入工作表”按钮 ，可以在所有工作表之后添加一个新工作表。

(2) 右击工作表标签，在弹出的快捷菜单中选择“插入”命令，可在当前工作表之前插入一个新工作表。

(3) 执行“开始”选项卡→“单元格”组→“插入”菜单→“插入工作表”命令，可在当前工作表之前插入一个新工作表。

4. 删除工作表

在工作表标签行上，选中一个或多个工作表后，用鼠标右键单击工作表标签，在弹出的快捷菜单中选择“删除”命令，可删除选定的工作表。

5. 复制与移动工作表

Excel 中工作表的移动和复制操作既可以在同一个工作簿中进行，也可以在不同工作簿中进行。

(1) 在同一个工作簿中移动或复制工作表

在工作表标签行上，用鼠标拖动工作表标签可以实现工作表的移动；按住 Ctrl 键，拖动工作表标签，可以实现工作表的复制。

(2) 在不同工作簿中移动或复制工作表

在不同工作簿中移动或复制工作表，可按以下步骤操作。

① 用鼠标右击要移动或复制的工作表标签，执行快捷菜单中的“移动或复制工作表”命令，弹出“移动或复制工作表”对话框，如图 4-19 所示。

② 在对话框中选定目的“工作簿”，以及当前工作表在目的工作簿中的位置。如果是复制工作表，则需要选中“建立副本”选项。

③ 单击“确定”按钮。

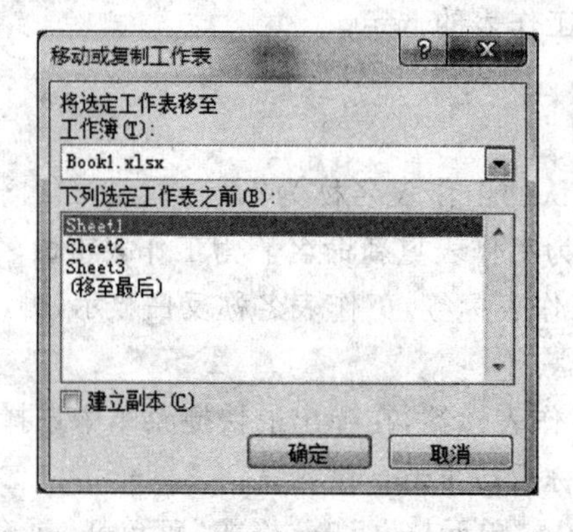

图 4-19 “移动或复制工作表”对话框

4.5 工作表中的数据计算

在工作表中,通过使用公式和函数可以对工作表中的数据做进一步的处理以及运算分析。

4.5.1 公式

Excel 中的公式必须以"="开头,由运算符与参与计算的元素(即操作数)组成。其中操作数可以是常量、单元格地址、名称和函数等。运算符可以是算术运算符、关系运算符、逻辑运算符和引用运算符。如图 4-20 所示,列举了一个公式的组成结构。

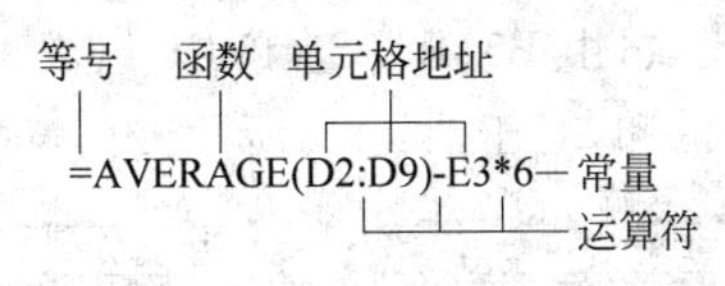

图 4-20 公式的组成结构示例

1. 运算符

(1) 算术运算符

算术运算符包括+、-、*、/、^、%,各算术运算符的功能如表 4-1 所示。

表 4-1 算术运算符及其功能

算术运算符	功能	单元格中公式举例	结果
+	加法	= A3+B5	A3 的数值加 B5 的数值
-	减法	= A3-B5	A3 的数值减 B5 的数值
*	乘法	= A3 * B5	A3 的数值乘以 B5 的数值
/	除法	= A3/B5	A3 的数值除以 B5 的数值
^	乘方	= A3^3	A3 数值的 3 次方
%	百分比	= 9%	0.09

算术运算符的运算顺序同数学一样,优先级从高到低的排列顺序是%→^→*、/→+、-。

(2) 文本连接运算符

文本连接运算符只有一个"&",用于将两段文本连接成一段文本。

例如,A1 单元格中的内容为"数据",B1 单元格中的内容为"处理",若在 D1 单元格中输入公式"=A1 & B1"后,D1 单元格中将显示"数据处理"。

(3) 关系运算符

关系运算符包括=、<、>、>=、<=、<>。关系运算的结果为逻辑值 TRUE(真)或 FALSE(假),关系运算符的功能如表 4-2 所示。

表 4-2　关系运算符及其功能

关系运算符	功能	公式应用举例	运算结果
＝	等于	＝ A2＝B3	A2 等于 B3 时结果为 TRUE,否则为 FALSE
＞	大于	＝ A2＞B3	A2 大于 B3 时结果为 TRUE,否则为 FALSE
＜	小于	＝ A2＜B3	A2 小于 B3 时结果为 TRUE,否则为 FALSE
＞＝	大于或等于	＝ 5＞＝3	TRUE
＜＝	小于或等于	＝ 5＜＝3	FALSE
＜＞	不等于	＝ 5＜＞3	TRUE

(4) 引用运算符

引用运算符共有三个,分别是冒号“:”运算符、空格运算符和逗号“,”运算符。

① 冒号运算符也称为区域运算符,用于定义一个矩形单元格区域。如 B5:C6 表示左上角为 B5、右下角为 C6 的矩形区域,由 B5、B6、C5 和 C6 组成。公式“= SUM(B5:C6)”表示求上述四个单元格中数值数据的和,对于图 4-21 所示工作表中的数据,运算结果为 82。

SUM　=SUM(B5:C6)

	A	B	C	D	E
1	1	11	21	31	
2	2	12	22	32	
3	3	13	23	33	
4	4	14	24	34	
5	5	15	25	35	
6	6	16	26	36	
7	7	17	27	37	
8	8	18	28	38	

图 4-21　区域运算符示例

② 空格运算符也称为交叉运算符,用于表示两个区域之间重叠的部分。如区域 B2:B7 与区域 B5:D7 重叠部分为 B5、B6 和 B7,则公式“= SUM(B2:B7 B5:D7)”表示对 B5、B6、B7 单元格中的数值数据求和,对于图 4-22 所示工作表中的数据,运算结果为 48。

SUM　=SUM(B2:B7 B5:D7)

	A	B	C	D	E
1	1	11	21	31	
2	2	12	22	32	
3	3	13	23	33	
4	4	14	24	34	
5	5	15	25	35	
6	6	16	26	36	
7	7	17	27	37	
8	8	18	28	38	

图 4-22　交叉运算符示例

③ 逗号运算符也称为联合运算符,用于将多个引用合并为一个引用。例如公式“= SUM(B3:B5,D3:D5)”表示求区域 B3:B5 及区域 D3:D5 中所有单元格中的数据之和,对于图 4-23 所示工作表中的数据,运算结果为 144。

需要特别说明的是,执行联合运算时,如果两个区域中有重叠的单元格,这些单元格必须重复计算。

(5) 运算符的优先级

在同一个表达式中出现不同的运算符时,运算符优先级别如表 4-3 所示。

SUM =SUM(B3:B5,D3:D5)

	A	B	C	D	E
1	1	11	21	31	
2	2	12	22	32	
3	3	13	23	33	
4	4	14	24	34	
5	5	15	25	35	
6	6	16	26	36	
7	7	17	27	37	
8	8	18	28	38	

图 4-23 联合运算符示例

表 4-3 运算符的优先级

运算级别	运 算 符
高	括号( )
	百分数%
	乘方^
	乘除 *、/
	加减+、-
	文本连接 &
低	关系运算=、>、<、>=、<=、<>

2. 单元格的引用

在公式中,如果需要引用某一单元格中的数据,通常使用单元格的地址表示该数据,称为单元格的引用。单元格的引用方式有三种,分别是相对引用、绝对引用和混合引用。当复制公式时,使用不同的地址引用方式,复制公式的结果是不一样的。

(1) 单元格的引用方式

① 相对引用

直接用列号加行号表示单元格地址,称为相对引用。例如 E3。

单元格地址的相对引用反映了公式所在的单元格(引用单元格)与被引用单元格之间的相对位置关系。当公式被复制到其他单元格时,这种相对位置关系保持不变,因而被引用单元格的地址被自动修改。

例如,在单元格 D2 已输入公式"=B2+C2",那么将该公式从 D2 单元格复制到 D3 单元格后,D3 单元格中的公式应为"=B3+C3"; 将该公式复制到 E2 单元格后,E2 单元格中的公式应为"=C2+D2"。

② 绝对引用

单元格的绝对引用是在列号和行号之前都加上"$"符号。例如 $E$3。

如果公式中的单元格地址采用绝对引用,那么当公式被复制到其他单元格时,公式中引用的单元格地址会保持不变。

例如,如果在单元格 D2 已输入公式"=$B$2+$C$2",那么将该公式从 D2 单元格复制到 D3 单元格后,D3 单元格中的公式仍为"=$B$2+$C$2"。

③ 混合引用

混合引用是指在表示单元格地址的列号和行号中,一个使用相对引用,另一个使用绝对引用。例如 $D5、E $3。

如果公式中的单元格地址采用混合引用，那么当公式被复制到其他单元格时，相对引用部分随地址的变化而变化，而绝对引用部分不随地址的变化而变化。

例如，如果在单元格 D2 已输入公式“＝B $2＋ $C2”，那么将该公式从 D2 单元格复制到 D3 单元格后，D3 单元格中的公式应为“＝B $2＋ $C3”；将该公式复制到 E2 单元格后，E2 单元格中的公式应为“＝C $2＋ $C2”。

(2) 输入单元格地址的方法

在输入公式时，通常采用以下两种方法输入单元格地址的引用。

① 手动输入地址

可以像输入普通文字一样，利用键盘输入单元格的地址。缺点是效率低，容易出错，一般修改公式时使用这种方法。

手工输入单元格地址时，将插入点定位于已输入的单元格地址处，按 F4 键，可以在三种引用方式之间快速转换。

② 用鼠标提取地址

一般情况下，可以用鼠标单击或拖动直接提取单元格或区域地址。在输入公式的过程中，单击某单元格，能够在公式中直接产生该单元格的相对引用地址；拖动鼠标选定某单元格区域，能够在公式中产生该区域的相对引用地址。

4.5.2 函数

函数是 Excel 系统预定义的内置公式。利用这些内置的函数用户可以快速方便地完成各种复杂的运算，从而大大地提高工作效率。

Excel 提供的函数类型有财务函数、日期与时间函数、数学与三角函数、统计函数、查找与引用函数、数据库函数、文本函数、逻辑函数和信息函数等。

1. 函数的一般格式

(1) Excel 函数的一般格式

函数名(参数 1,参数 2,…,参数 n)

例如：SUM(A3:A6,C4:C6)为计算两个单元格区域的数值之和。

(2) 关于函数的使用说明

① 函数名和左括号之间不允许空格，各参数之间用逗号分隔。

② 函数名不区分大小写字母。

③ 函数可以嵌套使用。

2. 常用的函数输入方法

(1) 手工输入函数

如果用户对要使用的函数名称和参数的意义都很清楚，可以直接在单元格中输入函数，方法同在单元格中输入公式一样。

（2）插入函数

Excel 提供了几百个函数，要熟练掌握所有的函数难度很大，因此可以使用"插入函数"按钮，按照对话框中的提示插入函数。插入函数的操作步骤如下。

① 选中要插入函数的单元格。

② 单击编辑栏上的"插入函数"按钮 f_x ，弹出"插入函数"对话框，如图 4-24 所示。

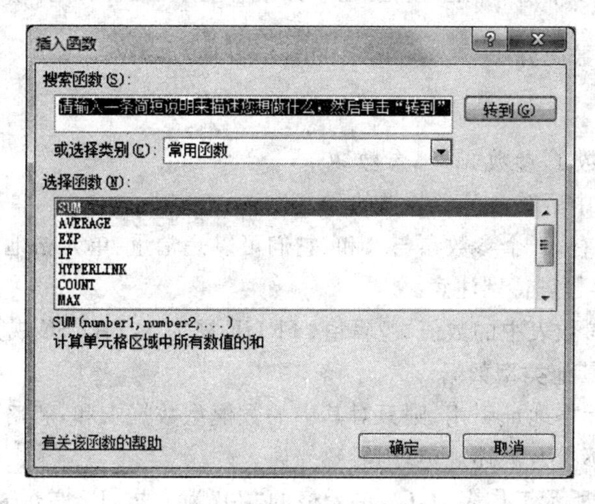

图 4-24 "插入函数"对话框

③ 在该对话框的"或选择类别"下拉列表框中给出了所有的函数类型，可以从中选择要输入的函数类型。其中"常用函数"中包括最近使用过的若干个函数，"全部"中包括了 Excel 提供的全部函数，按字母顺序排列。

④ 在"选择函数"列表框中显示了选中函数类型中的全部函数，可根据需要选择所需函数。

⑤ 单击"确定"按钮，弹出与选中函数相关的"函数参数"对话框。图 4-25 是选中 SUM 函数后弹出的"函数参数"对话框。

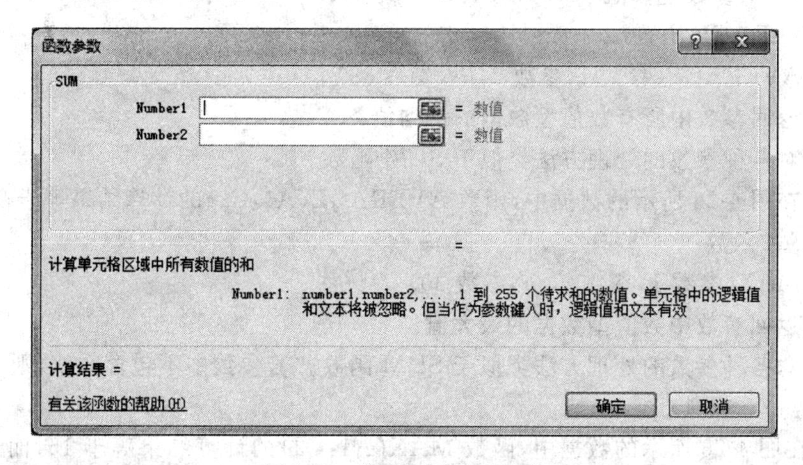

图 4-25 "函数参数"对话框

⑥ 在参数框中输入的参数可以是数值、单元格地址或区域等。

如果参数为单元格地址，可以直接在工作表中单击提取该地址；如果参数为单元格区域，可以在工作表中拖动鼠标，选择该区域。

需要说明的是，如果要选取的单元格或区域被当前对话框覆盖，可以单击按钮，暂时折叠对话框，待参数选取结束，再单击按钮还原对话框。

⑦ 参数输入完毕，单击“确定”按钮，在单元格中显示公式的计算结果。

3. Excel 常用函数简介

(1) SUM 函数

格式：SUM(参数 1，参数 2，…，参数 30)

功能：返回参数中所有数值型数据的和。

说明：最多可以有 30 个参数参与求和，它们可以是常量、单元格地址、区域、表达式等。有以下三种情况的参数需特别注意。

① 直接输入到参数表中的数值、逻辑值(TRUE 视为 1，FALSE 视为 0)和数字文本串，可以参与求和，忽略其他类型数据。

② 若参数为单元格地址引用，则只对其中的数值型数据求和，忽略其他类型。

③ 如果参数值不符合上述规定，则导致错误。

例如，在图 4-26 所示工作表中，C2 单元格的“20”为文本，B2 单元格的“TRUE”为逻辑值，A1、A2、C2 单元格中均为数值，B2 单元格为空。

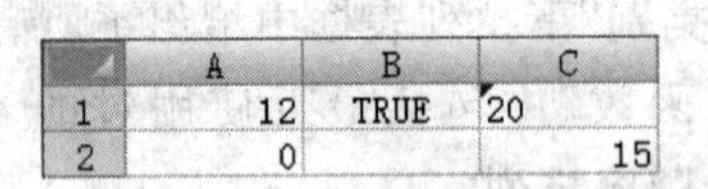

	A	B	C
1	12	TRUE	20
2	0		15

图 4-26 函数运算示例数据

根据图 4-26 中的数据，函数 SUM(A1:C2,"3",TRUE)的计算结果为 31。其中第 1 个参数区域 A1:C3 中参加运算的是 A1、A2 和 C2 单元格，第 2 个参数数字文本串"3"被转换为数值 3，第 3 个参数逻辑值 TRUE 被转换为数值 1。

(2) AVERAGE 函数

格式：AVERAGE(参数 1，参数 2，…，参数 30)

功能：返回参数中所有数值型数据的平均值。

说明：对各种参数的处理方法类似于 SUM 函数。

例如：在图 4-26 所示的数据中，函数 AVERAGE(A1:C2)的计算结果等于 9。

(3) MAX 函数

格式：MAX(参数 1，参数 2，…，参数 30)

功能：返回参数中数值型数据的最大值。

说明：对各种参数的处理方法类似于 SUM 函数。若参数中不包含数值，则 MAX 函数返回 0。

例如，在图 4-26 所示的数据中，函数 MAX(A1:C2)的计算结果等于 15，而函数 MAX(A1:C2,TRUE,"20")结果为 20。

(4) MIN 函数

格式：MIN(参数 1，参数 2，…，参数 30)

功能：返回参数中数值型数据的最小值。

说明：类似MAX函数。

(5) COUNT函数

格式：COUNT(参数1,参数2,…,参数30)

功能：统计参数中数值型数据(包括日期和时间)的个数。

说明：对各种参数的处理方法类似于SUM函数。

例如，在图4-27的示例数据中，函数COUNT(A1:C3)的计算结果等于5，而函数COUNT(A1:C3,TRUE,"10")的计算结果等于7。

	A	B	C
1	10		2月9日
2	我们	11	TRUE
3	12	13	14

图4-27　COUNT函数示例数据

(6) COUNTIF函数

格式：COUNTIF(区域,条件)

功能：统计指定区域内满足特定条件的单元格的个数。

说明：其中判断条件可以是数字、文本或表达式。

例如，在图4-27的示例数据中，函数COUNTIF(A2:C3,">=12")的计算结果为2。

(7) SUMIF函数

格式：SUMIF(条件所在区域,条件[,求和区域])

功能：求满足指定条件的单元格区域中的数据之和。

说明：当参数1(条件所在区域)中的相应单元格满足参数2指定的"条件"时，就对对应的参数3(求和区域)的单元格求和。若省略"求和区域"，则直接对"条件所在区域"中满足条件的单元格求和。

例如，在图4-28的示例数据中，计算所有男生完成数量的总和。函数可以写为SUMIF(B2:B8,"男",C2:C8)，计算结果为14。

	A	B	C
1	姓名	性别	完成数量
2	王键	男	3
3	刘红丽	女	4
4	马志强	男	2
5	高明	男	4
6	孙平	女	5
7	王立军	男	2
8	孙民	男	3

图4-28　SUMIF函数示例数据

(8) IF函数

格式：IF(条件,值1,值2)

功能：根据对条件的判断，返回不同的结果。当条件为TRUE时，返回值1；当条件为FALSE时，返回值2。

例如，在图4-29的示例数据中，当平均分大于或等于60时，在结论单元格中显示"及格”,否则显示“不及格”。则在 H3 单元格中可以输入公式=IF(G3>=60,"及格","不及格")。

	B	C	D	E	F	G	H
1	成绩单						
2	姓名	性别	数学	计算机	英语	平均分	结论
3	刘红丽	女	84	89	78	83.7	
4	高明	男	87	56	46	63.0	
5	王立军	男	34	67	47	49.3	
6	王键	男	92	78	60	76.7	
7	马志强	男	78	90	82	83.3	
8	孙平	女	89	54	96	79.7	
9	孙民	男	89	98	95	94.0	

图 4-29　IF 函数示例数据

4.5.3　自动计算

由于求和、求平均值、计数、最大值、最小值等运算都是使用频率很高的运算，所以 Excel 还提供了一种自动计算的功能，利用该功能可以快速地在工作表中进行这些简单的数据运算。

1. 利用“自动求和”按钮实现自动计算

使用“自动求和”按钮进行自动计算的操作步骤如下。

① 选中存放计算结果的单元格。

② 如果进行求和运算，则单击“开始”选项卡→“编辑”组的“自动求和”按钮 Σ 自动求和 ；如果进行求平均值、最大值、最小值、计数等运算，则单击按钮右侧的下拉箭头，从中选择所需的计算功能。此时在结果单元格中自动出现相关函数和系统建议的参加运算的单元格区域。

③ 根据需要，可以更改参加运算的单元格区域。

④ 更改完成后，按 Enter 键确认，则运算结果显示在结果单元格中。

2. 在状态栏上实现自动计算

使用状态栏上快捷菜单中相关的命令实现自动计算的操作方法如下。

① 选中要参加运算的单元格区域。

② 在状态栏的空白处右击鼠标，弹出快捷菜单，菜单中部分命令如图 4-30 所示。

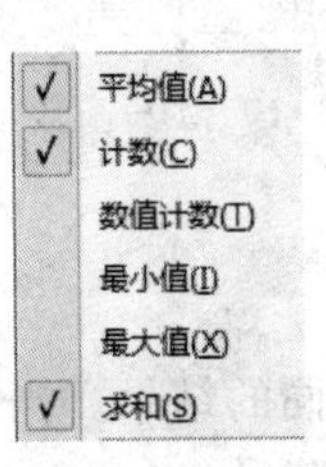

图 4-30　“自动计算”快捷菜单

③ 在快捷菜单中选择所需的计算功能后，计算结果自动显示在状态栏上。

4.5.4 数据链接

所谓工作表之间的数据链接，是指在当前工作表中要引用来自其他工作表或工作簿中的数据。

在 Excel 公式中，既可以引用当前工作表中的数据，也可以引用同一工作簿中其他工作表中的数据或不同工作簿中工作表中的数据，这些统称为“外部单元引用”。

1. 引用同一个工作簿中不同工作表中的数据

在公式中引用其他工作表中的单元格，表示方法是“工作表名!单元格地址”，即在被引用的单元格地址之前添加被引用的工作表的名称，两者之间用“!”分隔。

例如，在 Sheet1 工作表某单元格的公式中引用同一工作簿中 Sheet2 工作表中 B5 单元格的数据，则可以表示为“Sheet2!B5”。

2. 引用不同的工作簿中的数据

在公式中引用其他工作簿的工作表中的单元格，表示方法是“[工作簿文件名]工作表名!单元格地址”。需要注意的是“工作簿文件名”应包括文件的扩展名部分。

例如，在工作簿 Book1.xlsx 的某工作表中引用工作簿 Book2.xlsx 的 Sheet1 工作表中的 C3 单元格的数据，则可以表示为“[Book2.xlsx]Sheet1!C3”。

4.6 数据管理

Excel 的数据管理功能包括数据查询、排序、筛选、分类汇总等，使用这些功能，用户可以很方便地管理、分析数据，从而决策管理提供可靠依据。

4.6.1 数据列表

1. 数据列表的基本知识

在 Excel 中，数据列表也称为“数据库”或“数据清单”，Excel 的数据管理功能是在数据列表上进行的。严格地说，数据列表是以一定的组织方式存储在一起的相互关联的数据集合。

为了更好地执行管理和分析操作，数据列表应该遵循以下条件：

① 一个数据列表应为工作表中一个连续的区域；在一张工作表中最好只存放一张数据列表；如果工作表中还有其他数据列表，各数据列表之间应留出空行和空列。

② 数据列表应有列标题，且放在数据列表的顶端。

③ 数据列表的每一列称为一个字段，字段名(即标题)由字符或汉字组成，每个字段上的数据类型必须相同。一个数据列表中不能有相同的字段。

④ 数据列表的每一行称为一条记录，一个列表中尽量不出现完全相同的记录。

2. 将数据列表转换为 Excel 表

“Excel 表”是 Office 2007 为了更加容易地管理和分析一组相关数据而提供的新功能，将数据列表转换为 Excel 表可以按如下步骤操作。

① 选中要转换为 Excel 表的单元格区域(即数据列表)。

② 单击“插入”选项卡→“表”组→“表”按钮，弹出“创建表”对话框，如图 4-31 所示。

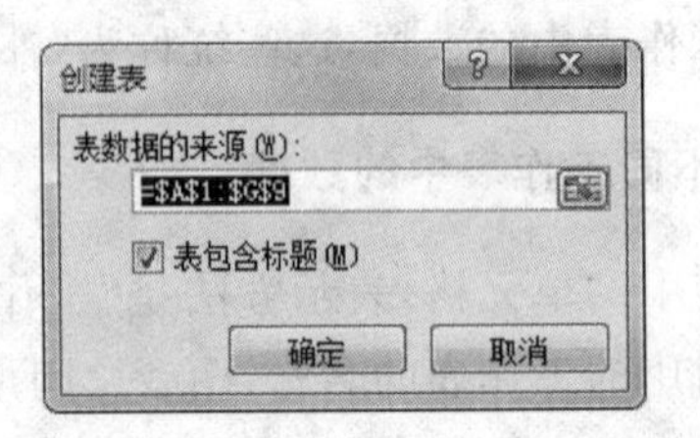

图 4-31 “创建表”对话框

③ 在对话框的“表数据来源”文本框中将自动填充步骤①中选中的区域，也可以重新输入或选择区域；如果所选区域中包含数据列表标题，应选中“表包含标题”选项。

④ 单击“确定”按钮。

将数据列表转换为 Excel 表后，在表标题行的每个字段名右侧自动显示筛选箭头，使用表的右下角的大小调整句柄，可以拖动表，调整其覆盖的区域，如图 4-32 所示。

	A	B	C	D	E	F	G
1	班级	姓名	性别	数学	计算机	英语	平均分
2	电子工程	王立军	男	34	67	90	63.7
3	电子工程	刘红丽	女	56	89	78	74.3
4	电子工程	高明	男	78	56	46	60.0
5	建筑	孙民	男	69	98	98	88.3
6	建筑	孙平	女	63	54	50	55.7
7	建筑	马志强	男	60	90	64	71.3
8	建筑	王键	男	92	78	60	76.7
9	计算机	赵莉莉	女	75	85	82	80.7

筛选箭头
大小调整手柄

图 4-32 Excel 表示例

创建 Excel 表后，当单击表区域时，功能区将增加“表工具→设计”选项卡，可以利用该选项卡上的命令对 Excel 表进行设置和编辑。

Excel 数据管理功能中的排序、筛选等操作既能在数据列表上进行，也能够在 Excel 表上进行，本章以后各小节的讲解均在数据列表上进行。

4.6.2 数据排序

排序是指按指定字段对数据列表中的记录重新组织先后顺序，这个指定的字段称为排序关键字。Excel 中排序操作有以下两种常用方法。

1. 单关键字排序

使用一个关键字对数据列表进行升序或降序排列，可按如下步骤操作。

① 在数据列表中单击排序关键字所在列的任意一个单元格。

② 单击“数据”选项卡→“排序和筛选”组中的“升序”按钮 A↓Z 或“降序”按钮 Z↓A。

2. 多关键字排序

实际工作中，当使用单关键字对数据列表进行排序后，可能会有多条记录该关键字的值是相同的，此时，可以根据其他字段的内容再排序，依此类推，可以设置多个关键字进行排序。按多关键字排序操作步骤如下。

① 单击数据列表中任意单元格。

② 单击“数据”选项卡→“排序和筛选”组→“排序”按钮，弹出“排序”对话框，如图 4-33 所示。

③ 在对话框中选择主要关键字、排序依据、次序；单击“添加条件”按钮逐个添加其他关键字及其排序依据和次序。

④ 单击“确定”按钮。

在“排序”对话框中，单击“选项”按钮，会弹出如图 4-34 所示的“排序选项”对话框，供用户进一步选择“排序方向”和“排序方法”等。

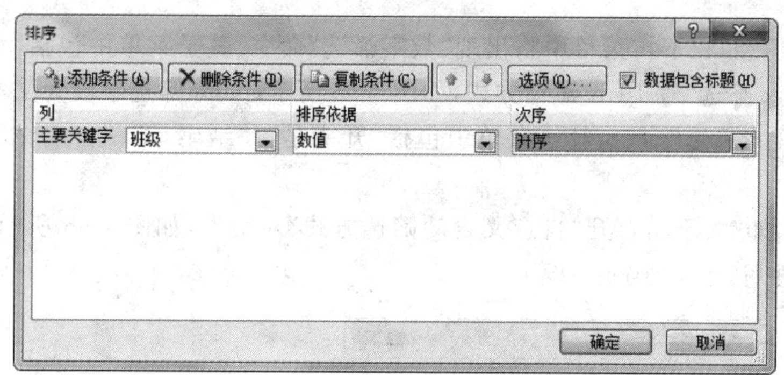

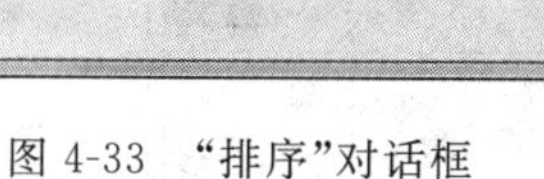

图 4-33 “排序”对话框

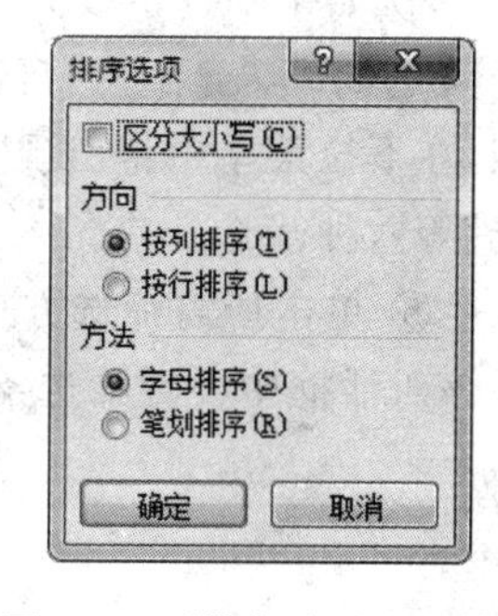

图 4-34 “排序选项”对话框

4.6.3 数据筛选

筛选的作用是将满足条件的记录集中显示在工作表上，而将不满足条件的记录暂时隐藏起来。在 Excel 中，数据筛选有两种方法，即自动筛选和高级筛选。

1. 自动筛选

如果筛选条件只涉及一个字段，可使用自动筛选。自动筛选的操作步骤如下。

① 单击要进行筛选的数据列表中的任意单元格。

② 单击“数据”选项卡→“排序和筛选”组→“筛选”按钮，字段名的右端出现自动筛选箭头。

③ 单击要筛选字段的自动筛选箭头，如图 4-35 中的“数学”字段，弹出相应的下拉列表，如图 4-35 所示。

	A	B	C	D	E	F	G
1	班级	姓名	性别	数学	计算机	英语	平均分
2	电子工				67	90	63.7
3	电子工				89	78	74.3
4	电子工				56	46	60.0
5	建筑				98	98	88.3
6	建筑				54	50	55.7
7	建筑				90	64	71.3
8	建筑						76.7
9	计算机						80.7

升序(S)
降序(O)
按颜色排序(T)
从“数学”中清除筛选(C)
按颜色筛选(I)
数字筛选(F)
(全选) 34 56 60 63 69 75 78 92
确定 取消

等于(E)...
不等于(N)...
大于(G)...
大于或等于(O)...
小于(L)...
小于或等于(Q)...
介于(W)...
10 个最大的值(T)...
高于平均值(A)
低于平均值(O)
自定义筛选(F)...

图 4-35 “数字筛选”子菜单

④ 如果筛选字段为数值型，在下拉菜单中将出现“数字筛选”命令，其子菜单中包括“大于”、“小于”、“介于”、“自定义筛选”等 10 种筛选方式，如图 4-35 所示；如果筛选字段为文本型，在下拉菜单中将出现“文本筛选”命令，其子菜单中包括“开头是”、“结尾是”、“自定义筛选”等六种筛选方式。

⑤ 单击所需筛选方式，如“大于”，打开“自定义自动筛选方式”对话框，如图 4-36 所示。在该对话框中设置筛选条件后，单击“确定”按钮。

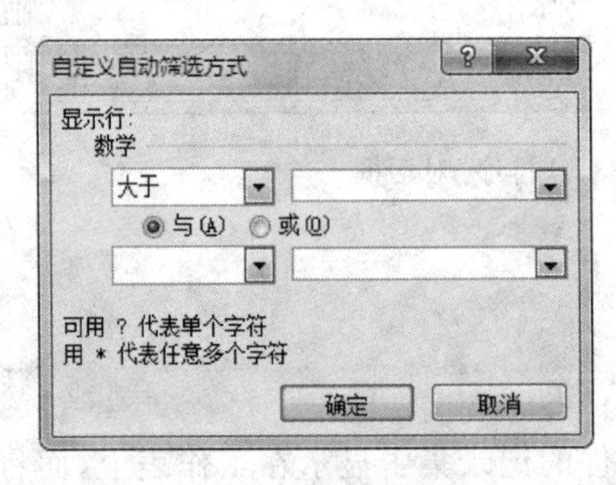

图 4-36 “自定义自动筛选方式”对话框

筛选操作是把满足条件的记录显示出来，但其余的记录并没有从数据列表中删除，而只是被暂时隐藏起来。

要退出自动筛选状态，只要再次单击“数据”选项卡→“筛选和排序”组→“筛选”按钮即可。

2. 高级筛选

高级筛选是指根据多个条件进行筛选。高级筛选可以把满足条件的记录复制到工作表的另一区域中，而原数据区域不变。

高级筛选的操作步骤如下。

① 在工作表中数据列表以外的位置创建一个条件区域，在条件区域中输入筛选条件。要求条件区域中第一行为设置条件的字段名，每个条件应输入在对应的字段名下，同一行中的条件是“与”的关系，不同行中的条件是“或”的关系，一个单元格中只能输入一个条件。

如图 4-37 所示的 I3:J4 就是条件区域，该条件区域中的两个条件是“与”的关系，其含义是“数学大于等于 75 的所有男生”。

	A	B	C	D	E	F	G	H	I	J
1	班级	姓名	性别	数学	计算机	英语	平均分			
2	电子工程	王立军	男	34	67	90	63.7			
3	电子工程	刘红丽	女	56	89	78	74.3		性别	数学
4	电子工程	高明	男	78	56	46	60.0		男	>=75
5	建筑	孙民	男	69	98	98	88.3			
6	建筑	孙平	女	63	54	50	55.7			
7	建筑	马志强	男	60	90	64	71.3			
8	建筑	王键	男	92	78	60	76.7			
9	计算机	赵莉莉	女	75	85	82	80.7			

图 4-37 “高级筛选”的列表区域与条件区域示例

② 单击“数据”选项卡→“筛选和排序”组→“高级”按钮，弹出图 4-38 所示的“高级筛选”对话框。

图 4-38 “高级筛选”对话框

③ 在“列表区域”文本框中指定数据列表所在的区域。

④ 在“条件区域”文本框中指定条件所在的区域。

⑤ 如果选中“将筛选结果复制到其他位置”选项，则还需要指定目的区域的左上角单元格地址，如图 4-38 中的“成绩单！$A $11”；如果选中“在原有区域显示筛选结果”，则原数据区域中不满足筛选条件的记录暂时被隐藏。

⑥ 单击“确定”按钮。

根据图 4-37 中的数据列表、筛选条件和图 4-38 中的设置，执行筛选后的工作表如图 4-39 所示。

3. 取消高级筛选

取消高级筛选，可按如下两种情况进行操作。

① 如果是在原数据区域上显示筛选结果，则单击“数据”选项卡→“筛选和排序”组→“清除”按钮。

② 如果筛选结果复制到了其他位置，则直接删除即可。

	A	B	C	D	E	F	G	H	I	J
1	班级	姓名	性别	数学	计算机	英语	平均分			
2	电子工程	王立军	男	34	67	90	63.7			
3	电子工程	刘红丽	女	56	89	78	74.3		性别	数学
4	电子工程	高明	男	78	56	46	60.0		男	>=75
5	建筑	孙民	男	69	98	98	88.3			
6	建筑	孙平	女	63	54	50	55.7			
7	建筑	马志强	男	60	90	64	71.3			
8	建筑	王键	男	92	78	60	76.7			
9	计算机	赵莉莉	女	75	85	82	80.7			
10										
11	班级	姓名	性别	数学	计算机	英语	平均分			
12	电子工程	高明	男	78	56	46	60.0			
13	建筑	王键	男	92	78	60	76.7			

图 4-39　执行“高级筛选”后的工作表

4.6.4　数据的分类汇总

分类汇总是 Excel 提供的一项统计功能，它可以将相同类别的数据进行分类统计汇总，统计方法有求和、计数、求平均值、求最大值、求最小值、求标准偏差等。但必须注意，分类汇总是在数据已排序的基础上进行的。

1. 创建分类汇总

图 4-40 是一个以“班级”为关键字排序后的“成绩单”工作表，下面介绍在该工作表中统计各班数学平均分、计算机平均分的操作步骤。

① 对数据列表按分类字段“班级”进行排序（升序、降序均可）。

② 单击“数据”选项卡→“分级显示”组→“分类汇总”按钮，弹出图 4-41 所示的“分类汇总”对话框。

	A	B	C	D	E	F	G
1	班级	姓名	性别	数学	计算机	英语	平均分
2	电子工程	王立军	男	34	67	90	63.7
3	电子工程	刘红丽	女	56	89	78	74.3
4	电子工程	高明	男	78	56	46	60.0
5	计算机	赵莉莉	女	75	85	82	80.7
6	计算机	李建军	男	87	89	95	90.3
7	建筑	孙民	男	69	98	98	88.3
8	建筑	孙平	女	63	54	50	55.7
9	建筑	马志强	男	60	90	64	71.3
10	建筑	王键	男	92	78	60	76.7

图 4-40　“成绩单”工作表

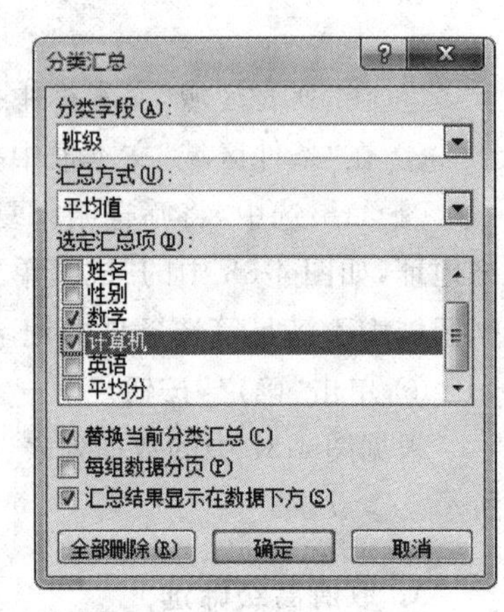

图 4-41　“分类汇总”对话框

③ 在“分类字段”下拉列表框中选择分类字段，如“班级”。

④ 在“汇总方式”下拉列表框中选择一种汇总方式，如“平均值”。

⑤ 在“选定汇总项”中选择进行汇总的一个或多个字段，如“数学”和“计算机”。

⑥ 单击“确定”按钮，汇总结果如图 4-42 所示。

	A	B	C	D	E	F	G
1	班级	姓名	性别	数学	计算机	英语	平均分
2	电子工程	王立军	男	34	67	90	63.7
3	电子工程	刘红丽	女	56	89	78	74.3
4	电子工程	高明	男	78	56	46	60.0
5	电子工程 平均值			56	70.666667		
6	计算机	赵莉莉	女	75	85	82	80.7
7	计算机	李建军	男	87	89	95	90.3
8	计算机 平均值			81	87		
9	建筑	孙民	男	69	98	98	88.3
10	建筑	孙平	女	63	54	50	55.7
11	建筑	马志强	男	60	90	64	71.3
12	建筑	王键	男	92	78	60	76.7
13	建筑 平均值			71	80		
14	总计平均值			68.2222	78.444444		

图 4-42 “分类汇总”结果示例

2. 分级显示

在图 4-42 所示的汇总结果中，行号左侧出现一组控制按钮 1 2 3，称为分级显示符号。要显示分类汇总结果中某一级别的行，单击适当的分级显示符号即可。

第 1 级只显示一个总的汇总结果，即“总计”一行。

第 2 级显示每个分类的汇总结果和总的汇总结果。

第 3 级显示全部数据。

要折叠或展开分级显示中的数据，可以单击 - 和 + 分级显示符号。

3. 删除分类汇总

要删除分类汇总的结果，可以再次单击“数据”选项卡→“分级显示”组→“分类汇总”按钮，弹出图 4-41 所示的“分类汇总”对话框，在对话框中单击“全部删除”按钮。

4.6.5 数据透视表简介

4.5.4 节介绍的分类汇总适用于按一个字段进行分类，对一个或多个字段进行汇总的情况。如果用户需要按多个字段分类并汇总，则需要使用数据透视表。利用数据透视表，可以按分类和子分类对数据进行汇总，还可以对关注的数据子集进行筛选、排序等操作。

以图 4-43 所示的“工资表”为例创建数据透视表，按性别、部门、员工类别分类统计应发工资的平均值。可按如下步骤操作。

① 单击用来创建数据透视表的数据清单，如图 4-43 所示。

② 单击“插入”选项卡→“数据透视表”按钮右下角的下拉箭头，从菜单中选择“数据透视表”命令，弹出“创建数据透视表”对话框，如图 4-44 所示。

③ 在图 4-44 所示对话框中选中“选择一个表或区域”单选按钮，并指定用于创建数据透视表的“表/区域”。选择放置数据透视表的位置，本例中选择了“新工作表”，如果选择“现有工作表”，则需要在“位置”处指定放置数据透视表的区域左上角单元格地址。

	A	B	C	D	E	F	G	H	I
1	员工编号	姓名	部门	性别	员工类别	基本工资	岗位工资	奖金	应发合计
2	3001	白雪	销售部	女	销售管理	4100	1000	1000	6100
3	2003	孔丽	生产部	女	生产工人	3000	500	600	4100
4	1001	李飞	管理部	男	公司管理	4500	1200	500	6200
5	1003	李正	管理部	男	公司管理	3800	950	500	5250
6	1002	马媛	管理部	女	公司管理	4000	1000	500	5500
7	3004	牛玲	销售部	女	销售人员	3150	800	1100	5050
8	3003	齐磊	销售部	男	销售人员	3300	870	0	4170
9	3002	孙武	销售部	男	销售管理	3500	900	1700	6100
10	3005	王林	销售部	男	销售人员	3200	800	900	4900
11	2002	王沙	生产部	男	生产工人	3300	650	600	4550
12	2001	张力	生产部	男	生产管理	4000	1000	600	5600
13	2004	赵阳	生产部	男	生产工人	3000	750	600	4350

图 4-43 “工资表”工作表

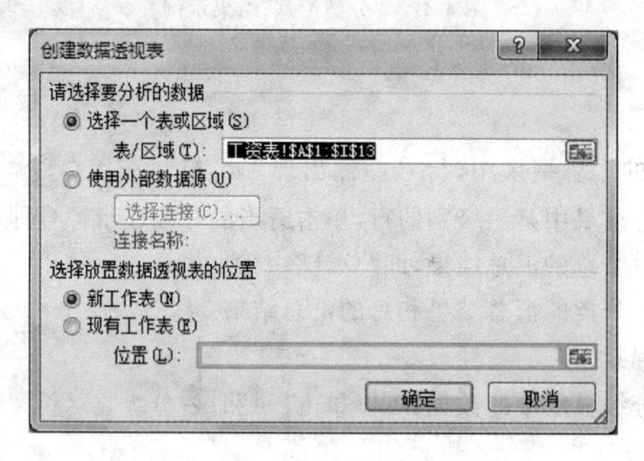

图 4-44 “创建数据透视表”对话框

④ 单击“确定”按钮，进入数据透视表设计环境，如图 4-45 所示。在窗口右侧出现“数据透视表字段列表”任务窗格，该任务窗格中各选项功能如下。

- 数据清单中所有字段的列表。
- 报表筛选：放在该列表框中的字段作为总的分类字段，出现在数据透视表左上角。
- 列标签：放在该列表框中的字段将作为列标题显示在数据透视表顶部。
- 行标签：放在该列表框中的字段将作为行标题显示在数据透视表的第一列上。
- 数值：放在该列表框中的字段被汇总显示在数据透视表的主体部分。默认的汇总函数为 SUM。

⑤ 将“性别”字段拖动到“报表筛选”列表框；将“部门”字段拖动到“行标签”列表框；将“员工类别”字段拖动到“列标签”列表框；将“应发合计”字段拖动到“数值”列表框。如图 4-46 所示。

⑥ 在“数值”列表框中，单击“求和项：应发合计”右侧的下拉箭头，从弹出的菜单中选择“值字段设置”，弹出“值字段设置”对话框，如图 4-47 所示。

⑦ 在“值字段设置”对话框中选择所需的计算类型，如本例的“平均值”。单击“确定”按钮，完成数据透视表的创建，如图 4-48 所示。

图 4-45 数据透视表设计环境

图 4-46 数据透视表布局图

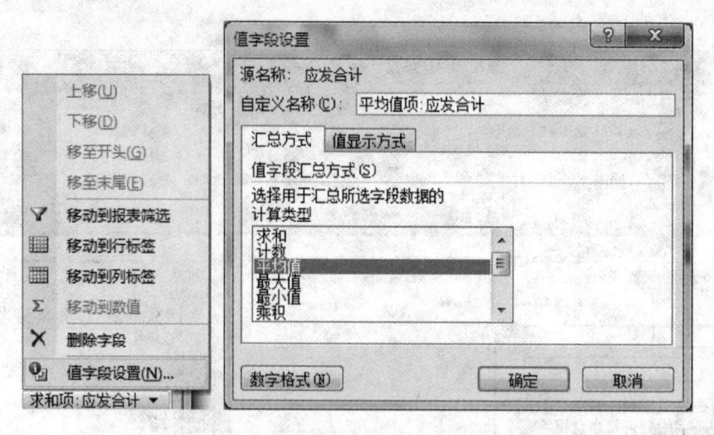

图 4-47 “值字段设置”菜单和对话框

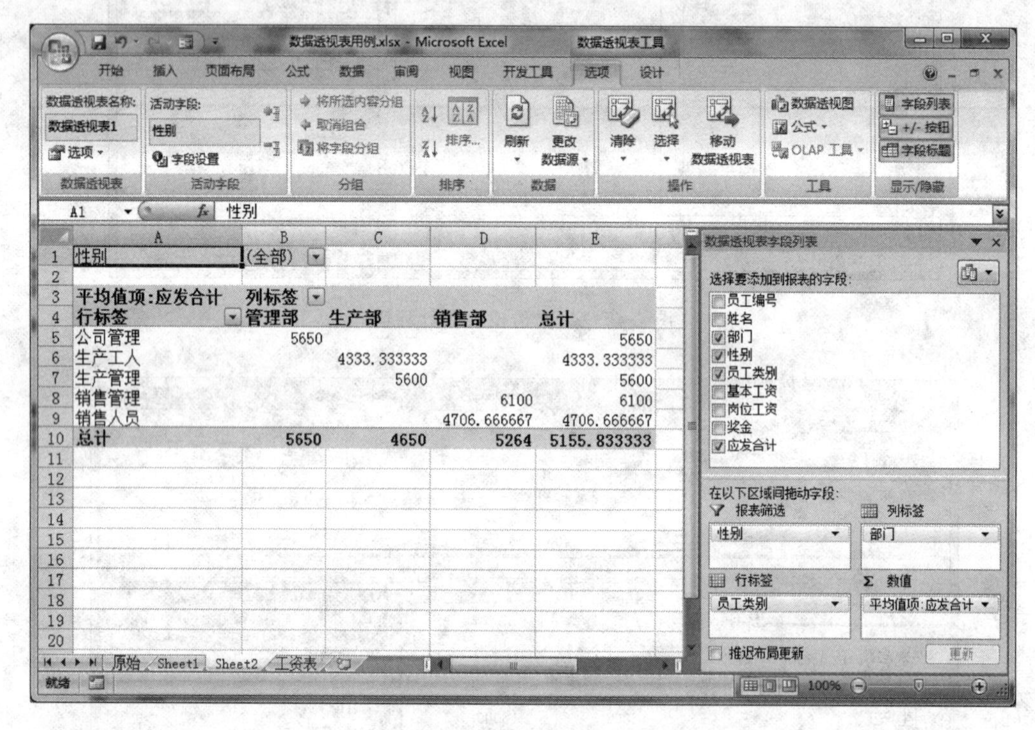

图 4-48 数据透视表结果

4.7 图表的应用

Excel 中的图表就是将工作表中的数据以图形的形式显示，可以将工作表中的数值显示为柱形图、条形图、折线图、饼图、股价图等各种图形，供数据分析使用。

4.7.1 图表的组成元素

在学习创建图表之前，需要先了解图表中常用的术语。例如，图 4-49 显示了一个柱形图中的部分组成元素。

① 图表区：整个图表及其包含的元素。

② 绘图区：在二维图表中，以坐标轴为界，包含全部数据系列的区域。在三维图表中，绘图区以坐标轴为界并包含数据系列、分类名称、刻度线和坐标轴标题。

③ 图表标题：标示与图表相关的名称。可以自动与坐标轴对齐或在图表顶端居中。

④ 数据点：对应于单元格中的一个独立数值。

⑤ 数据系列：图表上一组相关数据点，如工作表中一行或一列。图表中的每个数据系列以不同的颜色和图案加以区分。

⑥ 数据标记：图表中的条形、面积、圆点、扇区或其他类似符号，来自于工作表单元格的单一数据点或数值。图表中所有相关的数据标记构成了数据系列。

⑦ 数据标志：根据不同的图表类型，数据标志可以是数值、数据系列名称、百分比等。

⑧ 坐标轴：为图表提供计量和比较的参考线，一般包括 X 轴、Y 轴。

⑨ 网格线：图表中从坐标轴刻度线延伸开来并贯穿整个绘图区的可选线条。

⑩ 图例：位于图表中适当位置处的一个方框，内含各个数据系列名，用于标识图表中的数据系列。

⑪ 数据表：在图表下方的网格中，显示每个数据系列的值。通常不显示该选项。

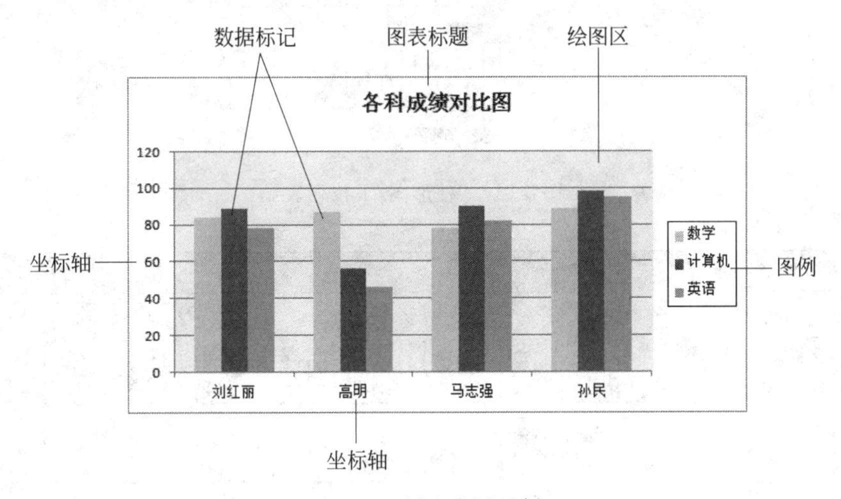

图 4-49　图表术语示例

4.7.2 创建图表

根据图 4-50 所示的“成绩单”工作表创建图 4-49 所示的柱形图可按如下步骤操作。

	A	B	C	D	E	F	G
1	班级	姓名	性别	数学	计算机	英语	平均分
2	电子工程	刘红丽	女	84	89	78	83.7
3	电子工程	高明	男	87	56	46	63.0
4	建筑	马志强	男	78	90	82	83.3
5	建筑	孙民	男	89	98	95	94.0

图 4-50　选择数据区域

① 选择要创建图表所需的数据区域，如图 4-50 所示的 B2:B5 和 D2:F5。

② 单击“插入”选项卡→“图表”组→“柱形图”按钮，在下拉列表中选择所需的子图表类型，如图 4-51 所示的“簇状柱形图”。

在“插入”选项卡的“图表”组中有很多图表类型供用户选择，也可以单击“图表”组右下角的对话框启动按钮，弹出“插入图表”对话框，在图表样式库中选择所需图表类型，如图 4-52 所示。

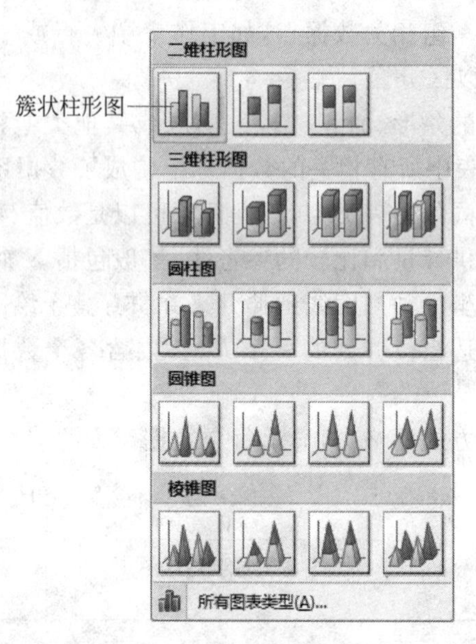

图 4-51 “柱形图”下拉列表

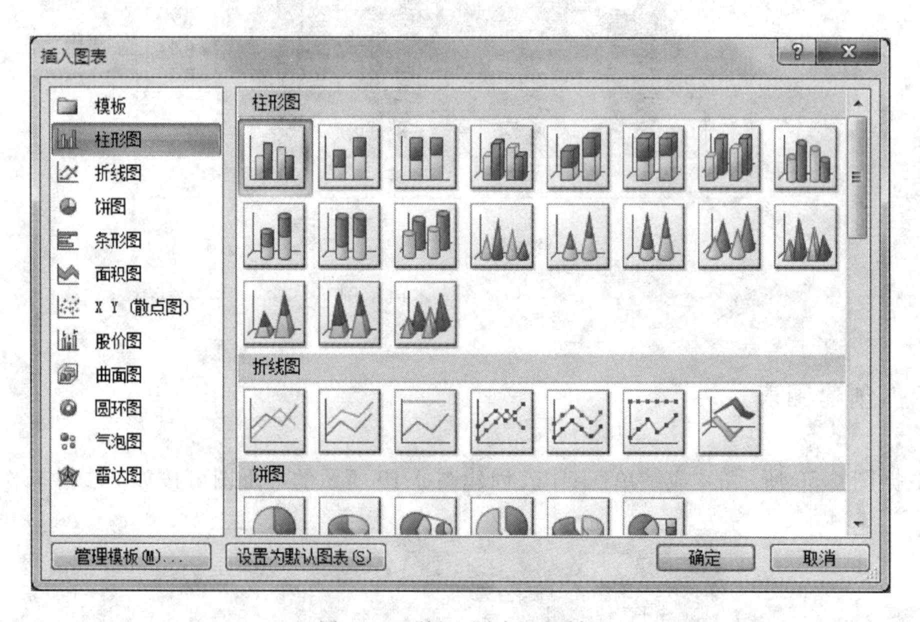

图 4-52 “插入图表”对话框

③ 选择子图表类型后，图表自动插入到当前工作表中，如图 4-53 所示。

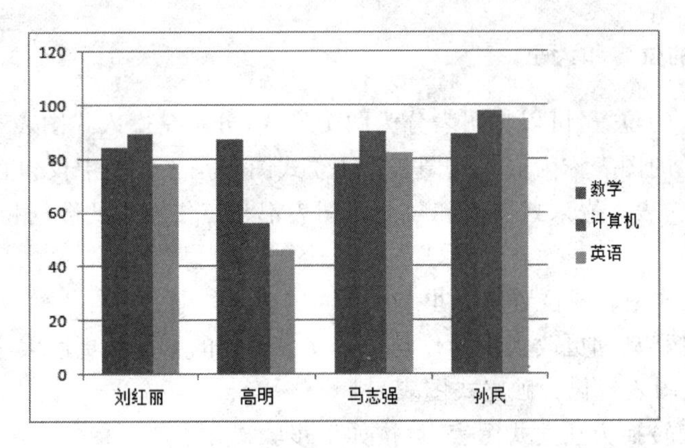

图 4-53 新插入的图表

4.7.3 常用的图表编辑操作

将图 4-53 中新创建的图表与图 4-49 所示的图表做比较，可以发现新插入的图表还有许多地方需要修改，如添加图表标题、设置图表元素的格式等。

单击选中已创建的图表，功能区将增加三个选项卡，即“图表工具/设计”、“图表工具/布局”和“图表工具/格式”选项卡。通过这三个选项卡中的命令按钮，可以对图表进行各种设置和编辑。

1. 添加图表标题

为图表添加标题，可以按照如下步骤操作。

① 单击图表将其选中。

② 单击“图表工具|布局”选项卡→“标签”组→“图表标题”按钮，从弹出的下拉列表中选择一种放置标题的方式，如图 4-54 所示。

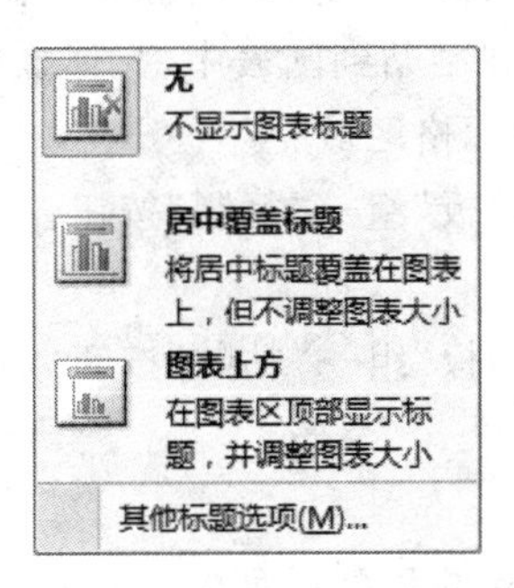

图 4-54 “图表标题”下拉列表

③ 选择标题放置方式后，在图表的相应位置出现文本框用于输入标题文本。

④ 右击标题文本，在弹出的快捷菜单中选择“设置图表标题格式”命令，在弹出的对话框中设置所需的标题格式。

2. 调整图表的位置和大小

根据图表摆放的位置，可以将图表分为两个形式，分别是嵌入式图表和独立式图表。直接出现在工作表上的图表称为嵌入式图表；独立式图表是工作表中仅包含图表的特殊工作表，也称为图表工作表。嵌入式图表和独立式图表都与工作表中的数据相链接，并随工作表数据的更改而更新。

(1) 调整嵌入式图表的位置和大小

嵌入式图表的移动和更改大小操作与 Word 中图片的移动和更改大小操作完全相同。

(2) 将嵌入式图表转化为独立式图表

将嵌入式图表转换为独立式图表，可按如下步骤操作。

① 单击图表将其选中。

② 单击“图表工具/设计”选项卡→“位置”组→“移动图表”按钮，弹出“移动图表”对话框，如图 4-55 所示。

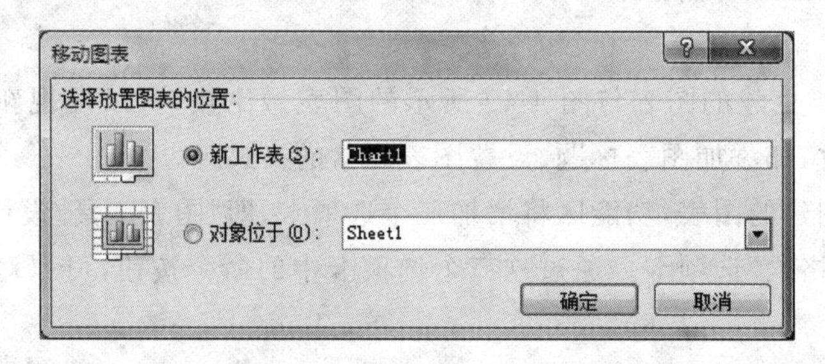

图 4-55 “移动图表”对话框

③ 在“移动图表”对话框中选择“新工作表”单选按钮，并指定新工作表名称。

④ 单击“确定”按钮。

3. 向图表中添加数据

无论是嵌入式图表还是独立式图表，都可以向其中添加数据。向图表中添加数据最简单的方法是复制工作表中的数据并粘贴到图表中，具体操作步骤如下。

① 选中要添加到图表中的单元格区域。

② 单击“开始”选项卡→“剪贴板”组→“复制”按钮。

③ 单击图表将其选中。

④ 单击“开始”选项卡→“剪贴板”组→“粘贴”按钮。

4. 删除数据系列

在图表绘图区单击代表要删除的数据系列的颜色块或图案，按 Delete 键。需要说明的是，在图表中删除数据系列后，并不影响数据源中的数据。

5. 更改图表类型

选择一个恰当的图表类型，有助于更清晰地反映数据的差异和变化。当对创建的图表类型不满意时，可以更改图表类型，具体操作步骤如下。

① 如果是嵌入式图表，则单击将其选中；如果是独立式图表，则单击相应的工作表标签，将工作表选中。

② 单击“图表工具/设计”选项卡→“类型”组→“更改图表类型”按钮，弹出形如图 4-52 所示的“更改图表类型”对话框。

③ 在对话框中选择所需图表类型及其子图表类型后，单击“确定”按钮。

6. 设置图表元素的格式

要对图表各组成元素设置格式，可以右击该元素，从快捷菜单中选择“设置 XXX 格式”命令。

7. 删除图表

对于嵌入式图表，选中所要删除的图表，按 Delete 键即可删除图表；对于独立式图表，则需要删除图表所在的工作表。

4.8 页面设置与打印

制作完成的电子表格往往需要以报表的形式打印出来。Excel 为用户提供了丰富的页面设置和打印功能，包括页面设置、打印预览和打印等。

4.8.1 打印区域和分页符的设置

1. 打印区域的设置与取消

默认情况下，Excel 会自动选择工作表中有文字的最大区域为打印区域。

但如果只想打印工作表中的部分数据、图表等，通常可以使用设置打印区域的方法来解决。

设置打印区域可按如下步骤操作。

① 选中工作表中要打印的区域。

② 单击“页面布局”选项卡→“页面设置”组→“打印区域”按钮，在弹出的下拉菜单中选择“设置打印区域”命令。

打印区域设置完成后，Excel 自动在该区域上添加了打印区域的虚线边框，执行打印命令时，就只打印这部分区域的内容。

要取消已设置的打印区域，可以单击“页面布局”选项卡→“页面设置”组→“打印区域”按钮，在弹出的下拉菜单中选择“取消打印区域”命令。

2. 插入分页符

同 Word 类似，当要打印的内容超过打印纸的范围时，Excel 会自动进行分页。与 Word 不同的是，Excel 的分页符分为“水平分页符”和“垂直分页符”。分页符在工作表中用虚线表示，“水平分页符”以“行”为界将工作表分页，而“垂直分页符”以“列”为界将工作表分页。如果系统自动分页的位置不能满足用户的要求，可以根据需要进行人工分页设置。

(1) 插入人工分页符

插入人工分页符的操作步骤如下。

① 选中要插入分页符的行(或列)，也可选中该行最左边的单元格(或该列最上边的单元格)。

② 单击“页面布局”选项卡→“页面设置”组→“分隔符”按钮，在弹出的下拉菜单中选择“插入分页符”命令。此时在该行的上边框线(或该列的左边框线)位置出现了一条水平(或垂直)的虚线，表示插入了人工分页符。

如果在工作表中任选一个不是第一行或第一列的单元格，执行上述命令时，会在单元格的上边框线或左边框线处各插入一条人工分页符虚线。

(2) 删除人工分页符

选中分页符下一行或右侧一列的任一单元格，单击“页面布局”选项卡→“页面设置”组→“分隔符”按钮，在弹出的下拉菜单中选择“删除分页符”命令，即可删除该分页符。在下拉菜单中选择“重设所有分页符”命令，可删除所有人工分页符。

4.8.2 页面设置

打印报表之前用户可以根据报表的要求进行页面设置。单击“页面布局”选项卡→“页面设置”组的对话框启动按钮，弹出如图4-56所示的“页面设置”对话框，可以对页面、页边距、页眉/页脚和工作表进行设置。

1. 设置打印方向和纸张大小

在“页眉设置”对话框中切换到“页面”选项卡，如图4-56所示。

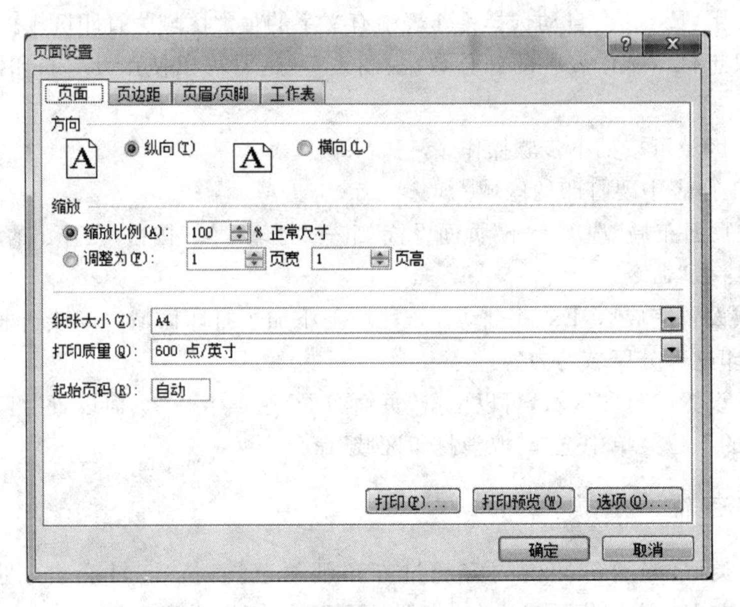

图4-56 “页面设置”对话框的“页面”选项卡

在"方向"区域,可以选择打印方向为纵向或横向;在"纸张大小"下拉列表中可以选择所需的纸张类型;在"缩放比例"框中可选择工作表打印时的缩放比例,比例范围为10%～400%;在"起始页码"处可以设置开始打印的起始页码,后续页码自动递增。

2. 设置页边距

在"页面设置"对话框中切换到"页边距"选项卡,如图4-57所示。

"上"、"下"、"左"、"右"用于设置打印的工作表内容距纸张边缘的距离;"页眉"、"页脚"用于设置页眉、页脚的位置距纸张边缘的距离;在"居中方式"区域,可设置工作表在纸张水平居中或垂直居中的位置打印。

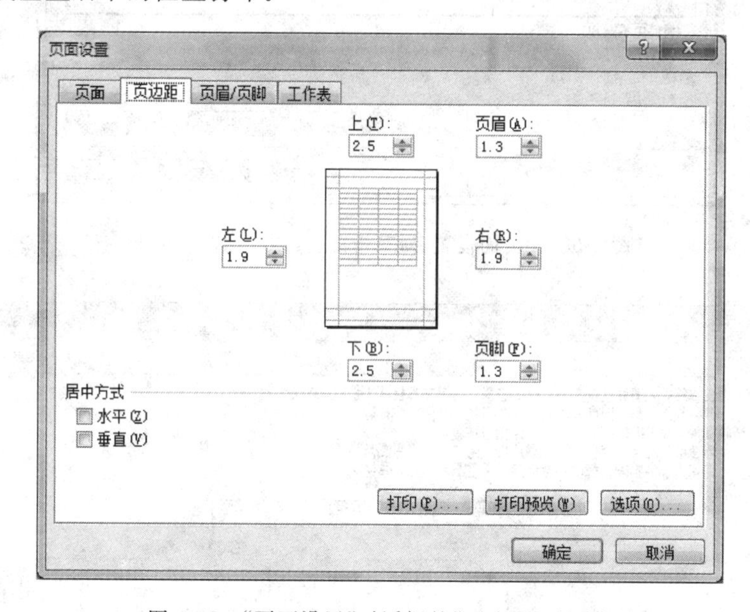

图4-57 "页面设置"对话框的"页边距"选项卡

3. 设置页眉/页脚

在"页面设置"对话框中切换到"页眉/页脚"选项卡,如图4-58所示。

在"页眉"和"页脚"下拉列表框中,是系统预置的页眉或页脚形式,用户可以从中选择所需要的页眉和页脚格式。

如果用户希望自己定义页眉,可按如下步骤操作。

① 在图4-58所示的对话框中,单击"自定义页眉"按钮,弹出图4-59所示的"页眉"对话框。

② 根据需要在"左"、"中"、"右"三个文本框输入页眉内容。

"左"、"中"、"右"三个文本框,分别对应于页眉的左边、中间和右边区域,用户在这三个文本框中输入的内容会在工作表页眉的相应位置显示。

"页眉"对话框中还有10个操作按钮,各按钮功能如下。

"格式文本"按钮 A ,用于设置页眉中文本的字体、字号和文本样式。

"插入页码"按钮,用于插入页码。

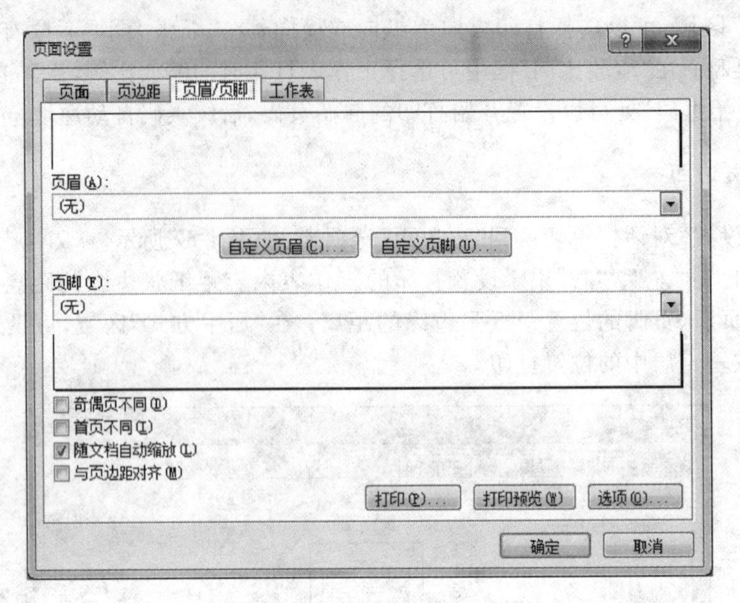

图 4-58 “页面设置”对话框的“页眉/页脚”选项卡

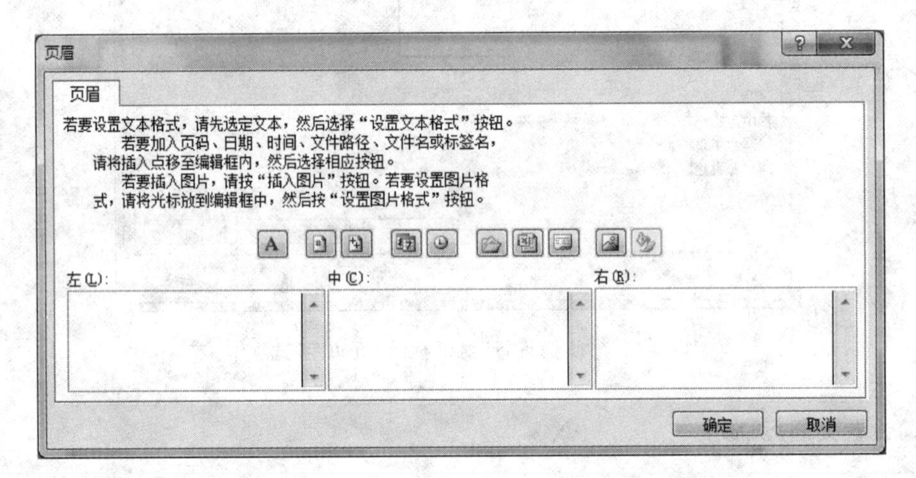

图 4-59 “页眉”对话框

“插入页数”按钮，用于插入总页数。

“插入日期”按钮，用于插入当前系统日期。

“插入时间”按钮，用于插入当前系统时间。

“插入文件路径”按钮，用于插入当前工作簿文件所在的路径和文件名。

“插入文件名”按钮，用于插入当前工作簿文件名。

“插入数据表名称”按钮，用于插入当前工作表名。

“插入图片”按钮，用于在页眉或页脚中插入图片。

“设置图片格式”按钮，用于设置已插入的图片格式。

③ 单击“确定”按钮，返回上级对话框，即图 4-58 所示的“页眉/页脚”选项卡。

④ 单击“确定”按钮。

自定义页脚的方法与自定义页眉的方法相同，不再赘述。

4. 设置工作表

在"页面设置"对话框中切换到"工作表"选项卡，如图4-60所示。

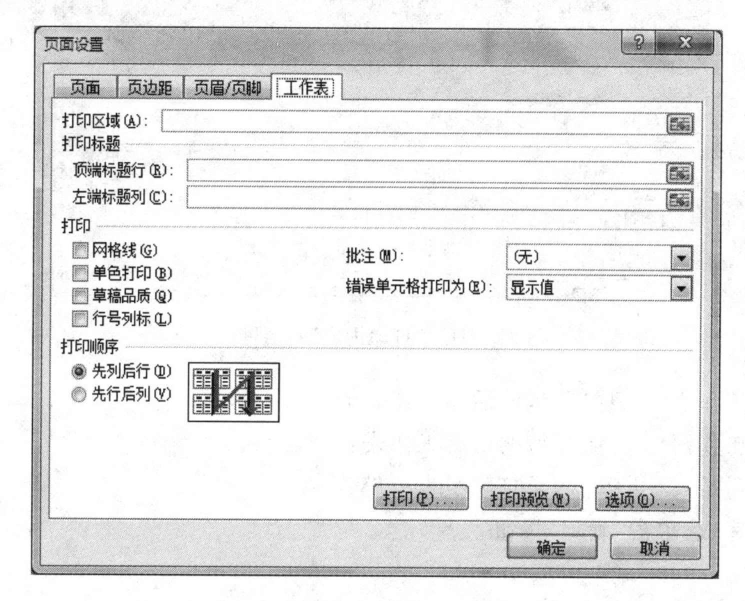

图4-60 "页面设置"对话框的"工作表"选项卡

如果打印的内容较长，要打印两页以上，而又要求在后面各页与第一页具有相同的行标题或列标题，则在"打印标题"区域中的"顶端标题行"和"左端标题列"列表框中指定要打印为标题的行与列。

在"打印"区域常用的选项是"网格线"，选中该选项后，即使打印区域未设置边框线，也能打印出实线的边框线。

4.8.3 打印预览与打印工作表

1. 打印预览

打印报表之前，通常都要使用"打印预览"功能察看能否达到理想的打印效果。单击Office按钮→"打印"→"打印预览"命令，屏幕上就会显示出打印输出时的效果。

2. 打印工作表或工作簿

在打印预览后，如果预览效果符合用户要求，就可以按如下步骤操作，打印报表。

(1) 单击Office按钮→"打印"→"打印"命令，弹出"打印内容"对话框，如图4-61所示。

(2) 在打印对话框中可以设置如下选项。

① "全部"：打印整个工作表。

② "页"：选中该选项后，需要在后面的输入框中输入要打印的起始页号和终止页号。

③ "选定区域"：只打印事先选中的区域。

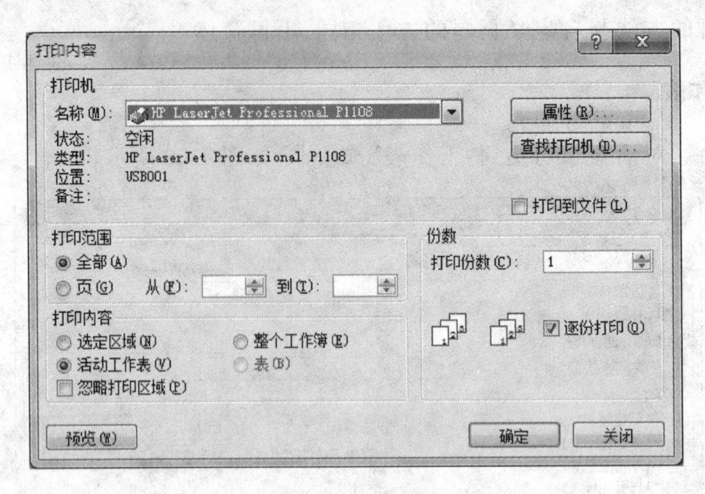

图 4-61 “打印内容”对话框

④“活动工作表”：只打印当前活动工作表的内容。

⑤“整个工作簿”：将工作簿的所有工作表打印出来。

⑥“打印份数”：用于输入要打印报表的份数。

(3) 设置完成，单击“确定”按钮。

习题四

一、单项选择题

1. 如果想在单元格中输入一个编号“00010”(不包括双引号)，应该先输入(　　)。

A) =　　B) '　　C) "　　D) 空格

2. 在 Excel 某单元格中输入分数 9/11 时，需要先输入(　　)，然后再输入 9/11。

A) ^　　B) 0　　C) 空格　　D) 0 和空格

3. 在 Excel 的编辑状态下，向单元格 A1 中输入数值 2，向单元格 A2 中输入数值 4，然后选中 A1:A2 区域，并向区域下方拖动填充柄，则 A3、A4 单元格中显示的分别是(　　)。

A) 2 和 4　　B) 4 和 4　　C) 8 和 16　　D) 6 和 8

4. 下列关于移动和复制工作表的叙述中错误的是(　　)。

A) 在工作表标签行上可以同时移动或复制多个工作表

B) 选中的工作表只能在同一工作簿中进行移动或复制

C) 选中的工作表可以移动到其他已打开的工作簿中

D) 选中的工作表可以移动或复制到一个新工作簿中

5. 向 Excel 单元格中输入公式时，如果出错，单元格将显示错误值，该值以(　　)符号开头。

A) !　　B) #　　C) =　　D) ?

6. 在 Excel 工作表中，已知第 5 列是“奖学金”，第 6 列是“成绩”，从第 5 行至第 20 行为相关数据，现要统计成绩在 80 分以上(包括 80)的学生获得的奖学金总额，并将结果写入第

21行第5列，则该单元格应该填入(　　)。

A) =COUNT(F5:F20,">=80",E5:E20)

B) =SUM(F5:F20,">=80",E5:E20)

C) =COUNTIF(F5:F20,">=80",E5:E20)

D) =SUMIF(F5:F20,">=80",E5:E20)

7. 假设数据列表中有一列的字段名为“成绩”，若按照成绩对数据列表中的数据进行降序排序，应该(　　)，然后单击“降序”按钮。

A) 选取“成绩”一列的所有数据　　B) 选取整个数据列表

C) 单击“成绩”所在列的任意一个单元格　　D) 单击数据列表中任意一个单元格

8. 下列有关筛选操作的叙述中，正确的是(　　)。

A) 自动筛选和高级筛选都可以将筛选结果写入到数据列表之外的区域中

B) 自动筛选的筛选条件只能是一个

C) 执行高级筛选前必须在另外的区域中提前给出筛选条件

D) 高级筛选中同一行上的筛选条件之间是“或”的关系

9. Excel中，下列叙述正确的是(　　)。

A) 分类汇总操作只有一个分类字段；数据透视表可以同时按两个字段分类

B) 分类汇总和数据透视表都只能按一个分类字段汇总，只是汇总结果的显示方式不同

C) 分类汇总和数据透视表都可以同时按两个分类字段汇总，只是汇总结果的显示方式不同

D) 分类汇总可以同时按两个分类字段汇总，数据透视表只能按一个分类字段汇总

10. Excel图表的显著特点是生成图表的工作表中的数据变化时，图表(　　)。

A) 随之改变　　B) 不出现变化

C) 自然消失　　D) 生成新图表，保留原图表

二、填空题

1. 默认情况下，在单元格中输入3-4，系统将显示________。

2. 向Excel单元格中输入数据时，按________键，可以在当前活动单元格内换行。

3. 已知工作表的C1单元格中为公式“=A1+ $B $1”，则将C1单元格的公式复制到D2单元格后，D2单元格的公式为________。

4. 函数IF("A">"B",1,2)的值是________。

5. 在工作表中的A1、B3、C6三个单元格中已输入正确的数值，那么求这三个数中的最小值使用的公式是“=________”。

二、操作题

1. 工作表中数据的输入与格式设置。

创建一个名为“实验4-1.xlsx”的工作簿文件，并完成如下操作：

(1) 在Sheet1工作表中输入如图4-62所示的成绩单。注意：“学号”列是由数字组成的文本串；H1单元格中的制表日期输入的是当前系统日期。

	A	B	C	D	E	F	G	H	I
1	成绩单						制表日期:	2014/5/29	
2	专业	学号	姓名	性别	数学	英语	计算机	总分	总评
3	建筑	131001	陈辉	男	78	70	85		
4	建筑	131002	宋文彬	男	65	43	60		
5	建筑	131016	张云	女	89	82	86		
6	化工	131103	王胜利	男	86	72	78		
7	化工	131107	李大明	男	50	56	45		
8	化工	131109	孙晓	女	70	88	85		
9	化工	131106	杨青	女	90	94	92		
10	经济	132102	黄平	男	92	87	95		
11	经济	132104	刘一飞	男	74	79	60		

图 4-62　Sheet1 工作表示例数据

(2) 参照图 4-63 将 A1:F1 合并并居中；在 C9 单元格中插入批注，批注内容为“学习委员”。

	A	B	C	D	E	F	G	H	I
1	成绩单						制表日期:	2014/5/29	
2	专业	学号	姓名	性别	数学	英语	计算机	总分	总评
3	建筑	131001	陈辉	男	78	70	85		
4	建筑	131002	宋文彬	男	65	43	60		
5	建筑	131016	张云	女	89	82	86		
6	化工	131103	王胜利	男	86	72	78		
7	化工	131107	李大明	男	50	56	45		
8	化工	131109	孙晓	女		88	85		
9	化工	131106	杨青	女		94	92		
10	经济	132102	黄平	男		87	95		
11	经济	132104	刘一飞	男		79	60		
12									

wang:
学习委员

图 4-63　合并单元格及插入批注后的 Sheet1

(3) 参考图 4-64，按如下要求设置格式。

① 将“成绩单”的字体设置为“楷体”，字号 16，加粗，红色。

② 为 A2:I2 的标题行设置填充。填充的“背景色”为橘色、“图案样式”为 12.5%灰色、“图案颜色”为浅蓝色。

③ 为整个表格区域 A1:I11 设置边框。外边框为深蓝色最粗的单实线，内边框为蓝色细单实线。

④ 将英语成绩不及格的用红色、粗斜体字体显示。

	A	B	C	D	E	F	G	H	I
1	**成绩单**						制表日期:	2014/5/29	
2	专业	学号	姓名	性别	数学	英语	计算机	总分	总评
3	建筑	131001	陈辉	男	78	70	85		
4	建筑	131002	宋文彬	男	65	***43***	60		
5	建筑	131016	张云	女	89	82	86		
6	化工	131103	王胜利	男	86	72	78		
7	化工	131106	杨青	女	90	94	92		
8	化工	131107	李大明	男	50	***56***	45		
9	化工	131109	孙晓	女	70	88	85		
10	经济	132102	黄平	男	92	87	95		
11	经济	132104	刘一飞	男	74	79	60		

图 4-64　设置格式后的 Sheet1

2. 工作表中的数据计算。

将操作题1创建的Sheet1工作表更名为“公式与函数”，然后完成如下操作。操作结果如图4-65所示。

① 使用公式计算所有学生的总分。计算公式为：总分＝数学＋英语＋计算机

② 使用IF函数输入总评列的所有数据。评定方法如下：

◆ 总分＜180的，总评为“不合格”；

◆ 180≤总分＜240的，总评为“合格”；

◆ 总分≥240的，总评为“优秀”。

③ 在E13:G13中分别统计数学、英语、计算机的平均成绩，保留一位小数。

④ 在E14:G14中分别统计数学、英语、计算机的最高分。

⑤ 在E15:G15中分别统计数学、英语、计算机的最低分。

⑥ 在E16:G16中分别统计数学、英语、计算机的不及格人数。

	A	B	C	D	E	F	G	H	I
1	成绩单						制表日期:	2014/5/29	
2	专业	学号	姓名	性别	数学	英语	计算机	总分	总评
3	建筑	131001	陈辉	男	78	70	85	233	合格
4	建筑	131002	宋文彬	男	65	43	60	168	不合格
5	建筑	131016	张云	女	89	82	86	257	优秀
6	化工	131103	王胜利	男	86	72	78	236	合格
7	化工	131106	杨青	女	90	94	92	276	优秀
8	化工	131107	李大明	男	50	56	45	151	不合格
9	化工	131109	孙晓	女	70	88	85	243	优秀
10	经济	132102	黄平	男	92	87	95	274	优秀
11	经济	132104	刘一飞	男	74	79	60	213	合格
12									
13				平均分	77.1	74.6	76.2		
14				最高分	92	94	95		
15				最低分	50	43	45		
16				不及格人数	1	2	1		

图4-65 完成数据运算后的工作表

3. 数据管理。

将操作题2中的工作表“公式与函数”复制四份，将复制后的四个工作表分别更名为“排序”、“筛选”、“分类汇总”和“图表”。然后根据每个工作表中A2:I11区域中的数据清单完成如下操作。

① 在“排序”工作表中按专业升序排序，专业相同的按总分降序排序。

② 在“筛选”工作表中筛选出总评为“优秀”的所有女生。

③ 在“分类汇总”工作表中按性别统计数学、英语的平均分。

④ 在“图表”工作表中，根据建筑专业三名学生的数学和英语成绩，创建嵌入式图表。图表类型为“数据点折线图”，图表标题为“成绩比较折线图”。图表的其他选项参考图4-66自行设置。

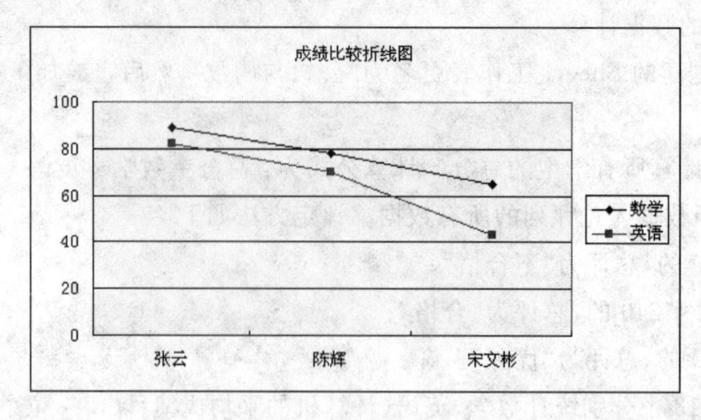

图 4-66 图表示例

第 5 章　演示文稿制作软件 PowerPoint 2007

PowerPoint 是 Microsoft 公司推出的以幻灯片方式放映演示文稿的软件包。利用 PowerPoint 可以很方便地创建演示文稿、讲义、大纲、演讲注释以及透明胶片等。它还提供了一些工具，使用这些工具可以创建组成演示文稿的演示对象，如图表、图形、项目符号、文本、多媒体视频和声音剪辑等。PowerPoint 还包括强大的幻灯片放映管理工具，提供全面的控制。用 PowerPoint 能够创建特殊的自定义幻灯片放映，制作视觉、声音和动画的效果。

用 PowerPoint 可以设计制作广告宣传、产品演示等电子版幻灯片，制作的演示文稿可以通过计算机屏幕或者投影机播放；利用 PowerPoint，不但可以创建演示文稿，还可以在互联网上召开面对面会议、远程会议或在 Web 上给观众展示演示文稿。随着办公自动化的普及，PowerPoint 的应用越来越广。

5.1　PowerPoint 2007 概述

PowerPoint 和 Word、Excel 一样，能把电子表格、图表、文本等信息包含到 PowerPoint 演示文稿中。

在制作一个演示文稿的过程中，良好的版式和合适的主题能使幻灯片内容更具有吸引力。PowerPoint 2007 提供新的主题、版式和快速样式。主题可以作为一套独立的选择方案应用于文件中，是颜色、字体和效果三者的组合；版式是幻灯片上标题和副标题文本、列表、图片、表格、图表、形状和视频等元素的排列方式；快速样式是格式设置选项的集合，使用它更易于设置文档和对象的格式。

设置演示文稿格式时，PowerPoint 2007 可以通过快速主题完成一键设置，使背景、文字、图形、图表、图像等达到统一的效果；PowerPoint 2007 提供了设计师级别的 SmartArt 图形，不需要专业设计师的帮助，就可以在演示文稿中以简便的方式创建信息，可以为 SmartArt 图形、形状、艺术字和图表添加绝妙的视觉效果，包括三维(3D)效果、底纹、反射、辉光等等。

5.1.1　PowerPoint 2007 的启动

单击“开始”按钮→“程序”菜单→Microsoft Office→Microsoft PowerPoint 2007 命令即可启动 PowerPoint 2007。

5.1.2 PowerPoint 2007 的工作窗口和组成元素

1. PowerPoint 2007 的工作窗口

启动 PowerPoint 2007 后，提供给用户的操作界面与 Microsoft Office 软件中的其他界面相似，也是由 Office 按钮、选项卡、功能组按钮、视图方式、滚动条及状态栏等界面元素组成，如图 5-1 所示。

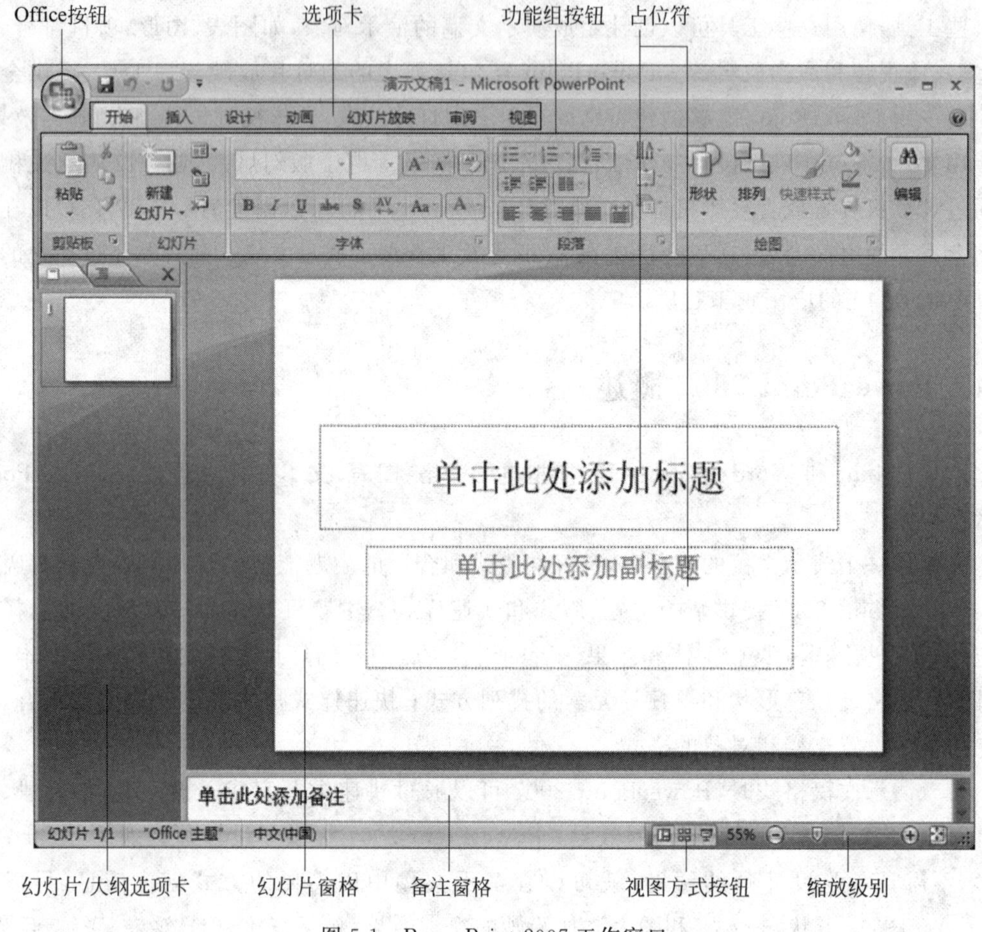

图 5-1 PowerPoint 2007 工作窗口

2. 窗口的组成元素

(1) 演示文稿与幻灯片

演示文稿是指利用 PowerPoint 制作的全部内容，也称为演示文稿文件。PowerPoint 2007 系统默认的文件扩展名为“.pptx”。

一个演示文稿文件是由若干张幻灯片及相关信息组成的，这些信息包括与每张幻灯片相关的备注、大纲、动画、超链接以及设定好的各种放映效果等。PowerPoint 使用“幻灯片”

一词来形象地描绘演示文稿中的每一页，制作一个演示文稿的过程实际上就是依次制作每一张幻灯片的过程。制作好的演示文稿可以保存在计算机里，也可以打印在纸张上，还可以复印到透明胶片上。

多媒体演示文稿是指每张幻灯片的组成对象除了常用的文字和图表外，还可以包括声音和视频，这是传统的幻灯片所无法比拟的。

(2) 占位符与元素

演示文稿中的每一张幻灯片，可以选择使用系统提供的版式，在设定为某种主题的幻灯片中版式通常是以占位符的形式表现的。占位符是一种带有虚线或阴影线边缘的框，绝大部分幻灯片版式中都有这种框。在这些框内可以放置标题及正文，或者是图表、表格和图片等对象。例如"标题"占位符、"副标题"占位符、"文本"占位符等。用户可以选择占位符，添加相应的内容或设置格式。可以移动占位符的位置，改变它的大小，对于不需要的占位符还可以删除，但前提是要先选取需要进行处理的占位符。

除此之外也可以直接向幻灯片中添加各种元素或对象，如图表、表格、电影、图片、形状、SmartArt 图形和剪贴画等，这些元素都是以独立元素的形式出现在幻灯片中。若要设置放映幻灯片时各元素所需要的效果，需先选中某元素，然后针对该元素所具有的属性(如图形的颜色、边框，文本框的边框和底纹、颜色填充及文本框内文字的字体等)进行相应的设置或处理。所以，制作一张幻灯片的过程，实际上是制作其中每一个占位符或元素及设置其属性的过程。

(3) 幻灯片窗格

幻灯片窗格可以列出演示文稿中当前幻灯片的完整内容，是用户编辑每张幻灯片的主要场所。

(4) 幻灯片/大纲选项卡

幻灯片选项卡以幻灯片缩略图的形式显示当前演示文稿中的所有幻灯片内容及设计效果；大纲选项卡是以大纲形式显示幻灯片文本，在这里可以非常方便地重新调整幻灯片的排列顺序，也可以添加或删除幻灯片。

(5) 备注窗格

在备注窗格可以键入当前幻灯片的备注。在发布演示文稿时，可以将备注分发给访问群体，或者在演示者视图中查阅备注。

5.1.3 PowerPoint 2007 的视图方式

视图就是呈现幻灯片制作或显示的一种方式。为了便于用户以不同的方式观看幻灯片内容或效果，PowerPoint 2007 提供了四种幻灯片视图显示模式："普通视图"、"幻灯片浏览视图"、"备注页视图"、"幻灯片放映视图"。另外还提供了"幻灯片母版"、"讲义母版"和"备注母版"三种母版视图显示模式。在制作演示文稿过程中，常用的视图方式是"普通视图"、"幻灯片浏览视图"和"幻灯片放映视图"。位于工作窗口左下角的三个视图按钮，提供了几种视图方式的切换操作，如图 5-2 所示。

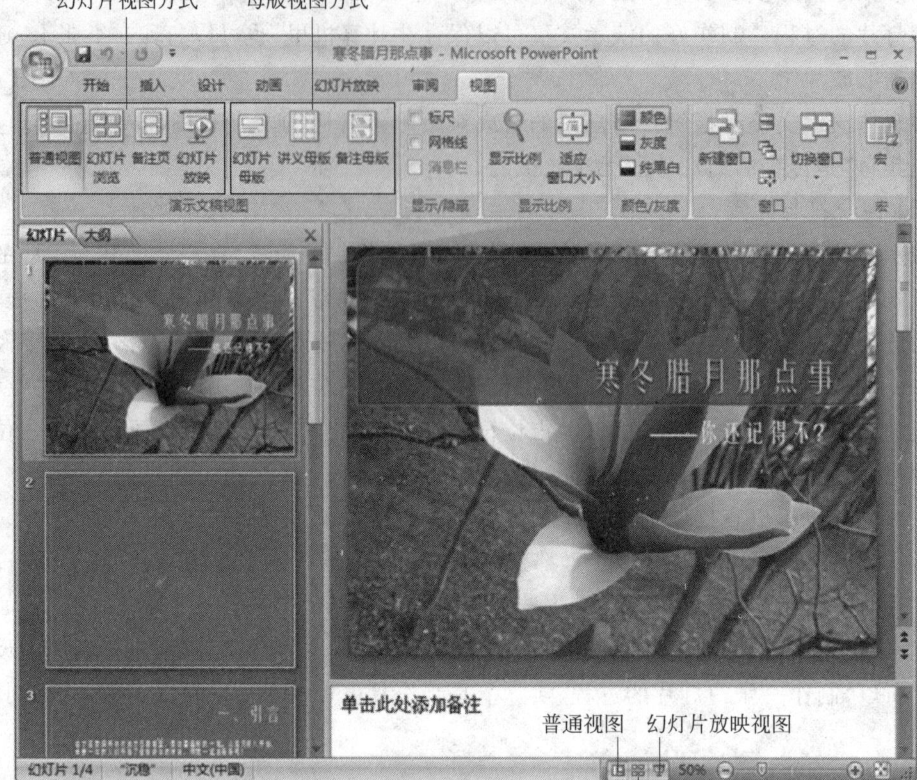

图 5-2　演示文稿的视图方式

1. 普通视图

PowerPoint 2007 启动后默认的视图方式就是普通视图，此时，窗口被分隔为三个区域：中间的幻灯片窗格、左侧的选项卡窗格和底部的备注窗格，如图 5-1 所示。拖动窗格之间的分界线，可以调整各窗格的尺寸。

在左侧的“大纲”选项卡中，可组织演示文稿的内容框架，该窗格仅仅显示文稿的文本部分，即仅有标题和主要文字。在“幻灯片”选项卡中，可显示每张幻灯片的缩略图。在左侧窗格中单击幻灯片，可在中间的幻灯片窗格中显示当前幻灯片内容，供用户编辑。

在普通视图模式下，可以插入新幻灯片、删除幻灯片、复制幻灯片、调整幻灯片的顺序、编辑幻灯片。

使用备注窗格可以添加或查看当前幻灯片的演讲备注信息。对于图片形式的备注信息须通过备注页视图添加。备注信息只出现在这个窗格中，在演示文稿放映时不会出现。

2. 幻灯片浏览视图

该视图方式将演示文稿中的所有幻灯片以缩略图的方式排列在工作窗口上，如图 5-3 所示。通过幻灯片浏览视图用户可以直观地查看所有幻灯片的情况，例如，各幻灯片之间搭配是否协调,顺序是否恰当等。用户可复制、删除和移动幻灯片,使用“动画”选项卡还可以设置每张幻灯片的放映时间、选择幻灯片的动画切换方式等,但是不能编辑幻灯片。

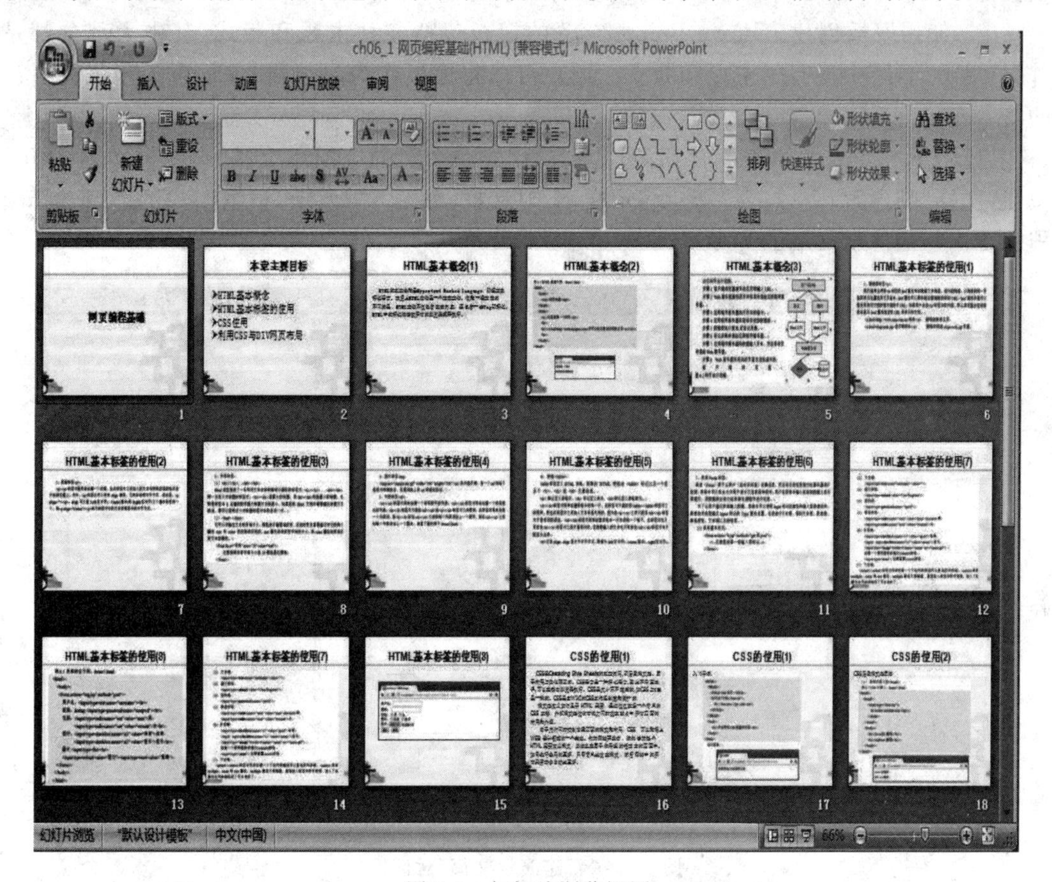

图 5-3 幻灯片浏览视图

3. 幻灯片放映视图

在创建演示过程中,用户随时都可以单击“幻灯片放映”按钮启动幻灯片放映功能,预览演示文稿的播放效果。演示文稿播放时,每张幻灯片占据整个桌面。每单击一次鼠标左键或按下回车键等,屏幕将播放下一个动画设置或下一张幻灯片;按 Esc 键可退出播放状态。

5.2 演示文稿的建立与编辑

演示文稿的制作步骤一般为:①创建演示文稿;②向演示文稿中添加新幻灯片;③向幻灯片中插入对象;④美化幻灯片外观;⑤设置动画和超链接;⑥保存演示文稿。

5.2.1 新建演示文稿

PowerPoint 2007 中创建演示文稿的方法主要有两种。

(1) 空演示文稿。从空白幻灯片上开始创建演示文稿,这种方式为用户提供了更大的创作自由度。

(2) 使用模板创建。PowerPoint 2007 的模板包括各种主题和版式,其中大部分都是“内容提示向导”中现有的主题和版式。用户可以将模板作为起点,快速而轻松地创建自己的演示文稿。

启动 PowerPoint 2007 程序后,系统自动创建一个新的空演示文稿。此外,单击 Office 按钮,选择“新建”命令,打开“新建演示文稿”对话框,如图 5-4 所示,根据用户的需要选择模板和要创建的演示文稿的类型。

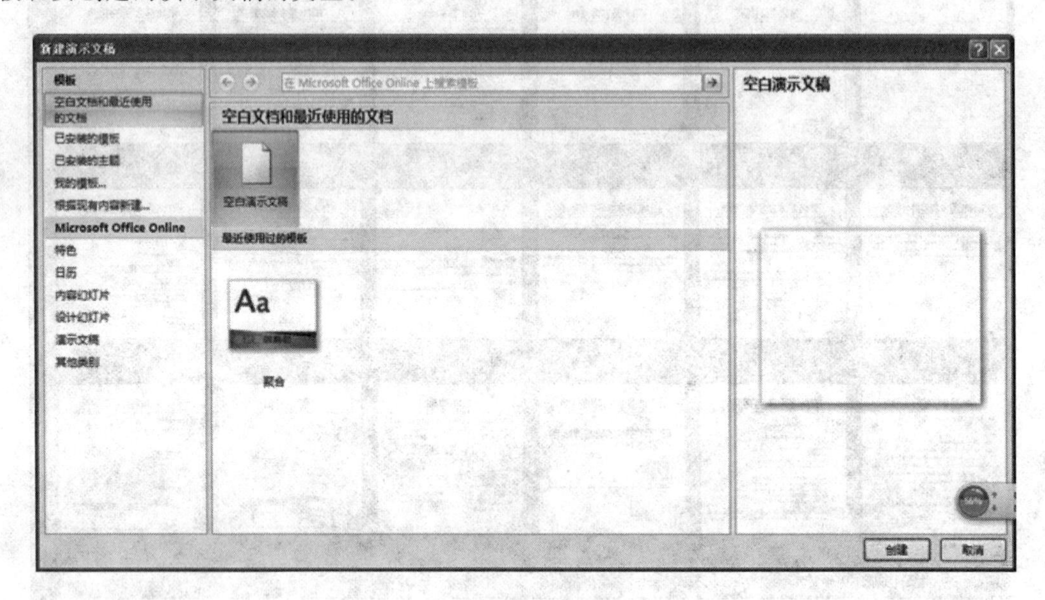

图 5-4 “新建演示文稿”对话框

5.2.2 插入新幻灯片

向演示文稿中添加新幻灯片,可以单击“开始”选项卡→“幻灯片”组→“新建幻灯片”按钮右下角的下拉箭头,打开“幻灯片版式”下拉列表,如图 5-5 所示。从中选择所需版式后,一张采用所选版式的新幻灯片则被插入到当前幻灯片之后。

版式定义了幻灯片上要显示内容的位置和格式设置等信息,在图 5-5 所示的大部分版式中都有一些虚线框,这些虚线框就是 5.1.2 节中提到的占位符。版式上的占位符可以容纳文字(如标题和项目符号列表)和幻灯片内容(如 SmartArt 图形、表格、图表、图片、形状和剪贴画)。可以在版式或幻灯片母版中添加文字和对象占位符,但不能直接在幻灯片中添加占位符。

下面以标题幻灯片为例,介绍一张幻灯片的制作过程。

标题幻灯片就如同一本书的封面,用来说明演示的主题与目的。新建的演示文稿时第一张幻灯片系统默认的版式就是标题幻灯片版式。

标题幻灯片版式预设了两个占位符:主标题区和副标题区。只要在占位符内的提示处

Office 主题
标题幻灯片
标题和内容
节标题
两栏内容
比较
仅标题
空白
内容与标题
图片与标题
标题和竖排文字
垂直排列标题与文本
复制所选幻灯片(D)
幻灯片(从大纲)(L)...
重用幻灯片(R)...

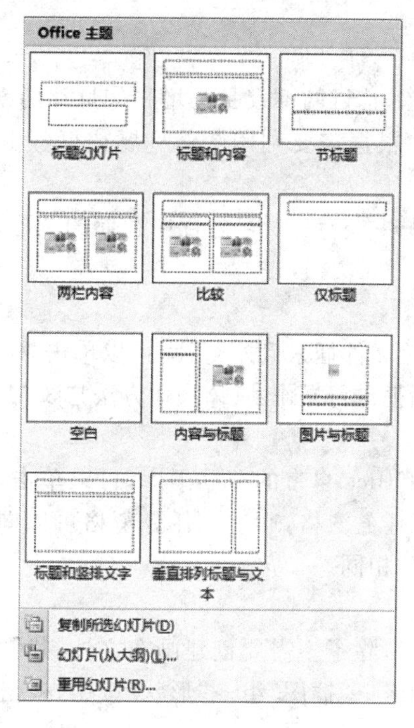

图 5-5 “幻灯片版式”下拉列表

单击，然后直接输入具体文字内容即可。例如，在主标题区内输入“大学计算机基础”，如图 5-6 所示，输入结束后用鼠标在主标题区外单击。副标题区的操作完全一样。

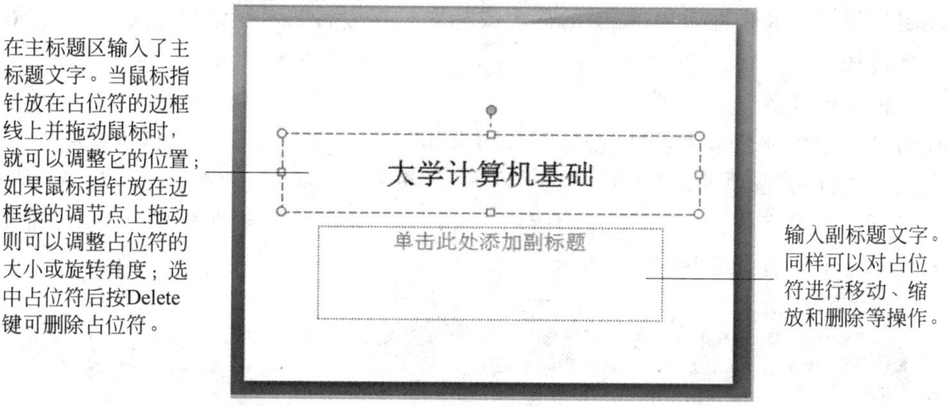

在主标题区输入了主标题文字。当鼠标指针放在占位符的边框线上并拖动鼠标时，就可以调整它的位置；如果鼠标指针放在边框线的调节点上拖动则可以调整占位符的大小或旋转角度；选中占位符后按Delete键可删除占位符。
大学计算机基础
单击此处添加副标题
输入副标题文字。同样可以对占位符进行移动、缩放和删除等操作。

图 5-6 标题幻灯片示例

5.2.3 向幻灯片中插入媒体类对象

要想制作一个具有专业水平、有一定艺术感染力的演示文稿，仅靠单一的文字对象是不行的，需要借助其他形式的“原材料”，例如，图形、表格、图表、影像和声音等类型的对象。通过在幻灯片中插入多媒体对象，并给幻灯片中各个对象设置不同的属性，以及对幻灯片的背景、配色方案等进行设置，可以使文稿的演示效果更加生动和精彩。

1. 插入图片

幻灯片中引入图形和图像，其目的不仅是为增强幻灯片的视觉效果，更重要的是要与幻灯片所展示的主题内容相关，根据需要利用图像标题或标签提供注释信息，更好地表达观点、便于浏览者理解。

幻灯片中图片对象的来源主要有三种：外存中存储的图形、图像文件、剪贴画库和使用“插图”组制作的各种图形。

(1) 插入图片

要将存储在外存中的图片文件插入到幻灯片，可以单击“插入”选项卡→“插图”组→“图片”按钮，打开“插入图片”对话框进行操作，具体操作方法与3.5.2节的讲述相同，不再赘述。

(2) 插入剪贴画

如果插入的图片来自于Office自带的剪贴画库，可以单击“插入”选项卡→“插图”组→“剪贴画”按钮，打开“剪贴画”任务窗格，通过该任务窗格可以向幻灯片中插入剪贴画，具体操作方法与3.5.3小节的讲述相同。

(3) 插入自选图形

向幻灯片中插入自选图形，除了不需要创建画布之外，其他操作步骤与3.5.4小节的讲述相同，只需单击“插入”选项卡→“插图”组→“形状”按钮，根据需要选择形状、绘制形状。

2. 插入艺术字

艺术字是一个文字样式库，以普通文字为基础，通过添加阴影、改变文字的大小和颜色，可以把文字变成多种预定义的形状，用来突出和美化这些文字。PowerPoint利用艺术字功能可以制作出具有装饰性效果、鲜明的标志或标题。可以将艺术字添加到文档中，还可以将现有文字转换为艺术字。

(1) 插入艺术字

在幻灯片中添加艺术字，可以按如下步骤操作。

① 单击“插入”选项卡→“文本”组→“艺术字”按钮，在弹出的“艺术字库”下拉列表中，单击选择所需艺术字样式，如图5-7(a)所示。此时，在幻灯片上自动添加一个文本框，供用户输入艺术字的内容，如图5-7(b)所示。

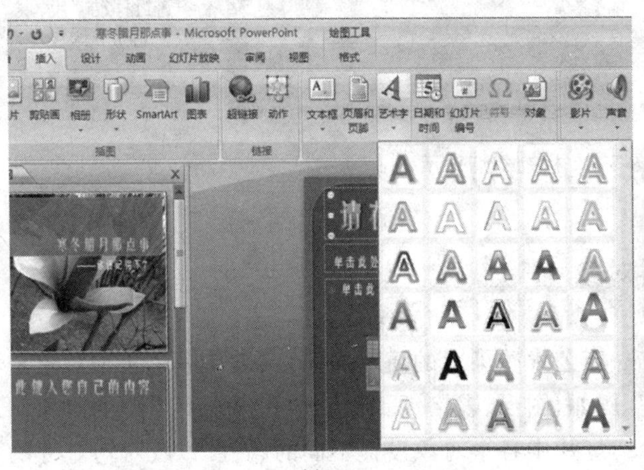

(a)

(b)

图5-7 插入艺术字

② 在幻灯片上的文本框中输入所要添加的艺术字文字。

(2) 将现有文字转换为艺术字

如果要将幻灯片中的现有文字转换为艺术字,可以按如下步骤操作。

① 选中要转换为艺术字的文字。

② 单击"插入"选项卡→"文本"组→"艺术字"按钮,在"艺术字库"下拉列表中单击选择所需的艺术字样式。

(3) 设置艺术字格式

要设置艺术字的格式,需要先单击艺术字将其选中,再单击"格式"选项卡,此时"格式"选项卡中显示与艺术字相关的各功能组如图 5-8 所示。

图 5-8 "绘图工具/格式"选项卡

① "艺术字样式"组

"艺术字样式"组的按钮和命令用于设置艺术字文本的样式。

系统提供了多种预定义的艺术字样式,在"文本的外观样式"列表框中单击"其他"按钮(图 5-9 左图所示),可以打开艺术字样式下拉列表,从中选择所需的艺术字样式,如图 5-9 右图所示。

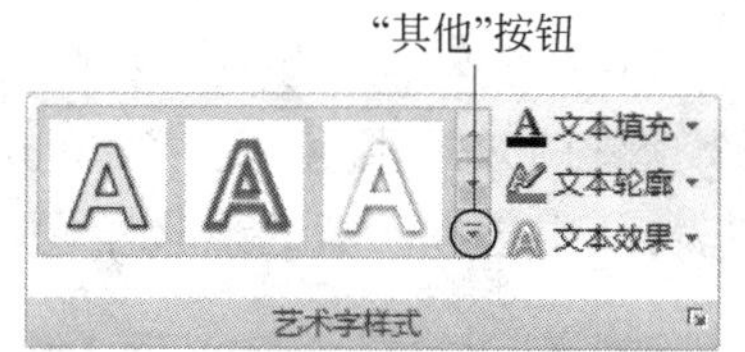

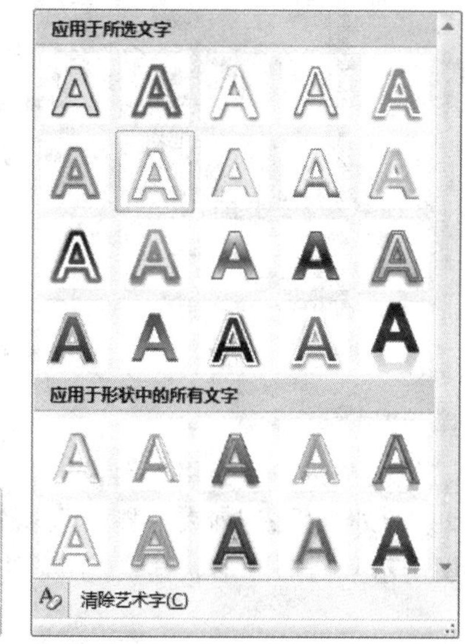

图 5-9 "艺术字样式"组的"其他"按钮和下拉列表

要自定义艺术字样式,可单击"文本填充"、"文本轮廓"或"文本效果"命令,从弹出的下拉菜单中选择所需的效果。

"文本填充"下拉菜单如图 5-10 所示;"文本轮廓"下拉菜单如图 5-11 所示;"文本效果"下拉菜单如图 5-12 所示。

要自定义更复杂的艺术字样式,可以单击"艺术字样式"组右下角的对话框启动按钮,打开“设置文本效果格式”对话框进行设置，如图 5-13 所示。

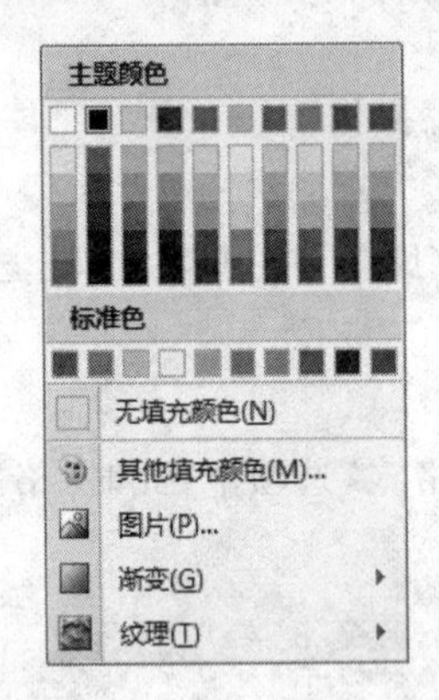

图 5-10 “文本填充”下拉菜单

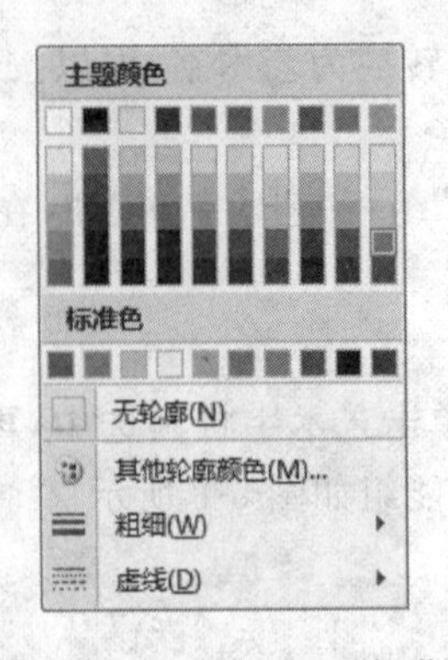

图 5-11 “文本轮廓”下拉菜单

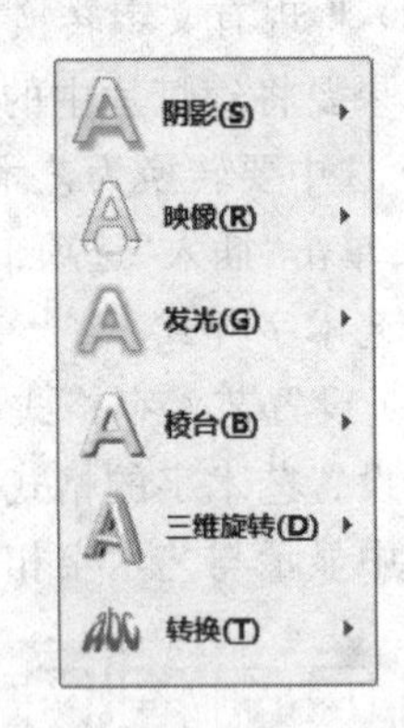

图 5-12 “文本效果”下拉菜单

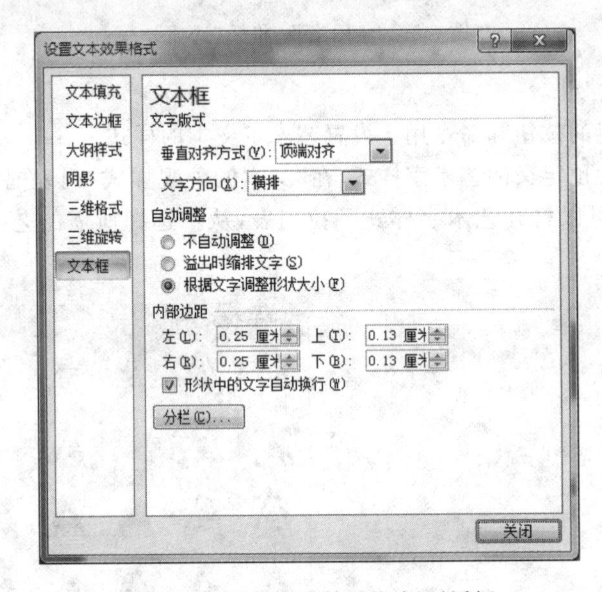

图 5-13 “设置文本效果格式”对话框

② “形状样式”组

“形状样式”组的按钮和命令用于设置艺术字所在的文本框的填充、轮廓、效果。

“形状或线条的外观样式”列表框提供了多个预置的效果供用户选择，单击“其他”按钮（如图 5-14 左图所示）可打开“形状样式”下拉列表，从中选择所需的形状样式，如图 5-14 所示右图所示。

要自定义形状样式，可单击“形状填充”、“形状轮廓”或“形状效果”命令，从弹出的下拉菜单中选择所需的效果。

“形状填充”下拉菜单类似于图 5-10，“形状轮廓”下拉菜单类似于图 5-11，“形状效果”下拉菜单类似于图 5-12。

(4) 删除艺术字

删除艺术字是指将艺术字及其所在的文本框同时删除，操作方法是单击艺术字所在的文本框边框将其选中，然后按 Delete 键。

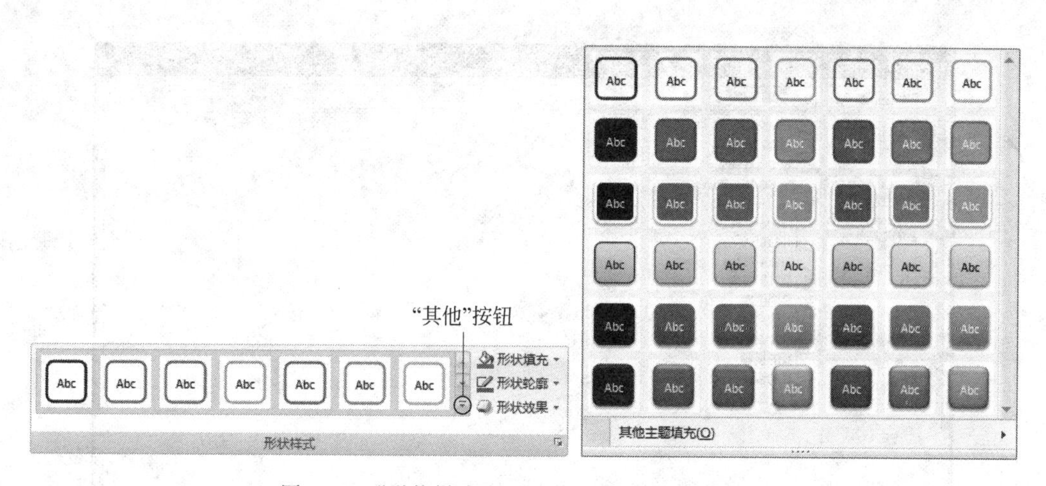

图 5-14 "形状样式"组的"其他"按钮和下拉列表

(5) 清除艺术字样式

清除艺术字样式是指将设置在艺术字上的格式清除,将其转换为普通文本框。具体操作步骤如下。

① 在艺术字所在的文本框中,选中要清除样式的艺术字。

② 单击"绘图工具/格式"选项卡→"艺术字样式"组→"其他"按钮→"清除艺术字"命令,如图 5-9 所示。

3. 插入声音

PowerPoint 提供了在幻灯片放映时播放声音、音乐和影片的功能。用户可以在幻灯片中插入声音和视频信息,使演示文稿声色俱佳。PowerPoint 2007 可以使用多种格式的声音文件,例如:WAV、MID、WMA 和 MP3 等。用户也可以在幻灯片中插入自己录制的声音、添加 CD 乐曲,还可以在演示文稿中录制自己的旁白。

(1) 在幻灯片中插入声音

选中要插入声音的幻灯片后,单击"插入"选项卡→"媒体剪辑"组→"声音"按钮,打开下拉列表,如图 5-15 所示,根据需要从下拉列表中选择要插入的声音来源。

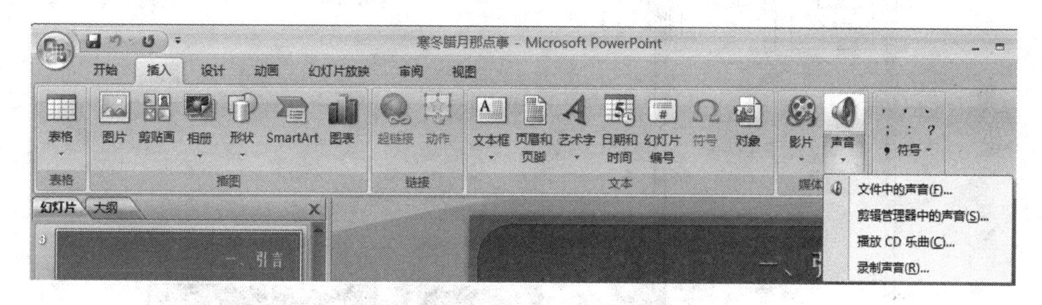

图 5-15 "声音"下拉列表

① 如果要使用存储在外存中的声音,可从图 5-15 所示的下拉列表中选择"文件中的声音",弹出如图 5-16 所示的"插入声音"对话框,从中选择所需的声音文件即可。

② 如果使用"剪辑库"中的声音或音乐,可从图 5-15 所示的下拉列表中选择"剪辑管理

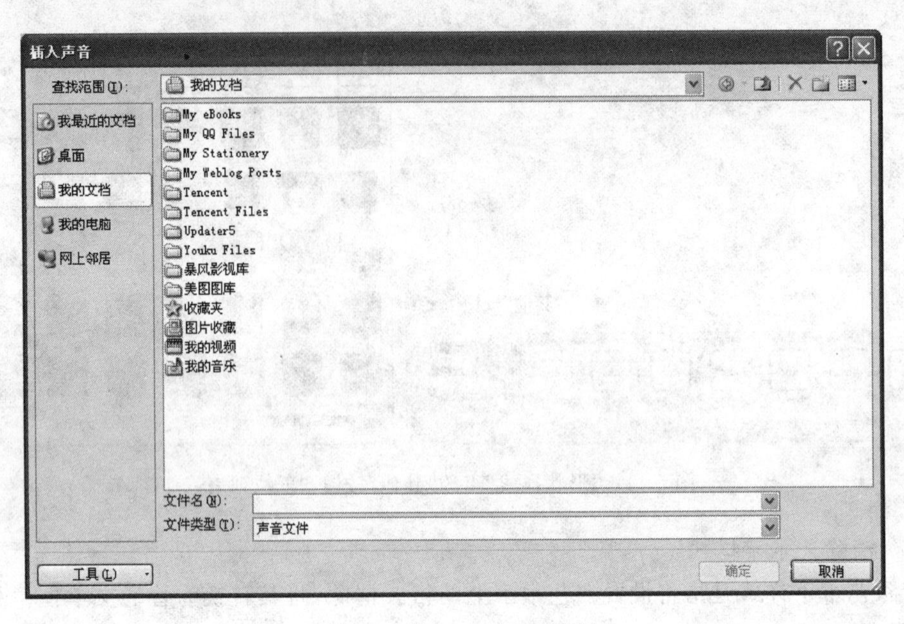

图 5-16 “插入声音”对话框

器中的声音”，打开“剪贴画”任务窗格，从声音文件列表框中选取所需的声音文件，或者可以在“搜索文字”文本框中输入声音文件的类型，这样可以快速找到某一类别的声音文件，缩小了文件的范围，如图 5-17 所示。

③ 如果要录制自己的声音，可从图 5-15 所示的下拉列表中选择“录制声音”。然后在图 5-18 所示的“录音”对话框中设置声音录制的起始与结束。

图 5-17 剪辑库中的声音文件

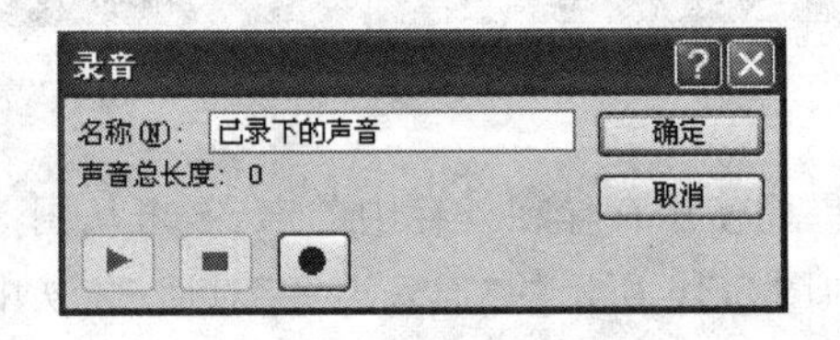

图 5-18 “录音”对话框

④ 如果要在幻灯片中添加 CD 乐曲，则可先把 CD 放入光盘驱动器中，再从图 5-15 所示的下拉列表中选择“播放 CD 乐曲”，在“插入 CD 乐曲”对话框中对 CD 乐曲进行选择和播放设置，如图 5-19 所示。

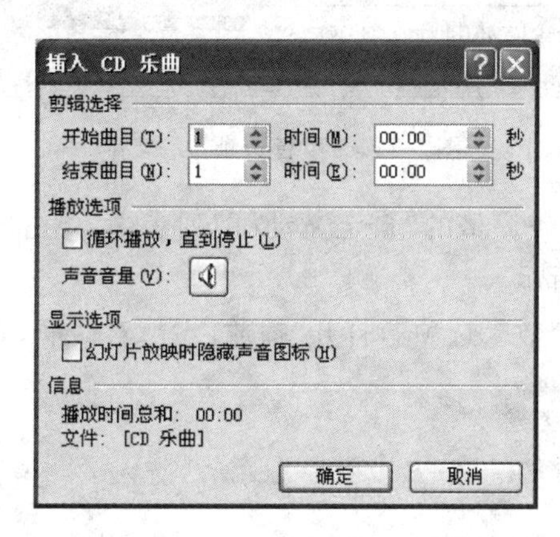

图 5-19　“插入 CD 乐曲”对话框

如果在幻灯片中插入的是 CD 乐曲，将出现一个光盘样的乐曲图标，如果插入的是其他几种来源的声音，在幻灯片中将会出现一个小喇叭样的声音图标。无论哪种声音插入后都将弹出设置声音播放的对话框，如图 5-20 所示，用于设置声音播放的方式，其中“自动”按钮设置声音在该张幻灯片播放时，如果没有其他媒体效果，会自动播放此声音。如果还有其他效果(如动画)，则将在该效果后播放声音。

选择“在单击时”按钮，会在幻灯片上添加一种播放触发器效果，设置声音在该张幻灯片播放时需单击声音图标才可以播放。

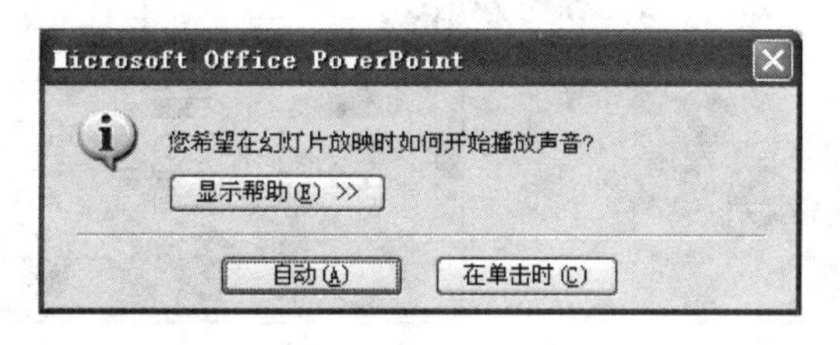

图 5-20　设置声音播放的对话框

(2) 设置声音的循环播放

默认情况下，声音只播放一次，如果要使声音在放映时循环播放，可以按以下步骤操作。

① 单击幻灯片上的声音图标将其选中；

② 在“声音工具/选项”选项卡→“声音选项”组中，选中“循环播放，直到停止”复选框，如图 5-21 所示。此时在单击或切换幻灯片时声音将会自动停止。如果要使声音跨幻灯片播放，可以在图 5-21 的“播放声音”列表框中选择“跨幻灯片播放”项目。

(3) 设置声音的播放效果

使用“自定义动画”窗格可以精确地设置声音在幻灯片放映过程中的播放细节，具体操作步骤如下。

① 单击幻灯片上的声音图标将其选中。

② 单击“动画”选项卡→“动画”组→“自定义动画”按钮，弹出“自定义动画”任务窗格。

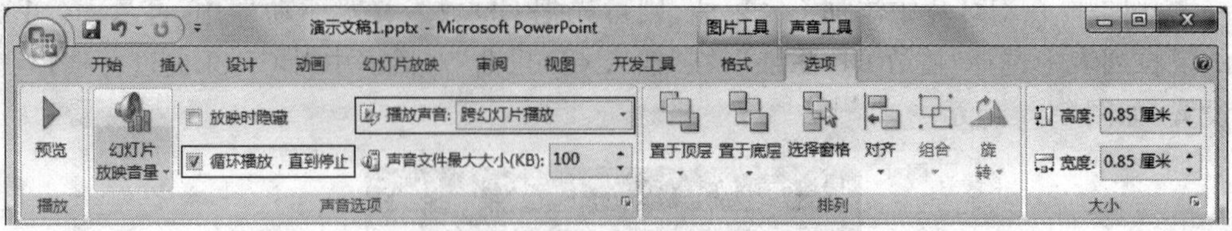

图 5-21 “声音选项”功能组

③ 在“自定义动画”任务窗格的“自定义动画”列表中，单击所选声音右侧的下拉箭头，弹出下拉菜单，如图 5-22 所示。

④ 在下拉菜单中单击“效果选项”，打开“播放声音”对话框，如图 5-23 所示。

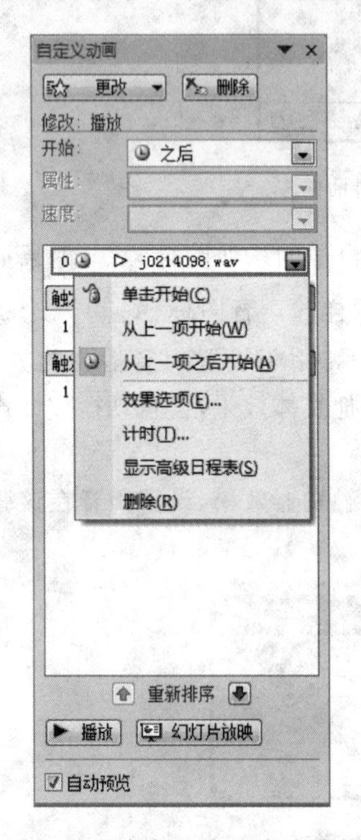

图 5-22 “自定义动画”任务窗格

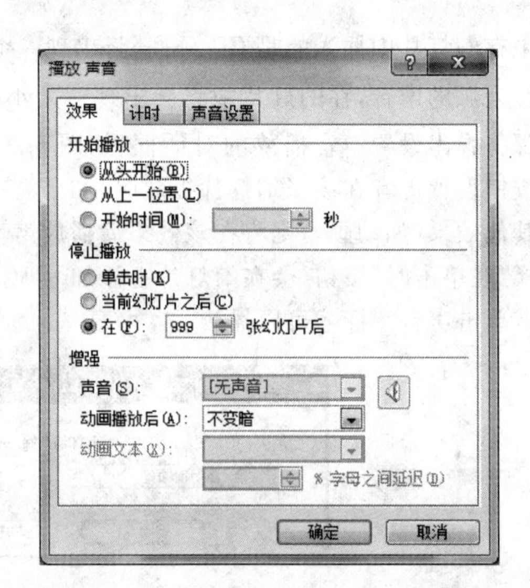

图 5-23 “播放声音”对话框“效果”选项卡

在“效果”选项卡中可以设置声音的开始播放和停止播放的方式，以及播放后的增强效果。

在“计时”选项卡可以设置声音的精确播放时间，如图 5-24 所示。

在“声音设置”选项卡的“信息”区域可以查看声音文件的长度，如图 5-25 所示。

4. 插入影片

PowerPoint 可播放多种格式的视频文件，即影片。如 AVI 格式、MPG 或 MPEG 格式、WMV 格式等。

与图片或图形不同，影片文件始终都链接到演示文稿，而不是嵌入到演示文稿中。插入链接的影片文件时，PowerPoint 会创建一个指向影片文件当前位置的链接。如果之后将该

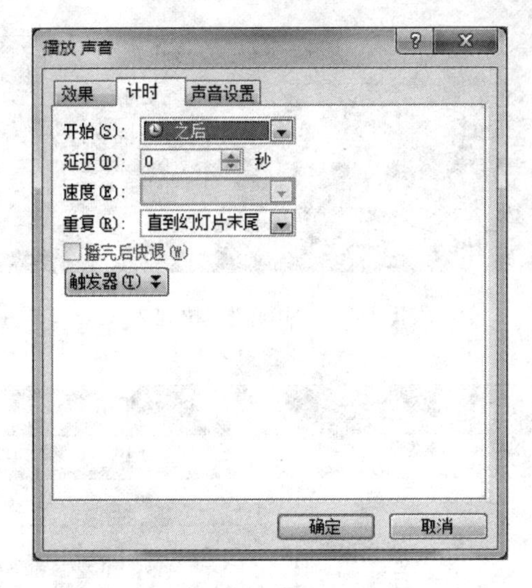

图 5-24 “播放声音”对话框“计时”选项卡

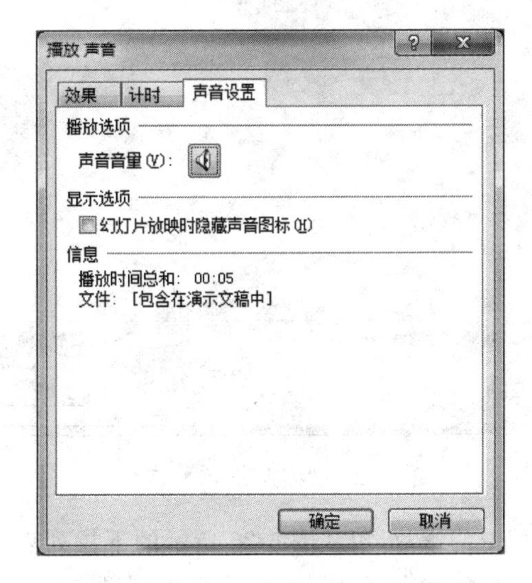

图 5-25 “播放声音”对话框“声音设置”选项卡

影片文件移动到其他位置，播放时会导致 PowerPoint 找不到影片文件。因此，最好在插入影片前将影片复制到演示文稿所在的文件夹中。PowerPoint 会创建一个指向影片文件的链接，只要影片文件位于演示文稿文件夹中，PowerPoint 就能够找到该影片文件；即使将该文件夹移动或复制到其他计算机上，也不例外。

(1) 在幻灯片中插入影片

选中要插入影片的幻灯片后，单击“插入”选项卡→“媒体剪辑”组→“影片”按钮，打开下拉列表，如图 5-26 所示，根据需要从下拉列表中选择要插入的影片来源。

① 如果要使用存储在外存中的影片，可从图 5-26 所示的下拉列表中选择“文件中的影片”命令，然后在图 5-27 所示的“插入影片”对话框中选择所需的视频文件。插入影片之后，幻灯片中会出现影片的第一帧画面。

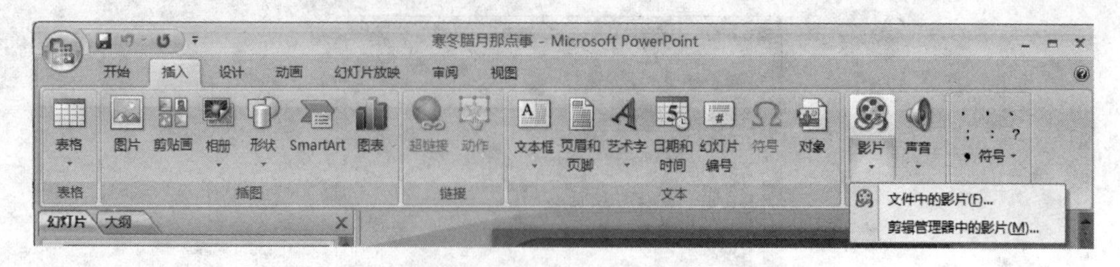

图 5-26 “影片”下拉列表

图 5-27 “插入影片”对话框

② 如果使用“剪辑库”中的影片，可从图 5-26 所示的下拉列表中选择“剪辑管理器中的影片”命令，打开“剪贴画”任务窗格，从中选取所需要的视频文件，如图 5-28 所示。

影片添加到演示文稿之前，可以预览、剪辑。操作方法是在“剪贴画”任务窗格中，将鼠标指针移到所需剪辑的缩略图上，单击右侧的下拉箭头，在弹出的下拉菜单中选择“预览/属性”命令，如图 5-28 所示。

(2) 设置影片的播放方式

在幻灯片中插入影片时，会弹出如图 5-29 所示的对话框，供用户选择影片的播放方式，即“自动”或“在单击时”开始播放。选择“自动”播放，在放映幻灯片时自动开始播放影片。在影片播放过程中，可以单击影片暂停播放，如果要继续播放，再次单击影片即可。选择“在单击时”播放，在幻灯片放映时要单击影片来手动开始播放。

(3) 设置影片的播放效果

使用“自定义动画”窗格可以设置影片的播放细节。具体操作步骤如下。

① 单击幻灯片上的影片将其选中。

② 单击“动画”选项卡→“动画”组→“自定义动画”按钮，弹出“自定义动画”任务窗格。

③ 在“自定义动画”任务窗格的“自定义动画”列表中，单击所选影片右侧的下拉箭头，弹出下拉菜单，选中“效果选项”，打开“播放影片”对话框。

后续操作与设置声音播放效果的方法类似，不再赘述。

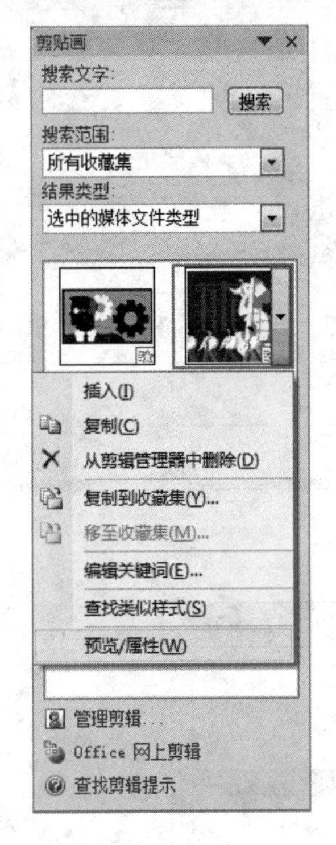

图 5-28 “剪辑库”中的影片文件

图 5-29 插入影片时的播放方式设置

5. 插入 Flash 动画

在幻灯片中插入 Flash 动画，需要使用“开发工具”选项卡中的按钮。默认情况下，“开发工具”选项卡为隐藏状态。要显示该选项卡，可按如下步骤操作。

① 单击 Office 按钮，在下拉菜单中单击“PowerPoint 选项”按钮，弹出“PowerPoint 选项”对话框，如图 5-30 所示。

② 在对话框的“常用”标签“PowerPoint 首选使用选项”区域中，选中“在功能区显示‘开发工具’选项卡”复选框

③ 单击“确定”按钮。在 PowerPoint 2007 的主窗口中会显示“开发工具”选项卡。

在幻灯片中插入 Flash 动画，可按如下步骤操作。

① 选择要插入 Flash 动画的幻灯片。

② 单击“开发工具”选项卡→“控件”组→“其他控件”按钮，弹出“其他控件”对话框，如图 5-31 所示。

③ 在对话框的控件列表中选择 Shockwave Flash Object，单击“确定”按钮。此时，鼠标指针变成“+”字形，用鼠标在幻灯片上拖动出一个矩形区域，以后 Flash 动画将在该区域中进行播放。

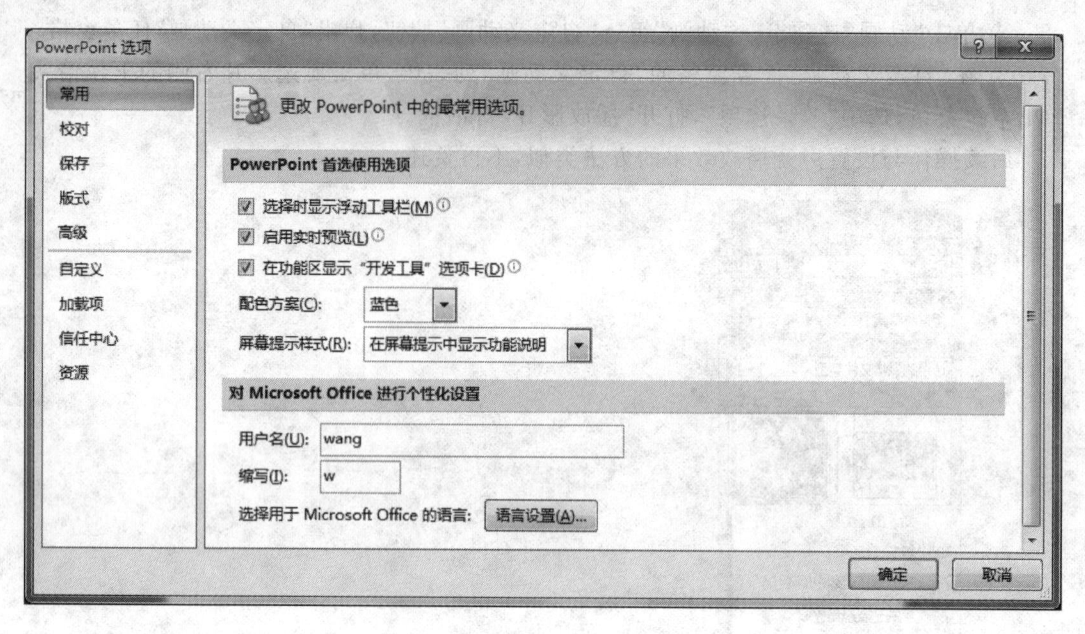

图 5-30 “PowerPoint 选项”对话框

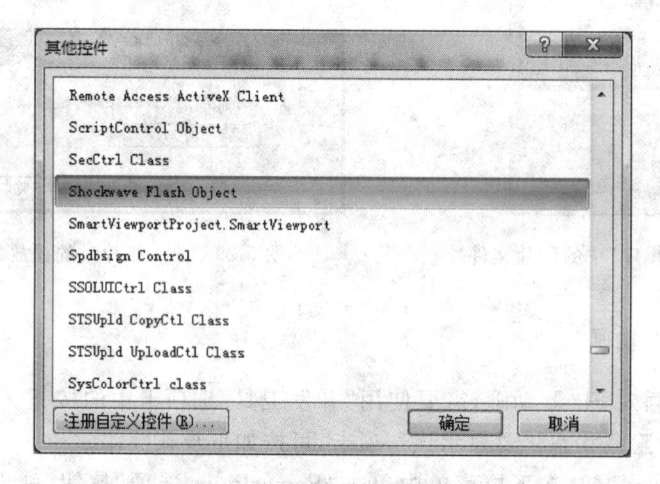

图 5-31 “其他控件”对话框

④ 在所绘制的区域中右击鼠标，选择快捷菜单中的“属性”命令，弹出“属性”对话框，如图 5-32(a)、(b)所示。在“属性”对话框中选择 Movie 选项，在它右侧的输入文本框内输入 Flash 动画文件所在的完整的路径名称，即可将 Flash 动画插入到幻灯片中。

若要在显示幻灯片时自动播放 Flash 动画，将 Playing 属性设置为 True；如果不希望重复播放动画，则将 Loop 属性设置为 False；若要嵌入 Flash 文件以便与其他人共享演示文稿，可以将 EmbedMovie 属性设置为 True。

单击“幻灯片放映”视图按钮，观看 Flash 动画的演示效果。

需要说明的是，要在幻灯片中播放 Flash 动画，首先要保证计算机中已经安装 Flash Player。

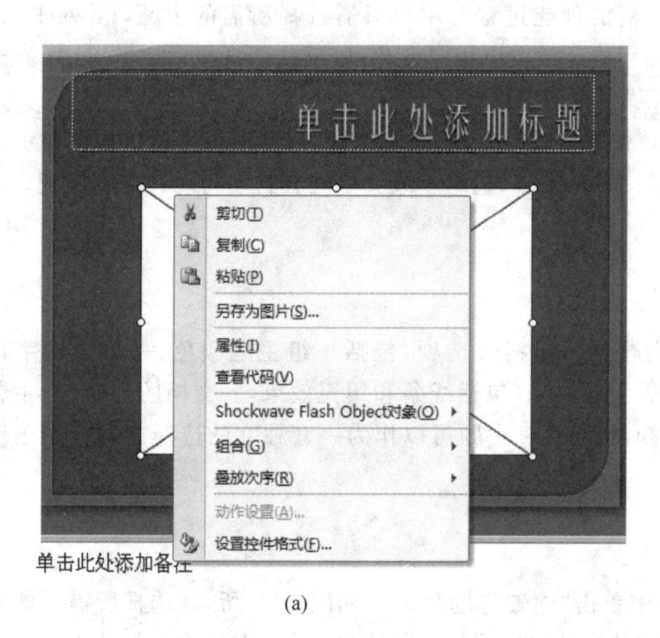

(a)

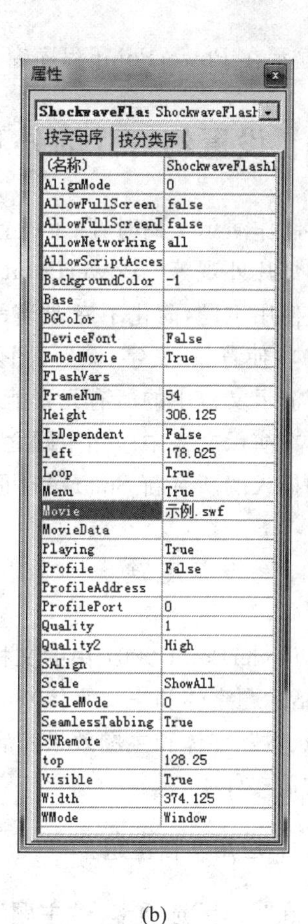

(b)

图 5-32 在幻灯片中插入 Flash 动画

5.2.4 演示文稿的保存与打开

1. 保存演示文稿

与 Word 和 Excel 中保存文件的方法类似，PowerPoint 提供了三种保存演示文稿的方法，可将当前正在编辑的文件存盘。

方法 1：单击 Office 按钮→“保存”命令。

方法 2：按下快捷键 Ctrl+S。

方法 3：单击快速访问工具栏上的“保存”按钮。

对于新建立的演示文稿，使用这三种方法都会打开“另存为”对话框。在对话框中可以设置新演示文稿的文件名、所在文件夹位置及文件类型(pptx)。对于已经保存过的演示文稿，使用上述方法都会直接用当前修改演示文稿覆盖原来旧版本的演示文稿。通过保存操作，就把相关主题的一组幻灯片保存到一个演示文稿文件中了。

2. 打开已有的演示文稿

通过单击 Office 按钮→“打开”命令，可以将保存在外存中的演示文稿文件调入到内存，显示在 PowerPoint 程序窗口中，供用户做进一步的编辑、修改和制作。

5.3 设置幻灯片的外观

制作演示文稿时，除了设置对象的格式之外，还可以针对幻灯片的格式进行设置，如设置幻灯片外观等。PowerPoint 2007 提供了主题、版式和快速样式，设置演示文稿格式时，通过使用主题，简化了专业演示文稿的创建过程。用户只需选择所需的主题，PowerPoint 2007 将使背景、文字、图形、图表和表格全部发生相应变化，以反映所选择的主题，这样就确保了演示文稿中的所有元素能够匹配而且互补。

在演示文稿中应用主题之后，“快速样式”库也将发生变化，以适应该主题。在该演示文稿中插入的所有新 SmartArt 图形、表格、图表、艺术字或文字均会自动与现有主题匹配。

5.3.1 设置主题

PowerPoint 2007 中的文档主题是一组格式选项，包括一组主题颜色、一组主题字体（包括标题字体和正文字体）和一组主题效果（包括线条和填充效果）。文档的外观，是主题颜色、主题字体和主题效果三者的有机组合。主题可以作为一套独立的选择方案应用于演示文稿文件中。

1. 应用文档主题

在“设计”选项卡→“主题”组中单击“内置主题列表”，如图 5-33 所示，选择所需要的主题，可以将该主题所包含的颜色、字体和效果应用到当前的演示文稿的所有幻灯片中。如果用户仅想更改演示文稿中一张或几张幻灯片的主题，可以在幻灯片窗格中选择需要更换主题的幻灯片，然后在“设计”选项卡→“主题”组中右击主题列表中要使用的主题，从快捷菜单中选择“应用于选定幻灯片”命令，该主题将被应用在选定的若干幻灯片中，如图 5-34 所示。

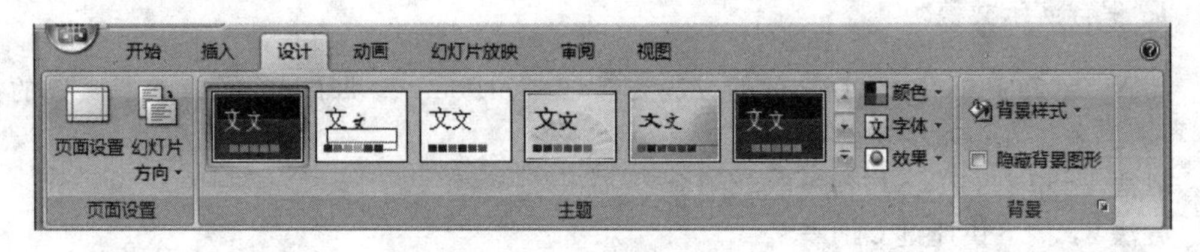

图 5-33 内置主题列表

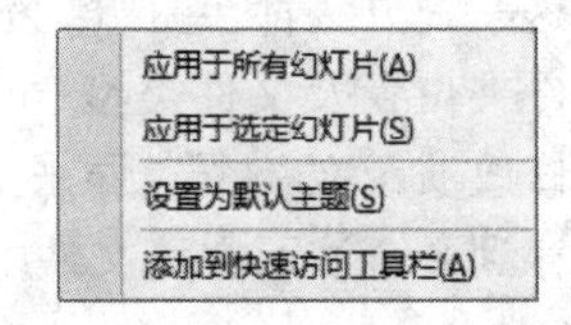

图 5-34 更改部分幻灯片主题

如果用户想要使用其他主题，可以单击主题列表框右侧滚动条下方的“其他”命令按钮，在展开的菜单中选择“浏览主题”，如图 5-35 所示。

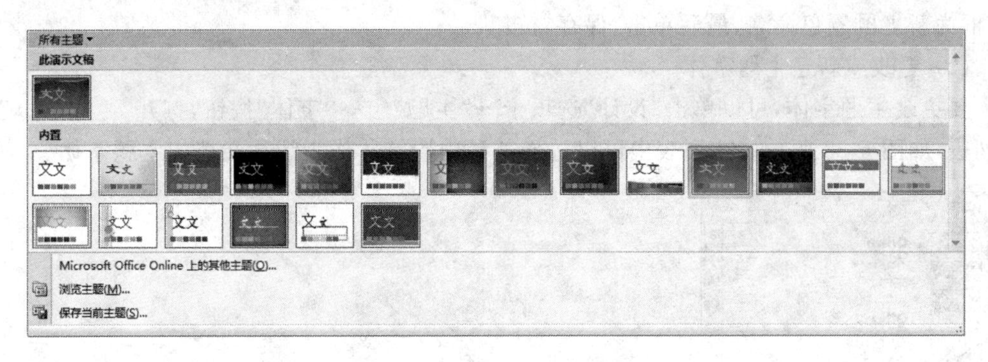

图 5-35 “所有主题”下拉菜单

2. 自定义主题

自定义文档主题，可以从更改已使用的颜色、字体或线条和填充效果开始。这种更改将立即体现到活动文档中。如果要将这些更改应用到新文档，只需在图 5-35 所示的下拉菜单中选择“保存当前主题”命令即可。每一种文档主题所包含的颜色、字体和效果都可以单独设定，并且颜色和字体还可以进行自定义。

(1) 更改或新建主题颜色

要更改主题颜色，可以单击“设计”选项卡→“主题”组→“颜色”按钮，打开“主题颜色”下拉列表，如图 5-36 所示，在列表中选择某种内置颜色作为活动文档的主题颜色。

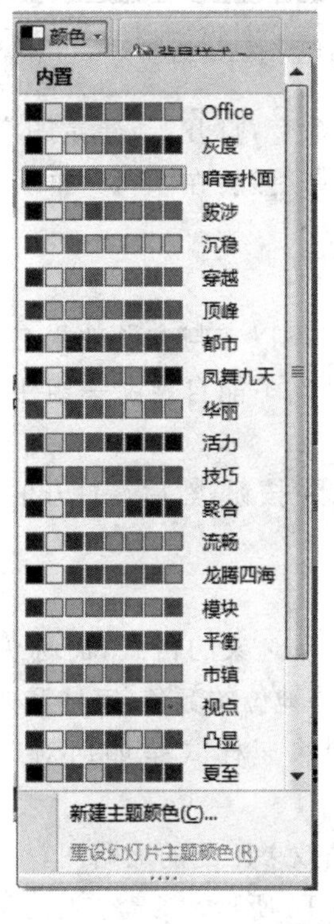

图 5-36 “主题颜色”下拉列表

图 5-37 “新建主题颜色”对话框

若要新建主题颜色，可以选择图 5-36 中的“新建主题颜色”命令，打开“新建主题颜色”对话框，如图 5-37 所示。在对话框中用户可以自行设定各种主题元素的颜色，然后在“名称”框为新主题颜色命名，最后单击“保存”按钮。

（2）更改或新建主题字体

要更改主题字体，可以单击“设计”选项卡→“主题”组→“字体”按钮，打开“主题字体”下拉列表，如图 5-38 所示。在列表中可以选择某种内置字体作为活动文档的主题字体。

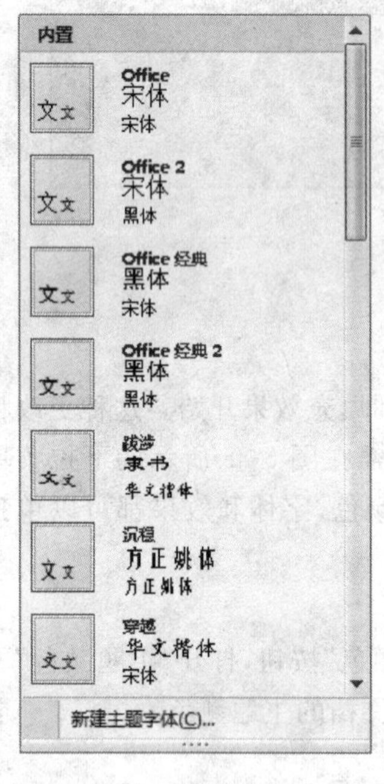

图 5-38 “主题字体”下拉列表

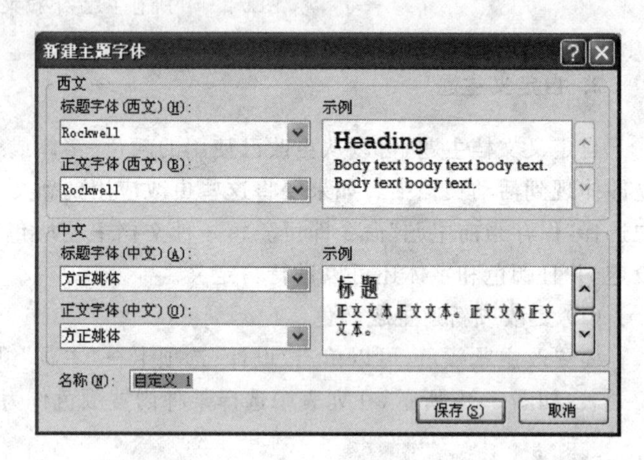

图 5-39 “新建主题字体”对话框

若要新建主题字体，可以选择图 5-38 中的“新建主题字体”命令，打开“新建主题字体”对话框，如图 5-39 所示。在对话框中用户可以自行设定各种字体，然后在“名称”框为新主题字体命名，最后单击“保存”按钮。

（3）更改主题效果

主题效果是线条和填充效果的组合。在单击“效果”按钮时，可以在与主题效果名称一起显示的图形中看到用于每组主题效果的线条和填充效果。虽然不能自定义一组主题效果，但是可以选择想要在自己的文档主题中使用的主题效果。

要更改主题效果，可以单击“设计”选项卡→“主题”组→“效果”按钮，然后在打开的下拉列表中可以选择某种内置效果作为活动文档的主题效果。

（4）使用快速样式

快速样式是格式设置选项的集合，使用它更易于设置文档和对象的格式，简称为“样式”。样式可以更改各种颜色、字体和效果的组合方式以及占主导地位的颜色、字体和效果。当用户将指针停留在快速样式缩略图上时，可以直观地看到快速样式是如何对表格、SmartArt 图形、图表或形状产生影响的。

更改了主题效果之后，形状样式库中会立即更改成与该主题效果匹配的缩略图，可以通过形状或其他对象的“格式”选项卡→“形状样式”组查看，如图 5-14 所示。

3. 背景

背景样式是来自当前文档“主题”中主题颜色和背景亮度的组合背景填充变体。当用户更改文档主题时，背景样式会随之更新以反映新的主题颜色和背景。如果希望只更改演示文稿的背景，则应选择背景样式。背景样式在“背景样式”库中显示为缩略图。将指针置于某个背景样式缩略图上时，可以预览该背景样式对演示文稿的影响。

(1) 为幻灯片添加内置背景样式

若要向演示文稿的所有幻灯片中添加相同的背景样式可按如下步骤操作。

① 单击“设计”选项卡→“背景”组→“背景样式”按钮，打开“背景样式”下拉列表，如图 5-40 所示。

② 在下拉列表中选择所需的背景样式缩略图，则该背景样式将应用所有幻灯片上。

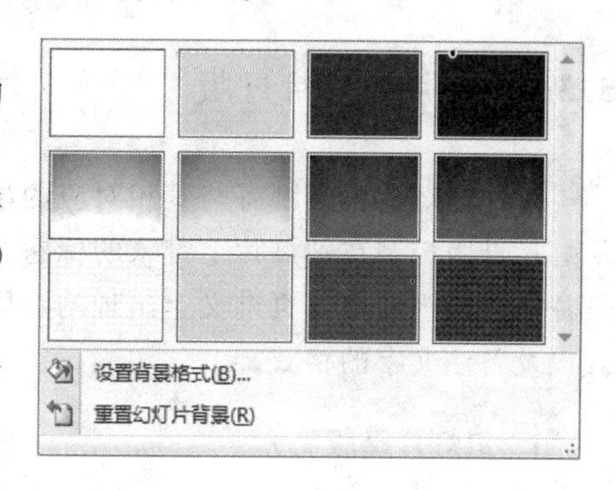

图 5-40 “背景样式”下拉列表

如果用户仅仅想将背景样式应用到某些幻灯片中，可以在“背景样式”缩略图上右击，在快捷菜单中选择“应用于所选幻灯片”命令；另外，快捷菜单中的“应用于相应幻灯片”命令，是指可以将该背景样式应用到该母版版式对应的幻灯片中，该选项仅在演示文稿中包含多个幻灯片母版时可用。

(2) 自定义背景样式

如果系统提供的背景样式不能满足需要，用户可自定义背景样式，操作步骤如下。

① 选中要添加自定义背景样式的幻灯片。

② 单击“设计”选项卡→“背景”组的对话框启动按钮，打开“设置背景格式”对话框，如图 5-41 所示。

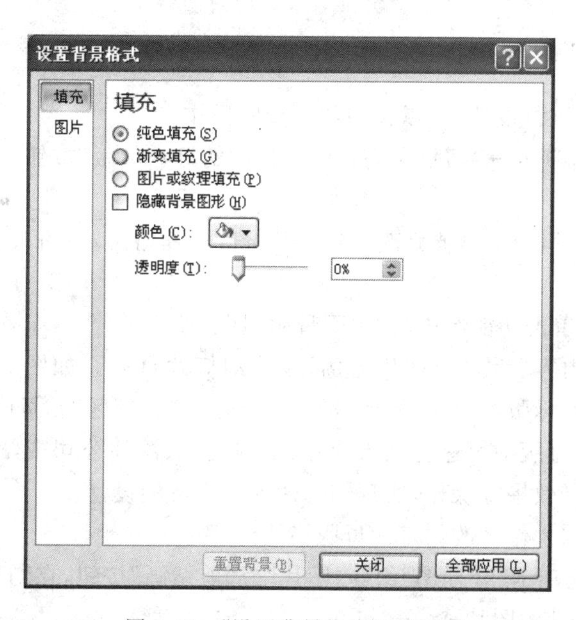

图 5-41 “设置背景格式”对话框

③ 在对话框中按需求设置相关的选项后，单击“关闭”按钮，可将所设置的背景样式应用到选定的幻灯片中。若要将该背景格式应用到所有幻灯片上，只需在如图 5-41 所示的对话框中单击“全部应用”按钮即可。

为使演示文稿讲义更易于阅读，可以隐藏幻灯片母版版式或自定义版式上的非占位符对象。为此，可以单击要隐藏其背景图形的幻灯片，然后选中“设计”选项卡→“背景”组→“隐藏背景图形”复选框。

5.3.2 使用幻灯片母版

每种幻灯片视图都有与其相对应的母版——“幻灯片母版”、“讲义母版”或“备注母版”。幻灯片母版控制在幻灯片上键入的标题和文本的格式与类型；讲义母版用于添加或修改幻灯片在讲义视图中每页讲义上出现的页眉或页脚信息；备注母版可以用来控制备注页的版式以及备注文字的格式。

1. 幻灯片母版简介

幻灯片母版是一张具有特殊用途的幻灯片，它存储有关演示文稿的主题和幻灯片版式的所有信息，包括背景、颜色、字体、效果、占位符大小和位置、项目符号的样式、背景图案、页脚内容等。

每个演示文稿至少包含一个幻灯片母版。修改和使用幻灯片母版的主要优点是可以对演示文稿中的每张幻灯片（包括以后要添加到演示文稿中的幻灯片）进行统一的样式修改。例如，要将某公司的徽标显示在演示文稿的每张幻灯片上，则可以将其放在幻灯片母版上。

幻灯片母版为演示文稿的外观赋予了整体性和统一性。如果要统一修改多张相同版式的幻灯片的外观，没有必要一张张幻灯片地进行修改，只需在相应幻灯片母版上作一次修改即可。如果用户希望某张幻灯片与幻灯片母版效果不同，可以直接修改该幻灯片。

2. 设置幻灯片母版

要对幻灯片母版进行设置，可以按照如下步骤操作。

① 单击“视图”选项卡→“演示文稿视图”组→“幻灯片母版”按钮，切换到幻灯片母版视图，如图 5-42 所示。

② 在窗口左侧窗格中单击要修改的幻灯片母版的缩略图，在窗口右侧的相应母版上进行所需的设置。

③ 设置完成后，单击功能组中的“关闭母版视图”按钮。

这里以“标题与内容”版式幻灯片为例，修改幻灯片母版。如图 5-43 所示，“标题与内容”版式对应的幻灯片母版给出了“标题区”、“对象区”、“日期区”、“页脚区”和“数字区”等五个占位符。在幻灯片母版中可进行插入图片、绘制图形、添加公司或学校的徽标图案、修饰文本的格式、改变背景效果等操作，实现幻灯片外观方案的设计。

例如，按如下步骤操作修改幻灯片母版格式。

① 单击“插入”选项卡→“插图”组→“图片”或“剪贴画”按钮，在幻灯片母版左上角处插入剪贴画或来自于文件的图片。

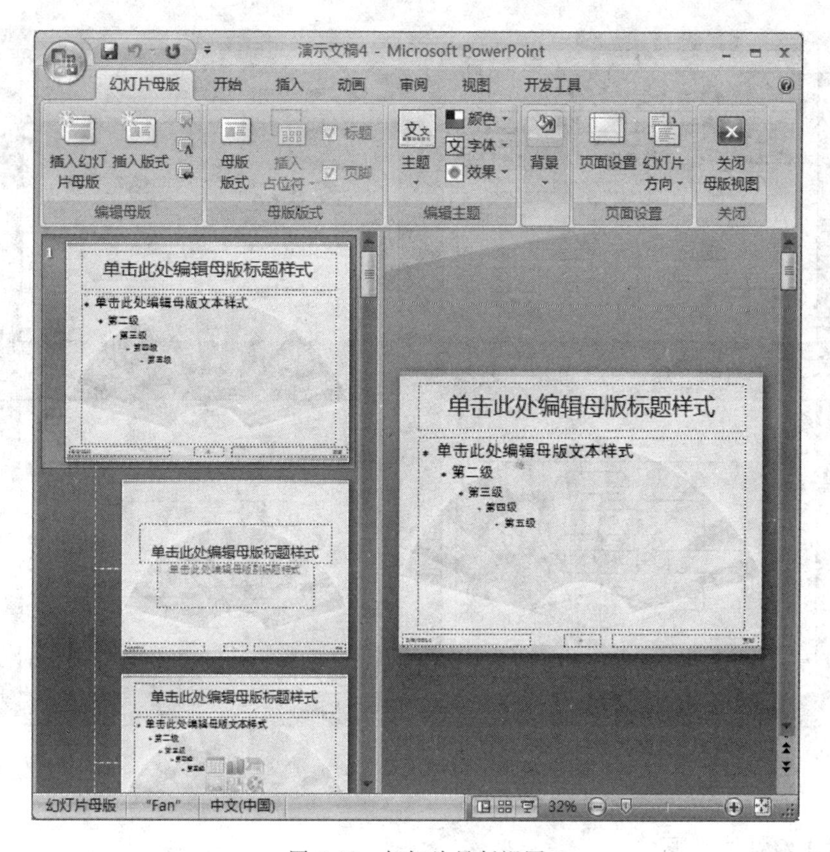

图 5-42　幻灯片母版视图

图 5-43　“标题与内容”版式幻灯片母版

② 单击“幻灯片母版”选项卡→“背景”组→“背景样式”按钮，为演示文稿中的所有幻灯片设置新的背景。

③ 单击“幻灯片母版”选项卡→“关闭”组→“关闭母版视图”按钮，返回普通视图。

在普通视图或幻灯片视图状态下，可观察到所有基于该母版的幻灯片都已套用了修改后的母版格式，即幻灯片母版上新增的对象将出现在每张幻灯片的相同位置，并且使用了新的背景设置，如图 5-44 所示。

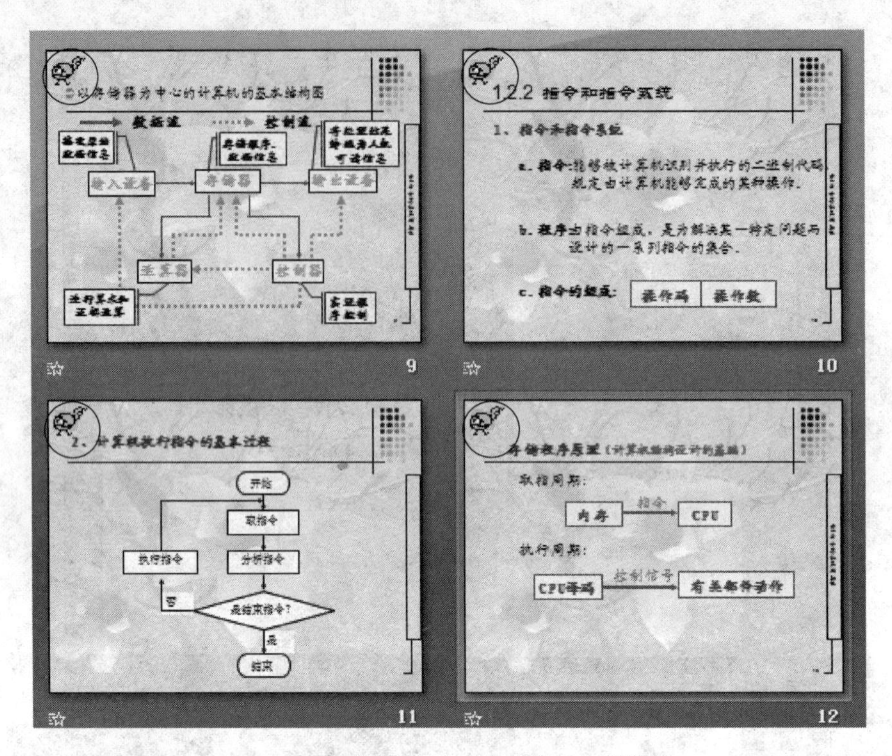

图 5-44　修改了幻灯片母版的演示文稿样例

3. 创建幻灯片母版

如果用户要在同一个演示文稿中使用两种或两种以上的母版，可以向演示文稿中添加所需要的母版，具体的方法是：

① 单击“视图”选项卡→“演示文稿视图”组→“幻灯片母版”按钮，切换到幻灯片母版视图。

② 单击“幻灯片母版”选项卡→“编辑母版”组→“插入幻灯片母版”按钮。

③ 对新添加的幻灯片母版进行编辑后，单击“关闭幻灯片母版”按钮返回普通视图。

返回到普通视图状态下，单击“开始”选项卡→“幻灯片”组→“版式”按钮，打开“版式”下拉列表后，可以看到新创建的幻灯片母版的版式出现在列表末尾。

4. 自定义演示文稿模板

用户可以根据自己的具体情况，对已有的设计模板稍加修改，或者把那些通过修改母版和主题生成的演示文稿自定义为新的设计模板，方便日后使用。

自定义演示文稿模板操作步骤如下。

① 单击 Office 按钮→“另存为”命令，打开“另存为”对话框。

② 在“文件名”框中，键入文件名。

③ 在“保存类型”列表中，选择“PowerPoint 模板”。

④ 单击“保存”按钮。

保存完成后，该模板会在下次创建演示文稿时，在“我的模板”列表框中列出，如图 5-45 所示。

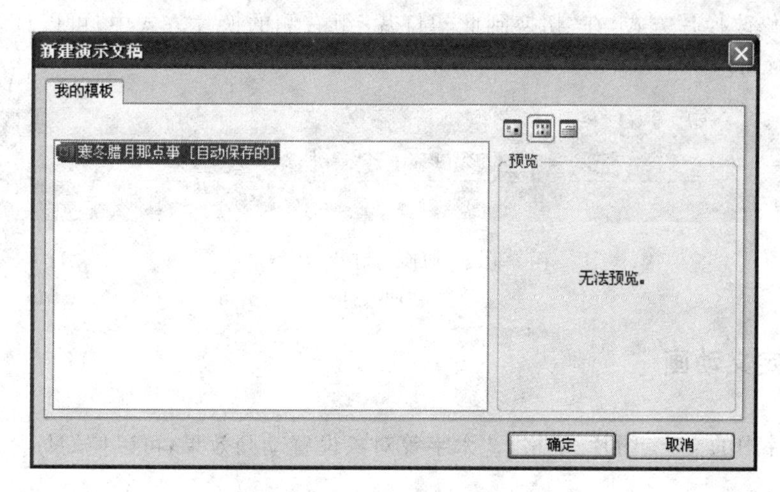

图 5-45 自定义演示文稿模板的保存

5.4 动画效果的制作

演示文稿制作的目的是为了在观众面前展现。为了使演示文稿更加活泼、有更多的视觉乐趣，那么在制作过程中，除了精心组织内容，合理设计每一张幻灯片的布局外，还可以应用动画效果控制幻灯片中的文本、图片、表格、图表及其他对象的进入方式和顺序，以突出重点，控制信息的流程并增加演示的趣味性，还可以根据不同的放映场合设定不同的放映方式。

PowerPoint 2007 中的动画包括两种类型，一是针对幻灯片的换片动画，另一类是可以应用在各类对象上的自定义动画。

5.4.1 幻灯片切换效果

幻灯片切换效果是在幻灯片放映时从一张幻灯片切换到下一张幻灯片时出现的类似动画的效果。可以控制每张幻灯片切换的速度，还可以添加声音。

设置幻灯片切换效果，可按如下步骤操作。

① 在“幻灯片浏览”视图或“普通”视图方式中，选中要设置换片方式的幻灯片，单击“动画”选项卡，在“切换到此幻灯片”组中选择幻灯片切换效果按钮，如图 5-46 所示。

② 若要查看更多切换效果，可以单击“其他”按钮，打开切换效果下拉列表，从中选择。

③ 若要设置幻灯片切换速度，单击“切换到此幻灯片”组→“切换速度”右侧的下拉箭头，然后选择所需的速度。

④ 若要设置幻灯片切换声音，单击“切换到此幻灯片”组→“切换声音”右侧的下拉箭头，添加列表中的声音；或者选择“其他声音”，找到要添加的声音文件，然后单击“确定”。

⑤ 若要将这种换片方式应用在全部的幻灯片中，只需在“切换到此幻灯片”组中，单击“全部应用”。

⑥ 若要修改换片方式，在“切换到此幻灯片”组右侧的换片方式中，可以设置下一张幻灯片的播放时间。

图 5-46 “切换幻灯片”功能组

5.4.2 自定义动画

为幻灯片中的文字、图片、表格、艺术字等对象设置动画效果，可以使幻灯片在播放时更具层次感。

1. 自定义动画

为幻灯片上的对象设置自定义动画，可按如下步骤操作。

① 在幻灯片上选中要设置动画效果的对象，单击“动画”选项卡→“动画”组→“自定义动画”按钮，打开“自定义动画”任务窗格，如图 5-47 所示。

② 单击“添加效果”按钮，对选中对象设置某种动画类型（“进入”、“强调”、“退出”和“动作路径”）、动画效果、启动动画的方式（鼠标单击时、之前、之后）、动画的方向和播放速度，如图 5-47 所示。

③ 单击“播放”按钮，可以预览幻灯片中的动画。单击“幻灯片放映”按钮，可以看到完整的幻灯片放映效果。

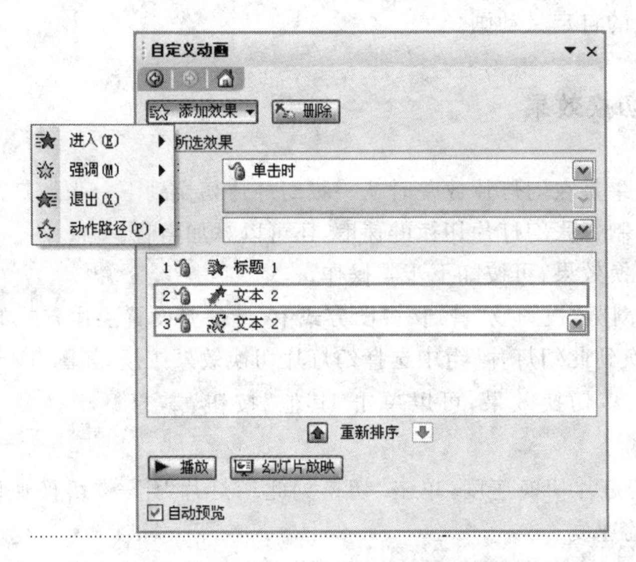

图 5-47 “自定义动画”任务窗格

PowerPoint 2007 的动画类型中，“动作路径”是设置个性动画的有力工具，利用“动作路径”中的各种路径效果可以方便地制作各种简单的路径动画，使演示文稿具有其他动画制作软件所具有的一般动画功能。例如,为幻灯片中的某一文本框对象设置动作路径动画,可按如下步骤操作。

① 选中该对象,单击"动画"选项卡→"动画"组→"自定义动画"按钮,打开"自定义动画"任务窗格。

② 单击"添加效果"按钮,在弹出的快捷菜单中指向"动作路径"命令,选择级联菜单中所需的路径选项,如选择"对角线向右下",则为该文本框对象设置如图 5-48 所示的动作路径动画,动作路径两端的箭头用于设置路径的开始和结束,拖动绿色箭头可以设置文本框动画的开始位置,拖动红色箭头设置文本框动画的结束位置。另外,自 PowerPoint 2007 起允许用户使用画笔绘制自定义路径,也为用户提供系统定义好的"其他动作路径",如图 5-48 所示的"动作路径"级联菜单下方的命令。

图 5-48 文本框的动作路径动画

2. 设置动画的效果选项

将动画添加到幻灯片各对象时,可选择各种效果选项使动画效果更加丰富,也可以选择各种计时选项以确保动画的每个部分平稳播放,并且看起来更加专业。还可以使用开始时间、延迟时间、触发器、速度或持续时间、循环(重复)及自动返回等选项,设置或调整自定义动画方案。

例如,为某个文本框对象自定义的动画为百叶窗,要设置效果选项和计时,可按如下步骤操作。

① 在"自定义动画"任务窗格的动画列表中,右击要设置效果选项和计时的动画,在弹出的快捷菜单中选择"效果选项",如图 5-49 所示。

② 在对话框的"效果"选项卡中,设置"百叶窗"动画的各种选项,如图 5-50 所示;单击"计时",打开该动画的"计时"选项卡,如图 5-51 所示,设置动画的开始时间、延迟、动画播放的速度及重复等选项。

图 5-49　自定义动画“效果选项”命令

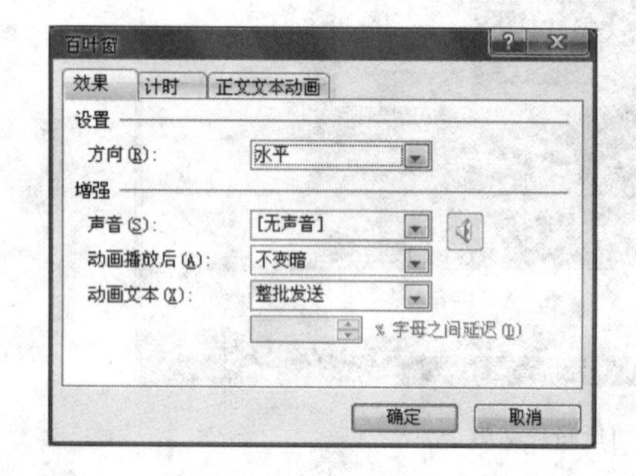

图 5-50　“百叶窗”动画的“效果”选项卡

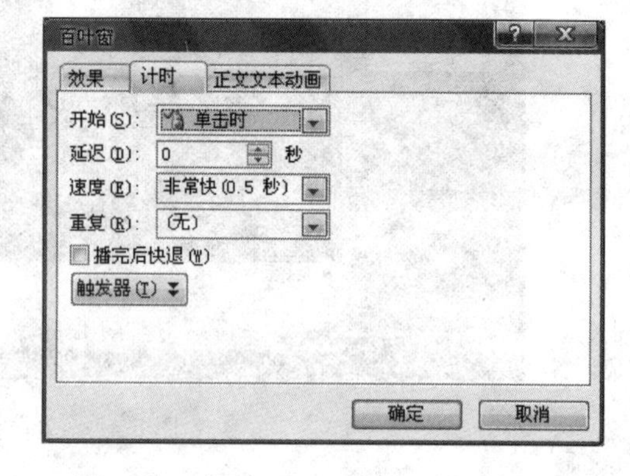

图 5-51　“百叶窗”动画的“计时”选项卡

3. 调整动画播放顺序

当“自定义动画”列表框中有多个动画对象时，若要调整某动画对象的播放顺序，可以选中该动画对象，通过单击“自定义动画”任务窗格底部的“重新排序”的上下按钮来调整动画出现的顺序，如图 5-47 所示。

4. 更改或取消动画设置

若要更改某对象的动画设置，可以先选择该动画对象，然后单击“自定义动画”任务窗格上方的“更改”按钮，在弹出的快捷菜单中重新设置动画方式。

若要取消某对象的动画设置，可以先选择该对象，然后单击“自定义动画”任务窗格上方的“删除”按钮。

5.5 设置演示文稿的交互功能

在 PowerPoint 2007 中可以在演示文稿中创建超链接，实现在演示文稿中的某张幻灯片、另一个演示文稿、其他文档或是 Internet 地址之间的跳转；也可以添加交互式的动作，如在幻灯片放映中单击鼠标或移动鼠标响应的动作或声音；还可以添加动作按钮，实现“播放”、“结束”、“上一张”、“下一张”等。

5.5.1 设置超级链接

超链接功能可以以任何文本、图形、表格或图片对象作为链接区，激活超级链接最好用单击鼠标的方法。设置超级链接后，代表超级链接区的文本会有下划线，并且显示成系统配色方案指定的颜色。

1. 创建“超链接”

在“普通”视图中，选择要添加超链接的文本或对象，单击“插入”选项卡→“链接”组→“超链接”按钮，弹出“插入超链接”对话框，如图 5-52 所示。在对话框中的“链接到”区域可以执行下列操作之一。

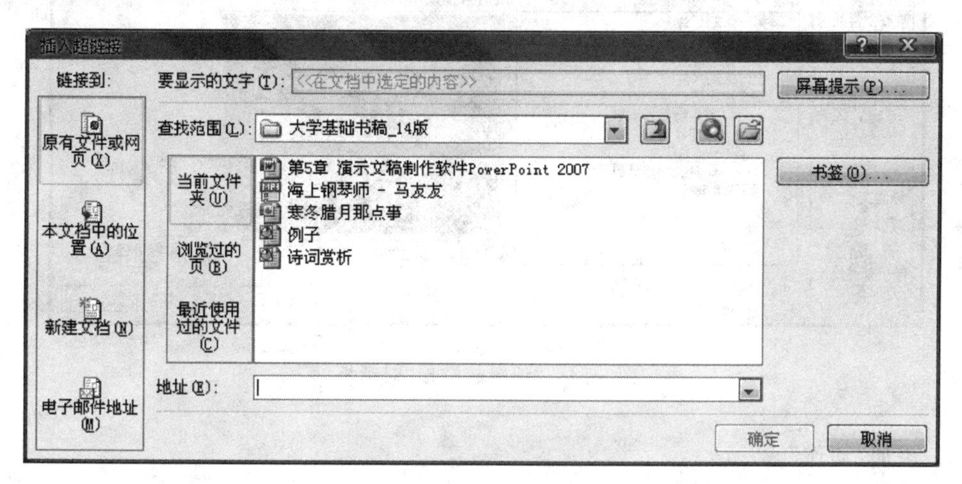

图 5-52 “插入超链接”对话框

① “原有文件或网页”。在“查找范围”区域找到包含要链接到的其他文档，或者在“地址”中输入要链接到的网页地址，单击“确定”按钮。

② “本文档中的位置”。选择该选项后，对话框形如图 5-53。在该对话框中可以选择链接到当前演示文稿中的某幻灯片；也可以选择链接到当前演示文稿中的自定义放映。

③ “新建文档”。链接到新建文档，并且可以随时编辑该文档。

④ “电子邮件地址”。键入要链接到的电子邮件地址，或在“最近用过的电子邮件地址”框中，单击电子邮件地址，在“主题”框中，键入电子邮件的主题。

修改或删除超链接也可以选择快捷菜单中的“编辑超链接”命令，打开如图 5-54 所示的

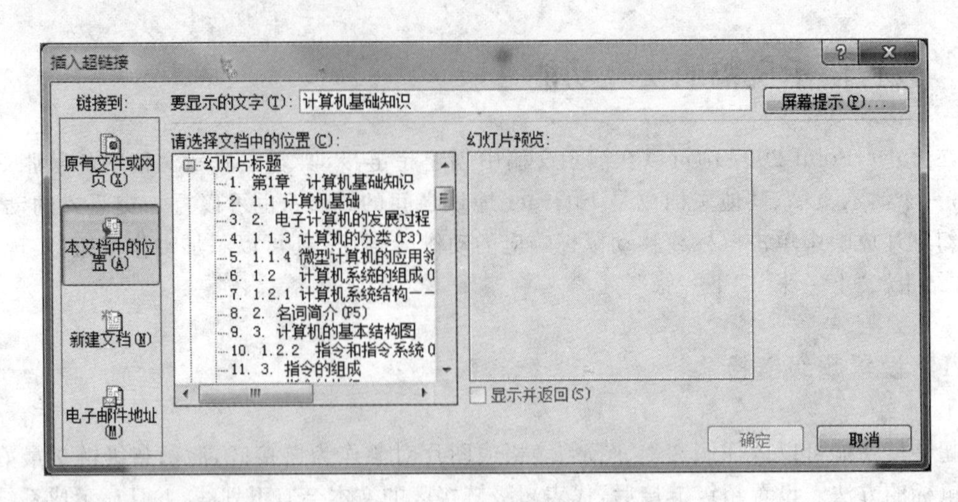

图 5-53 “插入超链接”—链接到本文档中的位置

“编辑超链接”对话框修改或删除对象的超链接；选择快捷菜单中的“取消超链接”命令可直接删除对象的超链接设置。

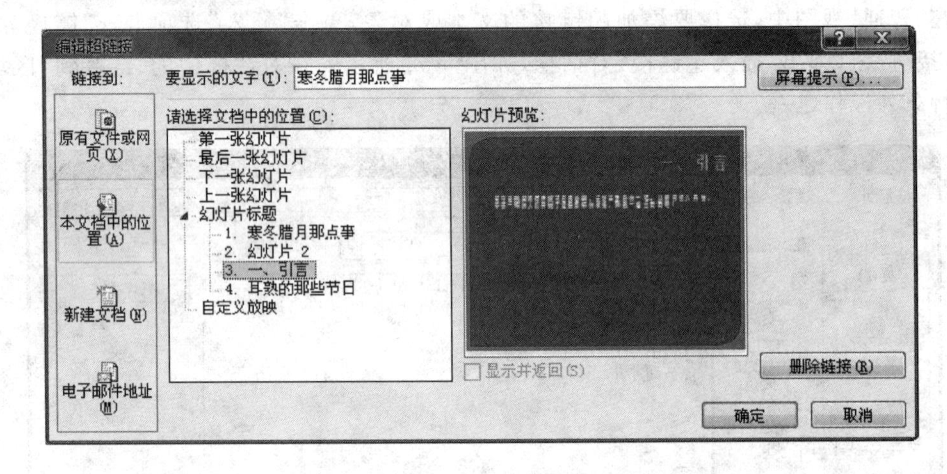

图 5-54 “编辑超链接”对话框

2. 添加“动作”

上述方法设置的超链接是鼠标单击事件触发的，使用“动作”命令还可以选择触发超链接的鼠标动作。

为某个幻灯片对象创建超链接动作的基本步骤如下：

① 在普通视图中，选择要设置超链接动作的对象；

② 选择“插入”选项卡→“链接”组→“动作”按钮，打开“动作设置”对话框，如图 5-55 所示。PowerPoint 提供了两种激活超链接动作的方式：单击对象和鼠标移过对象。“单击鼠标”选项卡用于设置鼠标单击对象时的动作。大多数情况下，建议采用单击鼠标的方式；如果采用鼠标移过的方式，可能会出现意外的跳转。鼠标移过的方式适用于提示、播放声音或影片。

③ 选择"超链接到"选项，打开下拉列表框并选择跳转目的地。例如，在下拉列表框中选择"幻灯片…"选项，会弹出一个如图 5-56 所示"超链接到幻灯片"对话框，从"幻灯片标题"列表框中选择作为超链接跳转目的地的幻灯片，比如选择第四张幻灯片。

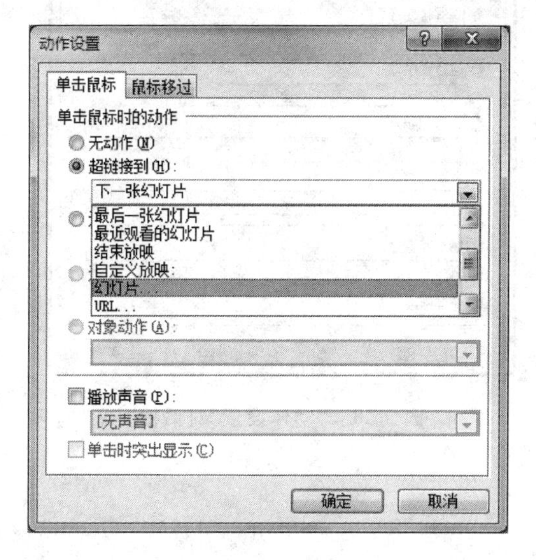

图 5-55 "动作设置"对话框

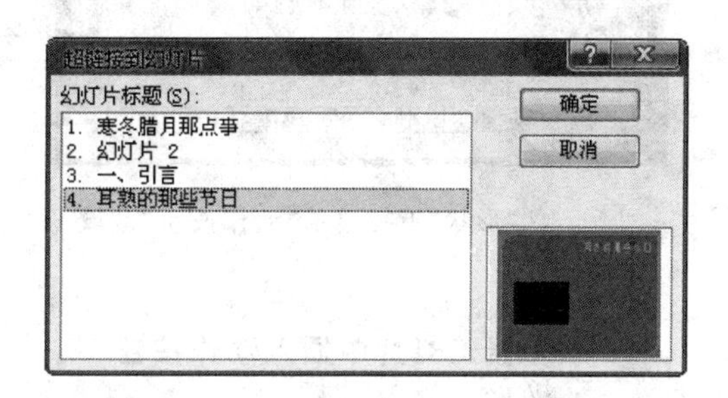

图 5-56 "超链接到幻灯片"对话框

另外，若要修改或删除幻灯片对象的超链接，则选中该对象，单击"插入"选项卡→"链接"组→"动作"按钮，打开图 5-55 所示"动作设置"对话框，设置相应的选项实现超链接的修改或删除。例如，选择代表超链接的文本和对象，在"动作设置"对话框中选择"无动作"选项，可以删除超链接。

5.5.2 动作按钮

动作按钮为演示文稿提供了一种交互能力，使演示文稿在放映时可以很方便地转到指定的幻灯片或另一个演示文稿文件中，也可在动作按钮上设置一个"超链接"。

在演示文稿中插入动作按钮大致可分为两种情况。

1. 在单张幻灯片中插入动作按钮

选择要放置按钮的幻灯片，单击"插入"选项卡→"插图"组→"形状"按钮，打开下拉列表，在列表底部的"动作按钮"区域选择所需的按钮，如图 5-57 所示。主要按钮包括"第一张"、"后退或前一项"、"前进或下一项"、"开始"、"结束"、"上一张"等。

单击幻灯片或在幻灯片合适的位置拖动鼠标左键，画出按钮的大小，就可以将选择的动作按钮插入到当前幻灯片中，在随后弹出的"动作设置"对话框中指定动作按钮的动作，如图 5-58 所示。例如，选中"超链接到"选项，接受"超链接到"列表中建议的超链接，或单击列表框右侧下拉箭头选择所需的链接，单击"确定"结束动作按钮的设置。

图 5-57 “形状”下拉菜单“动作按钮”区域

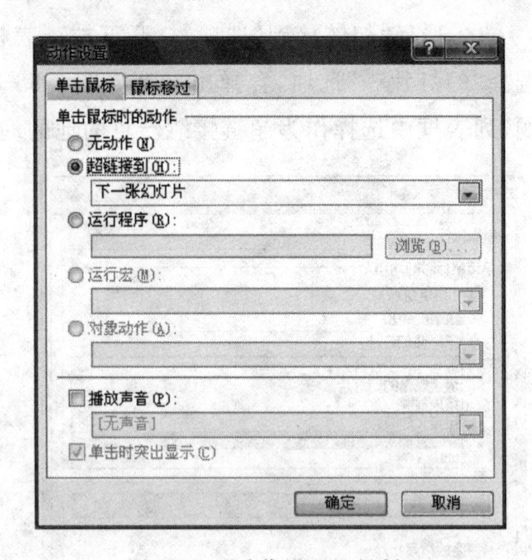

图 5-58 “动作设置”对话框

2. 在多张幻灯片中插入动作按钮

用户可以在幻灯片母版的某种版式上插入动作按钮，则该按钮在整个演示文稿相应的幻灯片中均可使用。

操作的方法是：

① 单击“视图”选项卡→“幻灯片母版”按钮，打开幻灯片母版视图，在幻灯片母版视图中选择需要添加动作按钮的母版版式。

② 单击“插入”选项卡→“插图”组→“形状”按钮，在下拉菜单的“动作按钮”区域选择所需的按钮，如图 5-57 所示，然后单击该幻灯片母版，在随后弹出的如图 5-58 所示的“动作设置”对话框中指定动作按钮的动作。

③ 单击“幻灯片母版”选项卡→“关闭母版视图”按钮，切换到普通视图状态，则选择的动作按钮被插入到与该母版相应的所有幻灯片中。

需要说明的是，如果要更改按钮的大小，可将它拖至所需大小。如果要保持其宽与高的比不变，请在拖动其中一个角尺寸控点的同时按住 Shift 键。

5.6 演示文稿的放映

完成了演示文稿中幻灯片的创建，为幻灯片及其中的对象做了动画效果、超链接、幻灯片切换效果等设置后，就可以放映幻灯片了。

5.6.1 放映演示文稿

1. 开始播放演示文稿

用户可以通过以下方式实现演示文稿的放映。

单击窗口底部的“幻灯片放映”按钮，或者单击“幻灯片放映”选项卡→“从头开始”按钮或“从当前幻灯片开始”按钮，如图5-59所示。此时整个屏幕为当前幻灯片所占据。播放幻灯片的基本操作有：

① 单击鼠标左键或按下回车键可播放下一张幻灯片。

② 按下 Esc 键可退出放映状态。

③ 使用 PageUp 和 PageDown 键可向前或向后翻一张幻灯片。

在演示文稿放映过程中，单击鼠标右键可以打开演示快捷菜单，播放者可以使用演示快捷菜单在演示过程中进行一些很有用的操作。例如，可以使用“定位至幻灯片”命令直接跳转到指定的幻灯片；使用“指针选项”中的“圆珠笔”子命令可将鼠标指针变为一支笔，在放映过程中使用这支笔在幻灯片上书写或绘画等等。

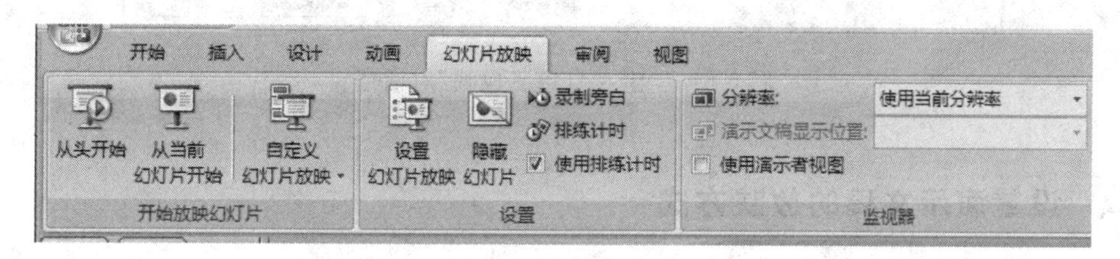

图5-59 “幻灯片放映”选项卡

2. 自定义放映

在 PowerPoint 2007 中，通过创建自定义放映，可以使一个演示文稿适合不同观众的要求。使用自定义可以展示演示文稿中一组独立幻灯片，或创建指向演示文稿中的一组幻灯片的超链接。

自定义放映有两种：基本的和带超链接的。基本自定义放映是一个独立的演示文稿，或是一个包括原始演示文稿中某些幻灯片的演示文稿。带超链接的自定义放映是导航到一个或多个独立演示文稿的快速方法。这里详细说明如何设置基本的自定义放映。

① 依次单击“幻灯片放映”选项卡→“开始幻灯片放映”组→“自定义幻灯片放映”按钮，打开“自定义放映”对话框，如图5-60所示。

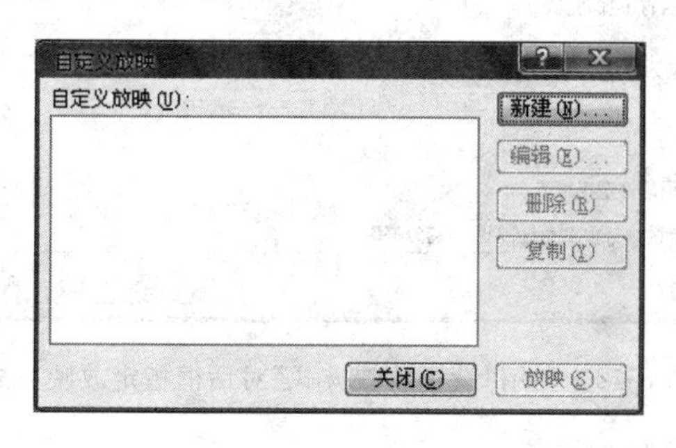

图5-60 “自定义放映”对话框

② 单击“新建”按钮，打开“定义自定义放映”对话框，如图5-61所示。选中“在演示文稿中的幻灯片”下要包括在自定义放映中的幻灯片，单击“添加”按钮。

③ 要更改幻灯片出现的顺序，可以在“在自定义放映中的幻灯片”下，单击某张幻灯片，

然后单击右侧的箭头，在列表中上下调整该幻灯片的播放顺序。

④ 在“幻灯片放映名称”框中键入一个名称，然后单击“确定”按钮。

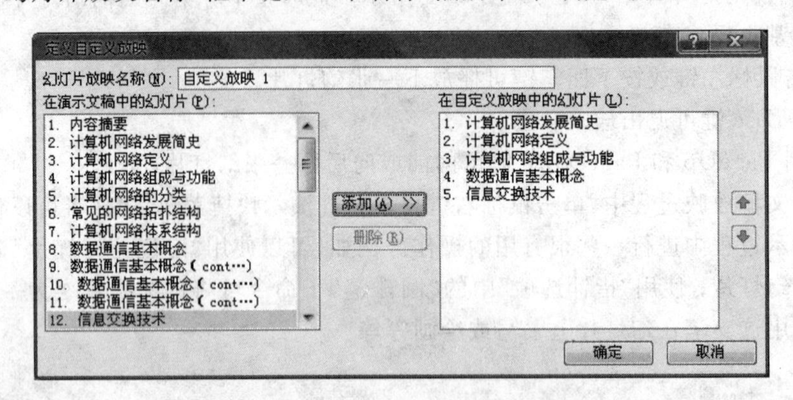

图 5-61 “定义自定义放映”对话框

5.6.2 设置演示文稿的放映方式

1. 设置放映方式

PowerPoint 提供了三种幻灯片放映方式：手动、定时和循环播放。

单击“幻灯片放映”选项卡→“设置”组→“设置幻灯片放映”按钮，打开图 5-62 所示的“设置放映方式”对话框，可以指定放映方式。

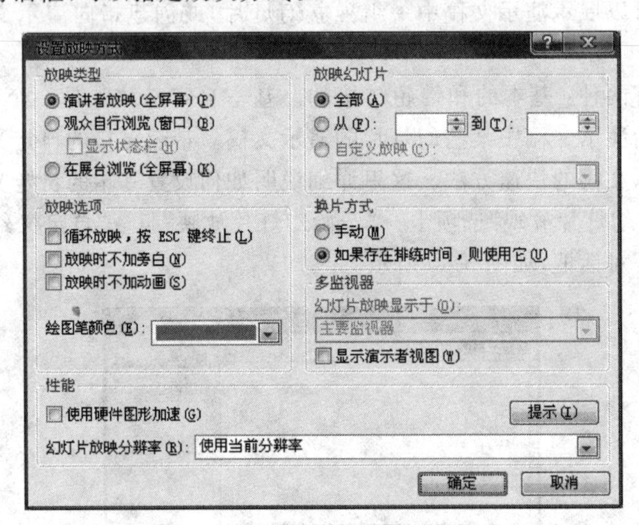

图 5-62 利用“设置放映方式”对话框指定放映方式

对话框中的主要设置如下。

(1) 在“放映类型”选项组中可以选择相应的放映类型。

① “演讲者放映(全屏幕)”可运行全屏显示的演示文稿，这是最常用的幻灯片播放方式，也是系统默认的选项。演讲者具有完整的控制权，可以将演示文稿暂停，添加会议细节或即席反映，还可以在播放过程中录制旁白。

② “观众自行浏览(窗口)”适用于小规模的演示。这种方式提供演示文稿播放时移动、编辑、复制和打印等命令,便于观众自己浏览演示文稿。

③ “在展台浏览(全屏幕)”适用于展览会场或会议中。观众可以更换幻灯片或单击超链接对象和动作按钮,但不能更改演示文稿。如果选中此选项,PowerPoint 会启动选定“循环放映,按 Esc 键终止”复选框。

(2) 通过“换片方式”选项组,用户可以采用自动或人工方式播放演示文稿。如果是在公众场合下进行幻灯片演示,应该选择“手动”选项,即通过单击鼠标来进行换片,只有这样才能更好地和观众进行沟通。

如果用户想将演示文稿保存成幻灯片放映方式,使每次打开该演示文稿时总是以幻灯片放映的方式打开,可以在演示文稿制作结束后,选择“Office”按钮→“另存为”命令,在弹出的另存为对话框中选择“PowerPoint 放映”的保存类型,如图 5-63 所示,输入文件名后单击“保存”按钮。此时,演示文稿被保存成为扩展名为“. ppsx”的文件,文件图标为 。

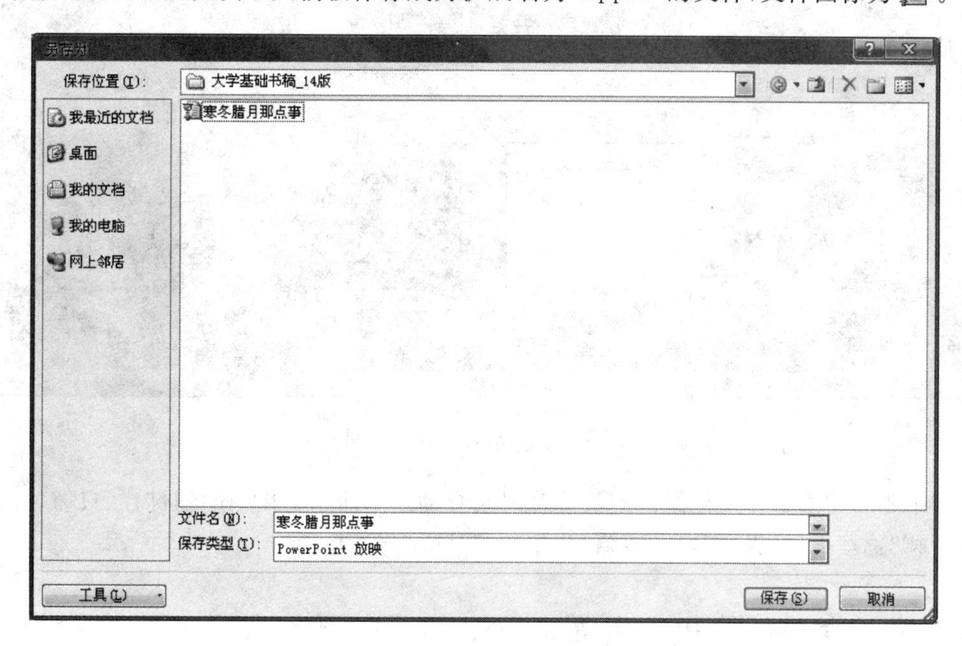

图 5-63 将演示文稿保存为放映方式

2. 排练计时

在创建自运行演示文稿时,幻灯片计时功能是一个理想选择。进行排练时,可以使用幻灯片计时功能记录演示每个幻灯片所需的时间,然后在向实际观众演示时使用记录的时间自动播放幻灯片。

单击“幻灯片放映”选项卡→“设置”组→“排练计时”按钮,显示“预演”工具栏并开始演示幻灯片,同时在“幻灯片放映时间”框开始对演示文稿计时,如图 5-64 所示。

对演示文稿计时时,可以在“预演”工具栏上执行以下一项或多项操作:

① 单击“下一项”按钮,移动到下一张幻灯片。

② 单击“暂停”按钮,临时停止记录时间;再次单击“暂停”按钮,重新开始记录时间。

③ 单击“重复”按钮，重新开始记录当前幻灯片的时间。

演示完最后一张幻灯片后，将弹出消息框，如图 5-65 所示，显示这次排练的总时间，并询问是否保留这次的排练时间。如果选择了“是”，将打开“幻灯片浏览”视图，显示演示文稿中每张幻灯片的排练时间，如图 5-66 所示。

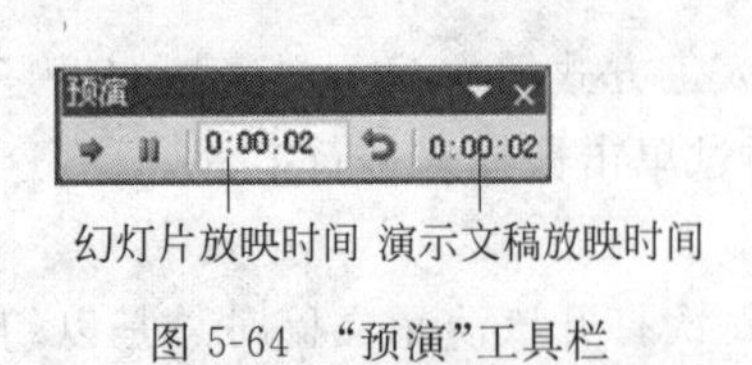

图 5-64 “预演”工具栏

图 5-65 确认排练时间消息框

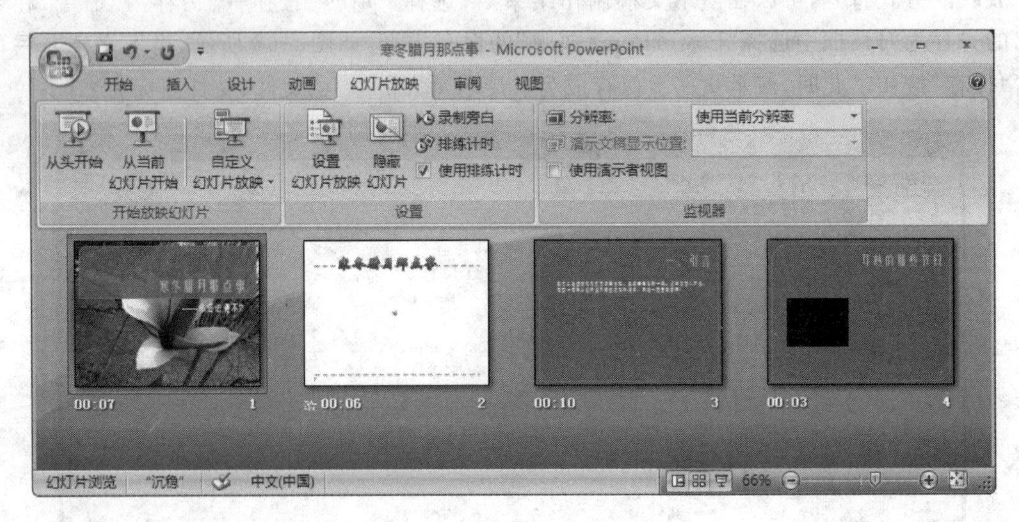

图 5-66 幻灯片的排练时间

如果不希望通过使用记录的幻灯片计时来自动演示演示文稿中的幻灯片，只需单击“幻灯片放映”选项卡→“设置”组→清除“使用排练计时”复选框。

5.7 演示文稿的输出与发布

5.7.1 打印输出演示文稿

在 PowerPoint 2007 中，可以打印幻灯片，也可以打印演示文稿的其他部分，如讲义、备注页等。打印时可以调整幻灯片的大小以适合不同的纸张大小（包括信纸和分类账），也可以指定自定义大小。

1. 页面设置

要设置幻灯片大小和打印方向，可以执行以下操作。

① 单击“设计”选项卡→“页面设置”组→“页面设置”按钮，弹出“页面设置”对话框，如图 5-67 所示。在对话框的“幻灯片大小”列表中选择纸张的大小。

② 如果在“幻灯片大小”中选择了“自定义”，则需在“宽度”和“高度”框中键入或选择所需的尺寸。

③ 在“方向”区域可以设置“幻灯片”、“备注、讲义和大纲”的页面方向。

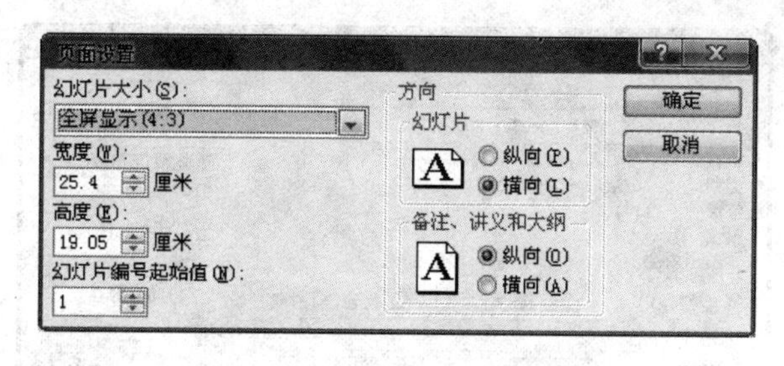

图 5-67 “页面设置”对话框

值得注意的是，必须将演示文稿中的所有幻灯片设置为一个方向。

2. 打印预览与打印

通过打印设备可以输出幻灯片、大纲、演讲者备注及观众讲义等多种形式的演示文稿。在幻灯片视图、大纲视图、备注页视图和幻灯片浏览视图中都可以进行打印工作。

(1) 打印预览

在打印前可先通过打印预览观察打印效果。单击 Office 按钮，在下拉列表中选择“打印”→“打印预览”命令，打开“打印预览”选项卡，如图 5-68 所示。在“打印预览”选项卡中可进行如下操作。

① 在“页面设置”组→“打印内容”框中，可以选择幻灯片、备注页、讲义、大纲视图。

② 单击“打印”组→“选项”按钮，可以在下拉列表的“颜色/灰度”命令下，选择彩色打印、黑白打印或灰度打印。

图 5-68 “打印预览”选项卡

(2) 打印幻灯片

打开要准备打印的演示文稿，选择 Office 按钮→“打印”→“打印”命令，或在“打印预览”选项卡中单击“打印”命令，打开“打印”对话框，如图 5-69 所示。

在“打印”对话框中可进行如下设置。

① 在“打印机”区域中选择所使用的打印机名称。

② 在“打印范围”区域中通过单选按钮选择要打印的范围。可以打印全部演示文稿，打印当前幻灯片，还可以输入幻灯片编号来指定某一范围。

③ 在“份数”区域中调整打印份数。

④ 单击“打印内容”下拉列表框，设置具体打印内容。如果选择“幻灯片”选项，则在每

页打印一张幻灯片；选择“讲义”选项，可以在每页中打印2，3，4，6或9张幻灯片；选择“大纲视图”选项，可以打印演示文稿的大纲；选择“备注页”选项，可以打印指定范围中的幻灯片备注。

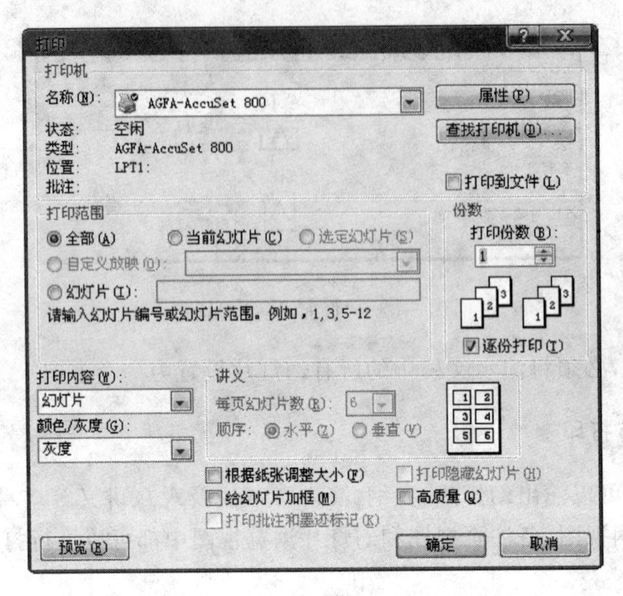

图 5-69 “打印”对话框

5.7.2 打包演示文稿

很多实际的应用都是制作环境与播放环境分离的，而演示文稿由于没有自播放功能，只能在那些已经安装了 PowerPoint 的计算机中播放，这就不免会出现一些播放故障。比如，制作好的 PowerPoint 文档复制到需要演示的计算机上时，却发现有些漂亮的字体走样了，或者某些特殊效果面目全非，或者根本无法播放等等。这是因为演示机上安装的 PowerPoint 版本较低，或者根本没有安装 PowerPoint 软件。

怎样才能让演示文稿在任何一台计算机上都能准确无误地播放呢？只要掌握了“打包”，就不必再被 PowerPoint 的兼容性问题困扰了。

1. 打包环境准备

打开要打包的演示文稿，如果正在处理以前未保存的新的演示文稿，应对其进行保存，选择 Office 按钮→“发布”命令→“打包成 CD”，打开如图 5-70 所示的“打包成 CD”对话框。如果未安装该程序，系统会弹出提示窗口“这项功能目前尚未安装，是否现在安装?”，选择“是”即可安装。这里略去安装过程。

2. 打包操作

默认情况下，当前打开的演示文稿已经出现在“要复制的文件”列表中。链接到演示文稿的文件（例如图形文件）会自动包括在内，而不出现在“要复制的文件”列表中。

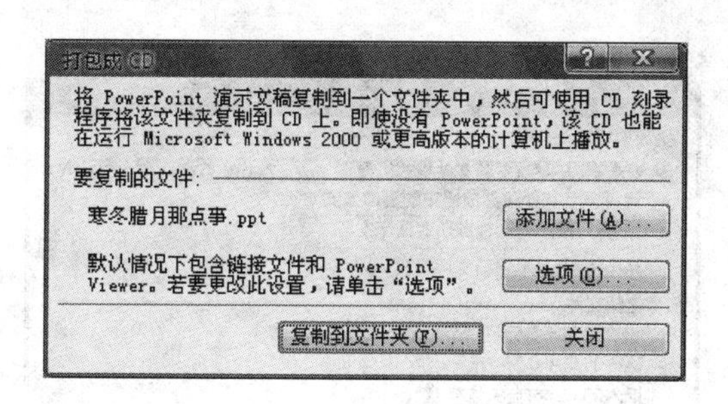

图 5-70 “打包成 CD”对话框

此外，Microsoft Office PowerPoint Viewer 是默认包括在 CD 内的，以便在未安装 Microsoft PowerPoint 的计算机上运行打包的演示文稿。若要添加其他演示文稿或其他不能自动包括的文件，在“打包成 CD”'对话框中，单击“添加文件”按钮，选取要进行打包的文件并进行确认操作，如图 5-71 所示。

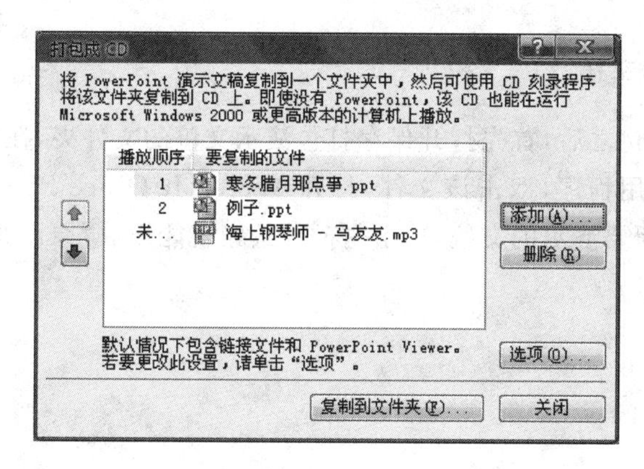

图 5-71 添加打包文件

默认情况下，演示文稿被设置为按照“要复制的文件”列表中排列的顺序自动运行。若要更改播放顺序，请选择一个演示文稿，然后单击向上键或向下键，将其移动到列表中的新位置。

除了可以将演示文稿文件打包成 CD 外，还可以将一个或多个演示文稿打包到计算机或某个网络位置上的文件夹中，只要单击“复制到文件夹”按钮，设定打包后输出的路径和文件夹的名称即可，如图 5-71 所示。

若要更改默认设置，单击“选项”按钮，会打开如图 5-72 所示的“选项”对话框，可执行下列操作：

① 若要指定演示文稿在 PowerPoint Viewer 中的播放方式，请单击“查看器程序包”选项，然后在“选择演示文稿在播放器中的播放方式”列表中选择一个选项。

② 若要生成肯定可以在安装有 PowerPoint 或 PowerPoint Viewer 的计算机上播放的包，请单击“存档程序包(不更新文件格式)”选项。

③ 如果使用特殊字体，需选择嵌入的 TureType 字体，则可以选中“嵌入的 TrueType 字体”复选框。

④ 若需要设置打开或编辑打包演示文稿的密码，可以在“增强安全性和隐私保护”下面设置打开或修改文件的密码。

⑤ 选中“链接的文件”复选框，选择演示文稿中所用到的链接文件。

需要说明的是：如果改动演示文稿还得再次运行“打包成 CD”命令。

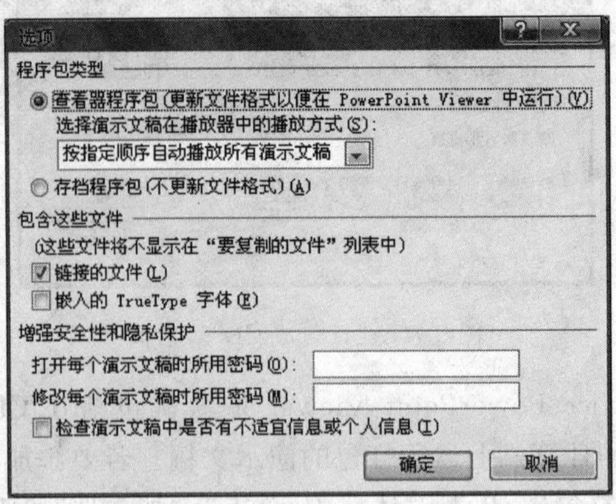

选项
程序包类型
查看器程序包(更新文件格式以便在 PowerPoint Viewer 中运行)(V)
选择演示文稿在播放器中的播放方式(S):
按指定顺序自动播放所有演示文稿
存档程序包(不更新文件格式)(A)
包含这些文件
(这些文件将不显示在“要复制的文件”列表中)
链接的文件(L)
嵌入的 TrueType 字体(E)
增强安全性和隐私保护
打开每个演示文稿时所用密码(O):
修改每个演示文稿时所用密码(M):
检查演示文稿中是否有不适宜信息或个人信息(I)
确定 取消

图 5-72 “选项”对话框

3. 运行打包演示文稿

完成演示文稿打包之后，首先打开保存打包演示文稿的文件夹，在该文件夹中会找到文件名为 pptview 的应用程序，双击该文件，打开 Microsoft Office PowerPoint Viewer 对话框，在列表框中选择所要演示的文稿，单击“打开”按钮就能播放“原汁原味”的演示文稿了。

习题五

一、单项选择题

1. PowerPoint 2007 演示文稿的扩展名是(　　)。

A) docx　　B) pot　　C) ppsx　　D) pptx

2. PowerPoint 2007 中，执行了“插入新幻灯片”操作，被插入的幻灯片将出现在(　　)。

A) 当前幻灯片之前　　B) 最前

C) 最后　　D) 当前幻灯片之后

3. 在(　　)视图方式下，可以复制、删除幻灯片，调整幻灯片的顺序，但不能对幻灯片的内容进行编辑、修改。

A) 幻灯片母版　　B) 幻灯片浏览　　C) 幻灯片放映　　D) 普通

4. 在 PowerPoint 2007 中，下列说法错误的是(　　)。

A) 可以向“空白”版式的幻灯片中插入剪贴画

B) 可以向已存在的幻灯片中插入剪贴画

C) 可以编辑剪贴画

D) 可以为图片重新上色

5. 在 PowerPoint 中，要编辑“幻灯片母版”，应选择的选项卡是(　　)。

A) 插入　　B) 开始　　C) 视图　　D) 格式

6. 有关“背景样式”的叙述中，不正确的是(　　)。

A) 可以将某一种背景样式应用于所有的幻灯片中

B）可以将某一种背景样式应用于选定的幻灯片中

C）可以将某一种背景样式应用于相应的幻灯片中

D）一个演示文稿文件中只能应用一种背景样式

7. 在 PowerPoint 2007 中，下列有关选定幻灯片的说法中错误的是（　　）。

A）在幻灯片浏览中单击幻灯片，即可选定

B）如果要选定多张不连续的幻灯片，在幻灯片浏览视图下按住 Shift 键并单击各张幻灯片即可

C）在幻灯片浏览视图中，若要选定所有幻灯片，应使用 Ctrl＋A 快捷键

D）在幻灯片视图下，可以选定多个幻灯片

8. 在 PowerPoint 2007 中，有关幻灯片放映的说法不正确的是（　　）。

A）按 Esc 键退出放映　　B）按 Enter 键放映幻灯片

C）可以使用排练计时放映幻灯片　　D）可以加入旁白

9. 要设置或修改演示文稿主题的命令位于（　　）选项卡中。

A）幻灯片放映　　B）设计　　C）视图　　D）格式

10. 编辑幻灯片内容时，首先应（　　）。

A）选择编辑对象　　B）选择编辑菜单

C）选择工具栏按钮　　D）选择幻灯片浏览视图

二、填空题

1. 若要为幻灯片添加解说词，应该选择“幻灯片放映”选项卡中的________按钮。
2. 要为幻灯片中文本框内的文字设置项目符号，使用的选项卡是________。
3. 如果要将幻灯片的方向由横向改变为纵向，可通过________对话框设置。
4. PowerPoint 2007 的母版有________、讲义母版和备注母版。
5. PowerPoint 2007 中的一个主题包括主题颜色、主题字体和________。

三、操作题

1. 新建一个演示文稿文件，选择“质朴”主题，将第一张幻灯片的版式设置为“标题幻灯片”，完成如下设置：

（1）设置主标题文字为“我们来背单词”，字体为“黑体”，字形为“倾斜、加粗”，字号为“54”，颜色为“RGB(255，0，255)”；

（2）设置副标题文字为“苹果”字体为“黑体”，字形为“倾斜、加粗”，字号为“54”，颜色为“RGB(255，255，0)；

（3）插入一张新的幻灯片，版式设置为“空白”；

（4）在该张幻灯片中插入一个水平文本框，设置文字内容为“apple”，字体为“黑体”，字形为“倾斜、加粗”，字号为“54”，颜色为“RGB(0，255，0)”，自定义动画为“飞入”，方向为“自顶部”，速度为“非常快”；

（4）插入“后退或前一项”的动作按钮，超级链接为“上一张幻灯片”；

（5）将所有幻灯片背景填充为“薄雾浓云”渐变填充；设置幻灯片切换效果为“垂直百叶窗”；

(6) 保存演示文稿文件，命名为“练习 1. pptx”。

2. 新建一个演示文稿文件，设置第一张幻灯片的版式为“仅标题”，选择“沉稳”主题，应用于选定幻灯片，并完成如下设置：

(1) 设置标题文字内容为“等边三角形”，字体为“华文彩云”，字形为“倾斜、加粗”，字号为“66”，颜色为“RGB(51,204,51)，字体效果为“阴影”，自定义动画为“螺旋飞入”，增强动画文本为“按字母”；

(2) 插入一个由三条线段组成的“等边三角形”，线条粗细为 6 磅，颜色按逆时针方向依次为“红色 RGB(255,0,0)”、“绿色 RGB(0,255,0)”、“黄色 RGB(255,255,0)”自定义动画按逆时针方向红色线段为“自左下飞入”、绿色线段为“自底部飞入”、黄色线段为“自右上飞入”；

(3) 添加一张新幻灯片，版式为“空白”，在该幻灯片中插入剪辑库中的任意一个声音文件，使其在鼠标单击时播放；

(4) 插入剪贴画：选择“Office 收藏集”中“地点→地标”分类中的任意一幅剪贴画，使图片的纵横比不变，将图片的高度设置为 10.37 厘米，自定义动画为“扇形展开”，并且在声音文件播放之后延迟 2 秒出现；

(5) 设置幻灯片切换效果为“水平百叶窗”，速度为“中速”，并应用于选定幻灯片；

(6) 利用“幻灯片母版”在“页脚区”添加文字“作业”，字体为“隶书”，字号为“26”，保存演示文稿文件，命名为“练习 2. pptx”，然后将该文件另存为“练习 2. ppsx”。

3. 创建一个新演示文稿文件，完成如下操作：

① 演示文稿主题设置成“夏至”，幻灯片版式为“标题幻灯片”。输入标题内容“美好的大学时光”，设置字体：隶书，60 磅，加粗。输入副标题内容“学习篇”，设置字体：隶书，32 磅，加粗。

② 插入第二张空白幻灯片，并在新幻灯片中插入剪贴画（任意一幅）。设置剪贴画“自顶部飞入”的动画效果，阴影效果为“内部右上角”。在剪贴画下面插入水平文本框，内容为：“几年的大学生活使我们收获了知识也得到锻炼和成长。”，格式设置为：华文行楷，30 磅，动画效果为“渐变式回旋”。

③ 在演示文稿文件的末尾插入第三张幻灯片，幻灯片版式为“空白”，并在新幻灯片中插入来自文件中的影片（任意影片），播放方式设置为单击时开始播放；在影片下面插入水平文本框，输入内容为“时间如流水般转瞬即逝”，文字格式为：隶书，48 磅，动画效果为“按字/词从底部缓慢进入”，速度为“快速”。

④ 插入第四张幻灯片，幻灯片版式为“标题与内容”，并在新幻灯片中插入剪贴画（任意一幅剪贴画），动画效果为“自左侧飞入”；在标题内输入“我们的未来掌握在自己的手中”，40 磅，红色双下划线效果，动画效果为“向内溶解”；插入艺术字库中第五行第四列（粉状棱台）样式的艺术字，内容为“少年强则国家强”隶书，40 号字，将艺术字文本效果设置为“半映像，接触”，动画效果为“劈裂”方向为“左右向中央收缩”。

⑤ 设置第一张幻灯片的切换方式为：向左下插入，中速；第二、三、四张幻灯片的切换方式为：向右上插入，声音为鼓掌。

⑥ 保存演示文稿文件，命名为“练习 3. pptx”，然后将该文件另存为“练习 3. ppsx”。

第6章　计算机网络应用

随着计算机技术的发展和人们对信息共享的需求，计算机网络技术得到快速的发展，网络的应用被广泛普及。人们通过网络的应用改变了已有的学习、工作、生活的方式。网络与通信技术已成为影响一个国家与地区经济、科学和文化发展的重要因素之一。本章将介绍计算机网络的基本概念以及 Internet 的应用基础等内容。

6.1　计算机网络概述

计算机网络是利用通信线路和通信设备，把分布在不同地理位置的具有独立功能的多台计算机、终端及其附属设备互相连接，按照网络协议进行数据通信，利用完善的网络软件实现资源共享的计算机系统的集合。因此计算机网络的主要功能是资源共享和信息交换。

6.1.1　计算机网络的形成与发展

计算机网络最早出现于20世纪50年代，人们开始使用一种叫做收发器(Transceiver)的终端，将穿孔卡片上的数据从电话线路上发送到远地的计算机。后来，用户可在远地的电传打字机上键入自己的程序，而算出的结果又可从计算机传送到电传打字机打印出来。计算机与通信的结合就此开始了。随着计算机技术和通信技术的不断发展，计算机网络也经历了由简到繁、由单机到多机、由局部应用发展到如今全球的互连网络的发展过程，其演变过程主要可分为以下四个阶段。

1. 第一阶段　面向终端的计算机网络

面向终端的计算机网络(又称为联机系统)，出现于20世纪50年代初，将多个终端设备经由通信线路与一台主机直接相连，实现多人共享主机资源。分布在不同办公室，甚至不同地理位置的本地终端或者是远程终端通过公共电话网及相应的通信设备与一台计算机相连，登录到计算机上，享用该计算机的资源，具有这种通信功能的单机系统或多机系统称为第一代计算机网络，如图6-1所示。严格地讲，这一代的网络，仅将计算机技术与通信技术结合，可以让用户以终端方式与远程主机进行通信，是计算机网络的雏形。

这一阶段典型的应用是20世纪60年代，美国设计的第一台由计算机和全美范围内2000多个终端组成的飞机订票系统和美国空军建立的半自动化地面防空系统(SAGE)。

2. 第二阶段　以通信子网为中心的计算机通信网络

面向终端的计算机网络只能在终端和主机之间进行通信，主机之间无法通信。真正意

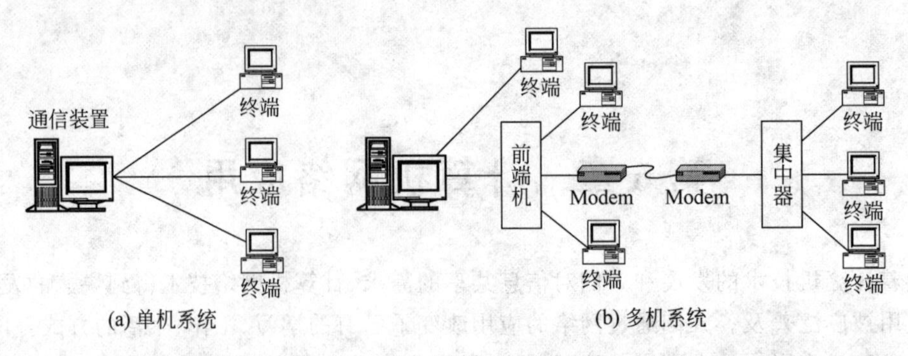

图 6-1　面向终端的计算机网络

义上的计算机网络应该是计算机与计算机的互连、通信，即通过通信线路将若干个自主的计算机连接起来的系统，称为计算机通信网络。其逻辑上由通信子网（Communication Subnet）和资源子网（即第一代网络）构成，用户通过终端不仅可以共享本主机上的资源，还可以共享通信子网上其他主机上的资源，如图 6-2 所示。

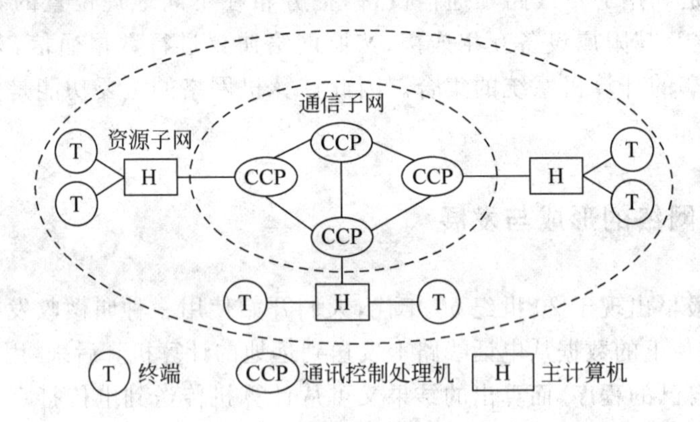

图 6-2　计算机通信网络

(1) 资源子网

资源子网由主计算机系统、终端、终端控制器、联网外设、各种软件资源与信息资源组成。主要负责全网的数据处理业务，向网络用户提供各种网络资源与网络服务。其核心是运行应用程序的主机，大多为用户所拥有。

(2) 通信子网

通信子网由通信控制处理机（Communication Control Processor，CCP）、通信线路（Transmission Line）和其他通信设备组成，完成网络数据传输、转发等通信处理任务。其中通信控制处理机是一种特殊的计算机，它作为与资源子网的主机、终端相连接的接口，将主机和终端连入网内，并且又作为通信子网中的分组存储转发节点，完成分组的接收、校验、存储、转发等功能，实现将源主机报文准确发送到目的主机的作用；通信线路为通信控制处理机之间、通信控制处理机与主机之间提供通信信道。

这一阶段的最初代表是美国国防部高级研究计划局开发的 ARPANET，它也是 Internet 的雏形。

3. 第三阶段　体系标准化的计算机互连网络

随着ARPANET的诞生，许多计算机公司开始大力发展计算机网络，纷纷推出自己的产品和结构，广域网从此进入了蓬勃发展期。另外，从20世纪70年代末出现微型计算机开始，到20世纪80年代，PC的性价比不断攀升，其应用领域从科学计算步入了事务处理，使得PC大量进入各行各业，甚至于家庭。此时基于信息交换和资源共享的需求越来越迫切，人们要求将一栋楼或一个部门内的计算机互连，于是局域网应运而生。此时计算机广域网和局域网大多是由研究部门、大学或计算机公司自行开发研制的，各自使用自己的网络体系结构和协议，没有统一的标准，给异种机和异种结构的网络互连造成很大的困难，而全球经济的发展使得不同网络体系的用户迫切要求能够互相交换信息。

为适应网络标准化的发展趋势，国际标准化组织(ISO)于1984年公布了"开放系统互连参考模型"的正式文件，即OSI参考模型(Open System Interconnection/reference Model, OSI/RM)。从此计算机网络进入了标准化网络阶段。

4. 第四阶段　以Internet为核心的高速互联网络

随着互联网的迅猛发展，人们对远程教学、远程医疗、视频会议等多媒体应用的需求大幅度增加，促使基于传统电信网络为信息载体的计算机互联网络由低速向高速，由共享到交换，由窄带向宽带方向迅速发展，即由传统的计算机互联网络向高速互联网络发展。目前对于互联网的主干网来说，各种宽带组网技术日益成熟和完善，波分复用系统的带宽已达400Gbps，IP over ATM、IP over SDH、IP over WDM(DWDM)等技术已经开始投入使用，并提出了建立全优化光学主干网络，可以说主干网已经为承载各种高速业务(或称宽带业务)做好了准备。

目前，全球以Internet为核心的高速计算机互联网络已形成，Internet已经成为人类最重要的最大的知识宝库。与第三代计算机网络相比，第四代计算机网络的特点是网络的高速化和业务综合化。网络高速化有两个特征：使用光纤等高速传输介质和高速网络技术实现的网络宽频带和基于快速交换技术实现的传输小时延。网络业务综合化则是依赖于多媒体技术实现的综合多种媒体的信息业务。

6.1.2 计算机网络的基本构成

计算机网络是一个非常复杂的系统，根据应用范围、目的、规模、结构以及采用的技术不同而不尽相同，但硬件和软件是计算机网络的两大组成部分。网络硬件提供数据处理、数据传输和建立通信通道的物理基础，而网络软件则依赖于硬件完成数据通信控制，二者缺一不可。计算机网络的基本组成主要包括如下几个部分。

1. 网络主体设备

网络的主体设备称为主机(Host)。根据主机在网络中所承担的任务不同，可分为服务器和客户机。服务器(Server)提供共享资源，进行网络控制。服务器可以提供的服务有文件服务、域名服务、打印服务、通信服务、数据库服务等。充当服务器的计算机一般要求速度快、存储容量大、并行处理能力强等。客户机也称为工作站（Work Station），就是用户接入网络的计算机，可以共享网络资源，进行信息交换。

2. 通信线路和通信设备

计算机网络的硬件部分除了计算机本身以外，还要有用于连接这些计算机的通信线路和通信设备，即数据通信系统。其中，通信线路指的是传输介质及其介质连接部件，包括光缆、同轴电缆、双绞线、无线传输介质等。通信设备指网络连接设备、网络互联设备，包括网卡、集线器、中继器（Repeater）、交换机（Switch）、网桥（Bridge）和路由器（Router）以及调制解调器等其他通信设备。通信线路和通信设备为网络中的计算机提供一条物理通道，负责控制数据的发送、接收或转发。

3. 网络软件

网络软件是在网络环境下使用、运行或者控制和管理网络的计算机软件。根据软件的功能，网络软件可分为网络系统软件和网络应用软件。

（1）网络系统软件

网络系统软件是负责管理网络运行、提供网络通信、分配和管理共享资源的网络软件，它包括网络操作系统（UNIX、Netware、Windows NT 等）、网络协议软件（TCP/IP、IPX/SPX、NetBEUI 等协议软件）、通信控制软件和管理软件（Cisco Works、NetManager）等。

（2）网络应用软件

网络应用软件是指为某一个应用目的而开发的网络软件（如远程教学软件、电子图书馆软件、Internet 信息服务软件等），为用户提供访问网络的手段、资源共享和信息传输等网络服务。

6.1.3 计算机网络的通信协议

协议（Protocol）是指网络中的任意两个节点在通信过程中通信双方必须共同遵守的约定和通信规则，如 TCP/IP 协议、NetBEUI 协议、IPX/SPX 协议等。在网络上进行通信，通信双方用什么样的格式表达、组织和传输数据，如何校验和纠正信息传输中的错误，以及传输信息的时序组织与控制机制等必须遵照相同的协议约定。

网络通信协议主要由三个部分组成：

（1）语义部分　规定了通信双方彼此之间需要做出的动作及响应。

（2）语法部分　规定了通信双方传递的数据及控制信息的结构或格式。

（3）变换规则　用于确定通信双方通信过程中的状态变化。

下面介绍两种比较典型的协议模型 OSI 参考模型和 TCP/IP 协议。

计算机网络是以资源共享和信息交换为根本目的，在计算机网络系统中，网络服务请求者和网络服务提供者之间的通信是非常复杂的，必须遵循协议的约定进行通信。比如说不同结构的网络如何建立传输数据的通道、数据如何在介质上传输、如何准确地传送给指定的接收者、如何避免冲突和防止数据丢失等。

如前所述，协议是计算机网络中实体之间在通信过程中必须遵守的约定的集合，是一个庞大而复杂的系统，为了便于对协议的描述、设计和实现，可将一个复杂的系统设计问题分解成多个层次分明的局部问题，并严格规定每一层次所必须完成的功能，即协议分层，如图 6-3 所示，类似于信件的投递过程。网络的体系结构就是计算机网络的层次结构及其协议的集合。

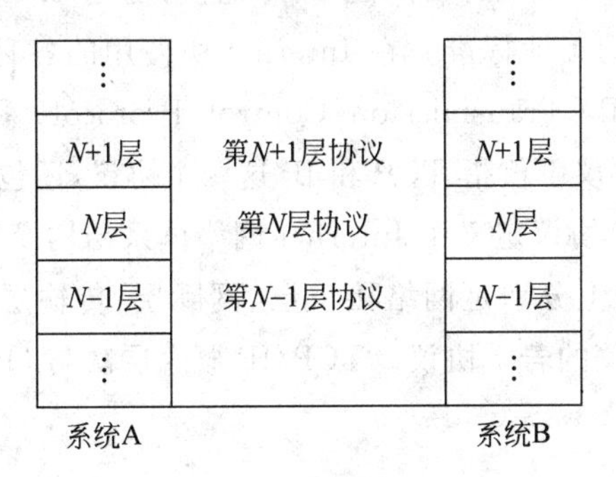

图 6-3　层次结构

世界各大型计算机厂商推出各自的网络体系结构或协议，从而导致不同厂商的计算机很难实现网络互联和正常的通信。为了改善这一局面，国际标准化组织（International Standards Organization，ISO）提出了著名的“开放系统互联”（Open Systems Interconnection，OSI）参考模型，得到各大计算机厂商的支持，成为第一个在世界范围内被广泛接受的网络体系结构。

OSI（开放系统互连）参考模型共有七层，由底向上分别是物理层、数据链路层、网络层、传输层、会话层、表示层和应用层，如图 6-4（a）所示。每个层次的对应实体之间都通过各自的协议通信，相邻的两层之间，下层为上层提供服务，上层通过接口使用下层提供的服务。OSI 参考模型最大的特点就是开放性，凡是遵照 OSI 参考模型生产的网络产品，就可以实现互连和可移植性。另外它清晰地分开了服务、接口和协议的概念：服务描述了每一层的功能；接口定义了某层提供的服务如何被高层访问；协议是每一层功能实现的方法。

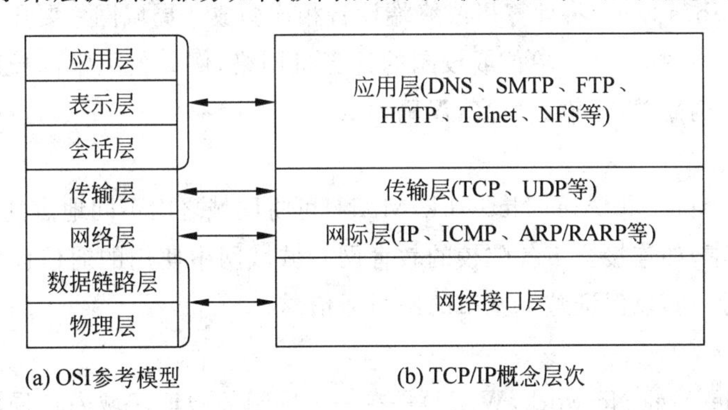

图 6-4　OSI 参考模型与 TCP/IP 概念层次的对应关系

OSI 参考模型概念清晰，普遍适应性强，但各层协议的定义实现起来很困难，过于繁杂，迟迟没有一个成熟的产品推出，而影响了它的发展；而 TCP/IP 概念层次是从更实用的角度出发设计形成，虽有将功能描述和实现的细节混在一起的不尽如人意的地方，但近 30 年的实践使得 TCP/IP 协议成为全世界计算机网络中使用最广泛、最成熟的网络协议。

TCP/IP协议(Transmission Control Protocol/Internet Protocol)是为美国APPA网设计的，目的是使不同的厂家生产的计算机能在共同网络环境下运行。TCP/IP协议是Internet网络中计算机遵循的协议标准。与OSI参考模型一样，也是一种分层模型，并且早在OSI提出之前就因为Internet的发展已初具规模，随着Internet的迅速发展和普及，TCP/IP已经成为事实上的工业标准。在Internet所使用的各种协议中，最重要和最著名的是传输控制协议TCP(Transmission Control Protocol)和网际协议IP(Internet Protocol)，因此TCP/IP协议不仅指TCP和IP这两个协议，还包括上百个具有不同功能且互为关联的协议。TCP/IP协议定义了Internet网络体系结构模型(TCP/IP参考模型)，该模型分为四个层次，由底向上分别是网络接口层、网际层、传输层和应用层，如图6-4(b)所示。每一层次包含与之相关的若干协议。TCP/IP概念层次与OSI参考模型的对应关系如图6-4所示。

6.1.4 计算机网络的分类

可以从不同的角度对计算机网络进行分类，如按网络的覆盖范围分类、按网络的拓扑结构分类、按网络的传输介质分类、按网络的组织方式分类、按网络的带宽分类等。下面介绍两种常见的分类方法。

1. 按网络的覆盖范围划分

按网络的覆盖范围分类是最常用的分类方法，可以把计算机网络分为局域网、城域网和广域网三种类型。

(1) 局域网

局域网(Local Area Network，LAN)是在较小的地理范围(如10km)内用高速通信线路(速率通常在10Mb/s以上)将计算机或终端设备相连构成。局域网主要用于实现短距离的资源共享，常用于组建办公室、单位或校园的计算机网络，例如各大学的校园网。主要特点是覆盖范围小，结构简单，传输速率高，误码率低。

(2) 城域网

城域网(Metropolitan Area Network，MAN)可将同城之内不同地点的多个局域网连接起来实现资源共享，如连接全市各院校的教育网。城域网中使用的通信设备和网络设备的功能要求比局域网高，以保证整个城市的网络通信。

(3) 广域网

广域网(Wide Area Network，WAN)是在一个广阔的地理区域内将局域网或城域网通过通信线路互联而成，进行数据、语音、图像等信息传输的计算机网络。例如将分布在全国各省市地区教育系统的局域网和城域网通过邮电部门的数字专线互联起来的中国教育科研网(CERNet)、中国公共互联网ChinaNet、中国科学技术网CSTNet、中国网通CNCNet等都是广域网的范畴，但应当指出的是Internet并不是广域网，而是多种网络类型的应用集合。广域网的主要特点是覆盖范围大、结构复杂、传输速率比较低。

2. 按网络的拓扑结构划分

网络拓扑结构是网络节点和通信链路所组成的几何形状。一个大的网络一般可细分为若干个局域网，分析网络的拓扑结构可以从局域网入手。计算机网络的拓扑结构有很多种，最常用的有总线拓扑、环形拓扑、星形拓扑、树形拓扑、网形拓扑与混合拓扑。

(1) 总线拓扑

总线拓扑是采用单根传输线作为传输介质，所有的节点都通过相应的硬件接口直接连接到传输介质(或称总线)上，如图 6-5 所示。所有节点共享公用的传输链路，通信时所有节点对总线具有同等的访问权，各节点发送数据采取分布式控制策略，通常采用 CSMA/CA(载波监听多路访问/冲突检测)介质访问控制方式来占用总线。以同轴电缆组建的以太网就是总线拓扑的典型代表。

总线拓扑具有如下特点：

① 结构简单，易于安装、扩展，费用低。

② 网络响应速度快，共享能力强。

③ 节点故障不影响网络，但总线故障将影响整个网络。

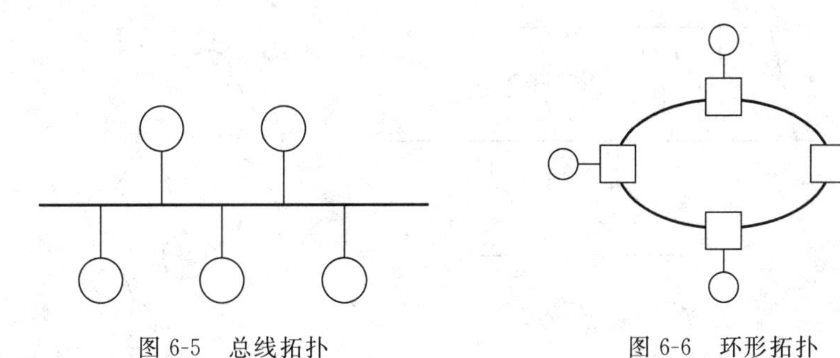

图 6-5 总线拓扑　　图 6-6 环形拓扑

(2) 环形拓扑

环形拓扑是各节点通过环接口连在闭合环形通信线路中，如图 6-6 所示。环形网络有单环结构和双环结构两种类型。单向环形网络的数据只能沿着一个方向传送，数据依次经过两个通信节点之间的每个设备，直到数据到达目标节点为止，令牌环(Token Ring)是单环结构的典型代表；双向环形网络中的节点可直接与两个相邻结点通信，如果某一方向的环发生故障，可在另一方向的环中传输数据，光纤分布式数据接口(FDDI)是双环结构的典型代表。

环形拓扑具有如下特点：

① 点到点的连接，实时性好，适用于光纤。

② 节点故障引起全网故障，且难以检测故障。

(3) 星形拓扑

星形拓扑是网络中的每个节点均通过点到点的链路与中央节点相连，如图 6-7 所示。中央节点执行集中式通信控制策略，各节点间通信均需发送到中央设备，由中央设备转发到目标节点。

星形拓扑具有如下特点：

① 结构简单，便于管理和维护，易于集中控制和故障检测，网络易扩充。

② 通信线路需求大，费用高。

③ 对于中央节点的可靠性和冗余度要求很高。

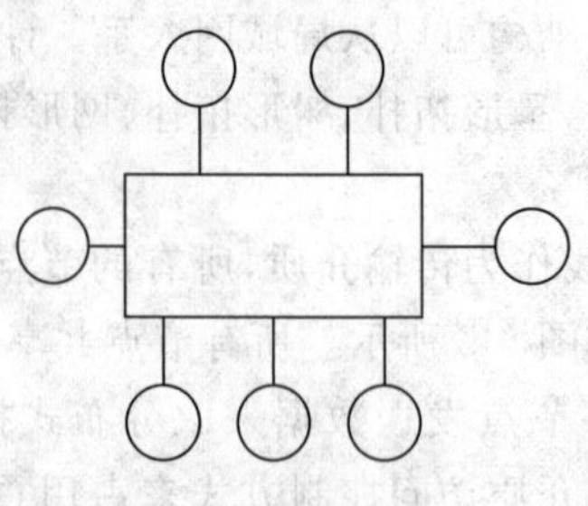

图 6-7 星形拓扑

(4) 树形拓扑

树形拓扑是从总线拓扑和星形拓扑演变过来的，形如一棵倒置的树，如图 6-8 所示。一组节点通常经由一个次级集线器连接到中央集线器。

树形拓扑的特点大多与总线拓扑或星形拓扑相同，但也有一些特殊之处。

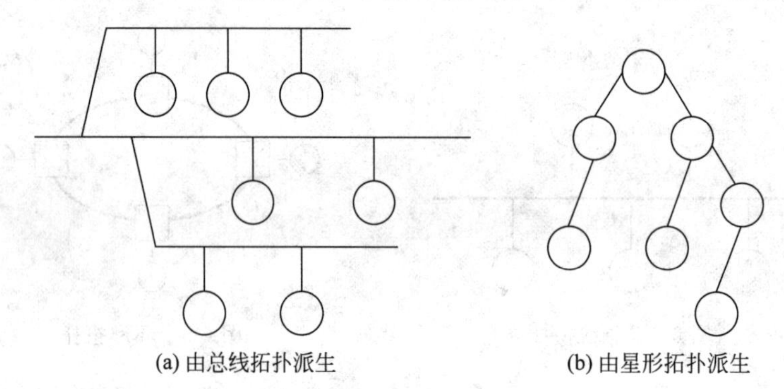

(a) 由总线拓扑派生　　(b) 由星形拓扑派生

图 6-8 树形拓扑

① 易于扩展，但对根节点的依赖性大。

② 对于某分支的节点或线路发生的故障易于检测，并容易将故障分支与整个系统隔离。

(5) 网形拓扑

网形拓扑中节点由通信线路以不规则的形状互连形成，通常每个节点至少与两个节点直接相连，如图 6-9 所示。大型广域网一般都采用网形拓扑。

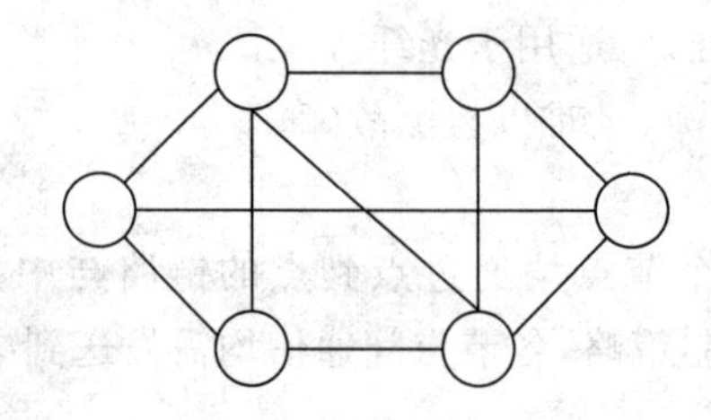

图 6-9 网形拓扑

网形拓扑具有以下特点：

① 线路成本高，结构复杂，难以管理和维护。

② 可靠性高，提供多条路径选择传送数据，改善流量分配，提高网络性能。

(6) 混合拓扑

混合拓扑是由以上几种拓扑结构混合构成，如星环形拓扑等。

6.2 Internet应用基础

Internet中文名称是“因特网”，也称“国际互联网”，是全球规模最大、覆盖面最广、开放的计算机互联网络。它本身不是一个具体的网络，是由众多网络互联而成的一个集合，在Internet上允许各式计算机通过拨号方式或局域网等方式接入，在TCP/IP协议下进行数据通信。Internet的魅力在于它所能提供的信息交流和资源共享环境，可以说Internet的信息收集和商业价值目前已渗透到全球的各个领域。

6.2.1 Internet概述

1. Internet的起源和发展

Internet起源于1968年苏美冷战时期，由美国国防部高级研究计划局主持研制的用于支持军事研究的计算机实验网络(ARPANET)，帮助为美国军方工作的研究人员利用计算机进行信息交换。最初它分别在洛杉矶和圣巴巴拉的加利福尼亚大学、圣巴巴拉的斯坦福大学和犹他州州立大学连接了四台主机，网络设计的主导思想是当网络的某部分失去作用时，能保证网络其他部分运行并仍能维持正常通信。随着学术研究机构及政府机构的加入，到1972年时这个系统连接了50所大学和研究机构的主机。1982年ARPANET又实现了与其他多个网络的互联，从而形成了以ARPANET为主干网的互联网，也称为研究网，同时这一时期也是Internet的第一个发展阶段。

1984年ARPANET分解成民用科研网ARPANET和军用科研网MILNET，其中ARPANET被美国国家科学基金会NSF在1985年围绕其六个大型计算中心建立的美国科学基金网NSFNET接管，将网络更名为Internet。以后能源科学网ESnet、航天技术网NASAnet等相继连入Internet，并最终向全社会开放。这是Internet的第二个发展阶段。

Internet的迅猛发展始于20世纪90年代。由欧洲原子核研究组织CERN开发的万维网WWW(World Wide Web)被广泛使用在Internet上，大大方便了广大非网络专业人员对网络的使用，成为Internet的这种指数级增长的主要驱动力。Internet服务提供商(ISP)开始为个人访问Internet提供各种服务。这是Internet的第三个发展阶段。

由于Internet存在技术上和功能上的不足，加上用户数量猛增，使得现有的Internet不堪重负。因此1996年美国的一些研究机构和34所大学提出研制和建造新一代Internet的设想。同年10月美国总统克林顿宣布在今后五年内用5亿美元的联邦资金实施“下一代Internet计划”，即“NGI计划”。除了要在规模上扩大Internet外，还要使用更加先进的网络服务技术和开发许多带有革命性的应用，如高性能的全球通信、环境监测和预报、紧急情况处理等。NGI计划将使用超高速全光纤网络，能实现更快速的交换和路由选择，同时具有为一些实时应用保留带宽的能力。

2. Internet在中国的发展历程

Internet在我国的发展大致可分为三个阶段：

第一阶段是1987年至1993年，一些科研机构通过以拨号的方式连接到X.25网上，实现与Internet的电子邮件转发，这一阶段是以1987年9月20日钱天白教授发出我国第一封电子邮件揭幕的。

第二阶段是1994年至1995年，实现了与Internet的TCP/IP连接，中国有了最高域名(CN)服务器，这一阶段是以教育科研网的建成和发展为特征的。

第三阶段是从1995年以后，随着邮电部开通ChinaNet，通过电话网、DDN专线以及X.25等方式正式接入Internet服务，真正开始了商业应用阶段。目前，国内的Internet主要由九大骨干互联网络组成，而中国教育和科研网(CERNet)、中国科技网(CSTNet)、中国公用计算机互联网(ChinaNet)和中国金桥信息网(ChinaGBN)是其中的典型代表。

另外，我国第一个NGI主干网CERNET2试验网已正式开通。NGI主干网完全采用IPv6协议，为基于IPv6的下一代互联网技术提供了广阔的试验环境。目前下一代互联网仅连接北京、上海和广州三大城市，清华大学、北京大学、上海交大等100多所高校成为下一代互联网的第一批用户。

3. Internet的工作模式

Internet上有很多的服务器，为用户提供各种各样的服务，其服务模式采用客户机/服务器模式(简称C/S模式)(如图6-10所示)。理解客户机(Client)、服务器(Server)及它们间的关系对掌握Internet的工作原理至关重要。客户软件运行在客户机上，而服务器软件则运行在Internet的某台服务器上用以提供信息服务。只有客户软件与服务器软件协同工作才能使用户获得所需的信息。因此需要从软件的角度去理解客户机和服务器。

图6-10 Internet的工作模式

服务软件的主要功能是接收来自于客户软件的连接请求(称为TCP/IP连接)，解释客户软件的请求，完成客户软件请求并形成结果，将结果传送给客户软件。

客户软件的主要功能是接收用户输入的请求，与服务器建立连接，将请求传递给服务软件，接收服务软件送来的结果，以可读的形式显示在本地机的显示屏上。

4. Internet地址

Internet是由数十万个网络与数千万台计算机组成的，因此，接入Internet的任何两台计算机要准确地相互通信，除使用相同的通信协议外，每台计算机都必须由一个不与其他计算机重复的地址标明。Internet 中主要涉及物理地址和 IP 地址两种。

(1) 物理地址

物理地址是单个网络内部对一个计算机进行寻址时所使用的地址。每一个物理网络中的主机都有其真实的物理地址，即网卡地址(MAC 地址)。网卡地址是由全球唯一的一个固定组织来分配，未经论证或授权的厂家无权生产网卡。每块网卡都有一个固定的卡号，并且任何一块网卡的卡号都不相同，也就是网卡使用者无法改变的地址码。一般网卡地址为一组十二位的十六进制数，其中前六位代表网卡的生产厂商，后六位是由生产厂商自行分配给网卡的唯一号码。

(2) IP 地址

对于接入 Internet 的数十万个网络而言，其每一网络的物理结构都不尽相同，而物理地址的长度、格式等是物理设备技术的一部分，所以物理网络技术不同，物理地址也必然不同。为了统一异构网络的地址，Internet 引入了 IP 地址，即网间地址。

所谓 IP 地址就是给每一个连接在 Internet 上的主机分配一个在全球唯一的 32bit 地址。为了简化记忆，常用"点分十进制"的方式，将组成 IP 地址的 4 个字节的二进制数表示为由英文句号分隔的 4 个十进制数(0～255)。例如，将二进制 IP 地址 11010011 01000100 01110000 00001100 写成十进制数 211.68.112.12 就可表示网络中某台主机的 IP 地址。

为了便于对 IP 地址进行管理，同时还考虑到网络的差异很大，有的网络拥有很多主机，而有的网络上的主机则很少。因此将 IP 地址分为五类，即 A 类到 E 类(如图 6-11 所示)。常用的 A 类、B 类、C 类地址都由两部分组成，即网络号(net-id)和主机号(host-id)。IP 地址的结构使我们可以在 Internet 上很方便地进行寻址：先按 IP 地址中的网络号 net-id 把网络找到，再按主机号 host-id 把主机找到。

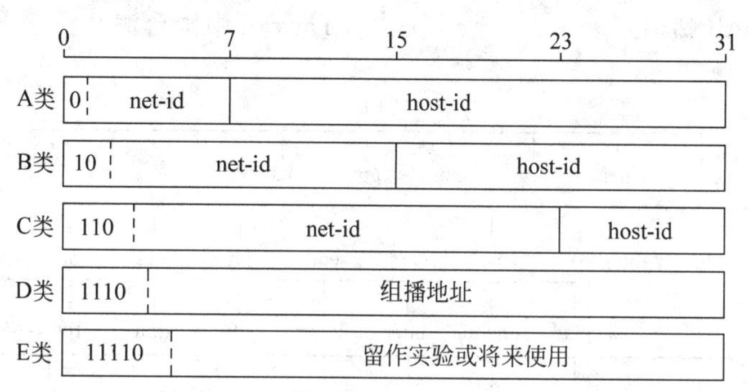

图 6-11 IP 地址的详细结构

IP 地址根据使用情况可分为静态 IP 地址和动态 IP 地址。通常网络中的服务器、通信设备(如路由器)等持有固定不变的 IP 地址，这些固定分配给某设备的 IP 地址称为静态 IP 地址；另一些 IP 地址则会被 DHCP(Dynamic Host Configure Protocol，动态主机配置协议)服务器动态地分配给网络中的客户机或个人拨号入网的计算机，在它们接入 Internet 期间持有此 IP 地址，断开网络连接时，这些 IP 地址将会被回收，以便于 DHCP 服务器统一管理和分配。

随着 Internet 的发展，32bit 的 IP 地址已难以承担越来越高的网络需求，如难以支持实时多媒体信息，难以满足移动站点上网的需求等。1994 年 7 月 IETF 选定了 IPv6 作为下一代IP标准。IPv6将原来32bit的地址空间增加到128bit，确保加入Internet的每个设备的端口都可以获得一个IP地址，并且IP地址也定义了更丰富的地址层次结构和类型，增加了地址动态配置功能；引入流标号位以处理实时服务；实现协议认证、数据完整性、数据加密所需的有关功能等。

5. 域名系统

在Internet上，IP地址是全球通用地址，但是由于IP地址是由四段以圆点分开的数字组成的，记忆和书写很不方便。为此TCP/IP协议在IP地址的基础上向用户提供域名系统(Domain Name System，DNS)服务，即用字符来识别网络上的计算机。从概念上讲，域名就是网上某一站点或某一服务器的另一种地址表示方式。DNS就是一种帮助人们在Internet上用字符来唯一标识自己的计算机，并保证主机名(域名)和IP地址一一对应的网络服务。例如，要访问新浪网站，在浏览器的地址栏中输入202.108.33.32或输入域名sina.com.cn的作用是相同的。

DNS是一个以分组的基于域的命名机制为核心的分布式命名数据库系统。DNS将整个Internet视为一个域名空间，域名空间是由树状结构组织的分层域名组成的集合(如图6-12所示)。DNS域名空间树的最上面是根(root)域，根域之下就是顶级域名。顶级域名一般分为组织上的和地理上的两类。除美国以外的国家或地区都采用代表国家或地区的顶级域名，如以下是部分常用的地理上的顶级域名：

au(Australia 澳大利亚)　　ca(Canada 加拿大)
cn(China 中国)　　jp(Japan 日本)
fr(France 法国)　　hk(Hong Kong 中国香港)
kr(Korea-south 韩国)　　tw(Taiwan 中国台湾)

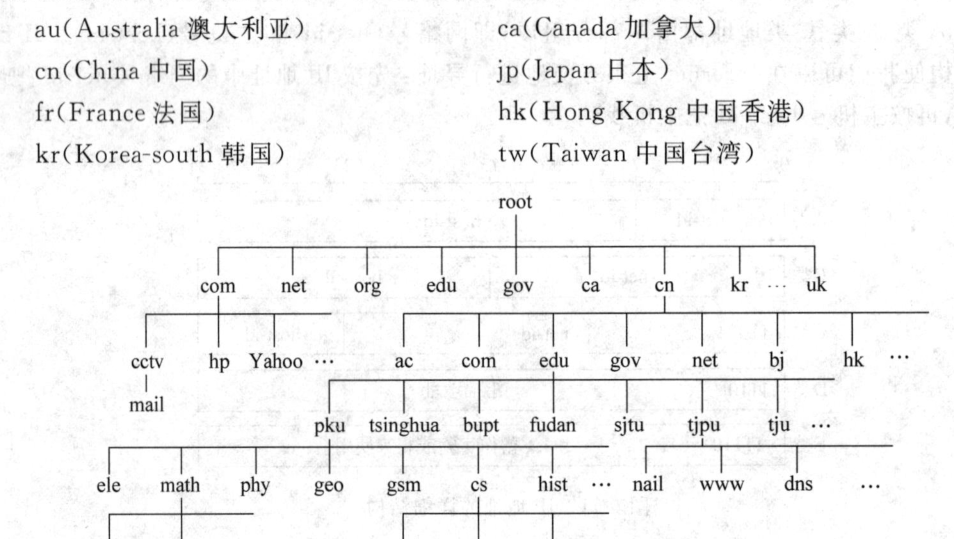

图6-12 DNS域名空间

美国的顶级域名(其他国家作为次顶级域名)是由代表机构性质的英文单词的三个缩写字母组成的，以下是部分常用的组织上的顶级域名：

com(commercial organization 工商界)　mil(military 军事部门)
edu(educational institutions 教育机构)　gov(govermental organizations 政府部门)
net(network operations and service centers 网络服务商)

在WWW系统中，使用一种简单的命名机制——URL(统一资源定位地址，也称为Web地址、网址)——来唯一地标识和定位Internet中的资源。URL地址由四部分组成：

protocol:// machine.name[:port]/directory/filename

资源类型或协议　服务器的主机地址　端口(可省略)　路径与文件名

如：http://www.tjpu.edu.cn/index.html，表示该服务器使用HTTP协议，该站点在万维网WWW上，信息存放的服务器域名是www.tjpu.edu.cn，当前信息页面存放在根目录下，文件名是index.html，端口号表示服务器提供哪个端口用于协议连接，若使用默认的80端口号，则可被省略，如上例。

Web以浏览器/服务器(Browser/Server，B/S)的方式工作。信息可存放在全球任何地方的Web服务器上，用户使用客户程序(浏览器)通过超文本传送协议(HyperText Transfer Protocol，HTTP)访问Web服务器，Web服务器以网页(Web Page)的形式向用户提供多媒体信息。每一个网页可以包含文字、图像、动画、声音、三维物体等多种信息，进入某一站点后所看到的第一个页面通常称为Home Page(即主页)，像是一份报纸的头版，通常作为一个站点中所涵盖内容的目录或索引。

网页之间并没有严格的顺序，它不要求一页一页或一屏一屏地阅读，但从组织结构上看，文档各部分之间都是有关联的。这种关联是通过链接(Link)和锚(Ancor)来实现的。所谓链接是指指向另一部分信息(文件的内部或外部)的指针，锚是指文档中附加有链接的一个信息段(可以是字、字的集合、句子或段落)。而访问者之所以能够轻而易举地进入自己所感兴趣的某一网页，正是由于这种超链接(Hyperlink，简称Link)技术的支持。网页上具有链接功能的文本称为超文本(Hypertext)系统，访问者单击超文本，就可以打开该文本所链接指向的网页，浏览页面、下载文件或发送E-mail给某人等。也许网页所在的Web服务器相隔万里，但链接却可能在几秒钟内完成。随着多媒体技术的蓬勃发展和在网络上的广泛应用，链接的内容由最初的文本信息扩充到可包含其他表示方式的信息，如图形、图像、动画、声音甚至活动视频图像等，即由超文本系统扩充到超媒体(Hypermedia)系统。

(2) Internet Explorer基础

WWW浏览器(Web Browser，也称为Web浏览器)是安装在客户端上的Web浏览工具，其主要作用是在窗口中显示和播放从Web服务器上取得的网页文件中嵌入的文本、图形、动画、图像、音频、视频信息，访问网页中各超文本和超媒体链接对应的信息；此外它也可以让用户访问和获得Internet网上的其他各种信息服务。浏览器有两种主要功能：一是向用户提供友好的使用界面，它将用户的信息查询请求转换成命令，传送给Internet上相应的Web服务器进行处理；二是当Web服务器接到来自某一客户机的请求后，就进行查询，并将得到的数据送回该客户机，再由Web客户机程序将这些数据转换成相应的形式显示给用户。Microsoft Internet Explorer(IE)和Netscape Navigator是两个最流行的浏览器。除此之外，火狐、谷歌、360等浏览器也以其浏览速度、人性化的参数设置等某方面优势获得大众的青睐。这里以IE为例，介绍Web浏览器的使用。

启动IE的基本方法是选择“开始”菜单→“所有程序”→Internet Explorer命令。

成功启动IE后窗口主要包括标题栏、菜单栏、工具栏(地址栏、标准按钮)、浏览器栏、工作区和状态栏等六个部分，如图6-13所示。一般的Windows程序窗口都包括标题栏、菜单

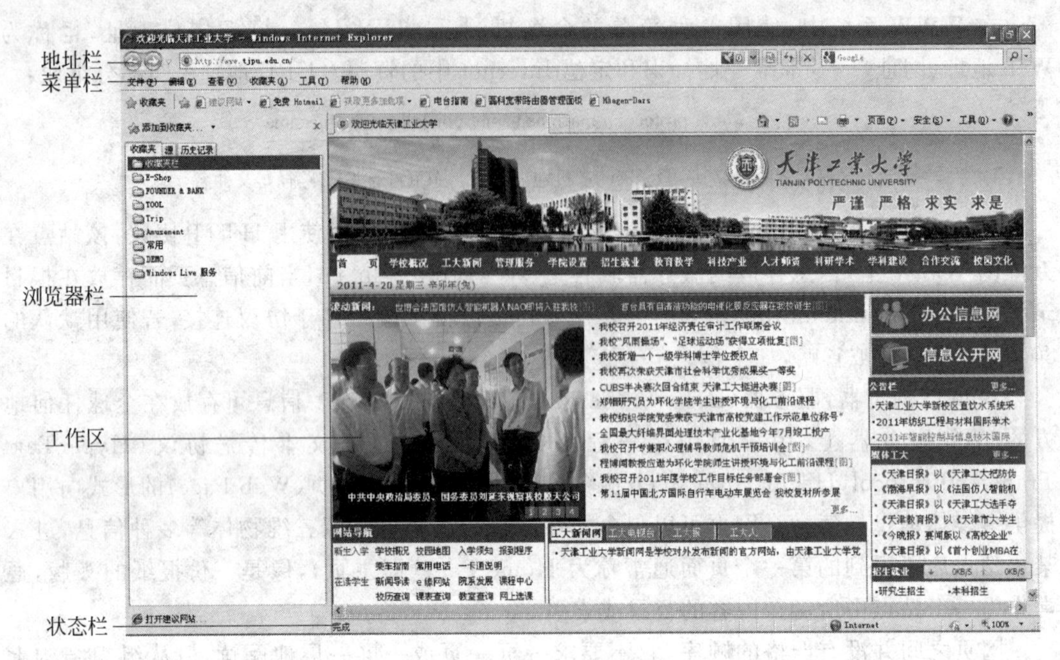

图 6-13　IE 工作界面

栏、工具栏等几部分，其功能在各应用程序中大都通用，而表 6-1 描述了具有 IE 特色的窗口组成部分的功能。

表 6-1　Internet Explorer 窗口组成部分的功能

名称	功　能
标准按钮	IE 最常用的浏览、搜索、显示命令
地址栏	显示/输入浏览的文档地址，可以是 Interent 地址，或本地计算机的路径
浏览器栏	显示频道、最近访问过的站点、搜索信息及收藏夹中的站点信息
工作区	显示当前访问的文档信息
状态栏	显示 IE 工作状态信息

如果在窗口中看不到其中的某部分（如工具栏、状态栏、历史记录等），可以通过选中“查看”菜单中的“工具栏”、“状态栏”、“浏览器栏”等选项使其显示。表 6-2 描述了 IE 标准按钮和如何使用它们来浏览 WWW。

表 6-2　Internet Explorer 标准按钮及其使用说明

按钮名称	说　明
后退	移到上次查看过的 Web 页
前进	移到下一个 Web 页
停止	停止 Web 页下载
刷新	更新当前显示的 Web 页（重新下载当前显示的页面）
主页	跳转到主页
搜索	打开列出有效搜索引擎的 Web 页
收藏	显示常用的 Web 页列表

续表

按钮名称	说明
历史	显示最近访问过的站点的列表
频道	显示所能选择的频道的列表
全屏	使用较小的标准工具栏并隐藏地址栏，使更多的屏幕部分可见
邮件	打开 Outlook Express 或 Internet News
打印	打印 Web 页
编辑	打开 FrontPage Express，编辑 Web 页

(3) Internet Explorer 基本浏览操作

启动 IE 后，浏览器自动访问的第一页称为“起始页”，用户可以通过“工具”菜单→“Internet 选项”命令设置起始页。在 IE 窗口的地址栏中直接输入要浏览网页的 Web 地址，例如输入天津工业大学主页的 Web 地址 http://www.tjpu.edu.cn，然后按 Enter 键。将鼠标指针移过网页上的项目，可以识别出该项目是否为链接。如果指针变成手形，表明它是链接。链接可以是图片、三维图像或彩色文本，单击该网页中的任何链接即可浏览与其对应的网页。

使用 IE 菜单和工具按钮，可实现浏览过程中的多种功能，例如：查找最近访问过的网页；使用收藏夹对于经常要浏览的网页进行分类收藏和管理；利用链接栏管理一些经常访问的网页或站点，使这部分网页或站点比收藏夹更容易获得；限制登录某些宣扬暴力、色情以及恶意传播病毒的网站；打印与保存网页信息等。

① 查找最近访问过的网页

单击“后退”按钮，可返回刚才访问过的最后一页；单击“前进”按钮，可查看在单击“后退”按钮前查看的网页；若要查看刚才访问的网页列表，单击“后退”、“前进”按钮右侧的下拉箭头。

② 使用“历史记录”

使用“历史记录”列表可以查找最近访问过的网页。操作方法是单击“查看”菜单→“浏览器栏”→“历史记录”，在 IE 的窗口左侧出现“历史记录”选项卡，单击列表中的某链接则可显示某时间内曾经浏览过的网页，如图 6-14 所示。

(4) 设置 Internet 选项

使用 IE 浏览器时，可以设置某些选项使得浏览速度加快，或者使上网方式更加贴近用户的个人喜好，例如设置用户常用的网站作为起始页面，每次打开 IE 浏览器时首先登录该网站。设置的方法为，在 IE 浏览器的主菜单中单击“工具”菜单→“Internet 选项”，打开“Internet 选项”对话框，如图 6-15 所示，在“常规”选项卡的“主页”分组可以指定打开 IE 浏览器时首先打开的网页，如果用户每次上网时有固定浏览的网站，可在列表框中输入该网站的 URL，否则可以设置为“使用空白页”，这样，每次打开 IE 时均以空白页的方式打开。

如果要设置历史记录的保存天数，或者是否保存历史记录，可在“常规”选项卡的“浏览历史记录”分组下单击“设置”或“删除”按钮，在弹出的对话框中设定。如果要更改网页在选项卡中显示的方式，可在“选项卡”分组下单击“设置”按钮，在弹出的对话框中设定，例如启用选项卡分组、对弹出窗口的位置设置及链接的打开方式等。

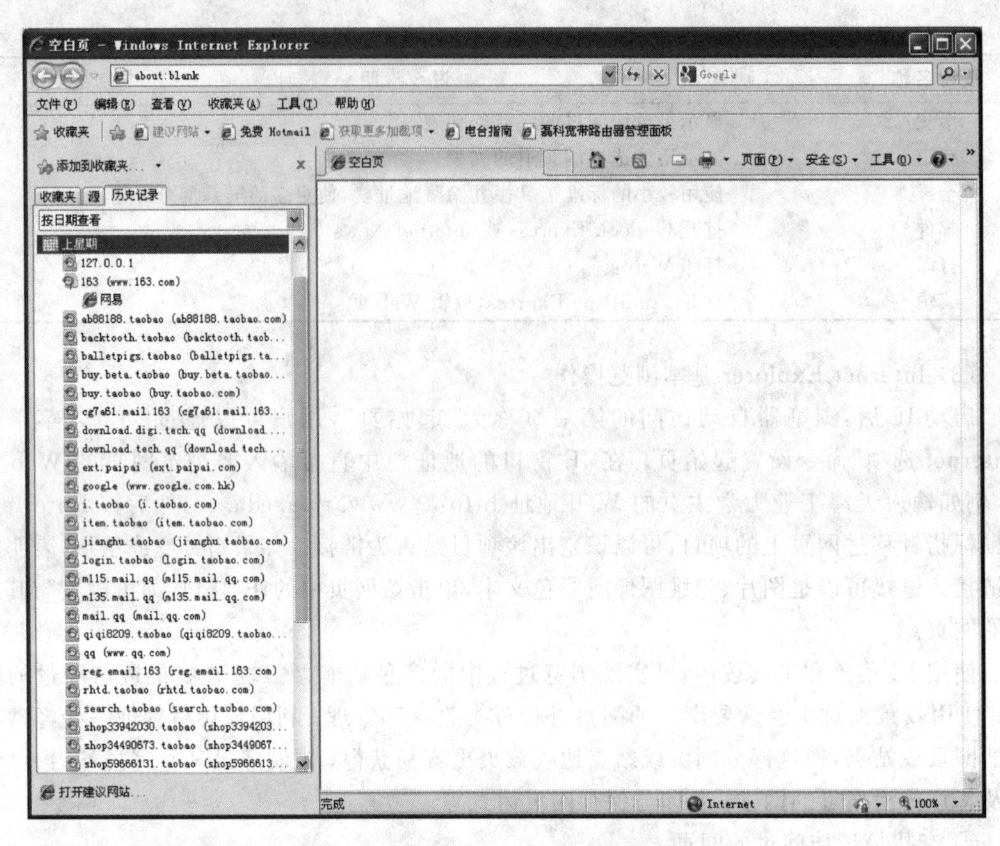

图 6-14　历史记录列表

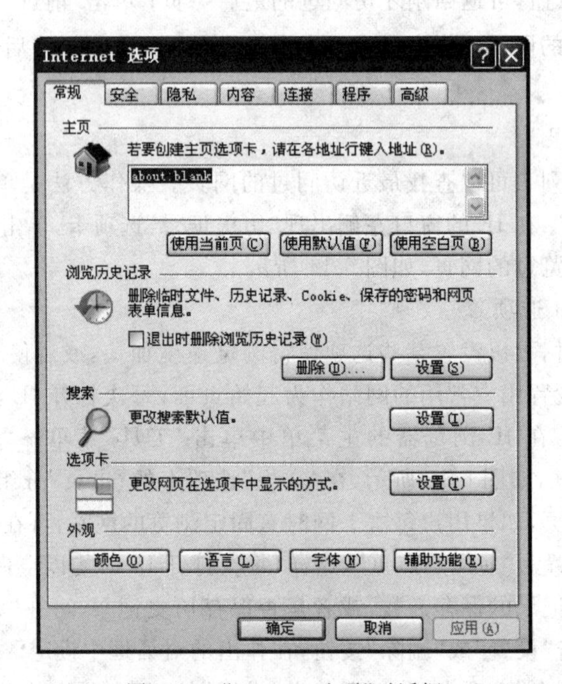

图 6-15　“Internet 选项”对话框

(5) 使用收藏夹

① 添加收藏

对于经常要浏览的网页,可以使用收藏夹将网页地址存放其中,今后可以从收藏夹中快速地访问这些网页,省去了重新输入地址或搜索地址的麻烦。收藏夹也可以像"Windows资源管理器"一样,在收藏夹中建立子文件夹,便于将网页地址进行分门别类。

若要将已打开的网页添加到收藏夹中,单击"收藏夹" 工具按钮,即可打开"浏览器栏"中的"收藏夹"选项卡,如图6-16所示,单击"添加到收藏夹" 按钮,在弹出的"添加收藏"对话框中设置名称和收藏夹的位置,如图6-17所示,单击"添加"即可将该网页地址收藏起来。如果要在收藏夹的某一位置处增加分类的收藏文件夹,可在"添加收藏"对话框中选择创建位置后,单击右侧的"新建文件夹"按钮,在"创建文件夹"对话框(如图6-18所示)中设置新文件夹的名称后,单击"创建"按钮,返回到"添加收藏"对话框后继续操作。

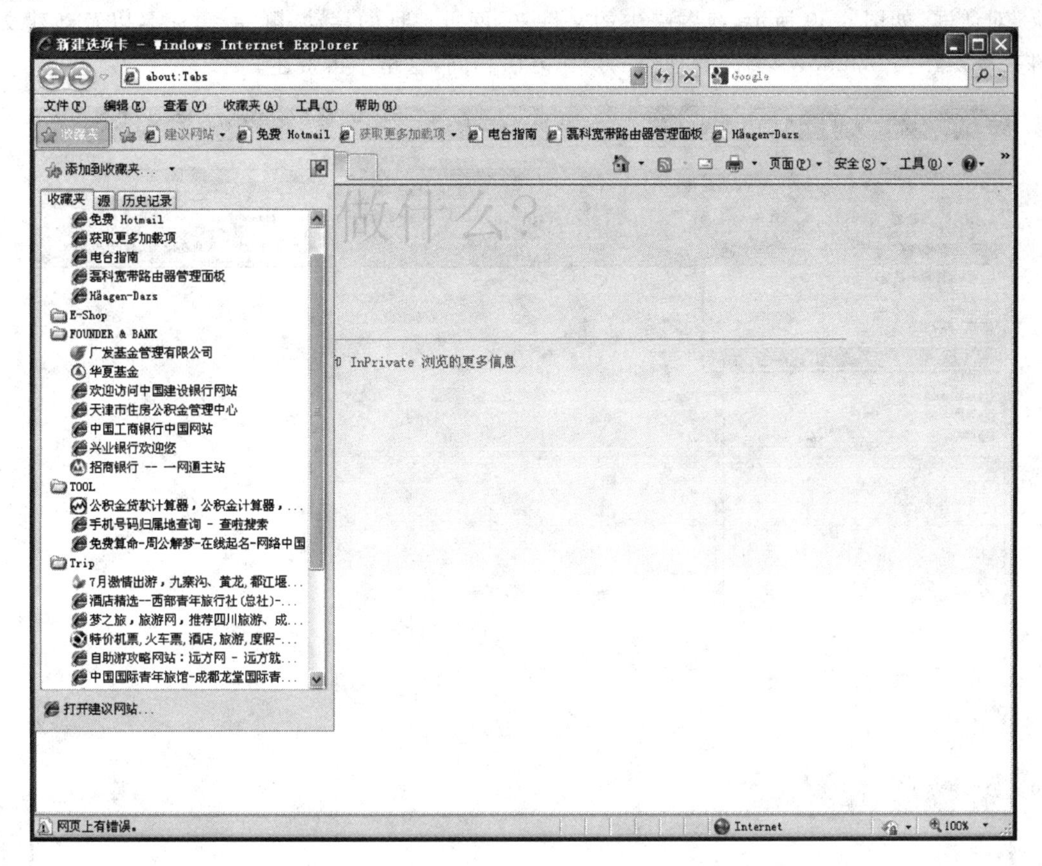

图6-16 收藏夹

另外,如果某些网页访问的频率很高,可以将这些网页收藏在收藏夹栏中,这样可以再次提高访问效率。操作方法是打开要添加到"收藏夹栏"的网页,单击工具栏上的"添加到收藏夹栏" 按钮,则该网页将显示在右侧的收藏夹栏中,如图6-16所示。

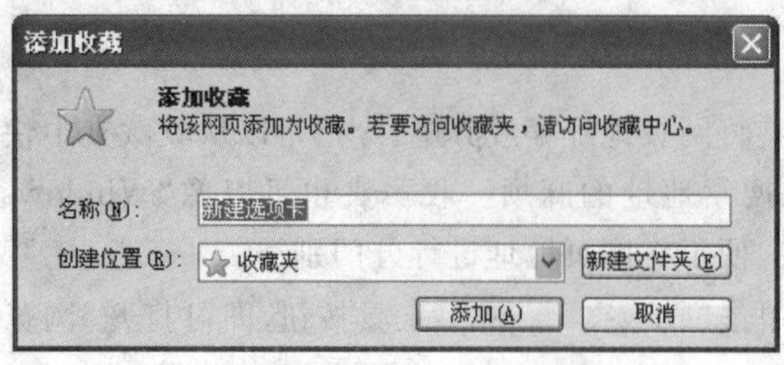

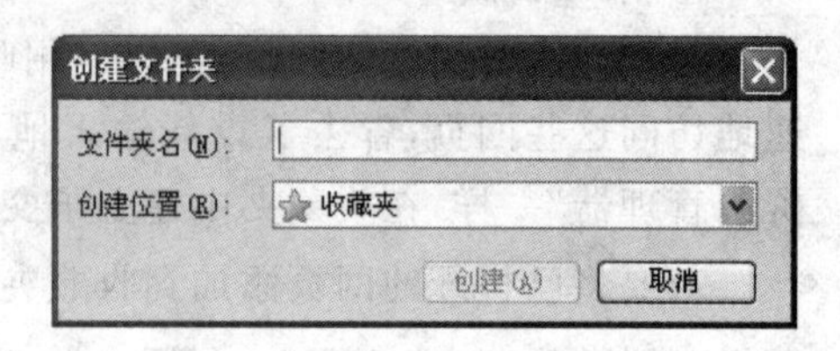

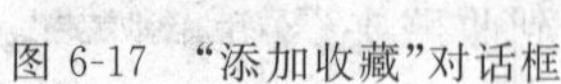

图 6-17 “添加收藏”对话框

图 6-18 “创建文件夹”对话框

② 管理收藏

当收藏夹中的网页地址数量逐渐增多，需要对它们进行分类整理；或者想要删除某些不需要的网页地址时，“整理收藏夹”成为非常方便的办法。单击“添加到收藏夹”按钮右侧的下拉箭头，在弹出的快捷菜单中选择“整理收藏夹”命令，如图 6-19 所示，弹出“整理收藏夹”对话框，如图 6-20 所示，收藏夹中的文件夹、网页地址的移动、删除、重命名以及新建文件夹等操作与 Windows 资源管理器的操作方法相同，这里不再赘述。

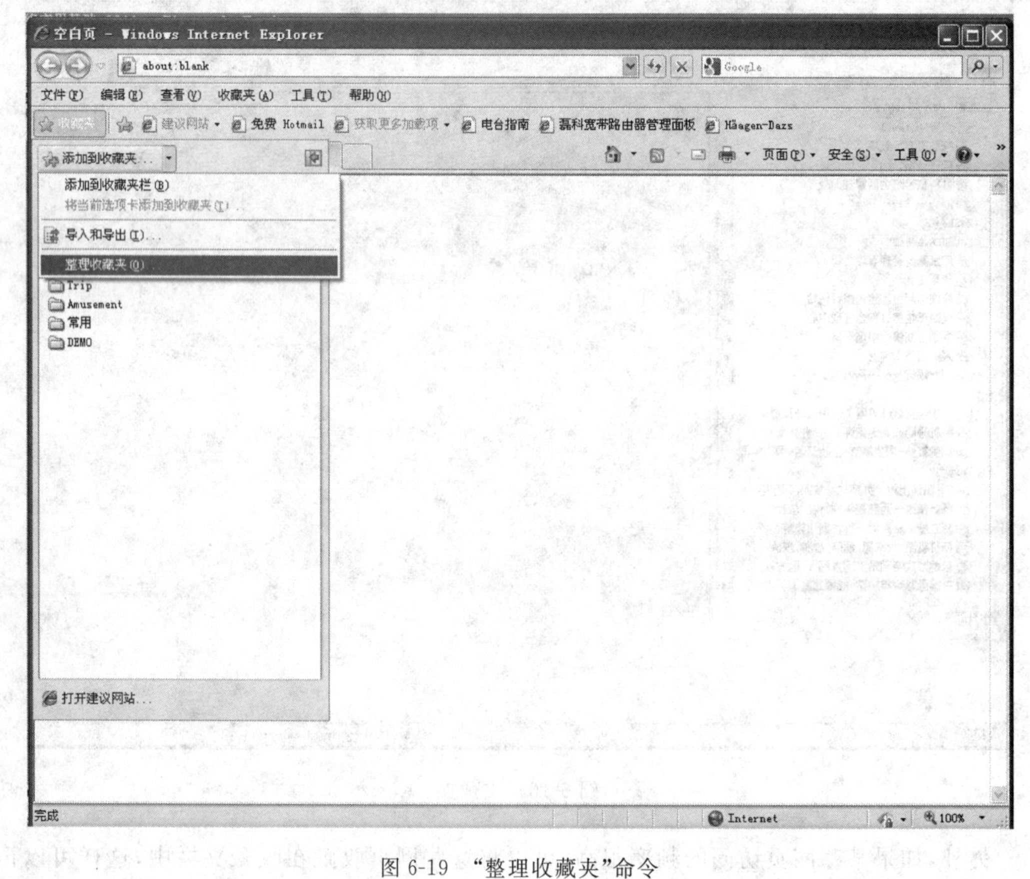

图 6-19 “整理收藏夹”命令

（6）保存网页信息

浏览网页时，经常会遇到需要保存起来，便于将来参考或者与他人共享的情形，可以将网页的全部或部分内容（文本、图像或链接）保存起来。

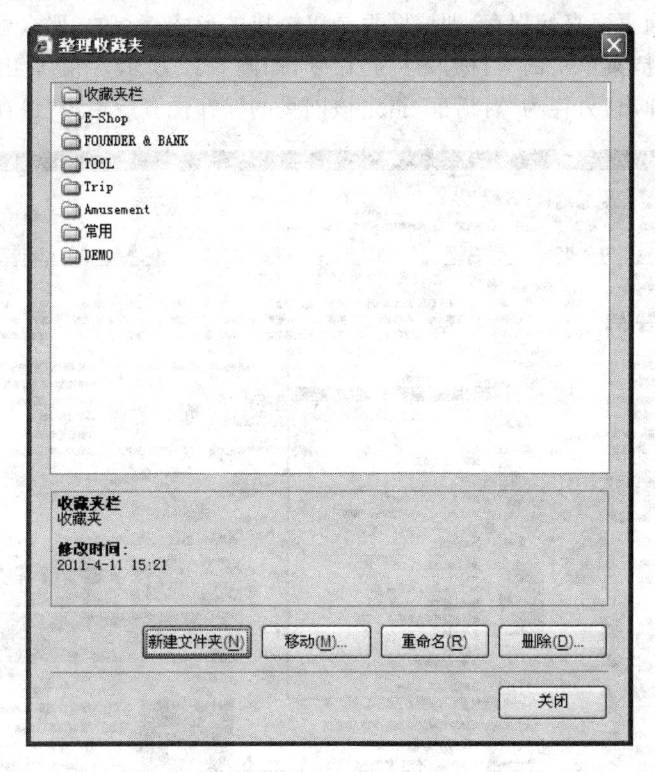

图 6-20 “整理收藏夹”对话框

① 在计算机上保存网页

打开要保存的网页，单击“文件”菜单中的“另存为”命令，在弹出的“保存网页”对话框中选择用于保存该网页的文件夹位置，在“文件名”框输入网页的名称，指定“保存类型”后单击“确定”按钮，如图 6-21 所示。

图 6-21 “保存网页”对话框

如果不打开网页而直接保存，即该网页是以链接的形式存在的，那么可以右击该网页的链接，然后选择快捷菜单中的“目标另存为”命令，如图 6-22 所示，在随后出现的“文件下载”对话框中会自动弹出“另存为”对话框，指定该网页的保存位置后单击“保存”按钮。

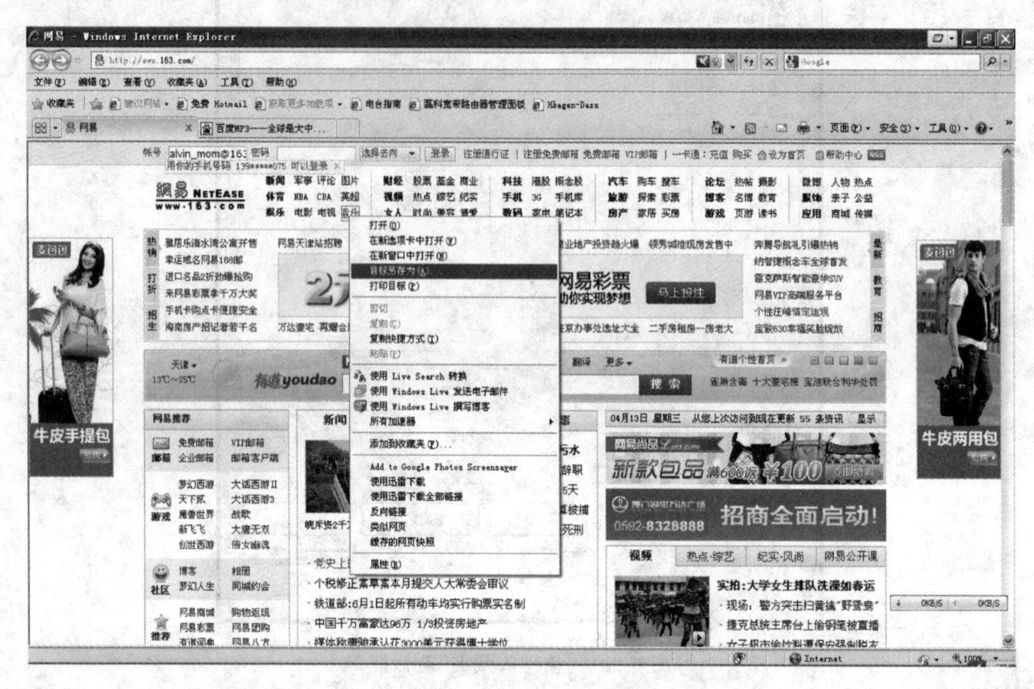

图 6-22　使用“目标另存为”命令保存网页

② 保存网页中的图片或文本

要保存网页中图片时，可以右击图片，然后选择快捷菜单中的“图片另存为”命令，在随后出现的“保存图片”对话框中指定保存位置后单击“保存”按钮即可。

网页中的图片也可以设置为桌面的墙纸，操作方法是右击图片，然后选择快捷菜单中的“设置为背景”命令。

如果要将网页中的信息复制到文档，可以用鼠标拖动的方法选择要复制的信息，然后选择“编辑”菜单中的复制命令，在目标文档中“粘贴”即可。

2. 电子邮件

(1) 电子邮件的基本概念

电子邮件 E-mail(Electronic Mail)是一种通过计算机网络与其他用户进行联系的快速、简便、高效和廉价的现代化通信手段，它是 Interent 中应用最广泛的服务之一。

为大众提供网络服务的商业公司都会在它们的服务器系统中用一台计算机(一套计算机系统)来独立处理电子邮件业务，这台服务器就叫做“邮件服务器”。它将用户发送的信件承接下来，再转送到指定的目的地；或将来自网内、网外的电子邮件存储到相关的网络邮箱中，以等待邮箱的所有人去收取。

与书信类似的是，要与他人实现电子邮件的收发，必须知道收件人的 E-mail 地址。这个地址是由 ISP 向用户提供的，或者是 Internet 上的某些 Web 站点向用户提供的，大致分为免费邮箱和收费邮箱两种。这里所说的邮箱实际上是邮件服务器硬盘上的一块存储空间，而电子邮件地址则是使用这块存储空间的“钥匙”。

电子邮件地址的格式为：用户名@电子邮件服务器域名

例如：abc@tjpu.edu.cn，其中abc为用户名，而tjpu.edu.cn则为该电子邮件服务器域名。电子邮件地址的含义可以理解为“在某电子邮件服务器上的某人”。

在Internet上传输邮件是通过简单邮件传送协议(Simple Mail Transfer Protocol，SMTP)和邮局协议(Post Office Protocol，POP)完成的。其中SMTP的作用是当发送方计算机与支持SMTP协议的电子邮件服务器连接时，将电子邮件从发送方的计算机中准确无误地传送到接收方的电子信箱中；POP的作用是当用户计算机与支持POP协议的电子邮件服务器连接时，把存储在该服务器的电子信箱中的邮件准确无误地接收到用户的计算机中。

(2) 免费邮箱的分类

从经济角度上说，申请使用免费邮箱对普通用户很合适。免费电子邮箱服务大多在Web站点的首页处提供。它们分为Web页面邮箱、POP3邮箱和转信邮箱三种类型。

① Web页面邮箱

这类邮箱的特点是若要取信，必须登录到该网站才行，用户无法用通用的E-mail软件(如Outlook Express)直接取信。过去这种邮箱使用起来较为不便，而且由于收发信都要登录到该网站，要耗费很多的上网时间和费用，但随着硬件技术的高度发达以及互联网的飞速发展，网速和上网费用已不再是限制用户登录网络的瓶颈，反而因其使用方便、可在其他计算机上随时随地任意读取受到广泛欢迎。

② POP3邮箱

从使用者角度来讲，在登录该网站使用的前提下，免费的POP3邮箱与Web页面邮箱并没有什么不同，不过这类邮箱只需对E-mail软件的邮件收信POP3服务器进行简单的设置，便可以在不登录网站的情况下使用E-mail软件直接就能取信、离线读信、写信，大大节省了上网时间，更好地利用了POP3协议的功能。

③ 转信邮箱

转信邮箱并非真正的E-mail邮箱，它仅仅是一个E-mail中转站，可将发到这个地址上的邮件转到你真正的E-mail邮箱里去。Internet上最著名的免费转信邮箱有www.iname.com和www.bigfoot.com，用户只要填写一些必要的选项，再调整转信指针，选定转信的目标邮箱即可。国内第一家转信邮箱是由126邮箱提供的，不过针对于免费邮箱的转信服务已经被关闭。转信邮箱主要的优点在于，便于更改用户的老邮箱。由于用户大多不会始终使用一个邮箱，而每次改换都必须花很多时间把新的E-mail地址告知别人。如果通过一个转信邮箱，就可省去这个麻烦：因为别人是把信先发到转信地址上再转入真正的邮箱里，这时用户只要把转信指针拨到新邮箱上即可，别人仍可以使用转信邮箱给该用户写信。从表面上看，用户的邮箱并没有变化，用不着通知任何人。

(3) 申请免费邮箱与使用免费邮箱收发邮件

① 申请免费电子邮箱

早期用户只能到国外的站点注册免费的电子邮箱，例如Hotmail、YAHOO！等国外著名的提供免费邮箱的网站，邮件传送和接收速度以及是否支持中文字符成为用户们选择某一网站注册的首先要考虑的问题。现在，国内网站功能完善，支持中文邮件，提供网络硬盘服务，超大容量和超大附件等人性化服务，用户可以依据自己的喜好、选择合适的用户名在某网站上注册私人的免费邮箱。

在各网站上申请免费邮箱的方法大同小异，通常在网站的主页上申请即可，这里以网易免费电子邮箱为例，简单说明免费邮箱的申请方法。

在网络连接的前提下，启动浏览器软件（这里使用 IE 浏览器），在地址栏中输入网易的网站地址（http://www.163.com），然后按回车键打开网易网站的主页，如图 6-23 所示。

图 6-23　网易主页

在主页上方中央位置单击“注册免费邮箱”链接，进入免费邮箱的申请页面，如图 6-24，然后按提示输入相关信息，例如符合要求的用户名和密码及必要的个人信息等，完成邮箱的注册。

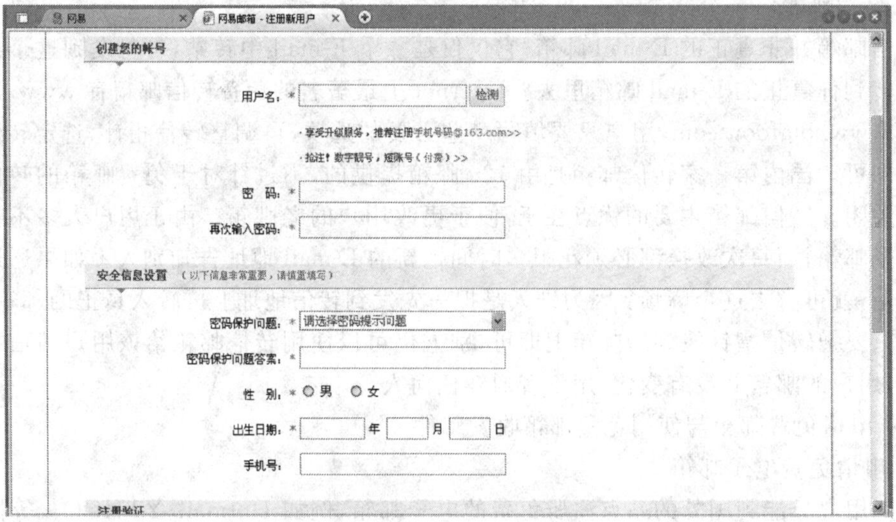

图 6-24　免费邮箱注册页面

② 使用免费邮箱收发邮件

在图 6-23 所示的网易主页左上方输入已注册的邮箱账号和密码，按回车键进入免费邮箱的服务区，此时该用户收到的邮件都将显示在“收件箱”中，并且所有新收到的未读邮件以标号的形式显示在页面上，如图 6-25 所示。

图 6-25 网易免费邮箱服务区

读取新邮件时，只需单击“收件箱”图标，打开收件箱，所有未读邮件将以粗体字的标题显示，如图 6-26 所示。

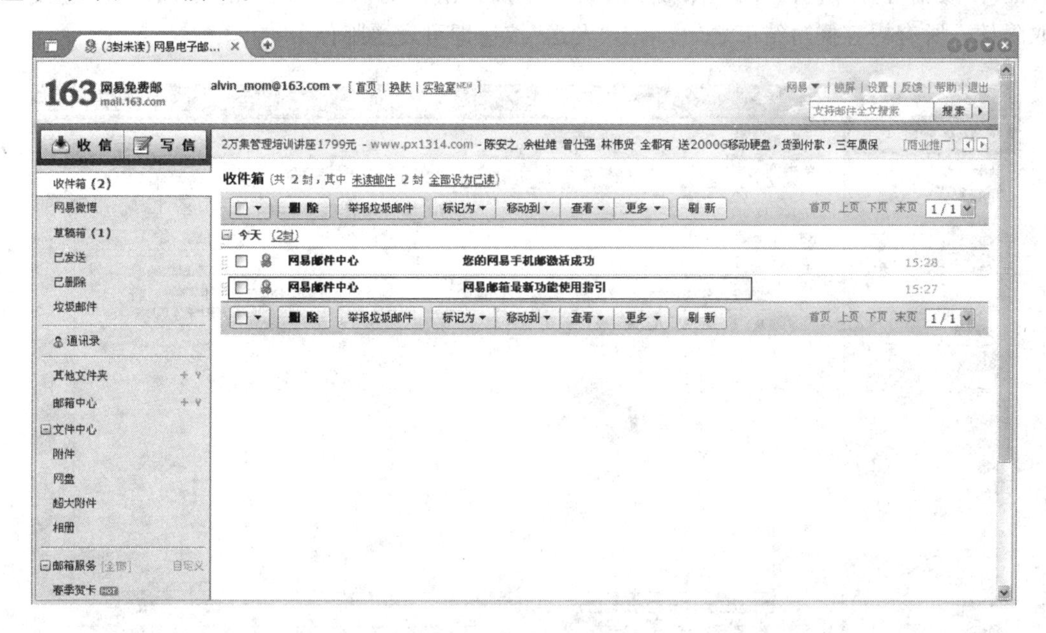

图 6-26 收件箱

如果要打开某封邮件的话，只需单击该邮件即可，如图 6-27 所示。如果要对该邮件进行回复、转发、删除等操作的话，可以单击邮件显示区上方的各命令按钮。

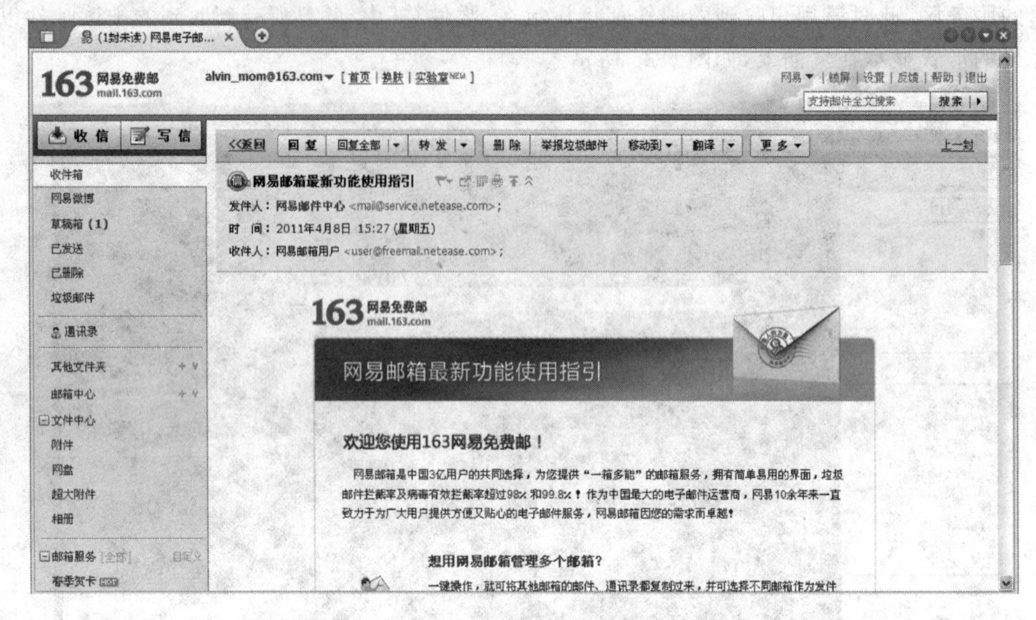

图 6-27 阅读邮件

如果要给其他人发送邮件的话，可以单击邮件服务区左上方的“写信”按钮，打开新邮件撰写页面，如图 6-28 所示。在“收件人”栏中输入对方的邮件地址，在“主题”栏中输入要发送的邮件主题，在邮件撰写区内输入邮件内容，并且可以使用邮件撰写区上方的工具按钮插入图片、表情等多媒体内容，如果需要在邮件中加入附件的话，可以单击“添加附件”链接选取附件。所有内容撰写结束之后，单击“发送”按钮即可发送邮件。

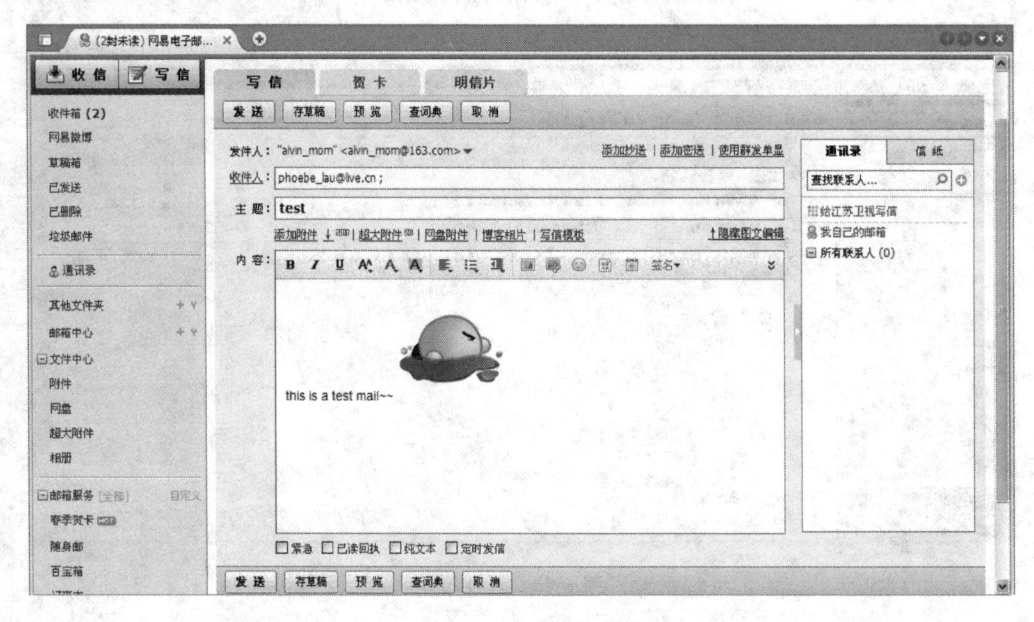

图 6-28 撰写新邮件

3. 文件传输

Internet 上除了有丰富的网页供用户浏览外，还有大量的程序、文字、图片、音频、视频等多种不同功能、不同展现形式、不同格式的文件供用户下载，还可以将文件上传到特定的网站，这些都属于文件传输服务的范畴，它是 Internet 中广泛使用的一种服务。文件传输服务采用的协议是 FTP，它是 TCP/IP 协议集中应用层的基本协议之一。FTP 服务可将文件从一台计算机传送到另一台计算机上，无论这两台计算机在地理上相距多远，只要它们都支持 FTP 协议，它们之间就可以随意地互传文件。

(1) 文件传输的基本概念

用户将远程主机上的文件下载(Download)到自己的磁盘中和将本机上的文件上传(Upload)到特定的远程主机上，这个过程称之为文件传输。文件传输分为两种完全不同的情况：

① 要下载的文件在 Web 服务器上，用户可以借助或不借助任何传输软件直接从 Web 服务器的网页上下载；同时也可以直接上传文件至网页上。

② 要下载的文件在 FTP 服务器上或远程主机上，用户必须使用 FTP 客户软件下载；如果要上传文件至 FTP 服务器上或远程主机上，也必须使用 FTP 客户软件上传。

(2) 从 Web 服务器上下载

网页中提供了某些可供下载的超链接，可以直接通过超链接以保存的方式下载资源，或者借助于某些专用的下载软件进行下载。

① 下载网页中的某个链接

这里以在百度上下载 mp3 音乐为例，打开要下载 mp3 音乐的网页，找到链接，然后在网页上右击该链接，在弹出的快捷菜单中选择“目标另存为”命令，如图 6-29 所示，在随后出现的“另存为”对话框中指定文件的存储位置，单击“确定”按钮即可。

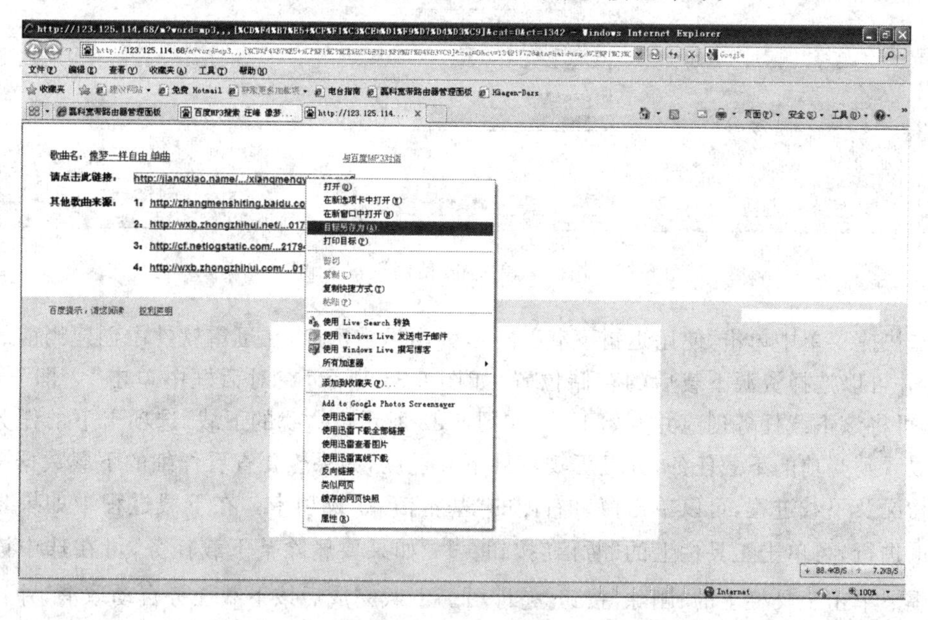

图 6-29　快捷菜单中的“目标另存为”命令

② 使用专门的下载软件下载资源

虽然从网页上下载文件非常方便，不需要专门的下载软件即可直接下载，这种方法也是有缺陷的，首先对于比较大的文件来讲，从网页上直接下载的速度比较慢，另外如果网络状态不稳定，一旦断线则下载失败，下一次还要重新下载。因此，可以使用专门的下载软件进行下载，这类软件通常采用断点续传和分段下载等技术，以保证高效、安全地下载。迅雷、电驴、网际快车是目前应用广泛且较受欢迎的下载软件。

迅雷下载的主要特点是下载的速度快、支持断点续传、对已下载的文件可以进行分类管理。迅雷可将下载任务最多分成 10 个线程同时下载，并且支持同时运行不超过 50 个的下载任务，因为其支持断点续传，所以用户不必有断线后需要重新下载的顾虑，一旦断线下次下载时会从上次结束位置处开始继续下载。

使用迅雷下载操作方法非常简单，只需找到要下载的资源，或者资源的超链接，这里仍然以在百度上下载 mp3 为例，找到要下载的资源超链接，在该超链接上右击打开快捷菜单，如图 6-30 所示。

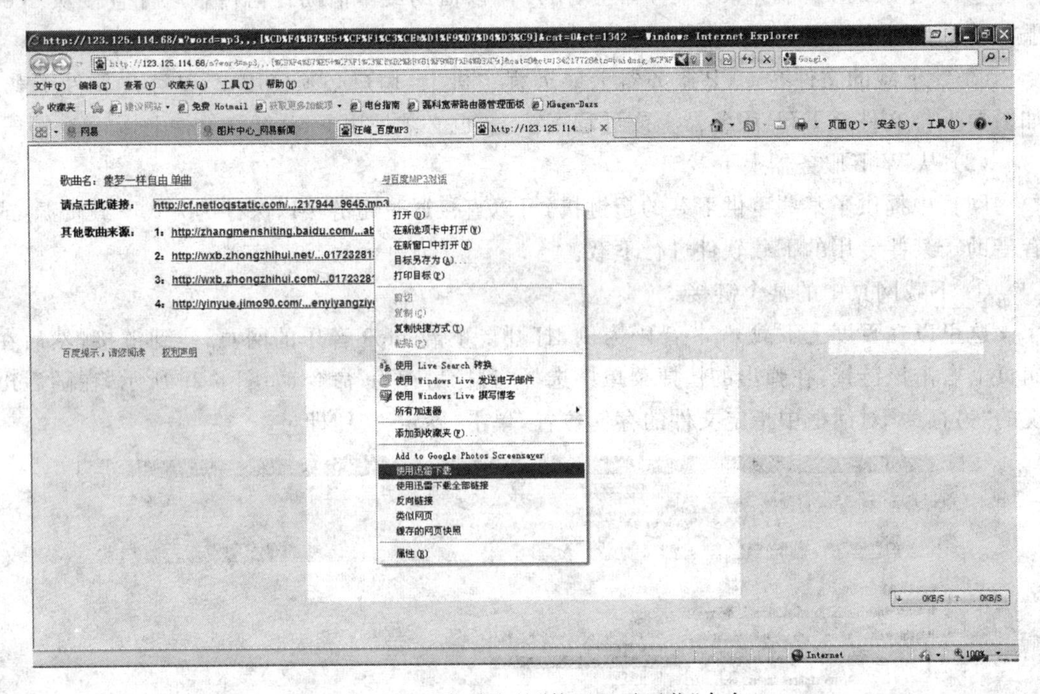

图 6-30　快捷菜单中的“使用迅雷下载”命令

在快捷菜单中单击“使用迅雷下载”命令，弹出迅雷窗口，在迅雷软件中创建当前的下载任务，并可以选择资源下载后的存储位置，如图 6-31 所示，在对话框中单击“立即下载”按钮，即可将该下载任务创建并开始下载，如图 6-32 所示，在“我的下载”选项卡下的任务窗口中可以看到当前的下载任务，并且可观察到下载进度，如果想要查看详细的下载数据来源的分段情况及下载进程，可以单击窗口右侧的“基本信息”选项卡。在下载过程中如果想暂停任务的进行，可单击工具栏上的“暂停”按钮 ；如果要删除某下载任务，可在选中该任务的前提下单击工具栏上的“删除”按钮 即可。下载完成后该下载任务自动取消，并且可在窗口左侧的“我的下载”列表中的“已完成”列表中找到该资源。

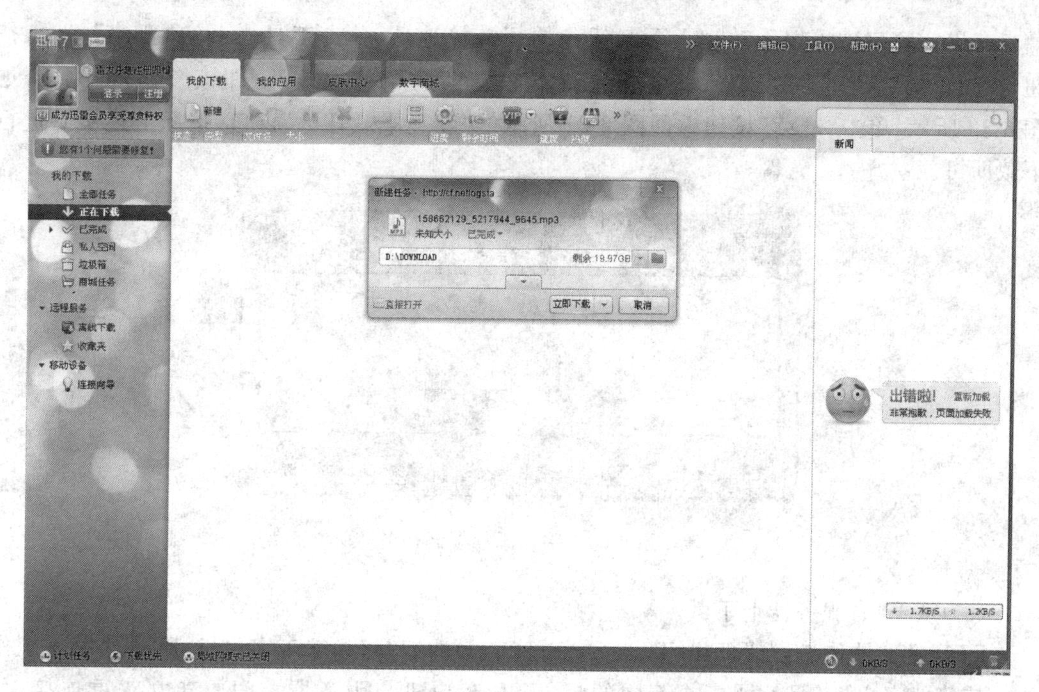

图 6-31 在迅雷中新建下载任务

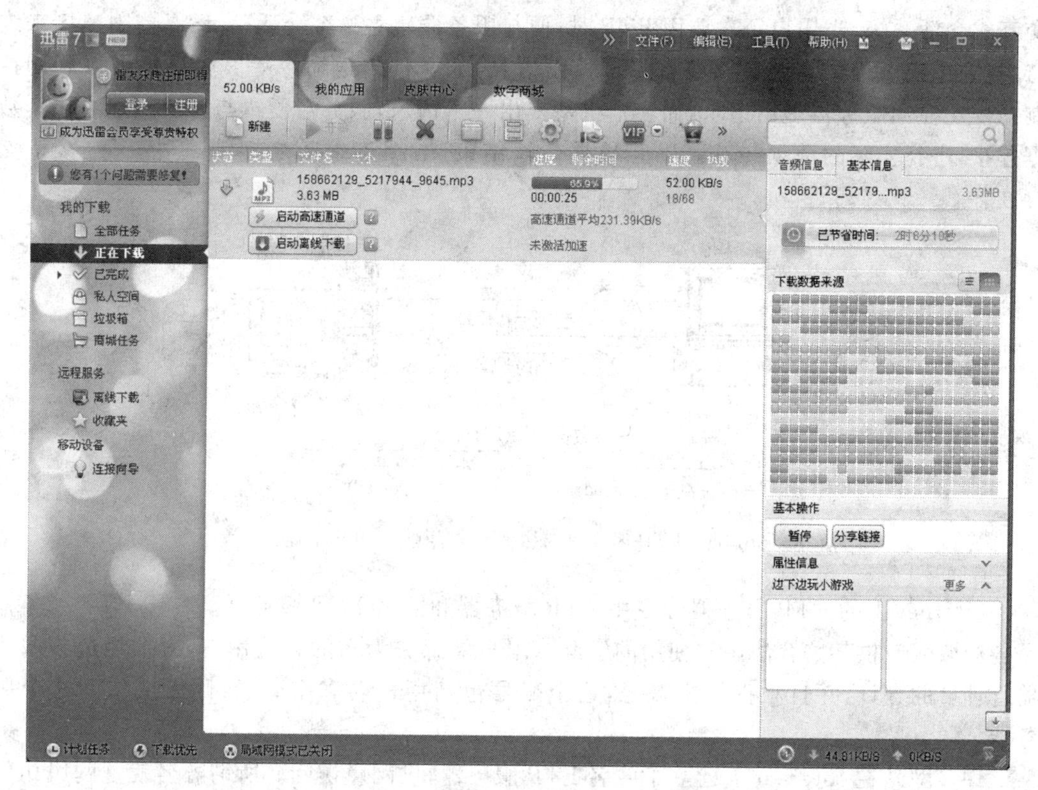

图 6-32 下载任务

在迅雷窗口中可以手动键入下载任务的超链接地址,单击工具栏上的“新建” 按钮,在弹出的“新建任务”对话框中输入待下载资源的超链接地址,即该资源的URL,如图6-33所示,单击“继续”按钮返回图6-31所示的“新建下载任务”窗口,按照上述步骤进行下载即可。

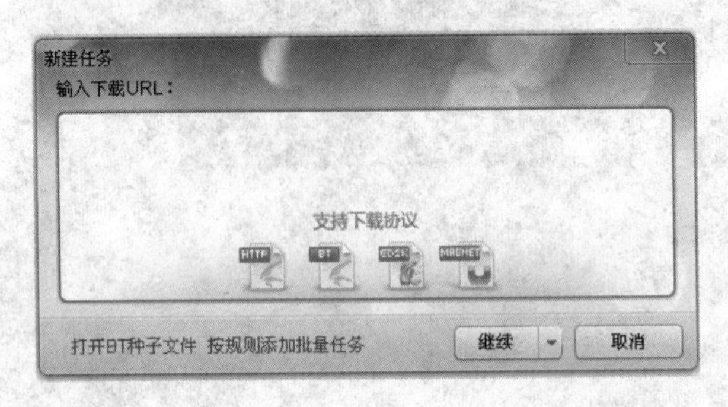

图6-33 手动添加下载任务

(3) 从FTP服务器上下载

FTP是文件传送协议(File Transfer Protocol)的缩写,是基于客户机/服务器模式工作的。与其他客户机/服务器模式不同的是,FTP客户机与服务器之间要建立双重连接,如图6-34所示。一个是控制连接,一个是数据连接。建立双重连接的原因在于FTP是一个交互式会话系统,当用户每次调用FTP时,便与服务器建立一个会话,会话以控制连接来维持,直到退出FTP。控制连接负责传送控制信息,如文件传送命令等。客户机可以利用控制命令反复向服务器提出请求,而客户机每提出一个请求,服务器便再与客户机建立一个数据连接,进行实际的数据传输。一旦数据传输结束,数据连接随之撤销,但控制连接依然存在。

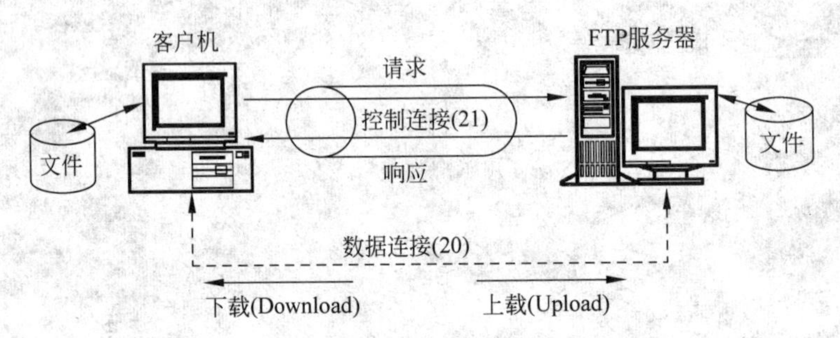

图6-34 FTP客户机与服务器之间建立的双重连接

Internet上的FTP服务器分专用FTP服务器和匿名FTP服务器。专用FTP服务器是各局域网专供某些合法用户使用的资源。用户要想成为它的合法用户,必须经过该服务器管理员的允许,并且独得一个账号,这个账号包括用户名和密码,否则无法访问这个服务器。

许多网站在Internet上建立了匿名FTP服务器,供网民访问。所谓匿名就是网民访问匿名服务器不需要用户名和密码。为了文件服务器的安全,这些文件服务器通常只能下载,不能上传。登录匿名FTP服务器时,一般可在Login(登录)栏后填写“anonymous”(匿名),

在 Password(口令)栏后填写用户的电子邮件地址。Internet 上大部分免费软件和共享软件都是通过匿名 FTP 服务器向用户提供的。而非匿名 FTP 服务器一般只供内部使用,用户必须事先向该服务器系统管理员申请用户名和密码。

在实现文件传输时,需要使用 FTP 程序。目前常用的 FTP 程序有三种类型: FTP 命令行、浏览器以及图形界面的 FTP 工具软件。

① 通过命令行使用 FTP

几乎所有的操作系统都内置了命令行方式的 FTP 软件,其中包括 Windows 98/NT/2000、UNIX。对于 Windows 系列的操作系统,用户可以通过 Windows 的"运行"对话框运行 FTP 软件,也可以在 DOS 的命令方式下直接输入 FTP 命令。而对于 UNIX 之类的非窗口方式的操作系统,则必须在命令方式下输入 FTP 命令。由于命令行方式使用者较少,不再赘述。

② 在浏览器中使用 FTP 程序

直接在浏览器的地址栏中输入"ftp://ftp 服务器域名或网址",浏览器将自动调用 FTP 程序完成连接,当连接成功后,浏览器窗口中显示出该服务器上的文件夹和文件名列表,如图 6-35 所示。

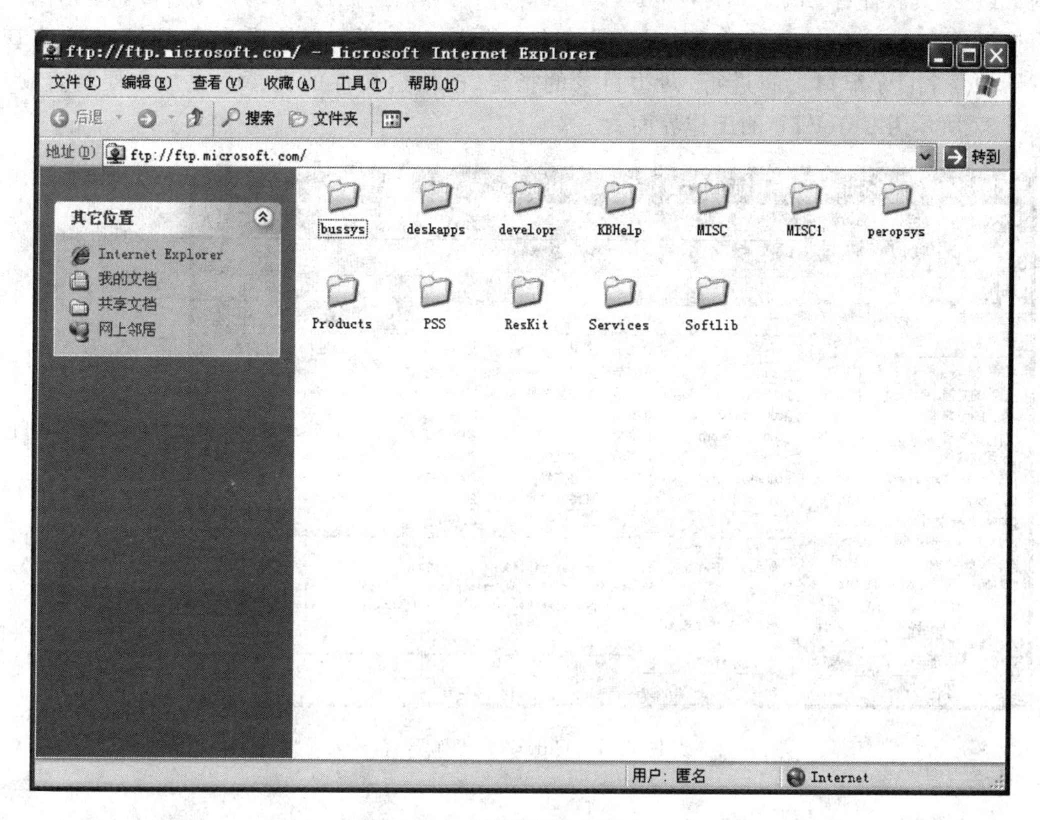

图 6-35 在浏览器中使用 FTP

在这种方式下使用 FTP,浏览器会自动以匿名方式登录 FTP 服务器。若要以用户方式登录 FTP 服务器,只需右击文件列表框的空白处,在快捷菜单中选择"登录…"命令,在弹出如图 6-36 所示的"登录身份"对话框中输入用户名和密码后单击"登录"按钮即可。

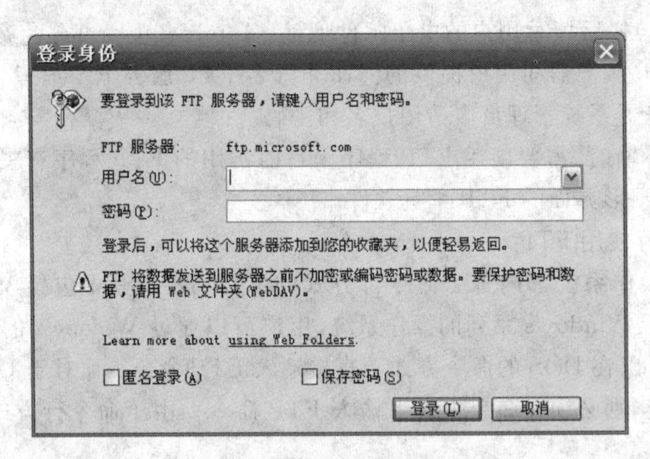

图 6-36 “登录身份”对话框

③ 使用图形界面的 FTP 客户软件

相对 FTP 的命令行方式，使用基于图形界面的 FTP 客户软件更为方便和简洁。常用的 FTP 工具软件有 CuteFTP、WS_FTP Pro 等，图形界面的 FTP 客户软件窗口通常由两个窗格组成，一个窗格代表 FTP 服务器，另一个窗格代表客户机，文件传送就如同是在文件管理器的两个目录窗口之间进行，两边目录的指定、被传送文件的选择会更加方便与直观。图 6-37 所示为 CuteFTP 的工作界面。

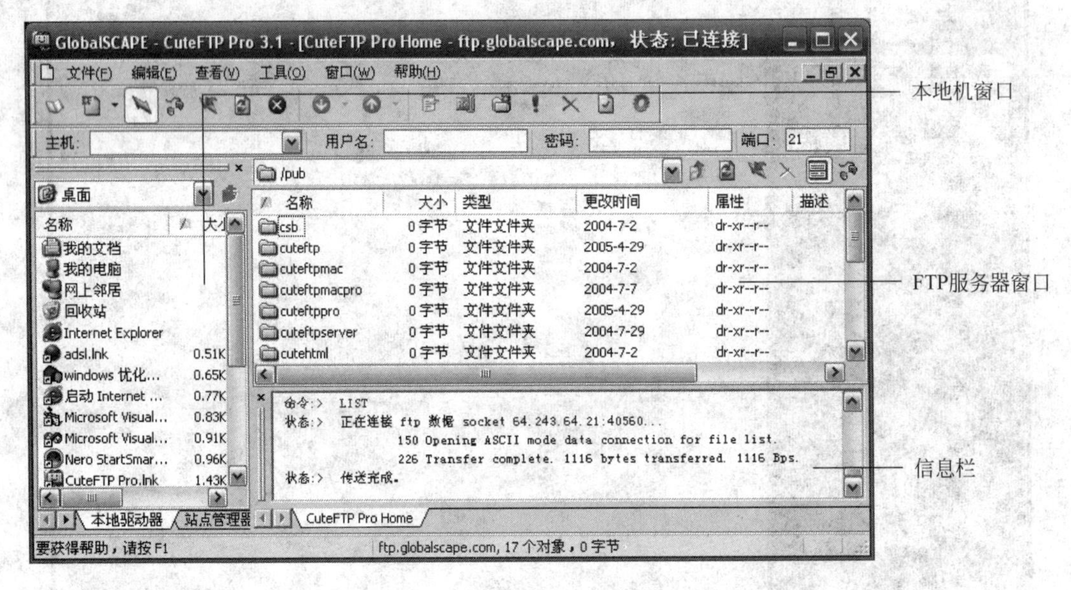

图 6-37 CuteFTP 工作界面

4. 远程登录

远程登录 Telnet(Telecommunication Network Protocol)是一个简单的远程终端协议，用户可以在本地计算机上登录到远程主机，使用远程主机的资源。例如，在家里或办公室通过电话线或局域网登录到计算中心的主机上，登录后，用户可以进行各种命令操作，就像直接通过终端或控制台在主机进行操作一样。

(1) 远程登录的工作方式

和其他 Internet 信息服务一样，Telnet 采用客户机/服务器模式，它们之间通过 Telnet 协议通信。服务器要运行 Telnet 服务进程，用户的本地计算机上必须安装运行一个 Telnet 客户软件。

为了与支持 Telnet 服务的远程主机建立 Telnet 连接，除了要事先知道远程主机的域名或 IP 地址外，还需要在远程主机上有一个合法的账号，也就是要在远程主机上建立一个用户名和口令。Telnet 的工作过程是：通过本机安装的 Telnet 应用程序在 TCP/IP 和 Telnet 协议的帮助下向远程主机发出请求，远程主机在收到请求后进行响应，一旦远程主机系统验证证明是合法用户，登录就成功了。此时，本地计算机就成为了远程主机的一个终端，使用本地计算机键盘所输入的任何命令都将通过 Telnet 程序送往远程主机，在远程主机中执行这些命令，并将执行结果返回到本地计算机屏幕上。

(2) 使用远程登录的途径

与 FTP 相似，目前很多机构也提供了开放远程登录，即用户不需要事先取得账号和口令就可以进行登录。用浏览器进行远程登录连接时，只要在浏览器的地址栏中键入 Telnet 服务器的 URL，就可以登录 Telnet 服务器。如在地址栏中键入 telnet://202.112.58.200 可以登录到清华大学的 BBS 服务器。用户可以以 guest 为用户名进行登录。

另外，进行远程连接时，可使用远程登录的客户软件 Telnet 程序。首先运行 Telnet 程序，在命令提示符下使用命令行格式键入命令名及参数，如键入 Telnet [host-address]（其中 Telnet 为命令名，host-address 为主机地址），即可登录到相应的服务器上。

5. 搜索引擎

随着 Internet 的迅速发展，用户可以使用的信息资源也在不断地丰富和扩展。但由于这些信息所存放的服务器可能分布在世界的各个角落，所以，如何使用户可以在上百万个网站中快速有效地找到所需要的信息，成为一个重要的问题。

Internet 上有一些专门帮助用户查询信息的网站，通过这些具有强大查找能力的网站，用户可以得到满意的答复。因为这些网站提供全面的信息查询和良好的速度，就像发动机一样强劲有力，所以人们就把这些网站称为“搜索引擎”，如百度、Google（谷歌）等均属于著名的搜索引擎。

Web 搜索引擎使用户在大量的信息中筛选需要的信息成为可能，但检索的结果常常过于庞大，有用的信息只是其中一小部分。这就要求用户熟悉使用的查询工具及其特性。

搜索引擎一般是通过搜索关键词来完成自己的搜索过程，即填入一些简单的关键词来查找包含这些关键词的文章或网址。这是使用搜索引擎最简单的查询方法，但返回结果并不是每次都令人满意的。如果想要得到最佳的搜索效果，就要使用搜索的基本语法来组织要搜索的条件。

掌握搜索语法，并正确地使用它，可以缩小搜索范围，提高搜索的速度。关键词是进行查询的简要查询条件，语法则是利用搜索表达式将多个关键词连在一起，例如，要查找位于“天津”的“大学”，需要使用表达式将“天津”和“大学”连在一起。

常用的表达式语法如表 6-3 所示。搜索引擎中常用的逻辑操作符是 AND、OR、NOT。

表 6-3 搜索引擎语法

符号类别	符号	对查询结果的要求	示例
逻辑“与”	AND	同时包含多个特定关键词	University and College
逻辑“或”	OR	至少包含一个特定关键词	University or College
逻辑“非”	NOT	包含 NOT 前的关键词，但排除 NOT 后的关键词	University not College
连接符号	&	与 and 类似	University & College
包含符号	+	与 and 类似	University + College
排除符号	-	与 not 类似（需在“-”前留一个空格）	University -College
“或”符号	,	与 or 类似	University, College
“或”符号	空格	与 or 类似	University College
优先	( )	符号内的表达式优先级较高	(University or College) and Middle School
短语	“”	将双引号内文字作为专用词组或短语以精确匹配	“University College”
限定	NEAR/n	特定关键词之间相隔的单词数不超过n个	University NEAR/40 College
通配符	*	代替关键词末尾任意的字母组合	Compu *（Computer、Compulsion、Compunication 等均符合查询条件）

一般情况下，在填写搜索关键词时，AND 可用“&”表示，OR 可用“|”表示，NOT 可用“!”表示。

组合逻辑操作符时，应当考虑逻辑操作符的优先级，“与”和“非”命令通常在“或”命令前执行。另外，由于空格也是一种特殊的操作符，作用与 AND 相同。因此在键入汉字作为关键词时，应尽量避免空格的不合理使用。

习题六

一、单项选择题

1. 计算机网络的主要目的是（　　）。
   A）资源共享　　B）运行速度快
   C）存储容量大　　D）运算精度高
2. 建立一个计算机网络需要有网络硬件设备和（　　）。
   A）体系结构　　B）资源子网
   C）传输介质　　D）网络软件
3. 对于域名 www.tjpu.edu.cn 来说，其中（　　）表示主机名。
   A）tjpu　　B）www　　C）edu　　D）cn
4. 用户的电子邮件带有一个“别针”图标，表示该邮件（　　）。
   A）带有标记　　B）没有优先级
   C）可以转发　　D）带有附件
5. 在撰写电子邮件的界面中，其中“抄送”的功能是（　　）。

A）发信人地址　　B）将邮件同时发送给多个人
C）邮件主题　　D）邮件正文

6. TCP 协议位于 TCP/IP 协议层次的（　　）。
A）传输层　　B）网络层　　C）应用层　　D）网络接口层

7. Internet 是一个（　　）。
A）大型局域网　　B）广域网　　C）计算机软件　　D）网络的集合

8. Internet 采用（　　）模式。
A）主机与终端系统　　B）客户/服务器系统
C）Novell 网　　D）Windows NT 网

9. 将文件从 FTP 服务器传输到客户机的过程称为（　　）。
A）上载　　B）下载　　C）浏览　　D）远程登录

10. 在 WWW 中，当超链接以文字的方式存在时，文本通常带有（　　）。
A）“”　　B）括号　　C）下划线　　D）矩形框

二、操作题

1. 打开天津工业大学的主页（http://www.tjpu.edu.cn），完成如下操作：

（1）将主页添加到收藏夹，名称为“工大”。

（2）在 D 盘根目录上新建一个文件夹，命名为“工大”，将首页另存为（网页，仅 HTML 格式）名称为“工大首页”，保存到该文件夹内。

（3）将“工大新闻”这一链接目标另存为“工大新闻”，保存到 D 盘根目录下的“工大”文件夹内。

（4）将首页上的标志性图片（工大 Logo）保存到 D 盘根目录下的“工大”文件夹中，文件名为：tjpupic.jpg。

2. 打开“Internet 选项”对话框，完成如下设置：

（1）设置主页为使用空白页。

（2）网页保存在历史记录中的天数设置为：10。

（3）设置 Internet 的安全级别为：高。

（4）设置使用的磁盘空间为：819M。

第7章　多媒体技术

多媒体(Multimedia)一词起源于20世纪80年代，它是包括了文本、音频、视频、图形、图像、动画、交互等内容的综合的信息表达方式。进入21世纪，Internet的爆炸式发展引领多媒体信息产业全面进入网络时代。伴随着计算机网络、电信网络、有线电视网络三网融合的技术改造，新一代多媒体表达方式必将深入人们生活的方方面面，并孕育出无限的商机。

7.1　多媒体技术概述

多媒体处理技术囊括了从信息采集、数字化转换与编辑、多信息合成、人机交互、平台发布五个方面所涉及的全部技术。它是以计算机为核心，通过对文本、图像、音频、视频等信息的数字化编辑，制作出界面友好、应用广泛的多媒体信息内容。多媒体技术是计算机应用技术的重要组成部分。

7.1.1　多媒体的基本概念

所谓媒体，即信息的载体，是信息传输、交换和存取的基本技术和手段。它有两重含义，一是指存储信息的实体，如磁带、磁盘、光盘、半导体存储器等；二是指承载信息的载体，如数值、文字、图形、图像、音频、视频等。国际电信联盟(International Telecommunications Union，ITU)将媒体划分为五种类型，即感觉媒体、表示媒体、显示媒体、存储媒体及传输媒体。人们熟悉的书本、杂志、电影、电视、广播等，都是以各自的媒体进行信息传播。有些以文字作媒体，有些以声音作媒体，有些以图像作媒体，也有些是以文本、图形、图像、声音作媒体的，例如电视。

国际电信联盟对多媒体含义的描述是使用计算机交互综合技术和数字通信网技术处理多种表示媒体——文本、图形、图像和声音，使多种信息建立逻辑连接，集成为一个交互系统。计算机领域的多媒体与传统意义的媒体有着明显的区别。首先，在电视媒体中，人们虽然可以接收声音、图像等多种媒体信息，但是这种接收是“被动式”的，而计算机领域中的多媒体则为用户提供了方便的交互性与选择性，例如网页的浏览。另外，从技术上讲，过去人们熟悉的广播、电视是以模拟信号进行存储和传输的，而计算机领域的多媒体是以数字信号进行存储和传输的。

7.1.2　多媒体技术的特征

多媒体技术是一种以交互方式将文本、图形、图像、音频、视频等多种媒体信息，经过计算机设备的数字化采集、获取、压缩/解压缩、编辑、存储等综合处理后，以单独或合成的形式表现出来的技术和方法。多媒体技术具有以下基本特性。

1. 交互性

交互性是多媒体技术的关键特征。它使用户可以更有效地控制和使用信息，增加对信息的注意和理解。

如前所述，一般的电视机是声像一体化的、把多种媒体集成在一起的设备。但它不具备交互性，用户只能被动地使用信息，而不能自由地控制和处理信息。但是，当多媒体技术被引入到计算机领域后，借助交互性特征，用户可以获得更多的信息。例如，在多媒体远程信息检索系统中，初级交互性可提供给用户查找所需的书籍，快速跳过不感兴趣的部分，从数据库中检录声音、图像或文字材料等；中级交互性则可使用户介入到信息的提取和处理过程中，如对关心的内容进行编排、插入文字说明及解说等。

交互性使多媒体系统更具人性化，为用户提供了高效的获取信息的手段。

2. 多样化

多样化是指信息媒体的多样化。多媒体技术的多样化使计算机能够更丰满地表现出由文字、声音、图形、图像等多种媒体信息融合而成的缤纷世界，而不再局限于原来的数据、文本或单一的语音、图像。多媒体技术的多样化既丰富了计算机的表现力，也能使用户接收到更准确、更生动的信息。

3. 集成性

多媒体的集成性包括两方面的含义。一方面是指多媒体信息的集成；另一方面是指处理这些媒体的设备和系统的集成。在多媒体系统中，各种信息媒体不再像过去那样，采用单一方式进行采集与处理，而由多通道同时统一采集、存储与加工处理，更加强调各种媒体之间的协同关系及利用它所包含的大量信息。

4. 实时性

多媒体技术是多种媒体集成的技术，在这些媒体中，有些媒体(如声音和图像)是与时间密切相关的，这就决定了多媒体技术必须要支持实时处理。

多媒体技术是一门基于计算机技术的综合技术，它包括数字化信息处理技术、音频和视频技术、计算机软件和硬件技术、人工智能和模式识别技术、通信和图像技术等。它是正处于发展过程中的一门跨学科的综合性高新技术。

7.1.3 多媒体信息处理的关键技术

1. 视频音频数据压缩/解压缩技术

视频音频数据压缩/解压缩技术是多媒体技术的首要问题，通过对数据的压缩可以减少来自采集源的冗余数据，提高计算机处理声音、图像、视频等大容量数字信息的效率。选用合适的数据压缩技术，有可能将语音数据量压缩到原来的1/2～1/10，图像数据量压缩到原来的1/2～1/60，同时不会出现严重失真。例如，比较常见的JPEG和MPEG就是国际标准化的图像与视频压缩/解压缩技术。

2. 多媒体专用芯片技术

专用芯片是多媒体计算机硬件体系结构的关键。为了实现音频、视频信号的快速压缩、解压缩和播放处理，需要大量的快速计算，只有采用专用芯片，才能取得满意的效果。多媒体计算机专用芯片可归纳为两种类型：一种是固定功能的芯片；另一种是可编程的数字信号处理器(DSP)芯片。例如，专业的声音、影像采集设备，都配有多媒体专用芯片。

3. 大容量信息存储技术

高清的影音多媒体信息在采集、编辑和发布的过程中必须要有大容量、高速存储技术相支持，从早期的磁带、软盘、CD光盘到现在的SDHC存储卡、磁盘阵列、蓝光DVD，大容量存储技术为多媒体技术的发展提供了重要保障。

4. 多媒体输入与输出技术

多媒体输入输出技术包括媒体转换技术、媒体识别与理解技术。

媒体转换技术是改变媒体的表现形式的技术，即通过采集设备取得媒体内容并转换为数字信息保存到计算机中，经过编辑后再将数字信息转换到输出设备从而用户感知的过程。例如，数码相机的CCD芯片，可以将光学信号转换为数字信号；计算机的显卡、声卡可以将视频、音频数字信号播放出来。

媒体识别技术是对信息进行一对一的映像过程。例如，语音识别技术、触摸屏技术等。

媒体理解技术是对信息进行更进一步的分析处理和理解信息内容，如自然语言理解等。

5. 多媒体软件技术

多媒体软件技术是在计算机中运用不同的应用软件编辑各种媒体信息，并完成最终发布的技术，是多媒体技术的核心内容。包括以下几个方面：

- 多媒体操作系统
- 多媒体素材采集与制作技术
- 多媒体编辑与创作工具
- 多媒体数据库技术
- 超文本/超媒体技术
- 多媒体应用开发技术

6. 多媒体通信技术

多媒体通信技术包含语音压缩、图像压缩及多媒体的混合传输技术，是多媒体内容基于Internet互联网、电信网络进行传播的重要技术，也是目前多媒体技术的主要发展方向。

7. 虚拟现实技术

虚拟现实的定义可归纳为：利用计算机技术生成的一个逼真的视觉、听觉、触觉及嗅觉等的感觉世界，用户可以用人的自然技能对这个生成的虚拟实体进行交互考察。虚拟现实技术是在众多相关技术上发展起来的一个高度集成的技术，是计算机软硬件技术、传感技术、机器人技术、人工智能及心理学等飞速发展的结晶，也是多媒体技术未来的发展方向。

7.2 多媒体计算机系统

多媒体计算机系统是指能够综合处理多媒体信息，使多种信息建立联系，并具有交互性的计算机系统。一个完整的多媒体计算机系统由多媒体计算机硬件系统和多媒体计算机软件系统两部分组成。

7.2.1 多媒体计算机的发展历史

多媒体个人计算机(Multimedia Personal Computer，MPC)是指具有多媒体功能的PC。多媒体技术以数字化处理为基础，所以必然要和计算机密切联系在一起。下面介绍早期多媒体计算机的发展历程：

1984年，Apple公司推出Macintosh GUI＋鼠标的图形操作系统。

1985年，Commodore公司世界上第一台多媒体计算机Amiga系统问世。

1986年，Philips/Sony公司推出CD-I，CD-ROM光盘系统。

1990年，在微软公司召开多媒体开发工作者会议上提出MPC1.0标准。

1993年，IBM、Intel等数十家软硬件公司组成的多媒体个人计算机市场协会(MPMC)发布了多媒体个人机的性能标准MPC2.0。

1995年，MPMC又宣布了新的多媒体PC机技术规范MPC3.0。

1995年，Windows 95操作系统问世。

1996年以后，PC电脑全面支持多媒体功能，并派生出一系列专门用于多媒体制作的专用计算机和辅助电子设备，如音乐编辑工作站、视频编辑工作站、艺术设计工作站等，多媒体技术广泛应用于社会生活各个领域。

7.2.2 多媒体个人计算机的硬件系统

多媒体个人计算机的硬件部分有两种构成方式，一种是直接设计和实现多媒体计算机；另一种是在现有PC的基础上通过增加多媒体组件，使其具有综合处理多媒体信息的功能，升级为多媒体计算机。目前的MPC大都是在现有PC的基础上通过增加多媒体组件升级而成的。

随着计算机技术的不断发展，今天，几乎任何一台个人计算机都可以达到多媒体计算机的基本要求，满足大多数家庭和一般商业应用多媒体设计的需要。如图7-1为常见的多媒体个人计算机的主要硬件。

由PC升级为MPC时常用的多媒体组件主要有声卡和视频卡。

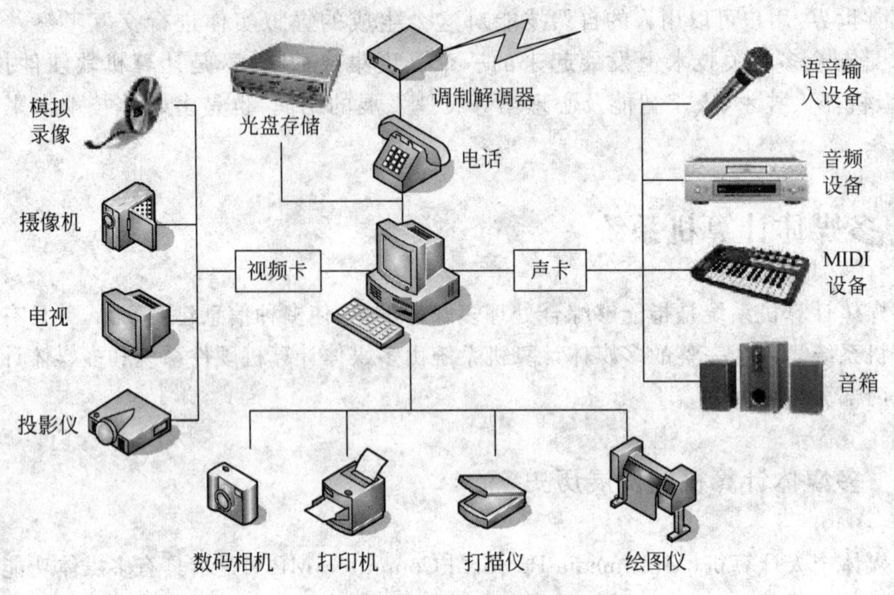

图 7-1　多媒体个人计算机硬件系统

1. 声卡

声卡也称为声频卡，是计算机中处理声音的硬件。在相应软件支持下其主要功能有：

① 声音录制。通过声卡，将模拟声音信号进行量化处理，形成数字声音信号并以文件形式保存。

② 播放数字声音文件。使用不同声卡和软件录制的声音文件格式可能不同，但它们之间可以相互转换。

③ 编辑与合成处理。可以对声音文件进行多种特技效果的处理，包括加入回声、倒放、淡入淡出，往返放音以及左右两个声道交叉放音等。

④ 具有 MIDI 接口。可以播放 MIDI 文件。

⑤ 通过语音合成技术使计算机朗读文本，通过语音识别功能，让用户直接说话指挥计算机等。

声卡的主要性能指标有采样频率、采样精度和声道数。目前的微型计算机上，有些声卡大都与主板集成在一起的，高级音乐制作所需多声道声卡需要独立安装。

2. 视频卡

视频卡简称为视卡，它的作用是将采集到的视频信息（特指运动图像）进行数字化处理和实时压缩编码。多媒体视卡按功能分为以下几类。

① 视频叠加卡（Video Overlay Card）。提供视频窗口显示功能、数位静止画面及叠加、输入、输出功能。

② 视频捕获卡（Video Capture Card）。可以对静止图像进行捕获和编辑。

③ 视频转换卡（Video Conversion Card）。可以将计算机显示器的 VGA 信号转换为 PAL/NTSC/SECAM 制式在电视机上播放或用录像机录像。

④ 动态视频捕获/播放卡(Motion Video Capture/Playback Card)。能够同时捕获动态视频和声音,并加以压缩、存储和回放。

⑤ MPEG 卡(Moving Picture Experts Group,运动图像专家组)。MPEG 是一种压缩标准,多为专业人员使用。

目前的个人计算机硬件系统中,由于 CPU 处理速度的提高和显示卡越来越强的图形加速功能,所以如果没有特殊需要,无须安装单独的视频卡。

除显示卡、声卡、视频卡等多媒体接口卡之外,由 PC 升级为 MPC 时还需要增加一些用于输入输出的多媒体外部设备。常见的有:

输入设备:话筒、数码相机、扫描仪、摄像机等。

输出设备:音箱、耳机、大屏幕投影仪、电视机等。

7.2.3 多媒体个人计算机软件系统

按功能划分,多媒体计算机软件系统可分成三个层次,即多媒体核心软件、多媒体工具软件和多媒体应用软件。

1. 多媒体核心软件

多媒体核心软件包括多媒体操作系统和音频/视频支持系统(或媒体设备驱动程序)等。

对 MPC 而言,多媒体操作系统、声卡、视频卡等多媒体设备相关驱动程序以及媒体数据格式插件等构成了多媒体核心软件。

2. 多媒体工具软件

多媒体工具软件包括多媒体数据处理软件、多媒体软件工作平台、多媒体软件开发工具和多媒体数据库系统等。

3. 多媒体应用软件

多媒体应用软件是综合运用多媒体工具软件编写的,实用性很强的多媒体软件,是最终用户使用的多媒体软件产品。

7.2.4 多媒体制作常用软件

多媒体系统在不同领域中的应用需要多种开发工具,而多媒体开发和创作工具为用户提供了方便、直观的创作途径,一些多媒体开发软件包提供了图形、色彩板、声音、动画、图像及各种媒体文件的转换和编辑手段。

多媒体应用软件和创作工具数量大得惊人,下面简单介绍几类,供大家了解。

1. 图像处理类

图像处理软件的主要特点是以照片或其他位图图像为基础进行诸如拼贴、组合、调整色彩、质感等编辑,通常也带有一些画笔工具,供用户绘图使用。这类软件的作用主要是用来调整图像，或对已有图像进行二次创作。

这是目前计算机艺术领域品种最多的一类软件，几乎每个公司都有一种或两种这种类型的软件。常见的产品有 Adobe Photoshop、Painter、ACDSee 等。

2. 矢量图设计类

在计算机中，基于矢量图形技术的绘图软件有很多。一类是工程制图软件，如 AutoCAD 等；另一类就是图形艺术创作软件，例如目前专业图形设计领域比较常用的 Adobe Illustrator、CorelDraw 等。

3. 二维动画类

平面动画类软件目前最流行的当数 Flash，几乎没有其他的软件能和它相比。

4. 三维设计类

三维软件的三维是指在计算机中建立一系列物体的三维空间数学模型，有了这些模型，就可以在计算机中任意旋转该物体，能够观察它的不同的“面”，让它动起来。常见的制作三维动画的软件有 3DS MAX、Maya 等。

5. 音频类

根据音频文件格式的不同，音频类工具可以分为音频制作软件和基于 MIDI 技术的作曲软件两大类。由于不少专业的音乐制作软件都同时集成了这两种功能，所以在这里就将它们合并在一起介绍。

目前流行的典型音频制作工具有：Cool Edit、GoldWave、Windows 操作系统中的录音机以及各种声卡附带的录音程序等。典型的 MIDI 作曲程序如易学易用的“音乐大师”、Guitar Pro 以及既有 MIDI 编辑能力又有音频处理功能的 CakeWalk 等。此外还有大量的可以播放 MIDI 程序的播放器软件，如 Windows Media Player、QuickTime 等。

6. 视频播放及处理类

最常见的视频播放类软件是 Windows Media Player，此外还有 QuickTime、RealOne、暴风影音等多种。

视频编辑类软件的功能是对视频节目进行剪辑、组合并进行后期配音，在计算机上实现节目的编辑。常见的视频编辑软件有 Adobe Premiere、Final Cut Studio 等。

7. 著作工具类

多媒体电子出版物是多媒体技术应用的重要领域之一。多媒体著作工具是多媒体电子出版物开发制作过程中不可缺少的，使用它可以将多种媒体素材集成为一个完整的、具有交互功能的应用程序。很多人认识多媒体类软件就是从著作工具类软件开始的。

从创作形式划分，多媒体著作工具大致可分为四类：以图标和流程图为基础的编辑工具（如 Authorware）、以页面为基础的编辑工具（如 ToolBook）、以时间轴为基础的编辑工具（如 Director）和传统的编程工具（如 Visual Basic）。

近年来，随着互联网技术的发展，针对网页设计的多媒体工具大量涌现，成为一类新型的多媒体写作工具。现在，多媒体设计行业有这样一个趋势，设计师从设计光盘多媒体转向网络多媒体，甚至在设计光盘多媒体作品时也大量采用网页设计工具和技术。常见的网页设计工具有 Dreamweaver 等。

7.3 多媒体信息的数字化

计算机对多媒体信息进行保存和编辑的过程中需要将信息做数字化转换，不同的媒体类型有各自的数字化标准与格式。而且，对于原始采集的数据如声音、视频等，通常都要进行数据重新编码与压缩，这样才能够保证计算机高效、稳定地处理数据。

7.3.1 数字化音频

声音是人们用来传递信息最方便、最熟悉的方式，属于多媒体作品的重要组成部分。声音实际上是一种波，具有周期性和一定的幅度。周期性表现为频率，频率越高，声音就越尖锐，反之就越低沉。

由于计算机内部是以数字方式工作的，因此必须将连续变化的模拟音频信号转化为数值化的音频信息，即数字音频，这一转换过程在使用计算机进行录音时由声卡自动完成，又称为模/数转换。但由于扬声器只能接受模拟信号，所以声卡输出前还要把数字声音转换回模拟声音，也即数/模转换。

影响数字声音质量的主要因素有三个：采样频率、量化位数以及声道数。

(1) 采样频率

采样频率决定的是声音的保真度。具体说来就是一秒钟的声音分成多少个数据去表示。可以想象，这个频率当然是越高越好。采样频率以 kHz 为单位。例如，44.1kHz 表示将 1 秒的声音用 44 100 个采样样本数据去表示。

(2) 量化位数

量化位数也称为采样精度，即每次采样的信息量。采样通过模/数转换器将每个波形垂直等分，若用 8 位模/数转换器，可以将采样信号 256 等分；用 16 位模/数转换器则可以将采样信号 65 536 等分。简单地说，位数越多，音质越细腻。量化位数主要有 8 位和 16 位两种。

(3) 声道数

声道数也称为通道数，表明在同一时刻声音是只产生一个波形(单声道)还是产生两个波形(立体声双声道)。顾名思义，立体声听起来比单声道更具有空间感。

音频文件通常有两类：声音文件和 MIDI 文件。声音文件是指通过声音录入设备录制的原始声音，经过模/数转换后，存储在计算机中的数字化波形信息。而 MIDI 文件中存储的是一系列的演奏指令，相当于乐谱，由于不包含声音数据，其文件尺寸较小。

常用的声音文件格式有 WAV、MP3、RealAudio 文件等；常用的 MIDI 文件主要有 MIDI 格式。

(1) WAV 格式

WAV 格式是 Microsoft 公司开发的一种声音文件格式,用于保存 Windows 平台的音频信息资源,被 Windows 平台及其应用程序所广泛支持。

WAV 文件记录的是自然界实际的声音,以波形曲线表示,可以用软件进行再编辑。不仅可以通过麦克风录音,还可以通过计算机的 line in 输入,录下电视、广播、收音机以及放像机中的声音。

(2) MP3 格式

MP3 是一种压缩格式的文件,音质好、数据量小是它的最大优点。随着互联网的普及,MP3 格式的音乐越来越受到人们的欢迎。

MP3 是一种数据音频压缩方法,全称是 MPEG Layer 3,是 VCD 影像压缩标准 MPEG 的一个组成部分。用该压缩标准制作存储的音乐被称为 MP3 音乐。MP3 可以将高保真的 CD 声音以 12∶1 的比率压缩,并可以保持 CD 出众的音质。

(3) RealAudio 格式

RealAudio 格式是 Real Networks 公司开发的一种新型流式音频文件格式,其文件扩展名为.rm、.ra 或.ram。其强大的压缩量和极小的失真使其在众多格式中脱颖而出。和 MP3 相同,它是为解决网络传输带宽资源而设计的,因此主要目标是压缩比和容错性,其次才是音质。

(4) MIDI 格式

MIDI 是乐器数字接口(Musical Instrument Digital Interface)的英文缩写,是数字音乐/电子合成乐器的统一国际标准。

MIDI 格式的文件记录的是能够产生声音的动作(用什么乐器演奏、每个音的力度等),以五线谱的形式表示,是用来演奏的曲谱(但比普通曲谱的信息丰富得多),也可以用专门的软件进行编辑。MIDI 文件的扩展名为.MID 或.RMI。

7.3.2 数字化图像

1. 矢量图模式

矢量图模式又称为图形模式,一般是指由点、线、轮廓、填充色构成图像的方法。

矢量图模式主要应用于“绘制形状”,适用于工程图、美术字、大型招贴、产品标志等设计用途。例如 AutoCAD 软件就是机械图形设计领域中一款非常重要的图形绘制软件。

计算机中数字化的矢量图文件存储的是一组指令集合。这些指令用来描述构成一幅图的所有直线、圆、矩形、曲线等的位置、形状、大小和颜色等各种属性和参数。显示时,需要相应的软件读取、解释这些指令,并将其转换为屏幕上所显示的形状和颜色。

矢量图文件的大小与图形的大小无关,只与图形的复杂程度有关,因此,简单的图形文件所占的存储空间相对较小。

图形最主要的优点是可以随意缩小、放大不会失真。但复杂的矢量图形显示速度比较慢,因为计算机要花费很长的时间去计算每个对象的大小、位置、颜色等特性。

常见的矢量图形文件格式有 EPS、WMF、CDR、AI 等。

(1) EPS格式

EPS格式是Illustrator和Photoshop之间可以交换的文件格式。Illustrator软件制作出来的流动曲线、简单图形和专业图像一般都存储为EPS文件格式。

(2) WMF格式

WMF(Windows Metafile)格式是微软公司的一种矢量图形文件格式,被广泛应用于Windows平台,几乎每个Windows下的应用软件都支持这种格式。前面第3章学习Office应用程序时使用的“剪贴画”就是WMF格式图形,其文件扩展名为.wmf。

(3) CDR格式

CDR格式是Corel公司生产的CorelDRAW软件的默认文件格式,它是一种矢量图形文件格式。该格式支持各种图像色彩模式,可以保存矢量和位图图形。

(4) AI格式

它是由Adobe Illustrator软件创建的矢量图形文件格式,主要用于在Illustrator创作过程中保存文件,同时也有很多矢量图库使用这种文件格式。

2. 位图模式

位图模式又称为光栅图像,一幅图像由多个像素组成,每个像素显示为一种颜色。图像侧重于“获取”,一般是由输入设备捕捉的实际场景画面等。例如,使用数码照相机拍摄的风景或人物照片等,就属于位图图像。

图像文件中存储的是对一幅图像中各个像素的描述,包括每个像素的位置、颜色和亮度等。当需要显示位图时,只需将位图文件直接装入存储器,按照文件中记录的每个像素的特征“画”到显示器上即可。

相对于图形文件而言,图像文件所要求的存储空间较大,但显示速度较快。

影响图像文件大小的因素主要有两个:图像分辨率和色彩深度。

(1) 图像分辨率

图像分辨率指每个图像所存储的信息量,单位为像素/英寸(dot per inch: dpi)。图像分辨率的高低直接影响图像的效果。图像分辨率越高,显示或打印的图像越清晰、细腻,但图像文件也越大。

(2) 色彩深度

色彩深度也称为位深度,主要用来度量在图像中使用多少颜色信息来显示或打印图像中的像素。色彩深度越大图像中表示的颜色数越多,也越精确,同样,图像文件也越大。

1位深度的像素有2种(2^1)颜色信息:黑和白;8位深的像素有256种(2^8)颜色信息;24位深度的像素有16 777 216种(2^{24})颜色信息,通常称为真彩色。

常见的图像文件格式有BMP、JPEG、GIF、TIFF、PSD等。

(1) BMP格式

BMP(Bitmap,位图)是一种与设备无关的图像文件格式,是Windows系统下的标准位图格式。在Windows环境中运行的图形图像处理软件以及其他应用软件都支持这种格式的文件,它是一种通用的图形图像存储格式。Windows自带的“画图”是应用BMP格式最典型的程序。

BMP格式支持的色彩深度有1位、4位、8位及24位。由于采用非压缩格式,图像质量高。该格式的缺点是文件比较大，因此在网络传输中不太适用。

(2) JPEG 格式

JPEG(Joint Photographic Experts Group，联合图像专家小组，简称 JPG)是一种流行的图像文件压缩格式，被大多数的图像处理软件所支持。它是一种有损压缩格式，文件体积很小，广泛用于网页图像的制作。

(3) GIF 格式

GIF(Graphics Interchange Format，图像互换格式)是作为一个跨平台图形标准而开发的，是一种与硬件无关的 8 位彩色文件格式(最多支持 256 种颜色信息)。

GIF 格式支持透明图像和动画。GIF 动画格式可以同时存储若干幅静止图像，并指定每幅图像轮流播放的时间，从而形成连续的动画效果，目前因特网上大量采用的彩色动画文件多为这种格式的 GIF 文件。很多图像浏览器都可以直接观看此类动画文件。

(4) TIFF 格式

TIFF(Tag Image File Format，标记图像文件格式)适用于不同的应用程序及平台间的切换文件，是应用最广泛的点阵图格式。它在图形媒体之间的交换效率很高，并且与硬件无关，为 PC 和 Macintosh 两大系列的计算机所支持，是位图模式存储的最佳选择之一。

TIFF 格式是一种多变的图像文件格式标准，具有图形格式复杂、存储信息多的特点。与其他的图形格式文件不同，TIFF 文件格式不依附于某个特定的软件。实际上 TIFF 格式被所有绘画、图像编辑和页面排版应用程序所支持，如果要将图像输入到排版软件中编辑处理，建议采用这种格式。

(5) PSD 格式

PSD(Photoshop Document，图形文件格式)是 Adobe Photoshop 图像处理软件中默认的文件格式，它能保存图像数据的每一个小细节，也可以保存图像中各图层中的效果和相互关系，各层之间相互独立，以便对单独的层进行修改和制作各种特效。其缺点是存储的图像文件特别大。

7.3.3 数字化视频

静止的画面称为图像。当连续的图像变化每秒超过 24 帧画面以上时，根据视觉暂留原理，人眼无法辨别每幅单独的静止画面，看上去是平滑连续的视觉效果，这样的连续画面称为视频。当连续图像变化每秒低于 24 帧时，会使人眼有不连续的感觉。

视频文件可以分为两大类，一是影像文件，例如常见的 DVD 格式；二是流式视频文件，这是随着互联网的发展而诞生的视频界后起之秀，例如在线实况转播，就是建立在流式视频技术之上的。

常见的影像格式有 AVI、MPEG 等，常见的流式视频格式有 RM 格式等。

1. AVI 格式

AVI 文件是 Microsoft 公司开发的一种数字音频与视频文件格式，被大多数操作系统直接支持。AVI 格式允许视频和音频交错在一起同步播放。使用 Windows 操作系统提供的媒体播放器就可以播放 AVI 文件，调用方便，图像质量好。缺点是文件过于庞大。

2. MPEG 格式

MPEG 文件是采用 MPEG 方式压缩的视频文件，是目前最常见的一种视频压缩方式。它采用中间帧的压缩技术，可对包括声音在内的移动图像以 1∶100 的比率进行压缩，并且它还支持 1024×768 的分辨率、CD 音质播放、每秒 30 帧的播放速度等优秀功能，我们熟知的 VCD 绝大多数都是采用该种格式。

3. RM 格式

RM 格式是由 Real Networks 公司开发的一种能够在低速率的网上实时传输音频和视频信息的流式文件格式，可以根据网络数据传输速率的不同制定不同的压缩比，从而实现在低速率广域网上进行影像数据的实时传送和实时播放，是目前互联网上最流行的流媒体应用格式。

7.3.4 数据压缩技术

多媒体的关键技术主要包括视频音频信号获取技术、多媒体数据压缩和解压缩技术、视频音频数据的实时处理技术、视频音频数据的输出技术等，其中以视频和音频数据的压缩与解压缩技术最为重要。

多媒体计算机系统要求具有综合处理声、图、文信息的能力。高质量的多媒体系统要求面向三维图形、立体声音、真彩色高保真全屏幕运动画面。为了达到满意的效果，要求实时地处理大量数字化视频、音频信息，这对计算机及通信系统的处理、存储和传输能力是一个严峻的挑战。例如，一幅具有中等分辨率(640×480)的彩色图像(24 位/像素)数据量约为 7.03Mb/帧，如果是运动图像，要以每秒 30 帧的速度播放时，则视频信号的传输速率为 210Mb/s。如果存放在 600MB 的光盘中，只能播放 20s。对于音频信号，以激光唱片 CD-DA 声音数据为例，如果采样频率为 44.1kHz，采样点量化为 16b 双通道立体声，则 1.44MB 的软磁盘存放的数据只能播放 8 秒。综上所述，视频和音频信号数据量大，同时传输速度要求高。考虑到目前微机无法完全满足上述要求，因此，对多媒体信息必须进行实时的压缩和解压缩。

自从 1948 年出现 PCM(脉冲编码调制)编码理论以来，编码技术已有了 50 多年的历史，这个过程中编码技术日趋成熟。下面介绍三种常见的压缩标准供大家了解。

1. JPEG 标准

JPEG(Joint Photographic Experts Group)是由 ISO(国际标准化组织)和 CCITT(国际电报电话咨询委员会)联合组成的一个图像专家小组。他们从 1986 年开始，经过五年艰苦细致的工作后，于 1991 年 3 月提出了 ISO CDI0918 号建议草案：多灰度静止图像的数字压缩编码(通常简称为 JPEG 标准)。这是一个适用于彩色和单色多灰度或连续色调静止数字图像的压缩标准。是第一个图像压缩国际标准，主要针对于静止图像。该标准制定了有损和无损两种压缩编码方案，它广泛应用于光盘、彩色图像传真、图文档案管理等方面。JPEG 对单色和彩色图像的压缩比通常在 10∶1 和 15∶1，当压缩比大于 20∶1 时，一般来说图像质量开始变坏。

2. MP3 标准

MP3 全称是动态影像专家压缩标准音频层面 3（Moving Picture Experts Group Audio Layer Ⅲ），是当今较流行的一种数字音频编码和有损压缩格式。它是在 1991 年由位于德国埃尔朗根的研究组织发明和标准化的。

简单地说，MP3 就是一种音频压缩技术，将音乐以 1∶10 甚至 1∶12 的压缩率，压缩成容量较小的文件，同时并不损失太多音质。每分钟音乐 MP3 格式通常只有 1MB 左右大小，这样每首歌的大小只有 3～4MB。正是因为 MP3 体积小，音质高的特点使得 MP3 格式几乎成为当前网络音乐的代名词。

MP3 数据压缩格式，丢弃掉脉冲编码调制（PCM）音频数据中对人类听觉不重要的数据，从而达到了小得多的文件大小。在 MP3 中使用了许多技术，其中包括心理声学以确定音频的哪一部分可以丢弃。MP3 音频可以按照不同的位速进行压缩，提供了在数据大小和声音质量之间进行权衡的一个范围。由于 MP3 的空前的流行，出现了很多的硬件设备直接支持此格式的播放，如便携式 MP3 播放器、CD 和 DVD 播放器等。

3. MPEG 标准

MPEG（Moving Pictures Experts Group）是由 ISO 和 IEC（国际电工委员会）于 1988 年联合成立的，专门致力于运动图像及其伴音编码的标准化工作。MPEG 标准是运动图像压缩算法的国际标准，包括 MPEG 视频、MPEG 音频和视频音频同步三部分。

MPEG 标准采用有损压缩算法，在保证影像质量的基础上减少运动图像中的冗余信息，达到高比例压缩的目的。其基本方法是在单位时间内采集并保存第一帧图像的信息，然后就只存储其余帧相对于第一帧发生变化的部分，以达到压缩的目的。MPEG 压缩标准的平均压缩比可达 50∶1，压缩率比较高，且又有统一的格式，兼容性好。

MPEG 标准现在有 MPEG-1、MPEG-2、MPEG-4 等多个版本以适用于不同带宽和数字影像质量的要求。MPEG-1 标准制定于 1992 年是为有限带宽传输设计的，如 CD-ROM、VCD 等。由于 MPEG-1 标准的成功制定，以 VCD 和 MP3 为代表的 MPEG-1 产品在世界范围内迅速普及。继成功制定 MPEG-1 之后，MPEG 组织于 1994 年推出用于高带宽传输的 MPEG-2 标准，MPEG-2 标准最为引人注目的产品是数字电视机顶盒和 DVD。MPEG-4 标准主要应用于视像电话、视像电子邮件和电子新闻等。

7.4 Flash 动画制作基础

Flash 是由 Macromedia 公司推出的制作二维矢量动画软件，后被 Adobe 公司收购。Adobe Flash 为设计者创建数字动画、游戏以及交互式 Web 站点提供了功能全面的创作和编辑环境。Flash 广泛应用于创建吸引人的视频、声音、图形、动画以及交互效果。配合强大的 ActionScript 3.0，Flash 已经成为独一无二的网络多媒体表达方式和行业标准。

7.4.1 初识 Flash

1. Flash CS4 界面简介

第一次启动 Flash 时，将会弹出如图 7-2 所示的"欢迎界面"。其中包含指向标准文件模板、教程及其他资源的链接。选择界面上的"新建"→"Flash 文件(ActionScript 3.0)"即进入了系统工作环境，如图 7-3 所示。

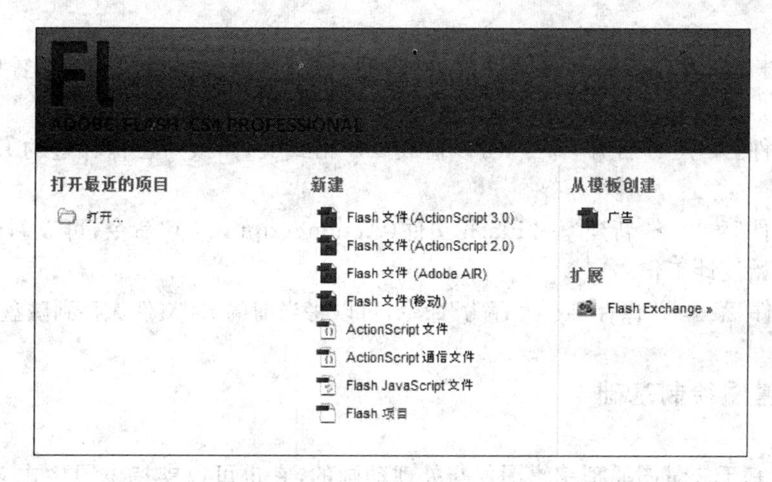

图 7-2 Flash CS4 欢迎界面

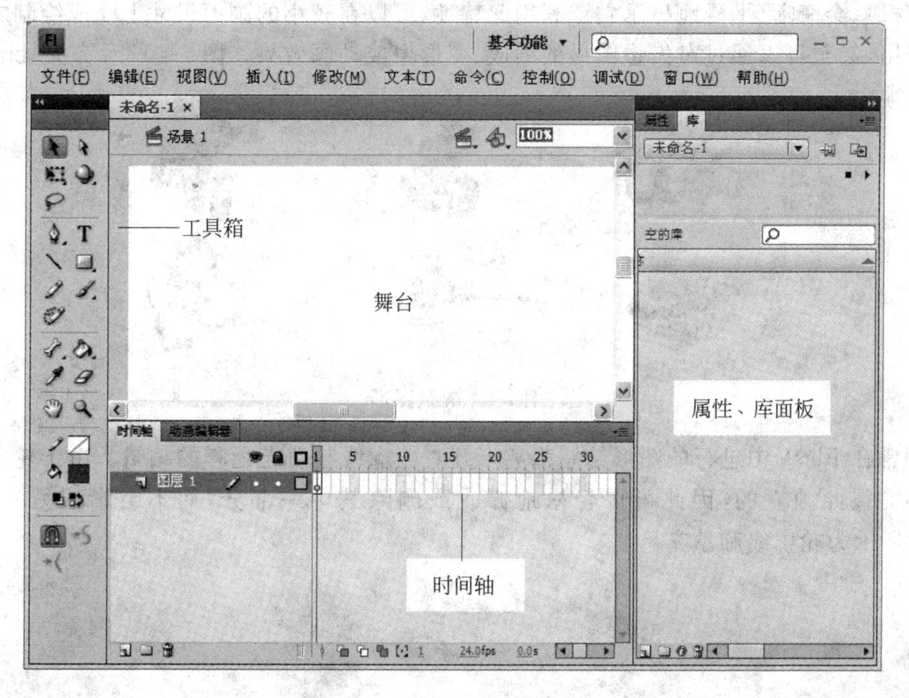

图 7-3 Flash CS4 工作界面

默认情况下，Flash工作窗口中将显示“菜单栏”、“时间轴”、“舞台”、“工具”面板、“属性”检查器等工作面板。用户可以通过“窗口”菜单中的相关命令打开或关闭面板，也可以在屏幕上四处移动悬浮面板。要返回到默认的工作区，执行“窗口”→“工作区”→“基本功能”命令即可。

2. Flash文件操作

Flash常用的文件格式有两种。

(1) fla格式，工作源文件格式。该格式包含全部影音元素、动画结构以及脚本程序，并可随时编辑。

(2) swf格式，发布后影片格式。该格式提供最终影片动画和交互功能，只能浏览运行，不可编辑。

选择“文件”菜单→“打开”命令，可以播放swf格式文件，或对已保存过的fla格式文件继续编辑。

选择“文件”菜单→“新建”→“Flash文件(ActionScript 3.0)”命令，可以新建标准空白源文件，并开始设计工作。

选择“文件”菜单→“保存”或“另存为”命令，可以将当前的fla文件保存到磁盘指定位置。

7.4.2 矢量图绘制基础

Flash是基于矢量图原理编辑图像与处理动画的，它也可以支持位图格式文件的显示。由于矢量图的图像分辨率不是固定不变的，这就意味着可以在Flash中自由缩放矢量图形，而计算机总会清晰、平滑地显示它。利用此特性，可以在较小的画面尺寸上完成绘制之后再放大使用，甚至可以通过对矢量图形的缩放、变形生成动画效果。图7-4所示为矢量图形。

图7-4 矢量图形

通常在Flash中进行的图形绘制都离不开对轮廓线与填充色彩的编辑。由于轮廓线与填充色是彼此独立的，因此可以轻松地修改或删除其中一部分，而不会影响另一部分。图7-5所示为轮廓线和填充色。

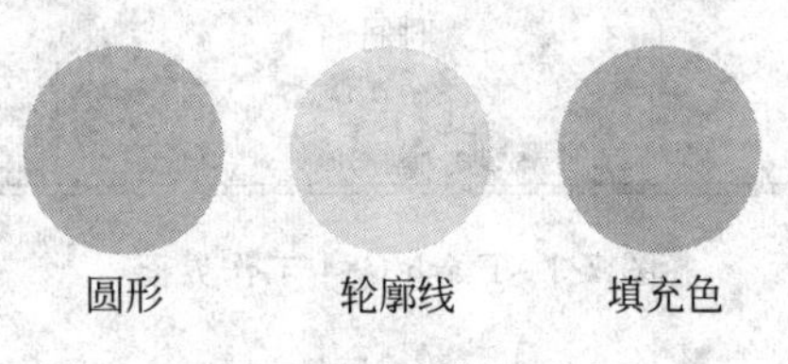

图7-5 轮廓线与填充色

7.4.3 工具箱简介

Flash 工具箱中提供的工具按钮，可方便用户绘制图形，如图 7-6 所示。使用工具箱中的工具可以绘制、涂色、选择和修改图形。

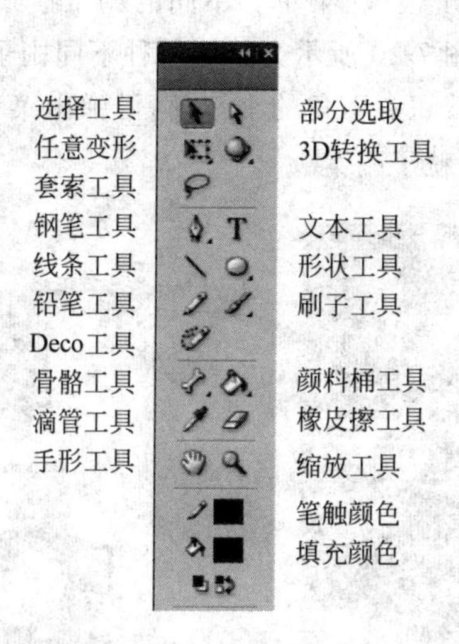

图 7-6 工具箱

1. 铅笔、刷子与橡皮擦工具

(1) 铅笔工具

"铅笔工具"用来绘制图形轮廓线条。选择"铅笔工具"后，可以在图 7-7 所示的"属性"面板中调整笔触颜色、大小、样式、平滑等参数，从而产生不同绘制效果。单击工具箱下方"铅笔模式"按钮，可以弹出"铅笔模式"菜单，如图 7-8 所示。不同的铅笔模式会影响线条绘制效果，图 7-8 中的内容为选用三种不同铅笔模式绘制的苹果轮廓。

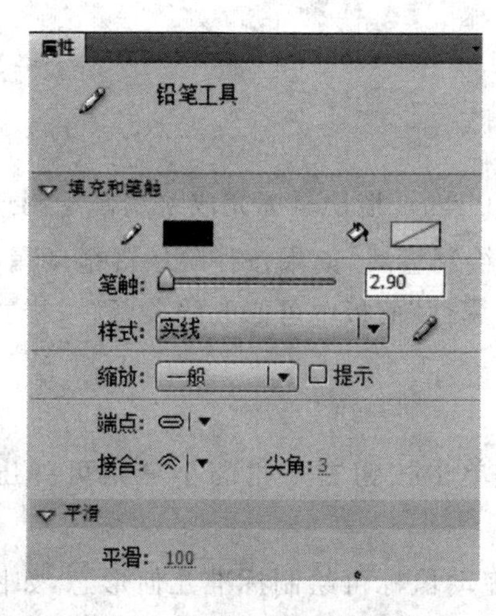

图 7-7 "铅笔工具"属性面板

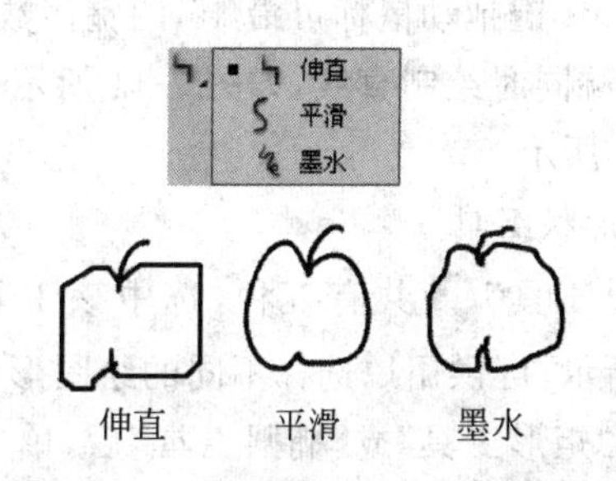

图 7-8 "铅笔模式"菜单及绘制效果

(2) 刷子工具和喷涂刷工具

“刷子工具”用来绘制填充色内容，在“属性”面板中可以修改填充颜色、平滑参数，如图 7-9 所示。选择“刷子工具”后，工具箱下方将出现“刷子模式”按钮、“刷子大小”按钮和“刷子形状”按钮等。单击这些按钮，将弹出相应的菜单供用户选择刷子模式、大小、形状，如图 7-10 所示为“刷子模式”菜单。不同的刷子模式可以影响刷出的填充色与舞台已有轮廓线的叠加关系，如图 7-10 所示为选用两种不同刷子模式绘制的填充色效果。

选中“刷子工具”后，单击按钮右下角的小三角，可弹出菜单，从中可选择“喷涂刷工具”，用来喷绘大量随机分布的粒子图案。

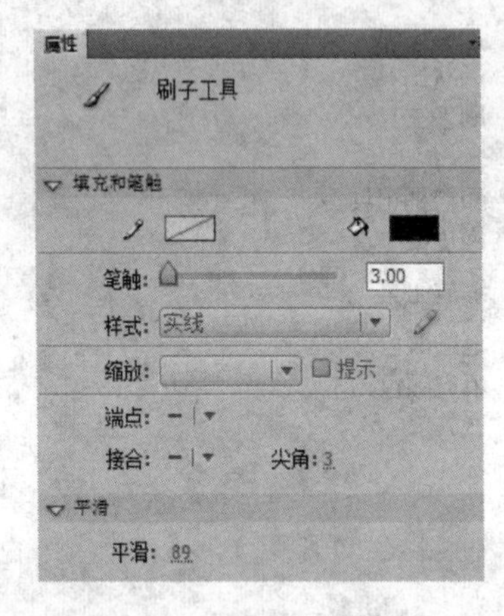

图 7-9 “刷子”工具属性

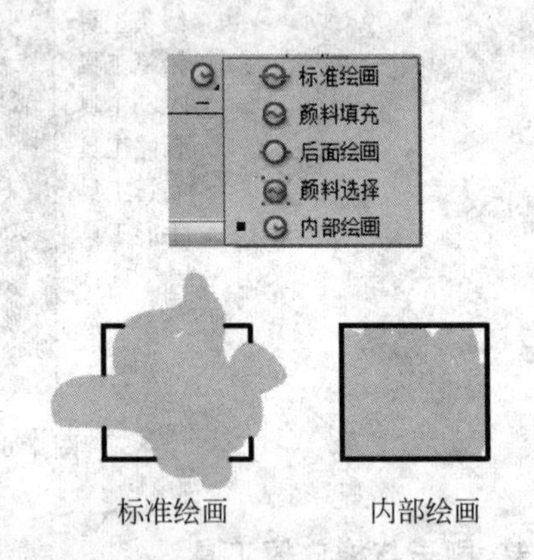

图 7-10 “刷子模式”菜单及绘制效果

(3) 橡皮擦工具

“橡皮擦工具”用来擦除图案，既可以擦除轮廓线，也可以擦除填充。选择“橡皮擦工具”后，工具箱下方将出现“橡皮擦模式”按钮、“水龙头”按钮和“橡皮擦形状”按钮。单击“橡皮擦模式”按钮将弹出菜单供用户选择擦除对象与轮廓线的关系；单击“水龙头”按钮可擦除连续的图像块。

2. 线条与形状工具

(1) 线条工具

“线条工具”用来绘制直线段，单击选择工具后，拖动鼠标完成绘制。绘制过程中，如果按住 Shift 键拖动鼠标可沿 45°的整倍数方向绘制直线，如果按住 Alt 键拖动鼠标可由中心点向两端同时绘制直线，如图 7-11 所示。在“属性”面板中可修改线条颜色、样式等参数，如图 7-12 所示。

(2) 形状工具

“形状工具”共有五种，选中该工具后，单击按钮右下角的小三角可弹出菜单，如图 7-13 所示，可供用户选择不同的绘图形状。

选择“矩形工具”或“椭圆工具”后，单击并拖动鼠标可绘制标准几何形态，如图 7-14 所示。绘制过程中，按住 Shift 键可画出正方形或正圆形，按住 Alt 键可以从中心点向外画。

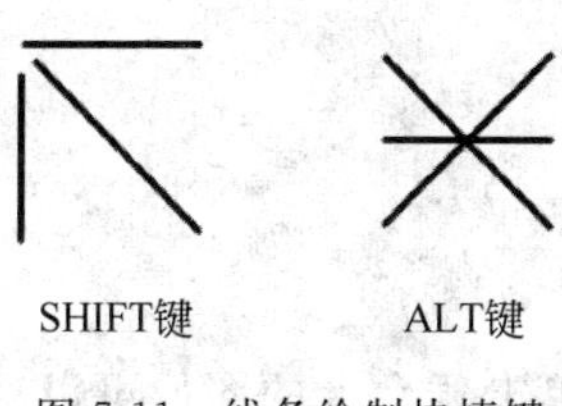

图 7-11　线条绘制快捷键

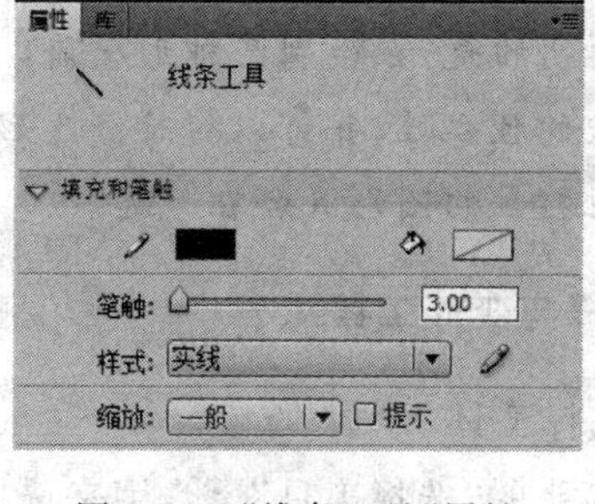

图 7-12　“线条工具”属性

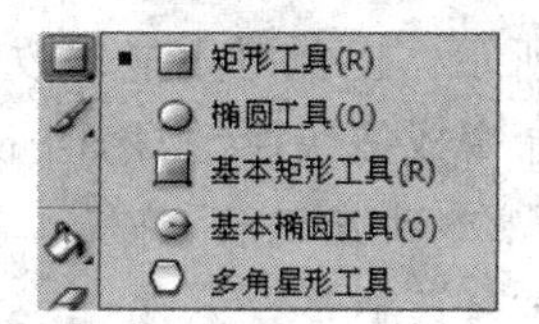

图 7-13　形状工具按钮菜单

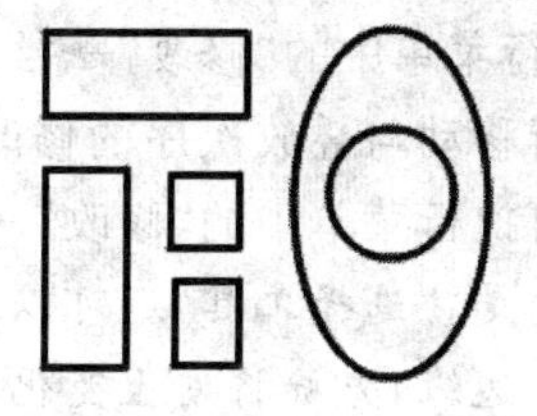

图 7-14　标准几何图形

选择“基本矩形工具”和“基本椭圆工具”后，可以在绘制后，利用“属性”面板对其属性参数再次调整。图 7-15 所示为“属性”面板中的“矩形选项”和“椭圆选项”。图 7-16 所示为修改参数后的基本矩形和基本椭圆形状。

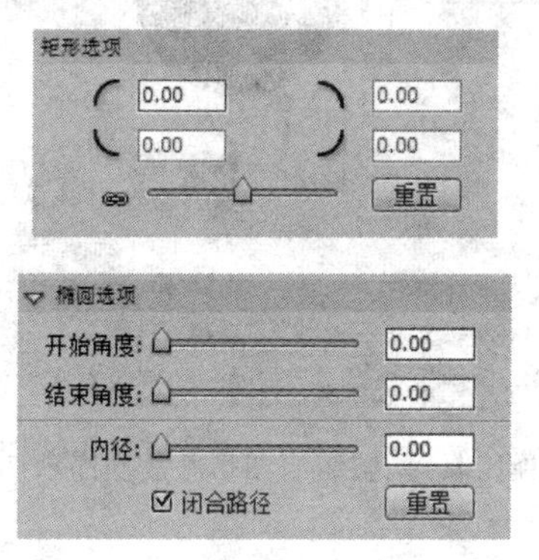

图 7-15　基本椭圆形工具属性

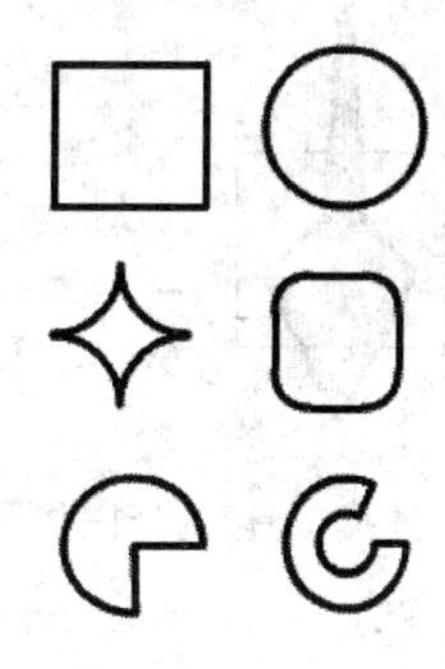

图 7-16　修改参数的基本矩形、椭圆

选择“多角星形工具”后，可以绘制多边形与星形形状，如图 7-17 所示。单击“属性”面板中“工具设置”区域的“选项”按钮，将弹出“工具设置”对话框，如图 7-18 所示。在对话框中可以修改图案类型与细节参数。

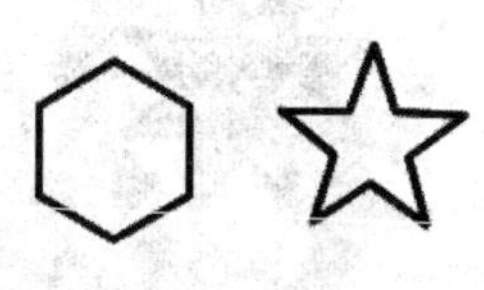

图 7-17　多边形形状

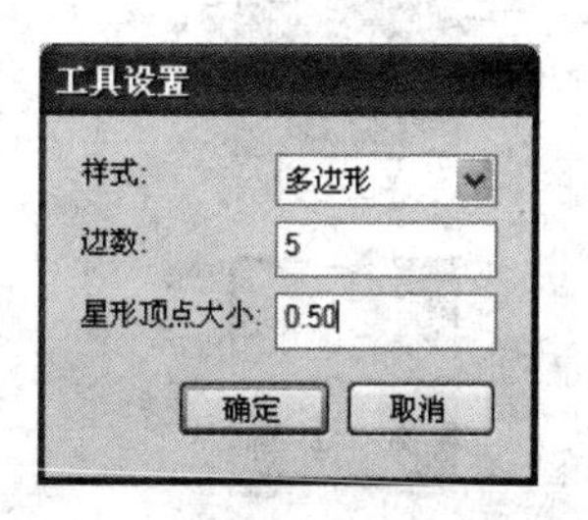

图 7-18　“工具设置”对话框

需要说明的是，在绘制某种形状前，工具箱下方常有“对象绘制”按钮，激活此按钮可以保留形状的独立性，并可以随时修改形状“属性”参数。否则，绘制的形状将处于打散状态并且与其他打散的图形混合在一起。

3. 选择与变形工具

(1) 选择工具

实心箭头的“选择工具”，用来选择轮廓或填充，单击舞台上的图像可以选中临近的相似区域，单击并拖动鼠标可以画出选择框以套住所选区域，如图 7-19 所示。选到某部分图像后，可以执行菜单中的“修改”→“组合”命令或按快捷键 Ctrl+G 进行编组，编组后的图案可方便地进行移动与叠放次序的修改，如图 7-20 所示。但此时不能修改颜色与轮廓线，若要取消编组可执行菜单中的“修改”→“取消组合”命令或按快捷键 Ctrl+B，将编组打散。

需要说明的是，“选择工具”还可以进行简单的轮廓线曲度调整，将实心箭头移动到可编辑状态的轮廓线边缘，光标将发生变化，单击拖动即可修改曲度。

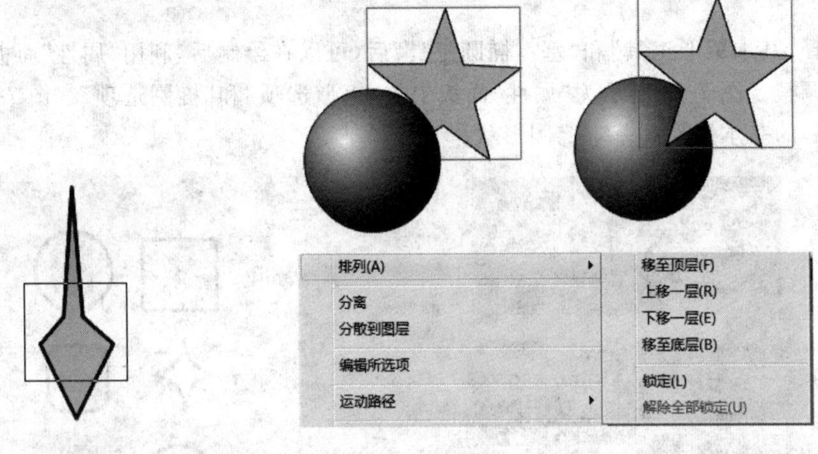

图 7-19 “选择工具”选择图像　　图 7-20 “选择工具”调整编组图形叠放次序示例

(2) 套索工具

“套索工具”用于选择自由区域。选择“套索工具”后，对可编辑状态的图案单击并拖动鼠标绘制一个闭合轮廓，以选中部分图像，如图 7-21 所示。

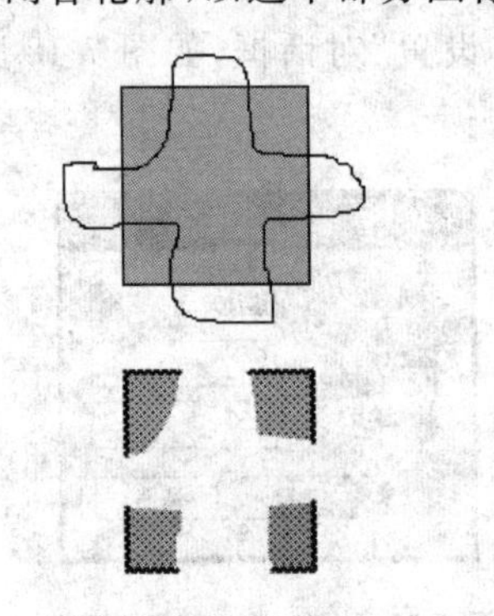

图 7-21 “套索工具”剪裁图形

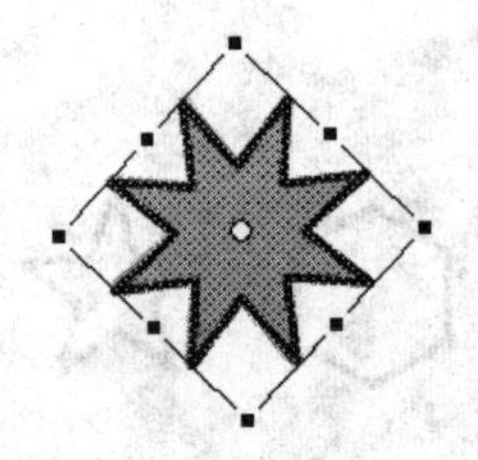

图 7-22 “任意变形工具”选中效果

(3) 任意变形工具

“任意变形工具”，用来对已有图形进行缩放、旋转编辑。选中图像后单击此按钮可出现围绕图形的多功能调整框，将光标放置在各节点上可以进行缩放变形，放置在顶点周围可以旋转图形。注意观察任意变形工具出现后，中心的白点为此图形的旋转中心点，如图7-22所示，可以调整其位置，达到不同旋转效果。

4. 色彩编辑类工具

(1) 颜料桶工具和墨水瓶工具

“颜料桶工具”，用于对已有闭合轮廓填充颜色。选择此工具后，可以修改“属性”面板的填充颜色信息，还可选择工具箱下方“空隙大小”按钮，弹出如图7-23所示的菜单，从中选择填充时对轮廓线上缺口的处理方法。

选中“颜料桶工具”后，单击按钮右下角的小三角，从弹出的菜单中可以选择“墨水瓶工具”，该工具用于对已有轮廓线编辑线条的样式。选择此工具后，在如图7-24所示的“属性”面板中设置线条的颜色、笔触、样式等参数，然后单击舞台中的线条完成设置。

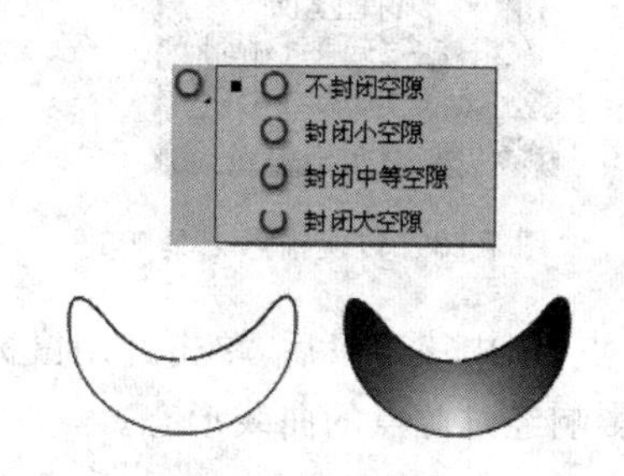

图7-23 填充颜色时的空隙选项及处理效果

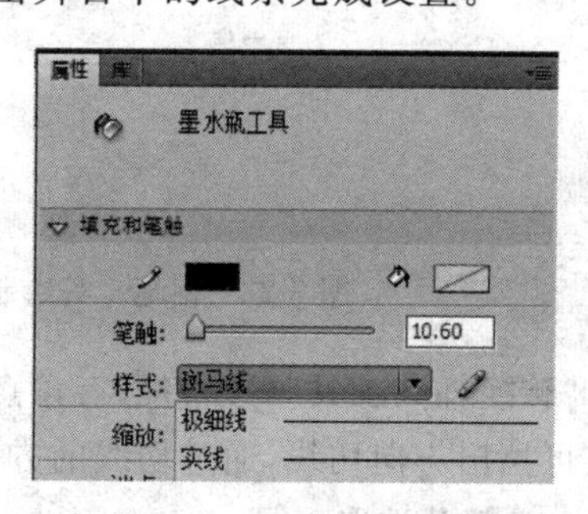

图7-24 “墨水瓶工具”属性

(2) 颜色面板与渐变变形工具

在菜单中选择“窗口”→“颜色”命令可打开“颜色”面板，如图7-25所示。用“选取工具”选中某填充区域后，在“颜色”面板上通过拾色器选取所需颜色，在“类型”下拉菜单中选择所需的渐变填充效果，如线性、放射状等，也可以选择“位图”方式，填充一幅外部图像文件的内容。

“渐变变形工具”，与“任意变形工具”在同一工具按钮下，选择该工具后，单击某个可编辑状态的渐变填充色块，出现三个节点的调整工具，分别拖动可以实现对渐变填充的缩放、旋转、平移，如图7-26所示。

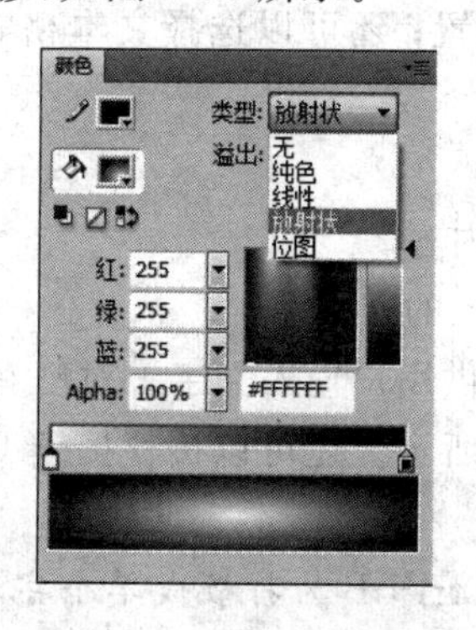

图7-25 “颜色”面板

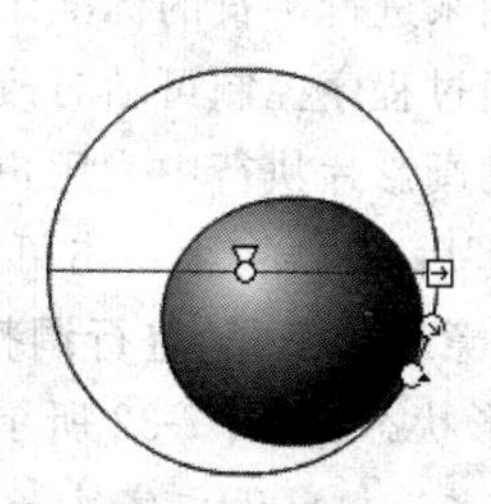

图7-26 应用“渐变变形工具”的效果

5. 钢笔类工具

(1) 钢笔工具

“钢笔工具” 用来绘制由节点、方向切线与曲线组成的轮廓线。选择“钢笔工具”后，用鼠标依次单击可出现轮廓线各顶点，最后单击起点可以封闭轮廓线，如图 7-27 所示。选中“钢笔工具”后，单击按钮右下角的小三角，在弹出的菜单中可以选择“添加锚点工具”、“减少锚点工具”，对已画好的轮廓线节点进行增减，但不会切断线条；还可以选择“转换锚点工具”，如图 7-28 所示。

需要说明的是，在绘制节点时选中工具箱下方的“贴紧至对象”按钮 ，这样可在闭合钢笔路径时确保与起点对齐并粘合。

图 7-27　钢笔工具绘制轮廓线

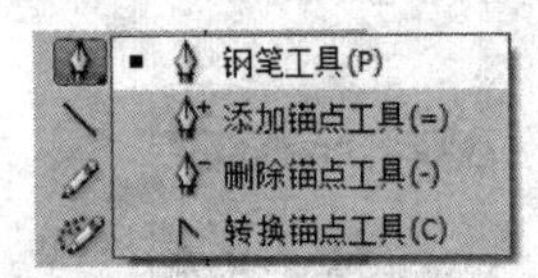

图 7-28　转换锚点工具

“转换锚点工具”可以将已有角点转换为曲线点，选中该工具后，单击并用鼠标拖动已有节点可拉出方向切线，通过切线的方向与长度来影响经过此点的曲线形态。

(2) 部分选取工具

空心箭头的“部分选取工具” ，用于对已有轮廓线或钢笔线框进行编辑。单击并用鼠标拖动线条节点可以移动其位置，若按住 Shift 键或画出选择框，可以同时选到多个节点，若按住 Alt 键可实现“转换锚点工具”功能，如图 7-29 所示。

6. 文本工具

(1) 文本工具

“文本工具” T ，用于文字的输入与编辑。选择“文本工具”后，通过“属性”面板，可以对文本类型、字体、颜色、大小、段落等相关参数进行设置；还可以选择文本格式，如静态文本、动态文本、输入文本，如图 7-30 所示。

① 静态文本，用来进行字符的标准录入。

② 动态文本，通过程序控制可随时改变文本显示内容。

③ 输入文本，动画影片执行中为用户提供文字输入的文本框。

选中“文本工具”后，在舞台上单击可弹出输入框，供用户输入文字。对已有文字可以使用“选择工具”或“任意变形工具”进行调整，如图 7-31 所示。还可以按快捷键 Ctrl+B 将文本串分离成矢量图形状态，如图 7-32 所示。

需要说明的是，若选中整段文字第一次按快捷键 Ctrl+B 为打散成单个字符，再按一次则打散成矢量图形。打散后可以自由编辑文字造型，但无法更改字体。

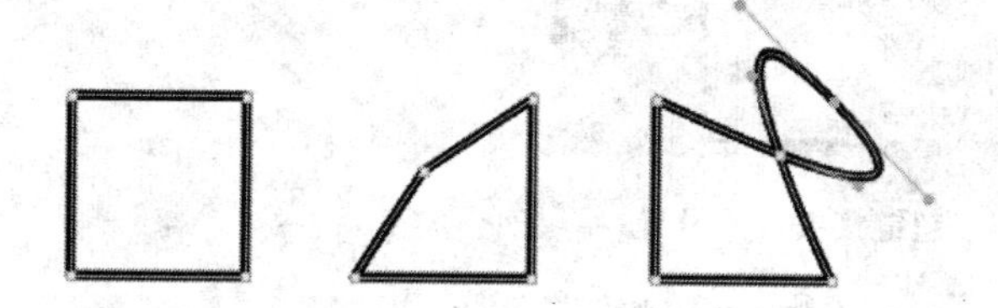

图 7-29 “部分选取工具”调整节点效果

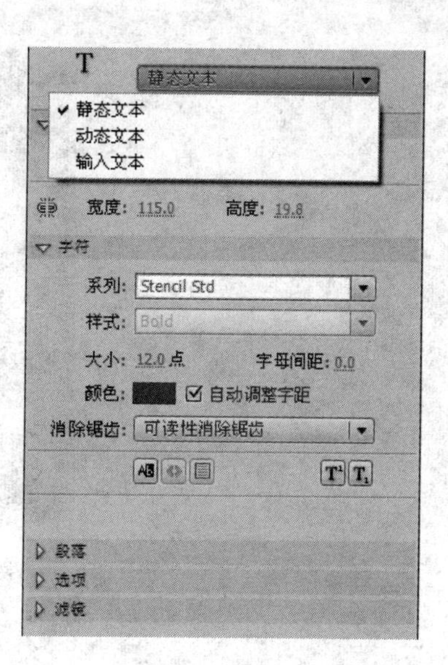

图 7-30 “文本工具”属性面板

图 7-31 文本的调整效果

图 7-32 文本的打散与任意变形效果

(2) 为文本添加超链接

为舞台上已添加的文本添加超链接,可按如下步骤操作。

① 选中“文本工具”,拖动鼠标选中已有文字。

② 在“属性”面板中单击“选项”左侧的▷按钮,将该区域展开。

③ 在“链接”框中输入所要链接到的网址;在“目标”下拉列表中选择网页打开的“目标”窗口。

为文本设置超链接后,在动画播放时单击文字区域就可以在目标窗口中打开指定的网页。如图 7-33 所示的“链接”地址为 http://www.baidu.com,“目标”选择的是“_blank”,则表示将在新的浏览器窗口中打开百度;若需要替换当前浏览器窗口可选“目标”为“_self”。

7. 其他辅助工具

“手形工具”,选中该工具后,可用鼠标拖动舞台的显示位置。

“缩放工具”,选中该工具后,单击舞台,可放大或缩小舞台的显示比例,以便于图形的绘制,该工具常与手形工具配合使用。

“滴管工具”,用于吸取舞台中的颜色并设置为当前填充颜色。

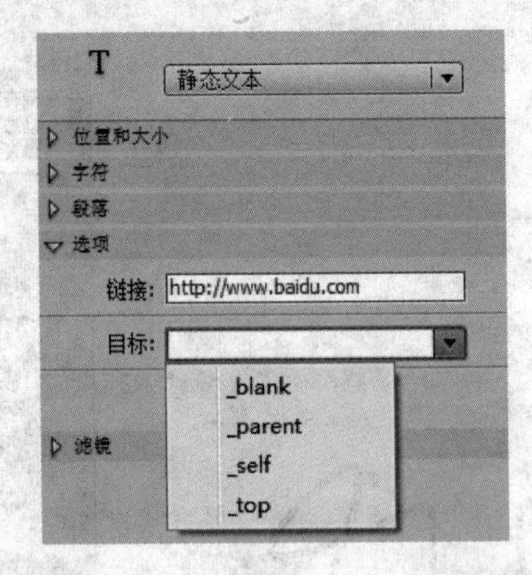

图 7-33　超链接文本的设置

7.4.4　元件、实例和库

1. 元件类型

元件是用于保存图形、动画、特效及脚本命令的可重复引用的数据存储格式。元件有三种类型，分别是图形、按钮和影片剪辑。用户所创建的任何元件都会自动成为当前文档“库”的成员。

每个元件都有自己的时间轴，可以将帧、关键帧和层添加至元件时间轴，就像可以将它们添加至场景主时间轴一样。因此，元件本身的动画可以独立在主时间轴之外执行。

影片剪辑元件，是最强大、最灵活的元件。在创建动画时，通常使用影片剪辑元件编辑角色局部动画，也可以对影片剪辑实例应用滤镜、颜色设置和混合模式，以产生丰富的效果。更重要的是，可以利用 ActionScript 控制影片剪辑，使它们对用户做出响应。

按钮元件，用于制作交互按钮效果，包含四个独特的关键帧，用于响应鼠标、键盘等设备的指令，按钮需要编写 ActionScript 程序进行控制。

图形元件，是基本图形存储元件，常用于保存静态图形元素以备调用，图形元件不支持 ActionScript。

2. 元件的创建

(1) 创建图形元件

创建图形元件常用以下两种方法。

方法 1：选择菜单中的“插入”→“新建元件”命令，弹出“创建新元件”对话框，如图 7-34 所示。在对话框中选择“类型”为“图形”元件，并命名，单击“确定”按钮后，Flash 会跳转到元件编辑模式开始绘制元件，如图 7-35 所示。绘制元件时需要注意的是舞台的十字为此元件的中心点位置，如图 7-36 所示。

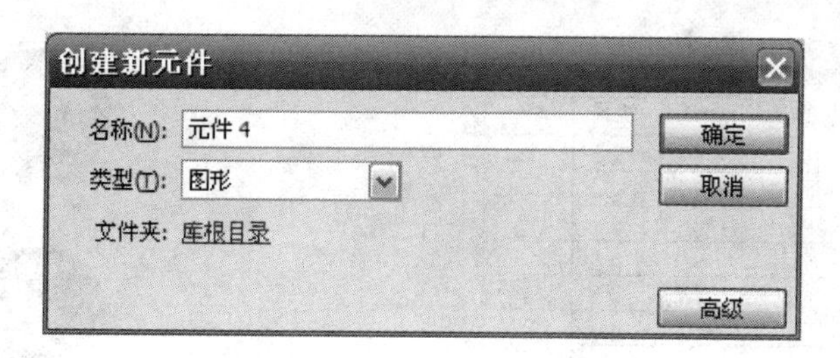

图 7-34 “创建新元件”对话框

方法 2：选取“舞台”的现有图形，按快捷键 Ctrl+G 编组，右击鼠标，从弹出的快捷菜单中选择“转换为元件”，如图 7-37 所示。此时弹出形似图 7-34 的“转换为元件”对话框，按要求选择类型为“图形”，指定“名称”后，单击“确定”按钮即可。

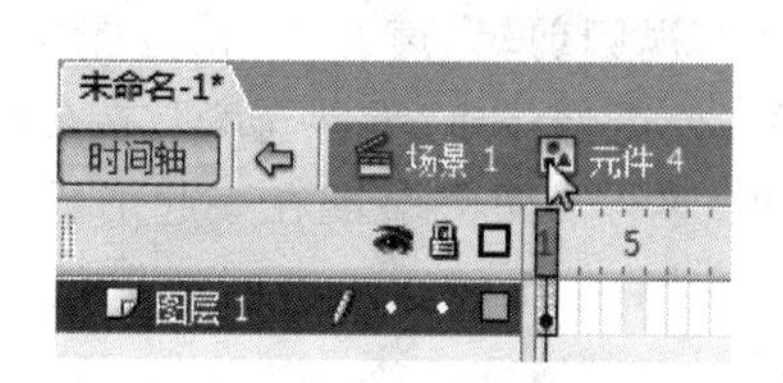

图 7-35 进入图形元件编辑状态

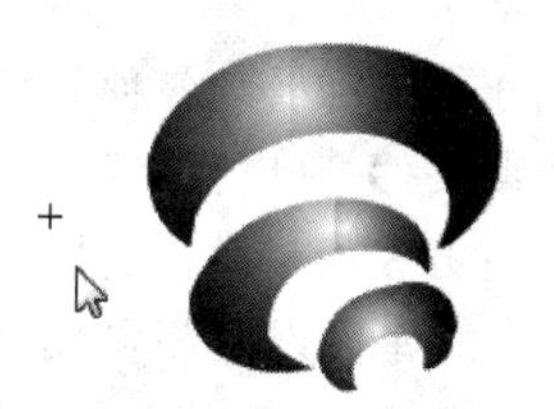

图 7-36 元件中心点十字星

(2) 创建影片剪辑元件

方法与创建图形元件相似，区别是可以在影片剪辑内部添加图层、时间轴动画效果，如图 7-38 所示。

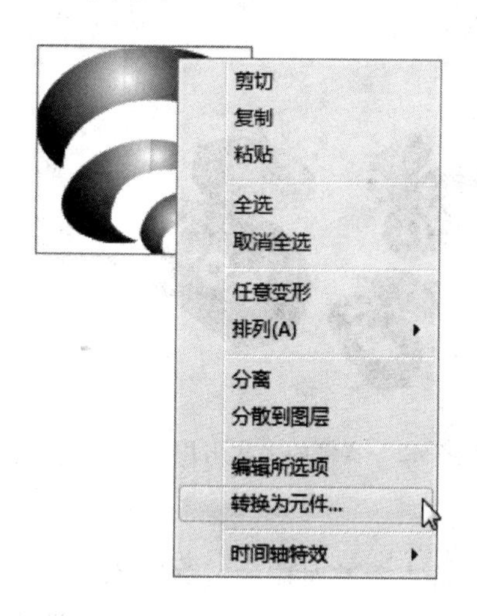

图 7-37 图形直接转换为图形元件

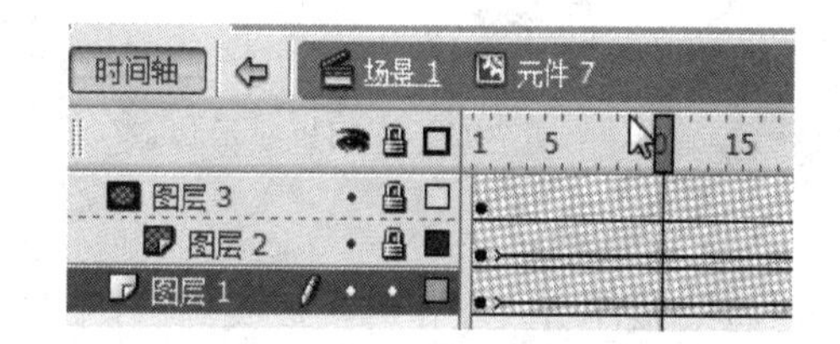

图 7-38 影片剪辑编辑过程

(3) 创建按钮元件

按钮元件实际上是只有四帧的影片剪辑，用来感知用户的鼠标操作，并触发相应的事件。用户按照按钮的弹起、指针经过、按下、单击四个动作分别进行关键帧的绘制，最终形成可单击的动态效果，如图 7-39、图 7-40 所示。

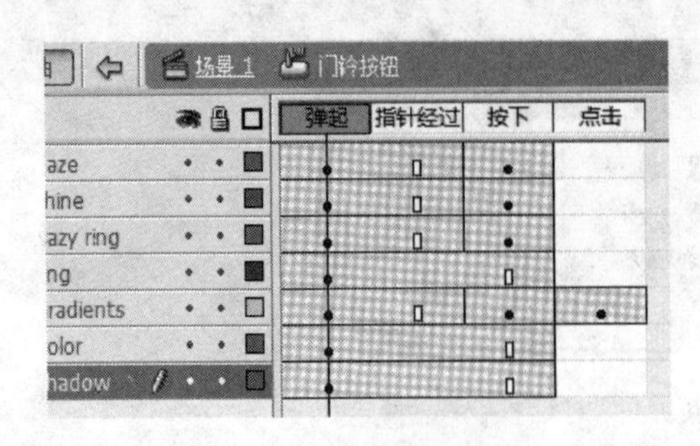

图 7-39 进入按钮元件编辑状态

图 7-40 按钮弹起与按下两种状态效果

3. 实例与库

(1) 库

库用于存储和管理各种外部导入的文件(如视频剪辑、声音剪辑、位图文件、矢量图文件、3D模型文件等)以及保存用户创建的元件。库就像一座“零件仓库”,在合成动画的过程中会反复打开库面板进行引用、复制、组合这些“零件”,最终装配在一起形成动画场景。不同 fla 文档的库可以互相调用,使用十分方便。图 7-41 所示的库面板中包含多个文件和元件。

(2) 实例

元件存储在“库”中,当把元件拖动到“舞台”上时,Flash 就会创建此元件的一个实例。一个元件可以创建多个实例,当元件发生改变时所有实例也会一同改变。可以对实例使用旋转、缩放等调整不会影响与元件的关联,除非对实例使用了快捷键 Ctrl+B 打散才能切断关联关系,图 7-42 所示为使用同一个元件创建的多个实例。

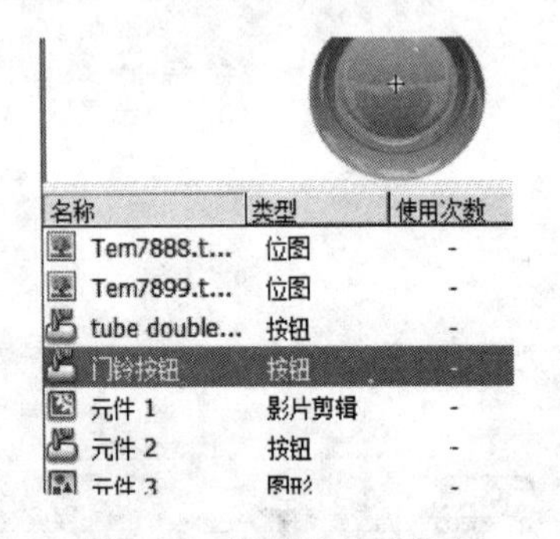

图 7-41 库面板显示状态

图 7-42 实例的多次引用

(3) 实例的属性

将某元件引入工作区生成实例后,单击选中该实例,可查看其对应的“属性”面板。单击“颜色”选项可对实例的亮度、色调、Alpha(透明度)进行修改,甚至可以针对这些属性生成动态效果,如图 7-43 所示。

4. 实例引用与库的管理

不但在“舞台”上可以反复引用某个库中的元件,还可以在某个元件里引用其他元件,常常是使用图形元件绘制动画所需的关键帧图像,然后在影片剪辑元件里组装产生动画。

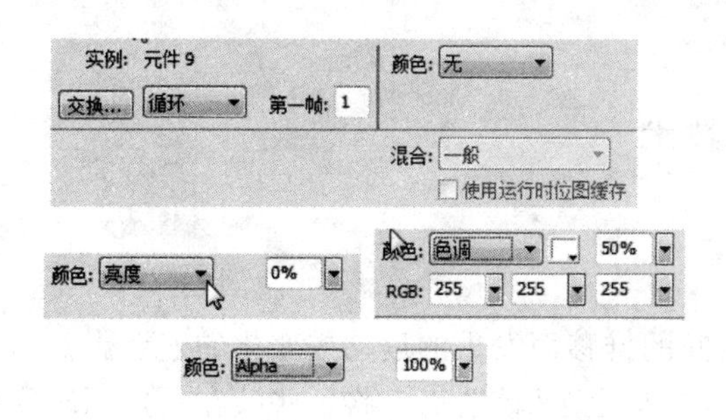

图 7-43 实例属性面板

例如要制作图 7-44 所示的鸡蛋碎裂的动画，首先建立了一个鸡蛋初始位置的图形元件，然后在碎裂动画的影片剪辑中引入鸡蛋图形元件，最后编辑动画所需的几个状态关键帧，完成制作。

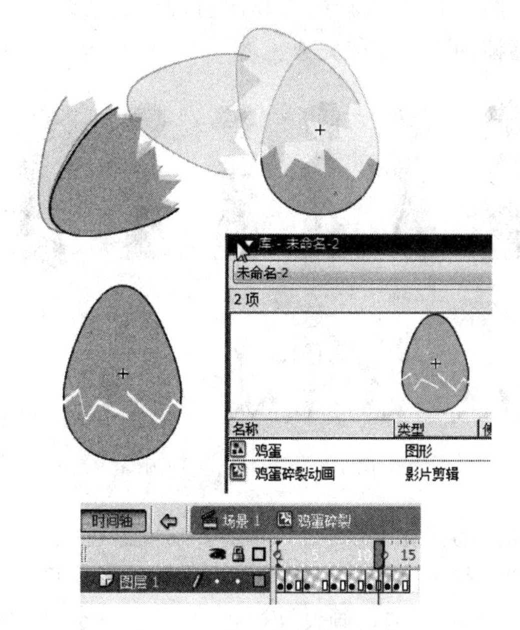

图 7-44 鸡蛋碎裂动画结构

库中保存了所有元件，以及由外部导入的图像、音频、视频等内容，由于项目众多，可以在库中创建文件夹进行分类管理，也可右击项目，然后从快捷菜单中选择相关命令完成元件的重命名、复制或删除等管理操作，如图 7-45 所示。

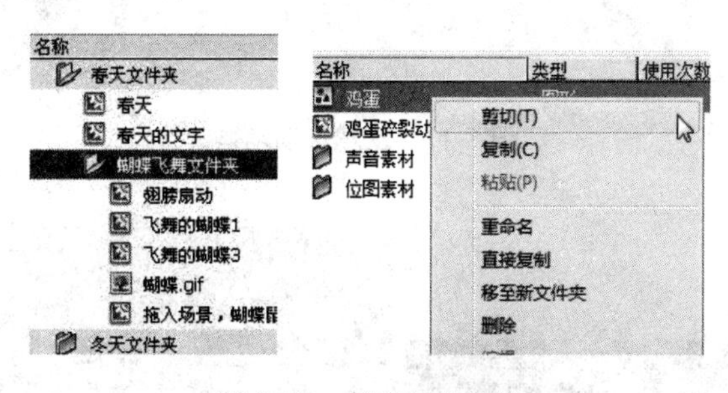

图 7-45 库面板的操作

7.4.5 时间轴动画技术

1. 动画技术简介

动画是对象随着时间的推移而发生的运动或变化的连续影像。动画设计就是将角色动作绘制成为一幅幅的画面，称之为“帧”，而后将这些帧在约定的时间内依次播放就形成连续的影像——动画。在 Flash 中，动画的制作方法很多，但归根结底主要分为“逐帧动画”、“补间动画”、“脚本动画”三种类型。

逐帧动画，即逐个帧的绘制图像完成整个动画的编辑，这是一个复杂的制作过程，不但要画好每一帧，还要处理好帧与帧之间的衔接，使之流畅自然，一些复杂的高精度角色动作设计常用此方法。例如，图 7-46 所设计的人物向前行走的动画，就需要逐帧绘制人物行走时的姿态影像，再进行逐帧的校正才能完成。

图 7-46　逐帧行走动画

补间动画，是逐帧动画的简化，也是 Flash 重要功能。它是以元件实例为编辑对象，通过设定元件实例在不同时刻(关键帧)的位置、大小、颜色、透明度等参数让系统自动生成补间过渡影像内容的方法。在实际的动画设计过程中，设计师会经常使用此方法以提高制作效率。例如，图 7-47、图 7-48 所制作的皮球向前直线滚动的动画，只要设置好起点、终点关键帧以及旋转方向、转数，即可快速让系统生成完整补间动画。

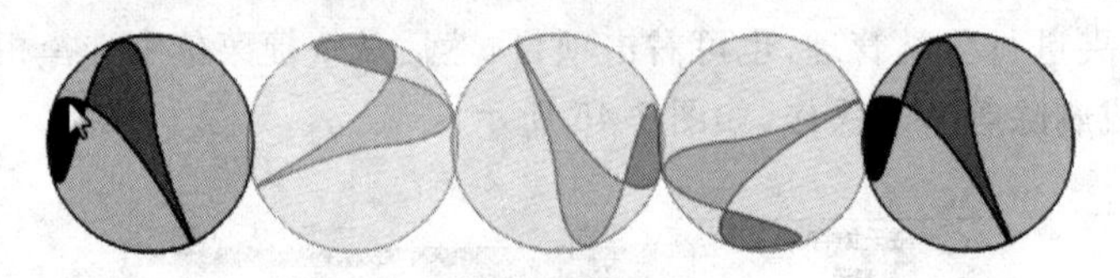

图 7-47　皮球滚动动画

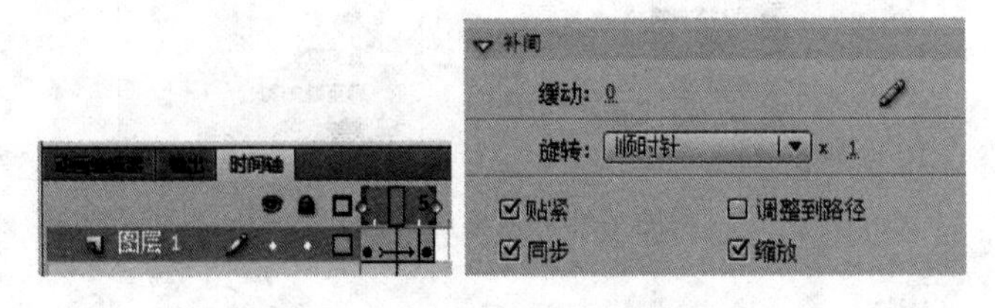

图 7-48　皮球滚动补间动画设计

脚本动画是基于 ActionScript 脚本语言控制元件实例产生各种动作，并实现一定交互功能的动画。元件的动作更多的由程序完成控制，这是 Flash 动画制作的高级技术。例如，游戏动画场景中通过键盘按键控制角色的移动产生动画。

2. 场景、时间轴、图层与关键帧

(1) 场景

场景是在一个 Flash 动画文件中包含的相对独立的动画片段，例如“片头动画”、“主动画”、“片尾动画”常常安排在不同场景中进行编辑，每个场景都有自己独立的时间轴与图层结构，一个场景就像是话剧中的一幕，一个完整的 Flash 动画短片就是由一幕幕场景组成。选择菜单中“窗口”→“其他面板”→“场景”命令，可打开场景面板，如图 7-49 所示，其中自上向下的顺序即是动画依次播放的顺序。可以通过鼠标拖动的方法改变队列顺序。单击“重置”按钮可以复制选中的场景，单击“新建”可以添加一个空白场景，双击名称位置可以重命名场景。单击“删除”按钮可以删除选中的场景。在舞台工作区上方可以单击场景切换按钮，切换到其他场景。

(2) 时间轴

“时间轴”面板是进行动画制作的核心工作区域，由图层与帧面板组成。当动画影片中包含有多个角色时，通常使用不同图层来进行存放，并通过每个图层所对应的帧面板分别编辑角色动画，如图 7-50 所示。

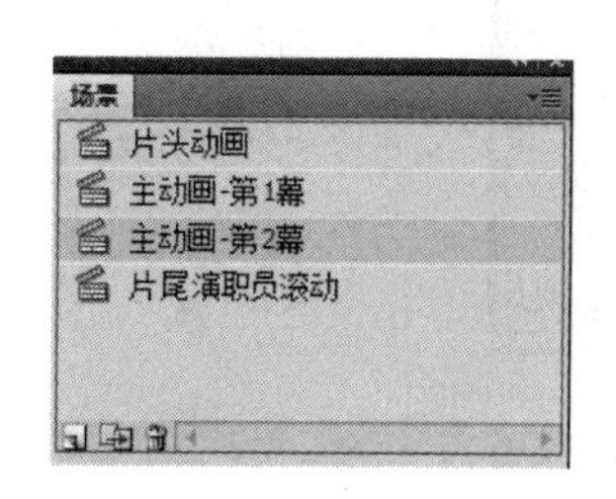

图 7-49　场景控制面板

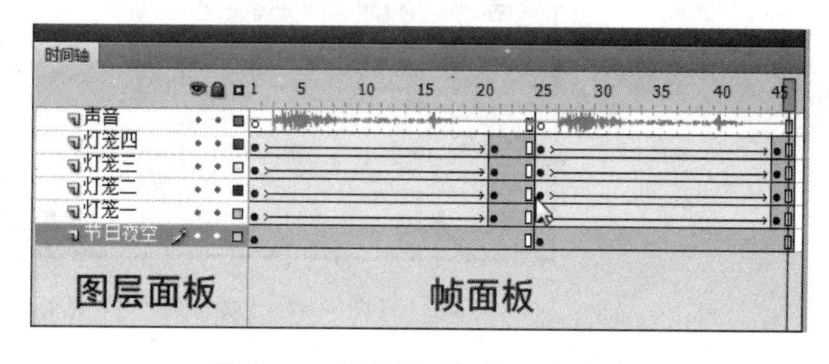

图 7-50　动画的“时间轴”面板状态

场景中的时间轴是动画影片的完整过程，影片剪辑元件中的时间轴是元件本身的动画过程，独立于场景时间轴运行。

(3) 图层

图层是存放动画内容的不同层次，位于队列上方的图层遮盖下方图层的内容。由于组成某一动画场景的角色很多，例如，背景、字幕、声音、前景角色、远景角色等等，运动方式也各不相同，所以 Flash 采用不同图层来进行管理，可以单击面板下方按钮进行图层的新建、删除、编组，或双击名称区域修改图层名字，如图 7-51 所示。

单击图层面板中的“眼睛”图标 所在列的灰点可以调整对应图层的显示与隐藏；单击“锁定”按钮 所在列灰点可以将对应图层内容锁定，锁定后不可对图层内容做任何修改；单击“轮廓显示”按钮 所在列灰点可以调整图层内容只显示轮廓或是全部显示，也可以双击打开对应图层的属性面板，如图 7-52 所示。

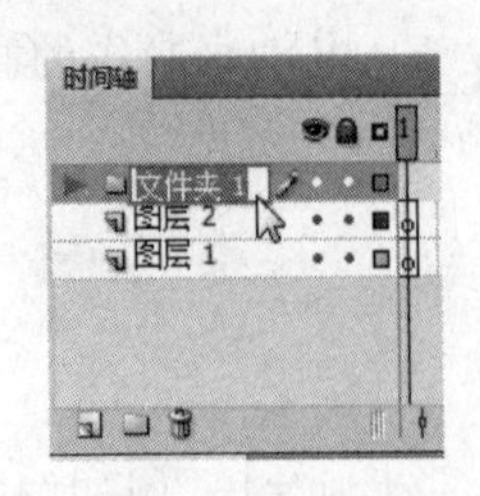

图 7-51 图层的基本编辑

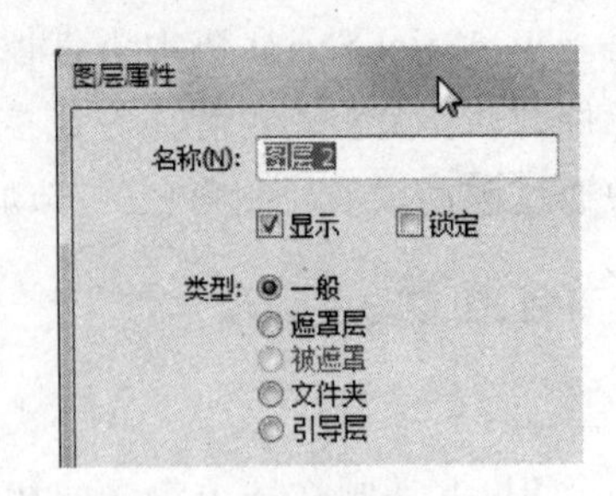

图 7-52 "图层属性"对话框

(4) 帧

帧是图层内容在动画不同时刻的显示影像。无论是逐帧动画、补间动画或是脚本动画都离不开对帧的编辑与控制。从左向右逐渐增加的数字即是帧数。帧/秒被称作"帧频"，同等时间帧频越高对应的动画帧数就越多，动作也就越细腻，Flash 的默认帧频是 24 帧/秒。例如，24 帧/秒的帧频下，动画影片"场景"时间轴共有 240 帧，则表示该动画影片长度为 10 秒。选择菜单中"修改"→"文档"命令弹出"文档属性"对话框，可以进行帧频的设置，如图 7-53 所示。

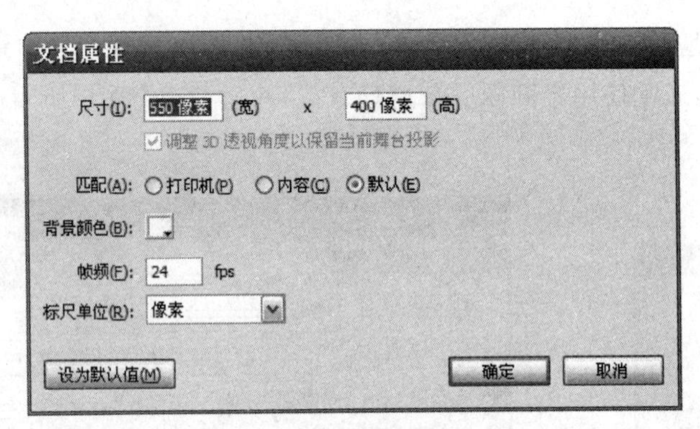

图 7-53 "文档属性"对话框

在舞台上编辑图形、元件实例的过程实际上是在绘制某个图层的某个帧的内容，帧可以分为以下三种类型，图 7-54 中应用了三种类型的帧。

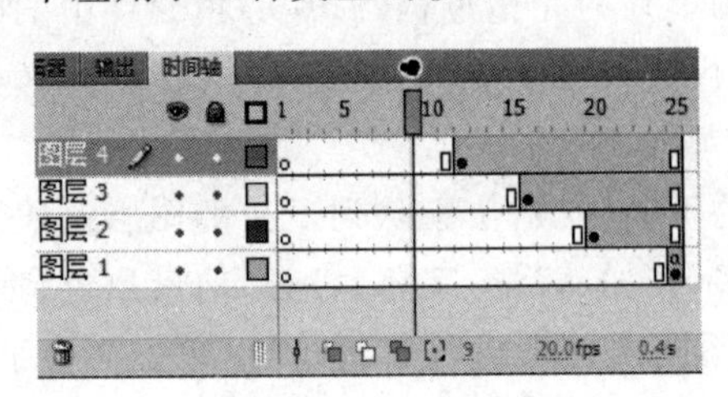

图 7-54 三种类型帧的应用

① 关键帧 存放图层某时刻具体图像内容的帧，是制作补间动画的必要元素，也可以在关键帧中调用库中的声音素材。

② 空白关键帧 是没有任何内容的关键帧，常用来延迟动画角色的出现。

③ 普通帧用来保持左侧最近的关键帧或空白关键帧的显示，经常使用连续的普通帧区域以达到延时的目的。

使用鼠标拖动红色滑块，可以在舞台中显示滑块所在帧的图像，若要修改某一关键帧的图像，必须首先选中关键帧，也可以右击某个帧，在弹出的快捷菜单中进行选择。拖动关键帧，可以移动其位置。

3. 补间动画

在相邻的两个关键帧之间让系统自动甄别其内容的变化并生成动画过渡就是补间动画，这也是 Flash 动画设计的常用手法。补间动画必须保证在同一图层中对同一元件的实例进行编辑，下面主要介绍创建“传统补间”的方法。

(1) 位置补间

位置补间是利用相邻关键帧内容的位置变化产生过渡动画的方法。以皮球落地弹动的动画为例详细介绍一下位置补间动画的制作方法，步骤如下：

① 新建空白文档，执行“插入”→“新建元件”命令，创建名为 ball 的图形元件。在元件中绘制小球。

② 再次新建 ground 图形元件，在其中绘制挡板图案。创建完成后，库中将包含上述两个元件，如图 7-55 所示。

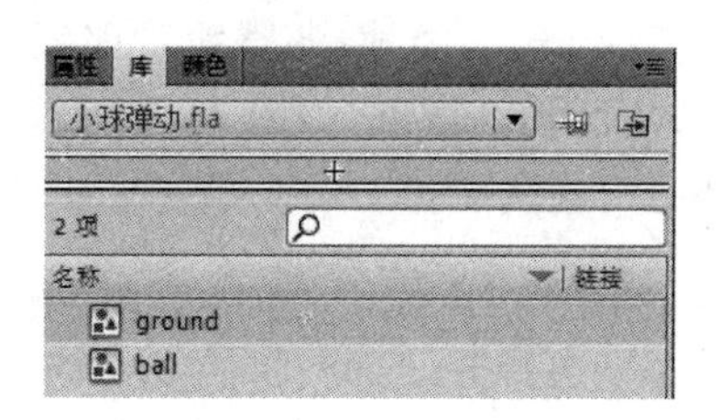

图 7-55 “库”面板

③ 依次选择“场景 1”→“图层 1”→第 1 帧，引入 ground 元件，放置于场景下方，将“图层 1”重命名为“地面”，单击本图层第 40 帧按 F5 创建普通帧。

④ 单击“新建图层”按钮，新建一个图层，重命名为“小球”，在此图层第 1 帧引入 ball 图形元件，放置好起点位置。图层结构如图 7-56 所示。

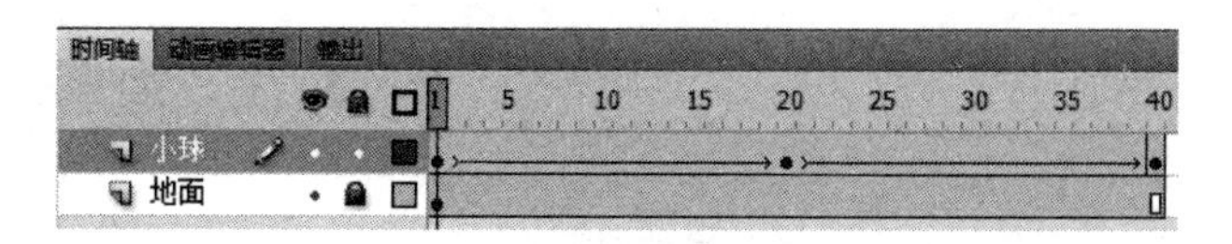

图 7-56 图层结构

⑤ 单击“小球”图层第 20 帧，按 F6 添加关键帧，按住 Shift 键垂直移动第 20 帧小球到挡板处。

⑥ 右击“小球”图层第 1 帧与第 20 帧中间任意帧，选择快捷菜单中的“创建传统补间”命令。

⑦ 右击“小球”图层第 1 帧，选择快捷菜单中的“复制帧”命令；右击“小球”图层第 40 帧

选择“粘贴帧”，同上方法在第20帧与第40帧中间创建传统补间。

⑧ 选择菜单中“控制”→“测试影片”命令，观察动画效果。

⑨ 单击小球图层第1帧与第20帧中间任意帧，查看“属性”面板，选择“缓动”旁边的“编辑缓动”按钮，调整两个端点的拖动柄，调整为如图7-57所示样式，注意若在缓动曲线中间添加了多余的拖动点，可以按Delete删除。

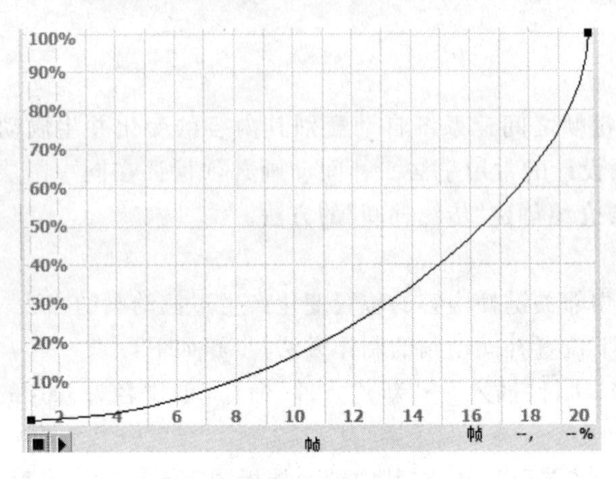

图7-57　缓动曲线1～20帧

⑩ 同上方法，在第20帧与第40帧中间帧，调整缓动曲线，修改为如图7-58所示样式。按Ctrl+Enter快捷键观察修改后的动画效果，如图7-59所示。执行“修改”→“文档”命令，将“帧频”改为“35”，再次测试影片，观察变化。

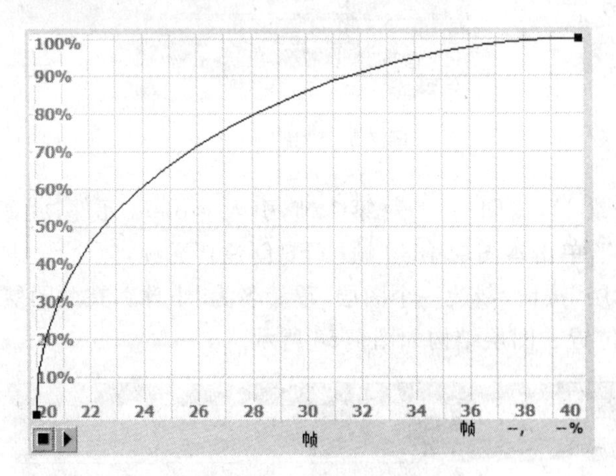

图7-58　缓动曲线20～40帧

需要说明的是，“缓动”是用来修改补间动画的加速度情况，当缓动线为一条斜线时，位置补间动画为匀速直线运动，向下凹的曲线为加速运动，向上凸的曲线为减速运动。

(2) 旋转与缩放补间

旋转缩放补间动画是利用相邻关键帧内容的尺寸与角度变化产生过渡动画的方法。以心脏旋转跳动动画为例详细介绍一下旋转缩放补间动画的制作方法，步骤如下：

① 新建文档，绘制图形元件heart01。

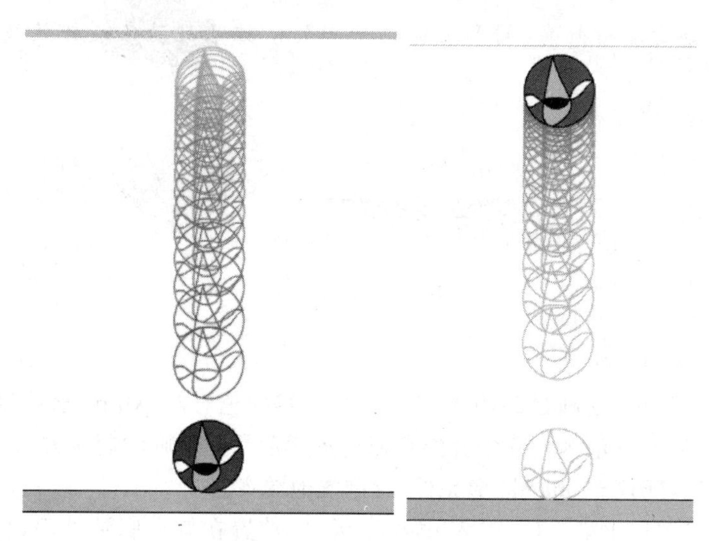

图 7-59 小球弹动过程

② 执行"插入"→"新建元件"命令，创建名为 heart02 的影片剪辑元件。库结构如图 7-60 所示。

③ 在元件 heart02 中，图层 1 第 1 帧引入元件 heart01，第 5 帧按 F6 添加关键帧，选中此帧的图形按任意变形工具适当缩小尺寸（注意按 Shift 等比例），单击第 10 帧按 F6，同理放大图形，尺寸要大于第 1 帧的大小。

④ 右击 heart02 第 1 帧，选择复制帧，右击第 15 帧，选择粘贴帧。

⑤ 在 heart02 第 1～5 帧、第 5～10 帧、第 10～15 帧中间添加"传统补间"，图层结构如图 7-61 所示。按 Enter 键预览。

图 7-60 库结构

图 7-61 heart02 图层结构

⑥ 新建 heart03 影片剪辑元件，在其第 1 帧引入 heart02 元件，选第 30 帧按 F6 生成关键帧，在第 1 帧与第 30 帧之间"创建传统补间"，单击中间任意帧，图层结构如图 7-62 所示。查看属性面板，修改"旋转"参数为顺时针 1 圈，如图 7-63 所示。

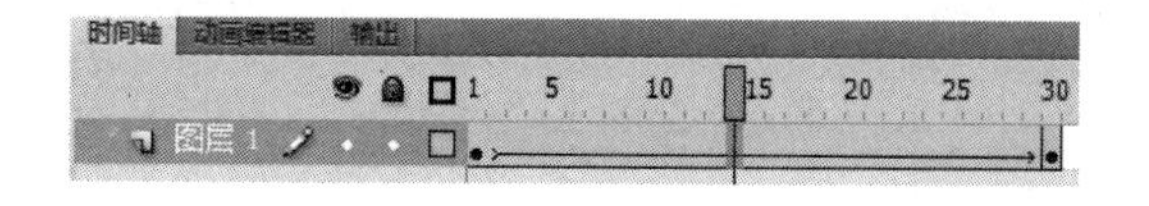

图 7-62 heart03 图层结构

⑦ 将 heart03 引入场景图层 1 的第 1 帧，按 Ctrl+Enter 快捷键观察效果。

需要说明的是，在动画的编辑过程中，可以在一个影片剪辑中引用另一个影片剪辑实例，从而达到复合运动的效果，例如上述例子中的心脏既跳动又旋转效果就是使用了此方法。

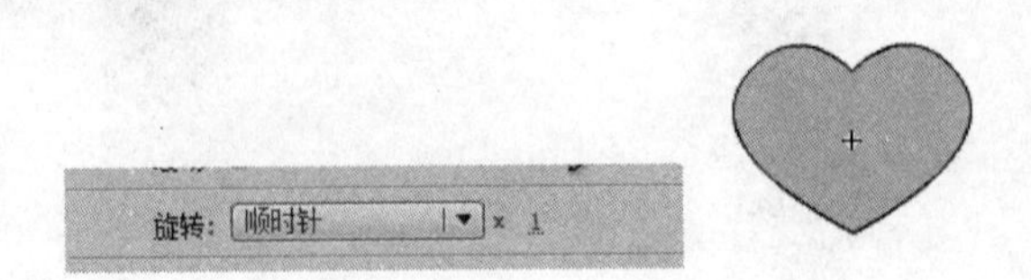

图 7-63　旋转属性

（3）色彩与透明度补间

色彩与透明度补间动画是利用相邻关键帧内容的色彩与 Alpha 透明度变化产生过渡动画的方法。以彩色气泡为例详细介绍色彩与透明度补间动画的制作方法，步骤如下：

① 新建文档，新建 paopao 图形元件，绘制气泡图案。

② 单击场景图层 1 第 1 帧，引入 paopao 元件，放置在舞台底端外面，目的是形成气泡逐渐飞入场景的效果。

③ 选中 paopao 元件，修改“属性”面板中“色彩效果”→“高级”，alpha＝50％ 红色＋60 绿＋0 蓝＋0，如图 7-64 所示。

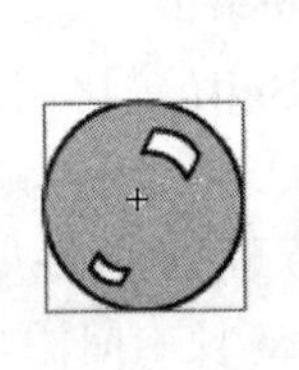
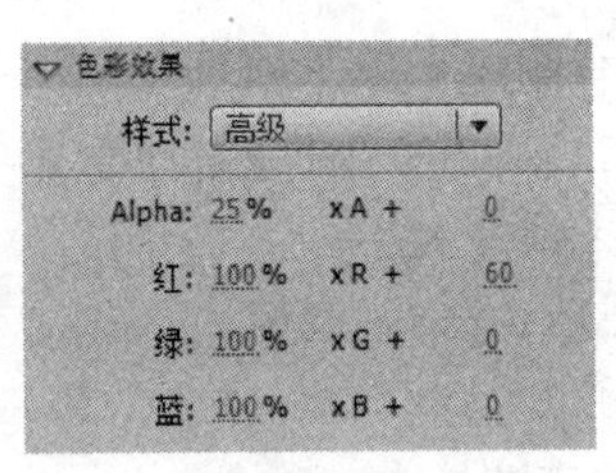

图 7-64　色彩效果属性

④ 单击场景第 60 帧，按 F6 添加关键帧，将 paopao 元件实例垂直移动到舞台顶端外面。

⑤ 在第 1 帧至第 60 帧创建“传统补间”，单击属性面板修改“缓动”曲线为慢加速状态，如图 7-65 所示。

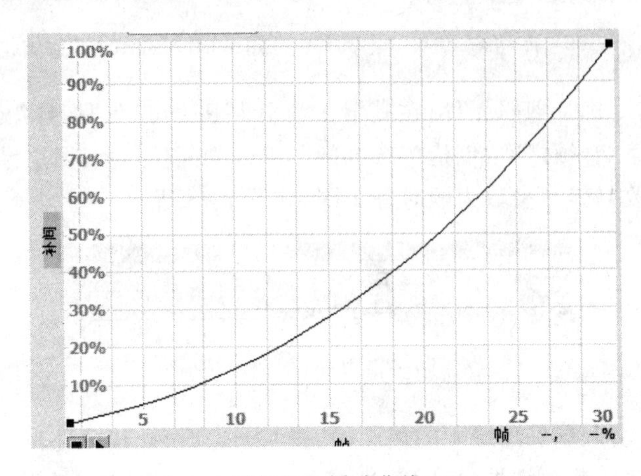

图 7-65　缓动曲线

⑥ 单击第 30 帧,按 F6 添加关键帧,选中 paopao 实例,修改"属性"面板的"色彩效果"→"高级",红+0 绿+60 蓝+0,如图 7-66 所示。

⑦ 同上,在第 45 帧添加关键帧,并修改"属性"面板的"色彩效果"→"高级",红+0 绿+0 蓝+60,如图 7-67 所示。

⑧ 选择实心箭头的"选择工具",单击第 30 帧,选择 paopao 实例,水平向右移动一点,同理选择第 45 帧,将实例水平向左移动一点。

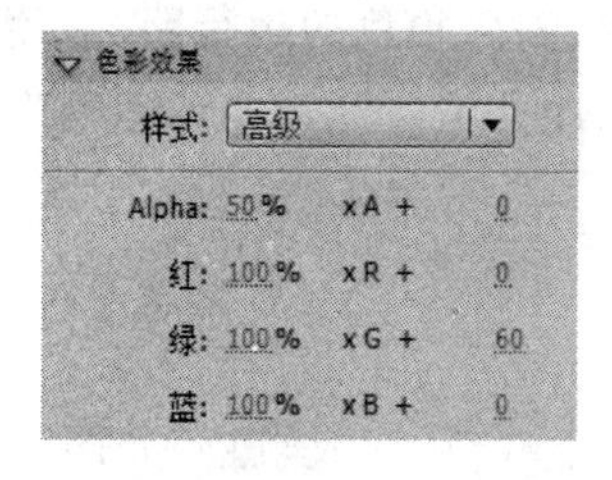

图 7-66 第 30 帧色彩效果属性

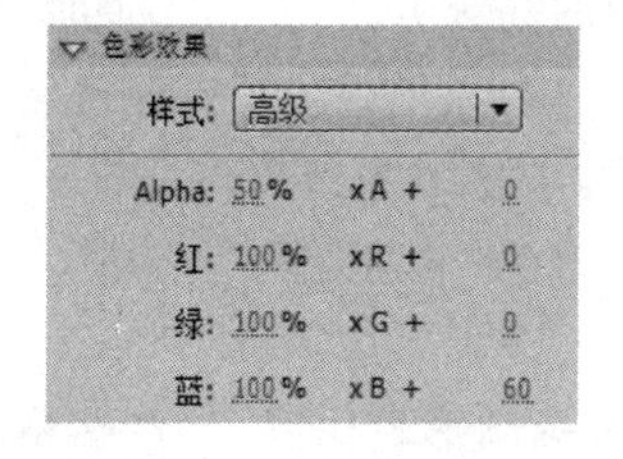

图 7-67 第 45 帧色彩效果属性

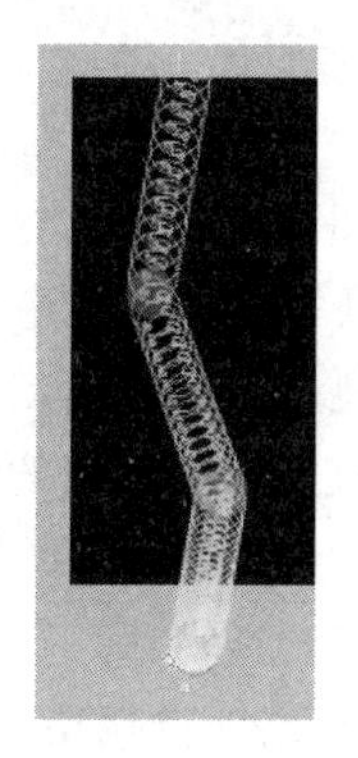

图 7-68 气泡运动轨迹

⑨ 选择菜单中的"修改"→"文档"命令,将"背景色"设置为黑色,按 Ctrl+Enter 快捷键观察效果,如图 7-68 所示。

需要说明的是,动画角色的起点、终点常常被安排在舞台的外面,这样可以产生进出镜头的效果。

(4) 形状补间

形状补间动画,就是由一个图案向另一个图案逐渐变形的动画过程。与其他补间动画不同的是,形状补间的前后关键帧内容必须是打散状态的可编辑图形,而不能是元件实例。通过多边形变脸的动画了解形状补间动画的制作方法,步骤如下:

① 新建文档,选中菜单"视图"→"网格"→"显示网格"命令,选中菜单"视图"→"贴紧"→"贴紧至网格"命令;新建图形元件"圆",利用网格的对齐功能,在舞台中心处,绘制"圆形"。

② 新建图形元件"三角",选中工具箱中"多边形工具",单击"属性"面板中"选项",将边数改为 3,在舞台中绘制正三角形,注意大小与圆形一致。

③ 同理,新建"五角星"图形元件。库结构如图 7-69 所示。

④ 场景图层 1 第 1 帧,引入圆形元件,右击第 10 帧,选择插入"空白关键帧",引入"三角"。

⑤ 同理,在第 20 帧引入"五角星"

⑥ 打开绘图纸外观模式,移动校正每个关键帧图形的位置,使它们中心点对齐,也可以在选择"选择工具"后,使用键盘的方向键进行微调,如图 7-70 所示。

⑦ 分别选中每个关键帧,按 Ctrl+B 快捷键将关键帧内容打散为可编辑图形状态。右击两关键帧中间,选择创建补间形状,如图 7-71 所示。按快捷键 Ctrl+Enter 观察变形过程。

图 7-69　库面板

图 7-70　对齐图形

（5）轨迹动画

轨迹动画是位置补间动画的高级方法，其核心原理是提前绘制出角色的运行路径，使角色沿轨迹生成补间动画，如行星运行、炮弹发射动画经常会使用此方法。通过小球运动为例了解轨迹补间动画的制作方法，步骤如下：

① 选择场景，图层 1，重命名为“轨迹层”。

② 选择椭圆工具，将填充色设置为空。

③ 在轨迹层第 1 帧中绘制椭圆形轮廓线，在左端删出一个小缺口，形成轨迹，如图 7-72 所示。选择第 20 帧，按 F5 新建普通帧保持显示。

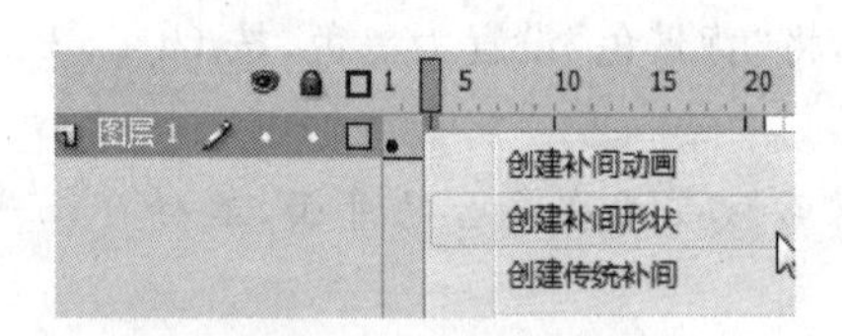

图 7-71　创建形状补间动画

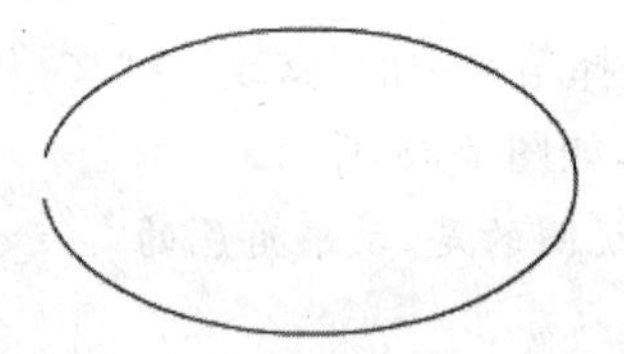

图 7-72　绘制缺口椭圆轨迹

④ 新建图层，重命名为“小球”，在第 1 帧引入画好的小球图形元件。

⑤ 使用实心箭头的“选择工具”，打开“贴紧至对象”磁铁按钮，如图 7-73 所示。将小球移动并对齐至轨迹起点，如图 7-74 所示。

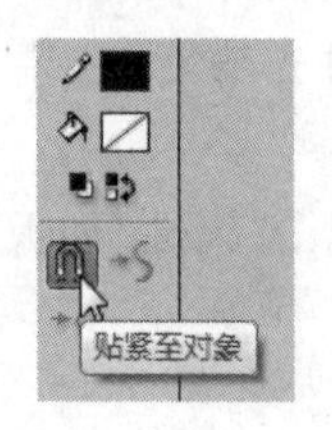

图 7-73　贴紧属性

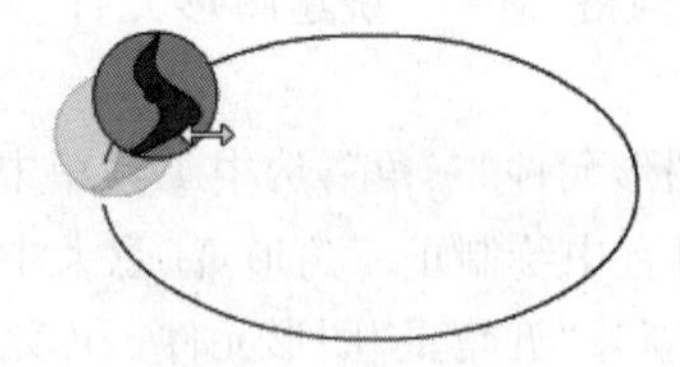

图 7-74　对齐到轨迹

⑥ 选择小球层，第 20 帧，按 F6 新建关键帧，同理将小球对齐至终点。

⑦ 右击图层面板，选择“轨迹层”，转换为“引导层”属性。

⑧ 在图层面板，拖动“小球”层至“轨迹层”下方，与轨迹关联，如图 7-75 所示。

⑨ 右击“小球”层时间轴，创建第 1～20 帧传统补间动画，快捷键 Ctrl＋Enter 观察动画效果，如图 7-76 所示。

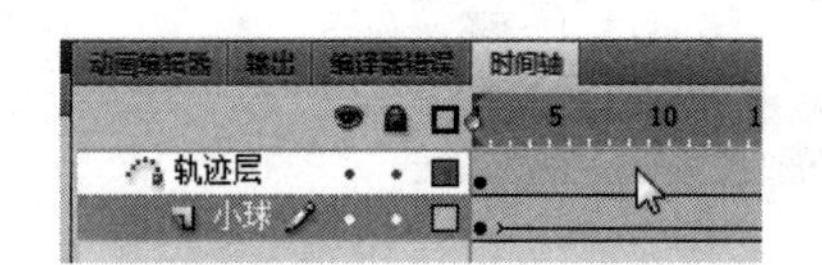

图 7-75 关联到轨迹层

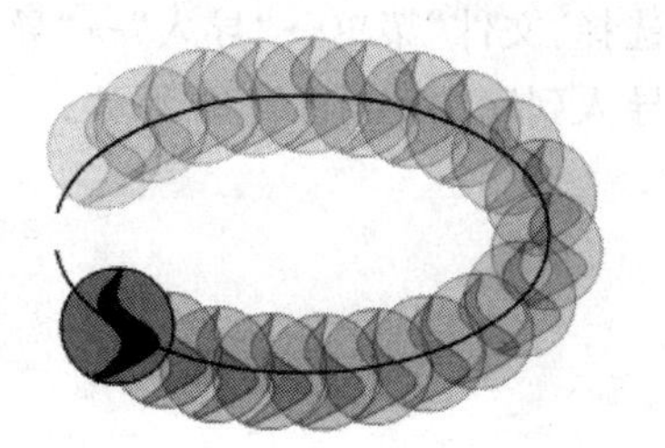

图 7-76 小球轨迹动画

(6) 遮罩动画

遮罩动画也是位置补间动画的高级方法，其核心原理是用遮罩图层的内容遮盖下面图层，使之部分显示出来，同时遮罩层本身又具有位置补间动画，这样产生的复合动画效果，如探照灯效果、音乐 MV 的歌词同步等都使用此方法。以探照灯效果为例了解轨迹补间动画的制作方法，步骤如下：

① 在场景，图层 1，第 1 帧输入一行基础文字，颜色黑色。

② 新建图层 2，复制图层 1 的文字到图层 2 第 1 帧，与图层 1 对齐，颜色为绿色。

③ 分别选择图层 1、图层 2 第 20 帧按 F5 创建普通帧保持显示。

④ 新建图层 3，重命名为“遮罩层”，引入库中画好的圆形图形元件，制作水平移动的位置补间动画，图层结构如图 7-77 所示。

⑤ 在图层控制面板中，右击图层 3 修改为“遮罩层”属性，将图层 2 拖动至遮罩层下方，与遮罩关联，按快捷键 Ctrl＋Enter 观察动画结果，如图 7-78 所示。

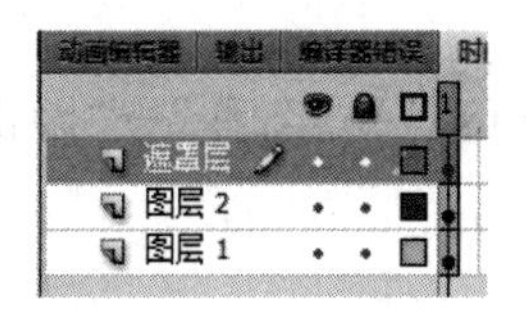

图 7-77 图层面板结构

图 7-78 舞台内容

4. 动画声音

Flash 提供了许多使用声音的方式。可以使声音独立于时间轴连续播放，或使动画和一个音轨同步播放。例如，音乐 MV 就是声音和动画的同步效果。也可以设置按钮的响应声音。还可以让声音淡入淡出，达到由远及近的效果。

在 Flash 中有两种类型的音频：事件音频和流式音频。事件音频常用于按钮上，只有在完全载入后才能播放，并且直到有明确的停止命令时才会停止播放。流式音频则适用于网络在线点播，在前几帧下载了足够的数据后就可以开始播放，这对于较慢的网络环境十分有益。

Flash 支持采样率为 11kHz、22kHz、44kHz 的 8 位或 16 位的 MP3、WAV 和 AIFF 音频文件，若素材音频不满足此标准有可能无法导入，此时需要使用第三方的音频软件(如 Goldwave)进行制式转换。

通过如下实例了解一下基本声音控制方法。

(1) 选择“文件”菜单→“导入”→“导入到库”命令，将声音文件“枪声.wav”，“游击队之歌.mp3”导入到库中，如图7-79所示。

图7-79　将声音文件导入到库

(2) 选择“窗口”→“公用库”→“按钮”命令，从面板中找到classic buttons→arcade button→orange，将其拖动到图层1第1帧，如图7-80所示。

(3) 查看库面板，双击orange按钮，进入按钮编辑状态。新建图层，命名为sound，单击sound层“按下”关键帧，按F6建立关键帧。查看“属性”控制面板，选择“声音”→“名称”→“枪声.wav”，选择“同步”→“事件”命令。

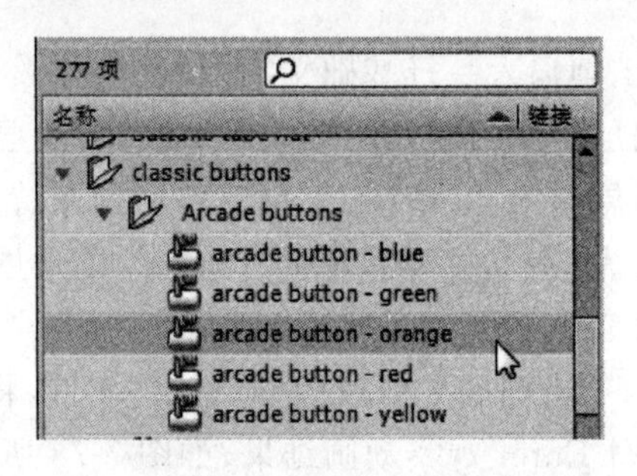

图7-80　公用库-按钮

(4) 选择图层1第1帧，查看“属性”控制面板，选择“声音”→“名称”→“游击队之歌.mp3”，选择“同步”→“开始”，如图7-81所示。

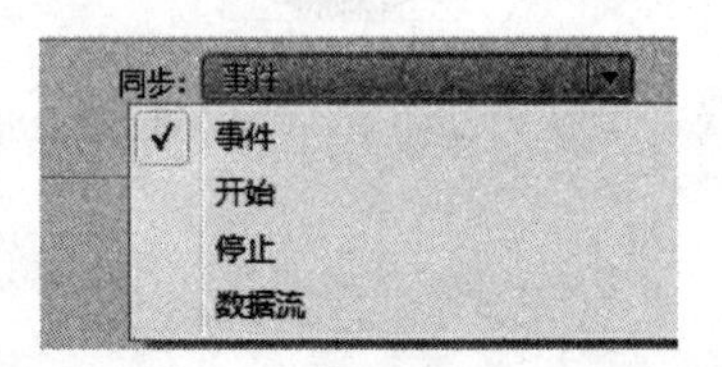

图7-81　设置声音同步属性

(5) 按快捷键Ctrl+Enter测试背景音乐与按钮音效的效果。

5. 动画发布

利用“发布预览”和“发布设置”命令可以预览和发布动画。Flash的“发布”命令不只是发布成Flash标准的swf格式动画，还能为没有安装Flash插件的操作系统创建exe格式的动画放映程序等等。

单击菜单“发布设置”命令，打开控制面板，通常选中“类型”→Flash，并单击发布目标按钮选择保存位置与文件名；在后面的Flash标签中配置发布参数，如图7-82所示；最后点击“发布”按钮完成Flash动画的发布，发布后的swf格式动画文件不可以再编辑。

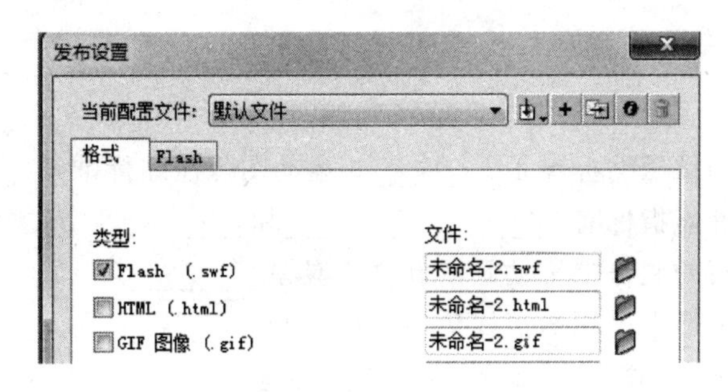

图 7-82 动画发布设置

习题七

一、单项选择题

1. 适合制作三维动画的工具软件是(　　)。

A) 3DS MAX　　B) Photoshop

C) Auto CAD　　D) Flash

2. 声音的(　　)指信号每秒钟变化的次数。

A) 通道数　　B) 采样精度　　C) 量化位数　　D) 采样频率

3. (　　)格式的图像可以同时存储若干幅静止的图像,并由这些图像形成连续的动画。

A) BMP　　B) JPEG　　C) GIF　　D) TIFF

4. 一般情况下,要求声音的质量越高,则(　　)。

A) 量化位数越低和采样频率越低　　B) 量化位数越高和采样频率越高

C) 量化位数越低和采样频率越高　　D) 量化位数越高和采样频率越低

5. 在多媒体计算机中,不属于图像输入设备是(　　)。

A) 数码照相机　　B) 彩色扫描仪

C) 绘图仪　　D) 数码摄像机

6. 下列文件格式中,(　　)是波形文件格式。

A) WAV　　B) BMP　　C) JPEG　　D) MIDI

7. 媒体一般有两种含义:一种是指存储信息的实体,另一种是指(　　)。

A) 信息接口　　B) 信息载体　　C) 介质　　D) 网络

8. 下列特征中,不属于多媒体技术特征的是(　　)。

A) 集成性　　B) 交互性　　C) 高速性　　D) 实时性

9. 多媒体计算机系统包括多媒体计算机软件系统和(　　)。

A) 音响设备　　B) 显示设备

C) 多媒体计算机硬件系统　　D) 打印机

10. 当图像文件的色彩深度为8位时,该图像中最多可以显示(　　)种颜色信息。

A) 2　　B) 3　　C) 8　　D) 256

二、填空题

1. 常用的静止图像压缩标准是________；运动图像压缩标准是________。
2. 声卡的主要性能指标有________、________和________。
3. 目前比较流行的制作二维动画的软件工具是________。
4. 目前互联网上最常采用的流媒体应用格式是________。
5. Windows 下的“画图”程序默认的文件格式是________。

参考答案

第1章

一、单项选择题

1. B　2. A　3. B　4. C　5. A　6. A　7. D　8. B　9. C　10. B
11. C　12. A　13. B　14. D　15. D　16. D　17. B　18. C　19. D　20. D

二、填空题

1. ENIAC
2. 操作码,地址码(或操作数)
3. 1024 或 2^{10}
4. 目标
5. 地址总线或 AB,数据总线或 DB,控制总线或 CB
6. 晶体管
7. 68
8. 2
9. 每秒百万条指令
10. 计算机辅助教学

第2章

一、单项选择题

1. A　2. D　3. C　4. A　5. A　6. D　7. B　8. A　9. A　10. B
11. B　12. B　13. C　14. D　15. D

第3章

一、单项选择题

1. C　2. B　3. C　4. C　5. D　6. B　7. C　8. B　9. A　10. C

二、填空题

1. Ctrl
2. Shift + ˆ
3. Alt + PrintScreen
4. 标题
5. 页面

第 4 章

一、单项选择题

1. B 2. D 3. D 4. B 5. B 6. D 7. C 8. C 9. A 10. A

二、填空题

1. 3 月 4 日
2. Alt+Enter
3. =B2+ $B$1
4. 2
5. MIN(A1,B3,C6)

第 5 章

一、单项选择题

1. D 2. D 3. B 4. D 5. C 6. D 7. B 8. B 9. B 10. A

二、填空题

1. 录制旁白
2. 开始
3. 页面设置
4. 幻灯片母版
5. 主题效果

第 6 章

一、单项选择题

1. A 2. D 3. A 4. D 5. B 6. A 7. D 8. B 9. B 10. C

第7章

一、单项选择题

1. A 2. D 3. C 4. B 5. C 6. A 7. B 8. C 9. C 10. D

二、填空题

1. JPEG,MPEG
2. 采样频率,采样精度,声道数
3. Flash
4. RM格式
5. BMP格式

参考文献

1. 王春娴. 大学计算机基础[M]. 北京：清华大学出版社，2011.
2. Faithe Wempen 著. Word 2007 应用大全[M]. 卫茜，等译. 北京：人民邮电出版社，2008.
3. 张正玺，张振国. 计算机应用基础[M]. 北京：中国铁道出版社，2010.
4. 王诚君. Excel 2007 实用教程[M]. 北京：清华大学出版社. 2008.
5. 吴军希，等. Excel 2007 中文版标准教程[M]. 北京：清华大学出版社. 2008.
6. 张赵管，等. 计算机应用基础[M]. 天津：南开大学出版社. 2013.